昆明新机场
特殊地基处理研究

晏宾　赵跃平　李崎洁 ◎ 著

西南交通大学出版社
·成都·

图书在版编目（CIP）数据

昆明新机场特殊地基处理研究 / 晏宾，赵跃平，李崎洁著. — 成都：西南交通大学出版社，2023.1
ISBN 978-7-5643-9127-0

Ⅰ. ①昆… Ⅱ. ①晏… ②赵… ③李… Ⅲ. ①机场 – 地基处理 – 研究 Ⅳ. ①TU248.6

中国版本图书馆 CIP 数据核字（2022）第 256972 号

Kunming Xin Jichang Teshu Diji Chuli Yanjiu
昆明新机场特殊地基处理研究

晏 宾　赵跃平　李崎洁　著

责任编辑	姜锡伟
封面设计	原谋书装
出版发行	西南交通大学出版社 （四川省成都市金牛区二环路北一段 111 号 西南交通大学创新大厦 21 楼）
发行部电话	028-87600564　028-87600533
邮政编码	610031
网　　址	http://www.xnjdcbs.com
印　　刷	四川煤田地质制图印务有限责任公司
成品尺寸	185 mm × 260 mm
印　　张	19
插　　页	1
字　　数	479 千
版　　次	2023 年 1 月第 1 版
印　　次	2023 年 1 月第 1 次
书　　号	ISBN 978-7-5643-9127-0
定　　价	98.00 元

图书如有印装质量问题　本社负责退换
版权所有　盗版必究　举报电话：028-87600562

FOREWORD 前 言

航空运输是山区高原等陆地交通工程修建困难地区提升交通运输能力的重要发展方向。昆明新机场是国家"十一五"重点建设项目。建成后的昆明新机场将成为我国面向东南亚、南亚和连接欧亚的国家门户枢纽机场。昆明新机场的修建事关该地区的长治久安和高质量发展,具有重大的现实意义和深远的战略意义。

昆明新机场场区地处高原山地岩溶发育地区,地形地貌、工程地质条件和水文地质条件复杂,存在岩溶、红黏土、高填方、断裂破碎带等多种特殊地基条件,极易发生沉降及差异沉降,是机场建设的主要岩土工程问题。对场区岩溶、红黏土、填料、断裂破碎带等特征及地基处理方法进行深入分析研究,提出相应处理方法极为重要。

本书在充分分析研究场区岩溶、红黏土、各类填料、断裂破碎带等特征的基础上,综合采用资料统计、现场试验检测、现场调研、理论分析、数值计算等多种手段,对不同地基处理方法的适用性进行深入研究,提出了不同条件下的施工方法及施工技术参数,为昆明新机场特殊地基处理设计及施工提供指导意见和依据。

本书共8章:第1章为绪论,提出问题,阐明研究的意义,总结研究内容;第2章为工程地质条件,着重对昆明新机场的地形地貌、地层岩性、地质构造和水文地质条件进行阐述;第3章为岩溶发育规律和基本特征,经过搜集勘探资料、现场调研并进行数理统计,对场地内岩溶特征及其地表地下分布规律进行分析总结,为下一步地基处理提供切实可行的基础性资料和依据;第4章为岩溶地基处理方法研究,通过现场试验、理论计算以及数值模拟等多种方法,对不同岩溶地基类型处理进行深入研究,提出了不同岩溶类型的地基处理方法及相应的设计参数;第5章为红黏土地基处理方法研究,经过现场试验,对地表地下红黏土处理前后效果及有关物理力学参数进行对比研究,提出不同深度红黏土地基处理方法及相应设计参数的结论;第6章为填土地基处理试验研究,通过对不同填料进行碾压试验、击实试验等,提出昆明新机场不同填料的最佳施工技术参数;第7章为F_{10}断层破碎带碎裂岩地基处理研究,采用调查及现场试验等手段,重点对F_{10}断裂及其相关断裂区域特征、分布及断层破碎带物理力学性质进行研究,为断层破碎带地基处理提供建议;第8章为地基处理准则,对不同特殊地基处理方法、参数以及检测方法进行总结,作为昆明新机场地基处理的原则性规定。本书的研究成果已全部应用于昆明新机场工程实践中，同时也为今后类似机场项目提供了借鉴。

本书在编写期间得到了四川省勘察大师赵跃平的大力支持和指导。感谢中国建筑西南勘察设计研究院有限公司的黄练红、王亨林、刘建锋、张洪、叶军锋、吴代兵、汤维武、张伟锋、王少梅、李瑜等在昆明新机场勘察工作中的辛勤劳动和付出。感谢所有为本书的出版付出努力的同仁。

感谢本书所参考资料的作者，由于你们的宽宏允许，本书内容才得以完善。

由于作者水平有限，书中难免有不足之处，敬请同行及专家批评指正。

作 者

2022 年 8 月

目 录

第1章 绪 论
1.1 研究意义 ·· 2
1.2 研究内容 ·· 2

第2章 工程地质条件
2.1 地形地貌 ·· 6
2.2 地层岩性 ·· 7
2.3 地质构造 ··· 14
2.4 水文地质条件 ··· 22

第3章 岩溶发育规律和基本特征
3.1 岩溶的基本类型 ·· 34
3.2 岩溶发育的基本特征 ··· 42
3.3 地表岩溶的分布和发育规律 ·· 44
3.4 地下岩溶的分布和发育规律 ·· 67
3.5 本章小结 ·· 117

第4章 岩溶地基处理方法研究
4.1 一般规定 ·· 120
4.2 地表岩溶的地基处理 ·· 120
4.3 地下岩溶的地基处理 ·· 144
4.4 本章小结 ·· 173

第5章 红黏土地基处理方法研究
5.1 一般规定 ·· 176
5.2 地表处理 ·· 178
5.3 地下处理 ·· 188
5.4 本章小结 ·· 195

第6章 填土地基处理试验研究
6.1 红黏土碾压试验 ··· 198
6.2 陡坡寺组强风化料碾压试验 ··· 207
6.3 陡坡寺组中微风化料碾压试验 ·· 216
6.4 本章小结 ·· 229

第7章 F_{10}断层破碎带碎裂岩地基处理研究

- 7.1 F_{10}断裂及其相关断裂区域特征 ·················232
- 7.2 断层破碎带物理力学性质研究 ·················272
- 7.3 断层破碎带基础形式及地基处理建议 ·················283
- 7.4 本章小结 ·················285

第8章 地基处理准则

- 8.1 土洞和溶洞处理 ·················288
- 8.2 岩溶漏斗等其他岩溶处理 ·················289
- 8.3 红黏土和其他黏性土地基处理 ·················289
- 8.4 F_{10}断层处理 ·················291
- 8.5 地基处理效果检测 ·················292

结 语 ·················295

参考文献 ·················297

第 1 章
绪 论

1.1 研究意义

昆明新机场是国家"十一五"重点建设项目。建成后的昆明新机场将成为我国面向东南亚、南亚和连接欧亚的国家门户枢纽机场。机场规划建设两组共 4 条跑道，满足 F 类机型使用。本期工程主要内容包括：新建两条跑道，其中东跑道长 4 000 m、宽 60 m，西跑道长 4 000 m、宽 45 m，航站楼建筑面积 58.42 万平方米。

昆明新机场场区地处岩溶发育地区，地形条件、工程地质条件和水文地质条件复杂，场区内的红黏土具有特殊的岩土结构特征和工程特性，同时又具有高填方、超大土石方量、穿越断裂破碎带、强地震、功能分区多、建设环境复杂、相互影响因素多等特点。其填方高度最高超过 50 m，因此机场高填方地基的沉降与差异沉降、地震条件下地基及边坡的稳定性、岩溶稳定性等工程问题尤为突出。

昆明新机场复杂环境条件下高填方地基工程是一个三维的、非线性的复杂系统工程，其地基沉降和稳定性、高边坡稳定性受多种因素的影响，如原地基土层分布与岩土特性、地基处理方法和效果、填筑料的岩土特性、碾压密实度、填筑速率、工程措施以及排水措施情况等，这些因素共同构成了影响高填方地基沉降和稳定性的内部因素；而在运行过程中，飞机使用荷载、降水与突发地震等因素构成影响高填方稳定性的外部因素。该机场高填方地基工程不仅要考虑原地基和高填方体本身的变形与稳定性控制，还要考虑地势、排水、土石方材料特性、道面结构、施工标段划分以及施工工艺和外部环境的变化等复杂情况的影响。

昆明新机场存在岩溶、红黏土、断裂破碎带、高填方等特殊地基，是机场建设的主要岩土工程问题。本专题在充分研究分析场区岩溶、红黏土、断裂破碎带等特征的基础上，对岩溶地基、红黏土地基、填土地基、断层碎裂岩地基等各类特殊软基进行专题研究，并提出了相应处理措施和方法，为机场建设工程提供研究成果，对类似工程地质条件的特殊软基工程处理具有指导作用和借鉴意义。

1.2 研究内容

1.2.1 岩溶发育规律和基本特征

昆明新机场场区属岩溶区，不良地质作用——岩溶非常发育，这些岩溶包括地表岩溶、地下岩溶。地表岩溶包括岩溶洼地、岩溶漏斗、落水洞及石芽、溶沟、溶槽等岩溶形态；地下岩溶包括溶洞、土洞、地下暗河和地下溶蚀带。地表岩溶和地下岩溶组成了复杂的岩溶系统，形成了独特的岩溶地质条件。查清建设场地的岩溶基本特征，分析岩溶的发育规律，对岩溶地质的评价有着非常重要的作用。建设场地的岩溶基本特征分析主要包括下列内容：

（1）地表岩溶的分布、规模、形态、基本特征和发育规律。
（2）溶洞和地下暗河的分布规律、发育规模、洞体形态、埋置深度、填充情况和发育规律。
（3）土洞的分布规律、发育规模、洞体形态、埋置深度和发育规律。
（4）地下溶蚀带的分布规律、发育规模、洞体形态、埋置深度、填充情况和发育规律。

1.2.2　岩溶地基处理方法研究

岩溶在我国是一种相当普遍的不良地质作用,在一定条件下可能发生地质灾害,严重威胁工程安全。特别是在大量抽取地下水使水位急剧下降时,易引发土洞的发展和地面塌陷。机场有航站楼、塔台、飞机跑道、滑行道和停机坪等重要建构筑物,机场平整产生的大量高填方荷载会对地基的变形产生重要作用,而这些重要建构筑物对地基的要求较高;因此,在机场建设过程中,岩溶产生的不良地质作用对机场工程影响很大,需要对不同的岩溶问题进行研究、分析和评价,分析岩溶对机场的影响,提出合理的地基处理方法。岩溶地基处理方法研究主要包括下列内容:

(1)地表岩溶处理。

(2)地下岩溶处理。

1.2.3　红黏土地基处理方法研究

红黏土地基处理方法研究是通过对场地内红黏土特征进行研究及现场试验,提出适应于昆明新机场的红黏土地基处理方法及施工参数。其主要内容包括:

(1)地表红黏土处理。

(2)地下红黏土处理。

1.2.4　填土地基处理试验研究

昆明新机场填方填筑量巨大,主要填料成分为红黏土、陡坡寺组强风化及中微风化岩石,整个场区陡坡寺组料储量约 5 000 万立方米。为此,我们对红黏土及陡坡寺组强风化、中微风化料进行碾压试验,取得了比较系统的试验成果,对土石方填筑给出了施工建议参数,并提出了处理方法建议。其主要内容包括:

(1)红黏土碾压试验。

(2)陡坡寺组强风化料碾压试验。

(3)陡坡寺组中微风化料碾压试验。

1.2.5　航站楼区 F_{10} 断层破碎带碎裂岩地基处理研究

F_{10} 断层破碎带碎裂岩地基处理研究是在前期已有 F_{10} 非活动断裂研究基础上,进一步开展其分布特征及断层破碎带物理力学性质研究,并对断层破碎带部位的基础形式及地基处理提出建议。其主要内容包括:

(1)航站楼区 F_{10} 断裂及其相关断裂区域特征研究。

(2)断层破碎带物理力学性质研究。

(3)断层破碎带基础形式及地基处理建议。

第 2 章
工程地质条件

CHAPTER 2

2.1 地形地貌

昆明新机场场区地貌总体以岩溶地貌为主，其次为构造剥蚀丘陵地貌和冲洪积堆积地貌。根据地貌的成因与形态，可将工程区划分为三个地貌单元区：岩溶地貌（Ⅰ）、构造剥蚀地貌（Ⅱ）及冲洪积堆积地貌（Ⅲ）。

1. 岩溶地貌（Ⅰ）

岩溶地貌主要为剥蚀溶蚀平原、剥蚀溶蚀丘陵，占场地面积的3/4。其地面标高为2 070～2 100 m，相对高差在50 m左右，地面波状起伏，坡度平缓，是云南高原面的残留部分。微地貌形态有溶沟、石芽、溶脊、溶槽、岩溶漏斗、溶蚀洼地、落水洞、溶蚀槽谷等。其中，地面标高在2 090 m以上的丘陵区（如浑水塘采石场、横山采石场）植被较发育，地表被红黏土覆盖，以埋藏溶沟、石芽、溶脊、溶槽为特征。区内碳酸盐岩分布区共发现岩溶漏斗约600个，密度为28个/km^2。岩溶漏斗多呈椭圆形，少量呈圆形、似长方形，岩溶漏斗底部一般发育有落水洞或消水坑。漏斗长度一般为50～100 m，最大长度约为192 m；宽度一般为30～50 m，最大宽度约为110 m；深为3～12 m；面积一般为500～5 000 m^2，最大约为11 000 m^2；长轴走向也具一定规律性（图2.1-1）。

图 2.1-1　岩溶地貌

2. 构造剥蚀丘陵地貌（Ⅱ）

构造剥蚀丘陵地貌分布于场地中西部烟堆山—马鞍山—大山及其东侧，占场地面积的11%，主要受断裂构造控制。其地面标高一般为2 070～2 100 m，最高点为大山（2 193 m），最低点为2 060 m，最大高差约为133 m。构造剥蚀丘陵地貌分布区覆盖层较厚，植被发育，以杂草、灌木、针叶林、阔叶林混交（图2.1-2）。

图 2.1-2　构造剥蚀丘陵地貌

3. 冲洪积堆积地貌（Ⅲ）

冲洪积堆积地貌主要发育于场区西北部的荷包地、乌撒庄和浑水塘—张家坡地区。其地形地貌表现为平原和冲沟沟谷，面积约 2.98 km²；坡度为 3°～7°，局部地段大于 10°（图 2.1-3）。

图 2.1-3　冲洪积堆积地貌

2.2　地层岩性

昆明新机场场区在地层区划上位于华南地层大区、扬子地层区、康滇地层分区、昆明地层小区，东邻上扬子地层分区曲靖小区，西接康滇地层分区楚雄小区。区内出露的地层主要为古生界和第四系。

依据《云南省岩石地层》（张远志主编，1996）的清理结果，参照 1∶5 万大板桥镇幅区域地质图及报告（云南省地矿局，1986），结合场区 1∶2 000 地质填图的成果，将场区出露的地层划分为 12 个岩石地层单位（表 2.2-1）。其中：古生界（基岩地层）划分为 9 个组（其中阳新组细分为 2 个段），上覆第四系划分为 2 个层。整个场区内出露的地层在特征上有一定的差异，但总体上地层分布受区域羊桃箐—苏家坟断裂（F_{10}）的控制较为明显。该断层北东盘为机场主体场区，其地层总体呈北东—南西向展布，岩层缓倾为主，褶皱发育；南西盘出露的地层主要为倒石头组（P_1d）及阳新组（P_1y），其地层展布为北西西—南东东走向，倾向南西，倾角平缓，岩溶地貌发育。

表 2.2-1　昆明新机场场区岩石地层

系	统	组	段（层）	代号	厚度/m	岩性组合及特征
第四系			冲洪积层	Q_4^{al+pl}	>35	主要分布于李白冲、浑水塘等山间盆地中，岩性为黏性土
			残坡积层	Q_4^{el+dl}	<20	岩性一般为黏性土；碳酸盐岩地表分布有红黏土，细碎屑岩分布区为浅黄色、褐黄色含角砾黏性土
二叠系	下统	阳新组	茅口段	P_1y^2	>230	浅灰、灰白色厚层—块状白云质"豹斑"微晶灰岩、生物碎屑灰岩，夹灰色中—厚层状微晶灰岩；上部见似层状、透镜状浅紫灰色块状角砾状灰岩（同生砾岩）；砾石成分以浅灰—灰白色粉—细晶白云岩、白云质灰岩为主，微晶灰岩次之，砾径为 3～25 cm，以 3～10 cm 为主，呈次圆状，分选性差—中等；钙泥质胶结为主

续表

系	统	组	段（层）	代号	厚度/m	岩性组合及特征
			栖霞段	P_1y^1	82	浅—深灰色厚层状泥—微晶灰岩、生物碎屑灰岩，局部见方解石细脉、网脉、团块及晶洞
		倒石头组		P_1d	6~15	褐黄色、黄灰色页岩，铝土质泥岩，夹灰黑色砂质泥岩、黑色铁质泥岩、煤线及劣质煤
石炭系	中统	威宁组		C_2w	93	浅灰、灰白色厚层—块状微晶灰岩、砂屑灰岩、生物碎屑灰岩，底部为粗晶灰岩
	下统	大塘组		C_1d	37	灰白—肉红色中—厚层状砂屑灰岩、生物碎屑灰岩夹鲕粒灰岩透镜体；底部有不连续的紫红、黄绿色薄层钙质泥岩、泥灰岩夹铝土质页岩、透镜状粉砂质铝土岩
泥盆系	上统	宰格组		D_3z	>123	岩性组合为顶部灰、棕灰、肉红色砂屑白云岩、砾屑白云质灰岩、泥质白云岩、粉—细晶白云岩及角砾状砾屑白云岩；中部浅灰、砖红、褐黄、紫灰色中厚—厚层细晶、粉细晶白云岩夹泥质灰岩及黄灰色薄层白云质泥岩、砾屑白云质灰岩、角砾状灰岩；底部为黄灰、灰紫色厚层角砾状灰质白云岩
	中统	海口组		D_2h	122~148	顶部为中厚层浅灰、灰色中—微晶灰质白云岩夹薄层砂岩；中部为深灰色、灰黑色中—厚层状鲕粒灰岩、砂屑灰岩、生物碎屑灰岩、角砾状砾屑灰岩夹黄灰色薄层泥质细砂岩、砂质泥岩及黑色钙质泥岩，发育瘤状构造；底部为灰白、黄色中层状中—细粒石英砂岩、岩屑石英砂岩夹薄层状页岩
寒武系	中统	双龙潭组		ϵ_2s	200左右	浅灰、灰黄、灰紫色，薄—中厚层粉—泥晶白云岩、泥质白云岩，夹少量钙质砂岩及页岩，白云岩中含石盐假晶
		陡坡寺组		ϵ_2d	>80（100左右）	上部灰、黄、黄绿色薄层细砂岩、粉砂质泥岩、页岩、瘤状灰岩互层；下部灰、黄灰色、绿灰色粉砂质泥岩、钙质粉砂岩及页岩夹灰色薄层泥质岩及灰岩，或猪肝色、粉红色薄层—细粒石英砂岩与砂质泥岩互层；底部黄、褐黄色粉砂质页岩与薄层粉砂岩互层
	下统	龙王庙组		ϵ_1l	106.6	灰—深灰色中—厚层状灰岩、泥质灰岩，夹少量含生物化石的薄层砂、页岩；灰岩为主，夹白云质灰岩及白云岩，还夹少量含生物化石的页岩，以灰岩出现为本组的底界

昆明新机场附近范围内的主要地层分述如下：

2.2.1 寒武系

区内见寒武系中、下统共3个岩石地层单位，即下统龙王庙组、中统陡坡寺组和双龙潭组。

1. 下寒武统龙王庙组（$\epsilon_1 l$）

该组地层呈灰—深灰色，主要为中—厚层状灰岩、泥质灰岩，夹少量含生物化石的薄层砂岩、页岩，夹白云质灰岩及白云岩，还夹少量含生物化石的页岩；以灰岩出现为本组的底界，其厚度为106.6 m。

按照区域定义，该组为一套岩性稳定的灰—深灰色中—厚层状灰岩、泥质灰岩，夹少量含生物化石的砂、页岩薄层之地层序列，以灰岩出现为本组的底界，下与沧浪铺组呈整合接触。在昆明、武定、宜良、华宁等地以灰岩为主，夹白云质灰岩及白云岩，还夹少量含生物化石的页岩。南部石屏、建水地区，为灰色中—厚层状砂泥质白云岩夹多层砂岩。滇东北永善、巧家一带，为一套岩性单一的白云岩或白云质灰岩，局部夹白云质粉砂岩、少量石膏层。在昆明、曲靖地区所见化石以三叶虫为主，主要有 Redlichia（Pteroredlichia）murakamii、Eoptychoparia yunnanensis、Hoffetella elongata 等，其时代属早寒武世晚期。

该组在武定地区较薄，厚仅40～50余米；嵩明、宜良、华宁地区一般厚100～150 m；石屏、建水地区减薄至35～44 m；滇东北巧家一带厚111 m。

场区该组地层地表呈零星分布，仅见于大山南东侧深切割沟谷底附近有出露，构成背斜核部，北翼产状55°∠17°，向东转为85°∠16°，显示向东倾伏的特征。背斜两侧钻孔wck13、wck13+1、wck12+1均见该组地层；在李白冲附近被第四系堆积物所覆盖，但钻孔wck152、wck157、wck158、wck159等钻遇该组地层。

2. 中寒武统陡坡寺组（$\epsilon_2 d$）

该组地层上部为灰、黄、黄绿色的薄层细砂岩、粉砂质泥岩、页岩、瘤状灰岩互层；下部为灰、黄灰、绿灰色的粉砂质泥岩、钙质粉砂岩及页岩夹灰色薄层泥质灰岩及灰岩，或猪肝色、粉红色薄层粉—细粒石英砂岩与砂质泥岩互层；底部为黄、褐黄色粉砂质页岩与薄层粉砂岩互层。其出露厚度＞80 m。

该组区域定义为在双龙潭组泥质白云岩之下、龙王庙组白云岩之上的一套地层序列，岩性为灰、黄、黄绿等色组成的薄层砂岩、页岩、瘤状灰岩互层。下部以龙王庙组白云岩消失，本组粉砂岩、粉砂质页岩出现为界；上部以本组砂岩、页岩消失，双龙潭组泥质白云岩或娄山关组白云岩开始出现为界；均呈整合关系。该组生物化石十分丰富，以三叶虫为主，有 Kunmingaspis yunnanensis、Chittidilla plana、Sinoptychoparia tuberculata 等，属中寒武世早期。

该组分布于滇中、滇东北地区，各地岩性、厚度变化颇大。在富民—昆明—杨林为灰、黄灰色泥质碳酸盐岩夹钙质粉砂岩及页岩，或呈互层，厚100 m左右；在宜良、华宁等地，砂泥质略多，厚29～59 m；在石屏为灰黄色泥质白云岩夹含砾砂岩、页岩等，厚20～32 m；在曲靖一带为灰绿及黄色砂、页岩夹灰岩，厚23～30 m；在武定一带为砂页岩与碳酸盐岩互层，厚50～70 m；在镇雄地区为黄灰、深灰色薄—中层状泥质白云岩夹页岩，向东北白云质增多，向西北泥质增多，互呈消长关系，厚50～110 m；在永善—巧家等地，以灰—深灰色薄层白云岩为主夹少量灰、灰绿色富含化石的砂、页岩，厚 29～64 m；在会泽地区则以黄绿、灰色砂、页岩为主夹少量白云岩，厚 70～95 m。

场区内在大山、大关山、转山、烟堆山、大石桥等地，该组地层产状总体较为平缓，上部由紫灰、灰色薄层石英粉砂岩、含长石石英砂岩夹薄层泥岩和灰、黄灰色泥质白云岩组成，或呈互层，区域厚度在 48 m 左右；下部主要由黄—黄灰—灰色页岩、砂质页岩、粉砂质泥岩、钙质粉砂岩为主组成，区域厚度约为 83 m；顶部为钙质泥岩夹泥质白云岩和少量白云岩向双龙潭组整合过渡。

该套地层地表风化残坡积较厚，南北向平行冲沟发育（如刘家冲），植被总体十分发育。

烟堆山中陡坡寺组砂岩、泥页岩出露宽度明显变窄，其产状变化显示了转山背斜向东侧对歌山明显倾伏的特征。

3. 中寒武统双龙潭组（$\epsilon_2 s$）

该组地层为浅灰、灰黄、灰紫色的薄—中厚层粉—泥晶白云岩、泥质白云岩，夹少量钙质砂岩及页岩，白云岩中含石盐假晶，厚约 200 m。其区域定义为由灰、灰黄色中—薄层白云岩与泥质白云岩，夹钙质砂岩及页岩组成，白云岩中常含石盐假晶。其顶部为不同时代地层所覆。其底部以陡坡寺组的灰、黄、黄绿色砂岩、页岩结束，灰色灰岩、白云岩出现为界，呈整合关系。该组仅出露于滇中地区，岩性较稳定，生物化石稀少，在曲靖双龙潭有三叶虫 Protohedinia yunnanensis、Manchuriella shuanglongtanensis、Szeaspis xiaoxiangensis 等的化石，时代属中寒武世中、晚期，与下伏中寒武统陡坡寺组整合接触，与上覆中泥盆统海口组平行不整合接触。

在曲靖，该组厚 265.6 m；在寻甸、宜良一带，其厚度增大至 200～300 余米；在华宁、石屏地区厚 100～176 m。

该组地层在场区内的大关山、转山、马鞍山、烟堆山均可见及，在马鞍山地区转山背斜两翼对称出露。其南翼夹持于下伏中寒武统陡坡寺组和上覆中泥盆统海口组之间，连续呈近东西向延伸；其北翼于李白冲—徐家山北侧一带，呈北东东—南西西向展布，北侧与海口组上段深灰色灰岩呈断层接触，出露面积约占片区面积的 12%。该组地层岩性主要由浅灰白色、浅粉红色的中—厚层泥质白云岩、假鲕状砂屑、砾屑白云岩、粉—泥晶白云岩组成，夹薄层钙质砂岩和紫红色铁泥质条纹，产状在 330°∠30° 左右。区域地层厚 114 m。该组在片区内地处阴山坡，自然坡度多达 20°～30°，地表残坡积层厚，乔木和灌木十分繁茂，岩溶不发育。

在大关山一带，该组主要由浅灰色、浅粉红色的中层泥质白云岩、假鲕状砂屑、砾屑白云岩、粉—泥晶白云岩组成，夹薄层钙质砂岩（具水平纹层），产状在 137°∠13° 左右，厚 114 m，仅南端角部对称出露了小面积的白云岩。该组也是区内岩溶漏斗发育的地层之一，总体特征是岩溶漏斗呈串珠状发育，岩溶漏斗规模相对较大。

在烟堆山一带，由于转山背斜向北东倾伏的影响，双龙潭组出露在片区内变窄，其产状变化显示了转山背斜于对歌山明显倾伏的特征。

在西跑道北东端的乌撒庄—小高坡一带，根据钻孔 wck48～wck56、wck29、wck30、wck36～wck39、wck190、wck191 的资料，岩芯为浅灰白色、浅粉红色的中—厚层泥质白云岩、砾屑白云岩、粉—泥晶白云岩夹薄层钙质砂岩和紫红色铁泥质条纹的组合，据其特征可知为双龙潭组无疑。该片区基岩之上坡残积层厚几米至十几米不等，基岩上可见厚几十厘米至几米不等的紫灰色、褐黄、浅灰黄色强风化含岩屑黏土，近地表部分为厚几十厘米至几米的棕红色全风化黏土层（俗称"红黏土"），显示出风化产物在成熟度上的差异。

2.2.2 泥盆系

区内见泥盆系中、上统共两个岩石地层单位，即中统海口组及上统宰格组。

1. 中泥盆统海口组（D_2h）

该组地层顶部为中厚层浅灰、灰色中—微晶灰质白云岩夹薄层砂岩；中部为深灰色、灰黑色的中—厚层状鲕粒灰岩、砂屑灰岩、生物碎屑灰岩、角砾状砾屑灰岩夹黄灰色薄层泥质细砂岩、砂质泥岩及黑色钙质泥岩，发育有瘤状构造；底部为灰白、黄色的中层状中—细粒石英砂岩、岩屑石英砂岩夹薄层状页岩；厚约 142 m。

云南省岩石地层清理把海口组（D_2h）分为两段，为海口组下段（砂岩段，D_2h^1）及海口组上段（灰岩段，D_2h^2），但由于场区海口组下段（砂岩段，D_2h^1）出露厚度较小，为 3～5 m，且在分布上不连续，因此在报告中没有把海口组分为海口组下段与海口组上段。海口组与上覆地层宰格组（D_3z）呈整合接触，与下伏地层双龙潭组（ϵ_2s）平行不整合接触。

场区内该段见于乌撒庄、荷包塘、浑水塘、横山北面等地。在马鞍山北部的拟建西跑道北段，该组地层位于荷包塘—乌撒庄南断裂北盘；其在荷包塘南一带则被古河道红土深埋，与中寒武统双龙潭组白云岩呈断层接触。其岩性为深灰色、灰黄色的中—厚层状微—粉晶灰岩、亮晶砂屑灰岩、砾屑灰岩夹沥青质灰岩、黄灰色薄层泥质砂岩、钙质泥质砂岩等；顶部发育 3～5 m 厚黄灰色中层状中—细粒石英砂岩、岩屑石英砂岩、粉砂岩互层。该段也是区内岩溶漏斗主要发育地层之一。

大关山南东部出露的海口组占片区面积的 18% 左右，由深灰色、灰黄色的中—厚层状微—粉晶灰岩、亮晶砂屑灰岩、砾屑灰岩夹沥青质灰岩组成。其底部与中寒武统双龙潭组（ϵ_2s）呈平行不整合接触，顶部与宰格组（D_3z）底部黄灰色砾屑灰质白云岩呈整合过渡，层厚 153 m 左右，产状为 126°～130°∠30°～36°。该层也是区内岩溶漏斗发育的主要构成地层。

烟堆山出露的该段岩性特点与大关山相同，故不再赘述。其地层分布于北半部，构成一开阔向斜，呈近东—西向展布，两翼对称，南翼灰岩产状为 0°～15°∠10°～13°，北翼灰岩产状为 170°∠10°。该套岩层分布区岩溶洼地和岩溶漏斗较为发育，沿断层可见岩溶漏斗呈串珠状分布。

2. 上泥盆统宰格组（D_3z）

该组地层岩性组合为顶部灰、棕灰、肉红色的砂屑白云岩、砾屑白云质灰岩、泥质白云岩、粉—细晶白云岩及角砾状砾屑白云岩；中部为浅灰、砖红、褐黄、紫灰色的中厚—厚层细晶、粉细晶白云岩夹泥质灰岩及黄灰色薄层白云质泥岩、砾屑灰质白云岩、角砾状灰岩；底部为黄灰、灰紫色厚层角砾状灰质白云岩；厚度 > 123 m。

根据区域定义，该组以灰、灰微带红色厚层—块状白云岩为主，夹少量灰岩，局部夹灰绿色纸状页岩，厚 219 m，化石甚少，仅见层孔虫、介形类等。其下与海口组连续沉积，上被万寿山组平行不整合超覆，顶底界线十分清楚。该组地层广泛分布于宣威—东川—昆明—玉溪一带。在宣威宝山、银厂等地，其上部为细晶白云岩与灰岩或白云质灰岩互层，下部为白云岩夹泥（砂）质白云岩，厚 799 m 以上；在宣威榕峰顶、松籽树一带，为细—中晶白云岩夹数层泥质白云岩，顶部为白云质灰岩、蠕虫状灰岩，厚 492～523 m，于板桥东屯一带获腕足类 Hunanospirifer sp.、Cyrtospirifer sp.；在会泽矿山厂为粉—细晶白云岩，中部夹黄绿色泥质页岩、角砾状灰岩、泥质白云岩，顶部为蠕虫状灰岩，厚 293 m，底部获珊瑚 Disphyllum aff. duyunense、Cladopora sp.及腕足类、介形类；在沾益干沟为灰、灰带微红色中—细晶白云岩，中上部夹角砾状白云岩，顶部为泥晶灰岩夹泥质灰岩、白云岩，厚 526 m，含珊瑚、层孔虫、介形类化石；在嵩明小连登，其下部为灰岩夹含灰岩透镜体的白云岩，中上部为肉红色白云岩、角砾状白云岩、钙质白云岩，中部常夹页岩薄层，顶部为灰岩、生物灰岩，厚 415 m，距底界 33 m 以上获珊瑚 Disphyllum cylindricum、Hunanophrentis aff. Zaphrentoides，时代为晚泥盆世早期；在玉溪小石桥为白云岩及角砾状白云岩，下部夹灰绿色页岩，底部为砂（泥）质白云岩夹砂岩，厚 221 m。

该组在场区仅见于浑水塘中部及南部，占片区面积的 60%左右。在区内宰格组构成一宽缓的次级小向斜，北西翼岩层产状为 126°～145°∠28°～30°，南东翼岩层产状为 305°∠24°；岩性组合为灰、深灰、棕灰、紫灰色的泥质白云岩、砂质白云岩、粉—细晶白云岩及角砾状砾屑白云岩，中部夹黄绿色泥质页岩、灰色角砾状灰岩，顶部为蠕虫状灰岩，底部以黄灰色厚层角砾状灰质白云岩与海口组上段深灰色灰岩整合接触。其分布地带岩溶洼地、岩溶漏斗、溶沟、溶脊、石芽十分发育，是区内岩溶地貌发育的主要地层层位。

2.2.3　石炭系

场区内出露的石炭系仅见于驾校训练基地北东角，分布面积有限，按其岩性组合共划分为两个岩石地层单位，即下统大塘组和中统威宁组。

1. 下石炭统大塘组（C_1d）

该组地层为灰白—肉红色中—厚层状砂屑灰岩、生物碎屑灰岩夹鲕粒灰岩透镜体，底部有不连续的紫红、黄绿色薄层钙质泥岩、泥灰岩夹铝土质页岩、透镜状粉砂质铝土岩，厚 37 m。

2. 中石炭统威宁组（C_2w）

该组地层为浅灰、灰白色的厚层—块状微晶灰岩、砂屑灰岩、生物碎屑灰岩，底部为粗晶灰岩，厚 93 m。其与下伏大塘组为整合接触，上未见顶。

按《云南省岩石地层》（张远志主编，1996）清理资料，将大塘组和威宁组定义为黄龙组（C_2-P_1hn）。该组在昭通—富民—昆明—峨山—石屏连线以东云南范围内均有出露。区域岩性共同特征：一是色浅、质纯、层厚；二是不含镁质碳酸盐岩夹层。该组地层属开阔台地相及台内鲕滩相沉积，古生物以 Pseudostaffella-Fusulinella-Fusulina 和 Triacites 为代表，沉积厚度为 21.8～1 612.8 m，由北向南增厚。其接触关系各地有所变化：在昭通为梁山组平行不整合所覆；南至宣威、砚山一带，与上覆马平组，下伏大埔组或梓门桥组、万寿山组连续沉积；向西邻近古陆边缘的富民、昆明、玉溪一带，常整合覆于大埔组或万寿山组之上，为梁山组平行不整合覆盖。该组地层的形成时间，总的显示出南先于北的沉积规律，是一典型的穿时岩石地层单位，其地质时代为早石炭世晚期—晚石炭世晚期。

1∶5 万大板桥镇幅（云南省地矿局，1986）将其分为大塘组和威宁组，认为岩性组合可上下两分，与区域上黄龙组定义有别。经实地调查，本次工作仍沿用两分方案。

2.2.4 二叠系

场区内仅见二叠系下统，分布于驾校训练基地北东角，呈北北西—南南东向薄条带状展布，按其岩性组合可划分为三个岩石地层单位，即下二叠统倒石头组和阳新组，后者进一步分为下部的栖霞段和上部茅口段。

1. 下二叠统倒石头组（P_1d）

该组地层岩性为褐黄色、黄灰色的页岩、铝土质泥岩，夹灰黑色砂质泥岩、黑色铁质泥岩、煤线及劣质煤，厚 6~15 m，与下伏威宁组为平行不整合接触，与上覆阳新组灰岩呈整合接触。

该组地层的区域定义与四川省内梁山组（P_1l）相当，后者岩性以黑色页岩、碳质页岩、灰白色黏土岩为主，夹粉砂岩及煤层，偶夹少量灰岩凸镜体，含植物及腕足类等化石，平行不整合覆于韩家店组或大路寨组黄绿色页岩及回星哨组暗红色粉砂岩、页岩之上，局部可平行不整合覆于黄龙组灰岩之上，与上覆栖霞组或阳新组灰岩多为整合接触。其岩性及厚度变化较大，具有西厚东薄的特点。本组底界为一区域性平行不整合面，在盆地其他地区多超覆于志留系不同层位之上；上覆层为厚层灰岩，顶界划分标志清楚。

本组含以植物、腕足类为主的生物群化石，主要有植物 Pecopteris、Sphenophyllum、Lepidodendron 等，腕足类 Orthotichia、Spiriferella 等；后者在区域上较罕见。

2. 下二叠统阳新组栖霞段（P_1y^1）

该组地层为浅灰、灰—深灰色的厚层状泥—微晶灰岩、生物碎屑灰岩，局部见方解石细脉、网脉、团块及晶洞，厚 82 m。

该组地层区域定义与四川省栖霞组相当，以深灰—灰黑色薄—厚层状石灰岩为主，含泥质条带及薄层，具眼球状构造，含䗴类、珊瑚、腕足类及牙形石等化石，与下伏梁山组（场区内称为倒石头组）黑色含煤岩系及上覆茅口组（场区内称为阳新组茅口段）浅灰色块状灰岩均为整合接触。本段在盆地的中部及东部分布广泛而稳定，以深灰—黑色灰岩为主，多见块状构造及微晶、泥晶结构，时夹生物介屑或骨屑灰岩、硅质灰岩及硅质条带、结核，灰岩中普遍含较高的沥青质及硅质，局部见白云岩化及发育的眼球状构造，一般厚数十米至 300 余米。其与上覆茅口段互为消长，由西向东厚度有由薄增厚的趋势。所含化石主要有䗴类 Schwagerina、Nankinella、Misellina、Pisolina 等，珊瑚 Hayasakaia、Wentzellophyllum，以及腕足类等。

场区内该段见于横山的北西方向，是当地作为石灰石矿或水泥原料矿开采的主体矿层。岩层产状 190°~200°∠12°~16°，局部岩层倾角达 30°（在采石场断层北西盘可见），广泛发育溶沟、溶槽、石芽等岩溶地貌，厚约 136 m。

3. 下二叠统阳新组茅口段（P_1y^2）

该组地层为浅灰、灰白色的厚层—块状白云质"豹斑"微晶灰岩、生物碎屑灰岩，夹灰色中—厚层状微晶灰岩；上部见似层状、透镜状浅紫灰色块状角砾状灰岩（同生砾岩），砾石成分以浅灰—灰白色粉—细晶白云岩、白云质灰岩为主，微晶灰岩次之，砾径 3~25 cm，以

3～10 cm 为主，呈次圆状，分选性差—中等，以钙泥质胶结为主，厚>230 m。

该组地层区域定义与四川省茅口组相当，以浅灰—灰白色厚层—块状石灰岩为主，夹白云岩及白云质灰岩，含硅质结核及条带，产蜓类、珊瑚及腕足类等化石，与下伏栖霞组深灰—灰黑色石灰岩及上覆吴家坪组底部页岩（王坡页岩）呈整合接触或与上覆双龙潭组含煤砂、泥岩呈整合或平行不整合接触。其岩性稳定，厚度变化大，从不足百米至 600 m 以上，且与栖霞组相互消长。该组地层以传统的"黑栖霞，白茅口"的方法划分，其他标志均不可靠。本组含多门类化石，主要有蜓类 Neoschwagerina、Verbeekina、Chusenelda、Schwagerina、Pseudodoliolina、Afghanella、Neomisellina、Yabeina，珊瑚 Ipciphyllum、Wentzelella、Tachylasma，腕足类 Cryptospirifer、Neoplicatifera，以及少量菊石、有孔虫、牙形石等。

场区内该组岩层产状 190°～195°∠10°～12°；上部的灰白色厚层白云质灰岩，俗称"豹斑状灰岩"，表面风化特征明显显示出白云质与灰质的差异风化特征，前者如"豹斑"状凸起，并广泛发育溶沟、溶槽、溶脊、石芽等岩溶地貌。

2.3 地质构造

场区位于扬子陆块西南缘的康滇地块中南部的东缘断块，夹持于东侧全新世活动的小江断裂带和西侧中更新世活动的普渡河断裂带之间，东邻上扬子地块，西接康滇地块中部断块。区域构造断裂有小江断裂、白邑—横冲断裂等。

从场区及区域的构造格局、变形特征、演化历史及深部构造来看，地壳构造无论是晚近时期还是在地史时期，都具有以边界断裂活动为特征的断块构造性质。在区域上，各块体的盖层沉积建造的岩相、厚度发育程度和分布有显著的差异，这种差异明显地受断块间不同深度的断裂控制；构造变形亦如此，即断块边缘断裂带构成了变形强烈的活动带（强变形域），断块内部则为变形较弱的稳定区（弱变形域）；现代构造运动及构造地貌特征也显示出断裂活动继承性和断块的运动学特征。

场区及区域构造是以断裂为边界的断块构造，断块之间的相互作用造成了结合带及其两侧地质体发生褶皱、断裂等变形，从而产生与之相关的构造特征及构造形态。由于场区处在断裂强变形带之间的弱变形断块域中，故总体构造简单。

按构造线方向，场区处于川滇经向构造体系与新华夏系构造体系结合部位，区内构造的形成与演化同时受两大构造体系制约和影响，即断块边界以 SN 向、内部以 NE—NEE 向构造为主构成场区的基本构造格架；除此之外，场区南东受断裂的影响亦产生局部 NW 向构造，对场区构造格架也有一定的影响。

2.3.1 褶皱构造

场区褶皱构造简单，主要集中发育在羊桃箐—苏家坟断裂北东，包括由区域构造应力场作用形成的控制性褶皱和由断裂活动派生的断层褶皱；控制性褶皱轴线（转山背斜）总体呈 EW—NEE 向，东段为 NEE 向，西段为 EW 向，构成微向南突出的弧形构造；派生（断层）褶皱构造由一系列发育在 F_{10} 断层旁侧呈雁列状排列的褶皱群组成（图 2.3-1、图 2.3-2）。

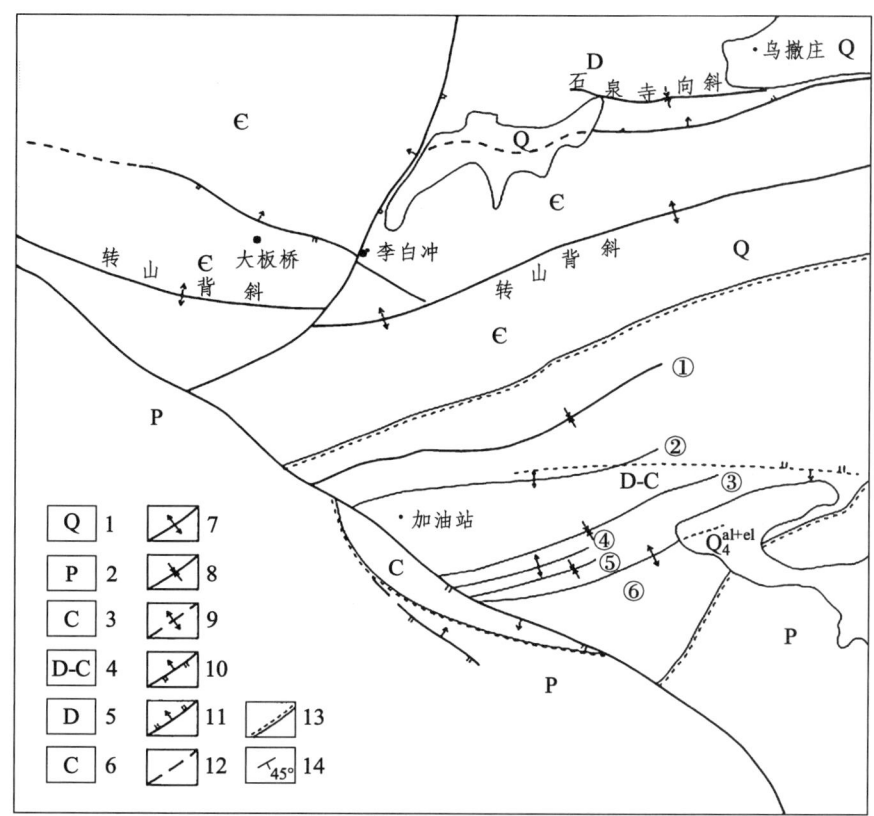

1—第四系；2—二叠系；3—石炭系；4—泥盆-石炭系；5—泥盆系；6—寒武系；
7—背斜；8—向斜；9—推测背斜；10—逆断层；11—正断层；12—推测断层；
13—地层平行不整合界线；14—地层产状。

图 2.3-1　场区地质构造纲要图

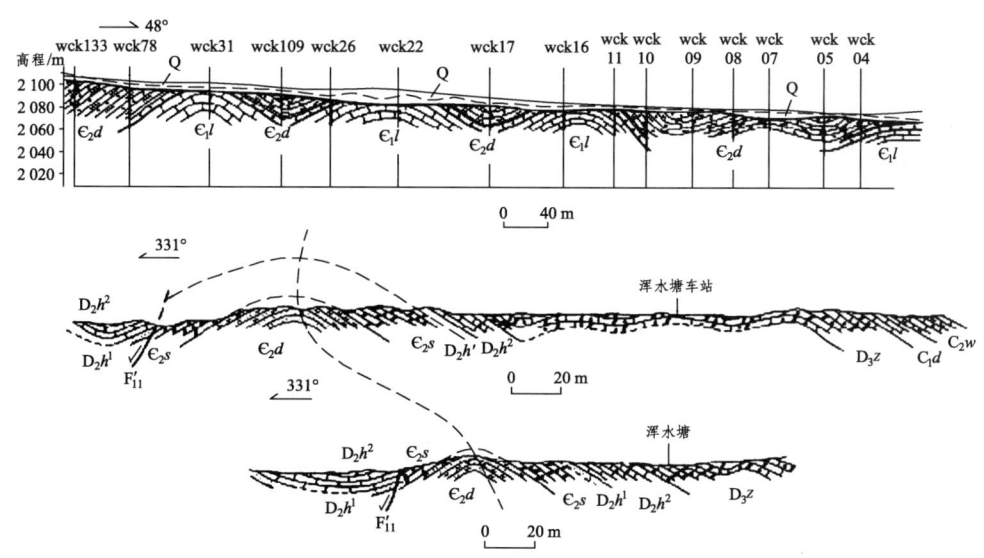

图 2.3-2　场区褶皱构造剖面图

1. 控制性褶皱构造——转山背斜

1）转山背斜东段构造特征

转山背斜东段分布于场区中北部，东起于梨凹，经过马鞍山以北，沿徐家山一线展布，在李白冲南穿过西跑道，于李白冲西南侧终止于 F_{12} 断层处。背斜在场区范围内延伸长度为 3~4 km，出露宽度约 1 km。褶皱在穿过徐家山的路线上，以及在李白冲南西侧的一系列钻孔（wck4~wck26）资料中均能确定其存在。卷入背斜地层为中寒武统陡坡寺组（ϵ_2d）、中寒武统双龙潭组（ϵ_2s）、中泥盆统海口组（D_2h）。由中寒武统陡坡寺组（ϵ_2d）组成背斜的核部地层，中泥盆统海口组构成背斜翼部。由于断层的破坏，背斜北翼地层出露不够完整，使其对称性不很显著，但自背斜核部向北翼，地层总体变新；背斜的南翼地层出露完整，依次出露中寒武统双龙潭组（ϵ_2s）、中泥盆统海口组（D_2h）以及上泥盆统宰格组（D_3z）、下石炭统大塘组（C_1d）和中石炭统威宁组（C_2w），构成完整的向南依次地层变新的翼部。

背斜东段轴线呈 NEE 向展布，西跑道附近呈近 EW 向延伸。背斜东段北翼代表性产状为 330°~347°∠10°~42°，南翼代表性产状为 125°~167°∠25°~36°，轴面产状为 332°∠87°，枢纽产状为 64°∠4°，根据计算所得数据可以判断该褶皱为两翼产状基本对称的开阔直立水平褶皱，微向 NEE 方向倾伏，倾伏角较小。

转山背斜在李白冲以东的区域内发育规模较大，使得陡坡寺组地层在该区域急剧变宽。根据钻孔资料的大致分析，转山背斜在该区域内并非一个单一的背斜，而是由一系列较小相间排列的背向斜组成，但这些小型褶皱在总体上显示出复式背斜的特征。

2）转山背斜西段构造特征

转山背斜西段分布于大山一带，褶皱延伸方向大致与大山山脊方向一致，褶皱东侧在李白冲以南约 250 m 处被 F_{12} 断层所截。该背斜在场区范围延伸长度约 1.5 km，出露宽度约 1 km。该褶皱在地表出露较差，通过钻孔资料（wck18~wck21）可以判断该褶皱的存在。

卷入背斜地层为下寒武统龙王庙组（ϵ_1l）、中寒武统陡坡寺组（ϵ_2d）、中寒武统双龙潭组（ϵ_2s）。由下寒武统龙王庙组（ϵ_1l）组成背斜的核部地层（主要由钻孔揭露，地表仅见于大山南东侧深切割沟谷底），中寒武统双龙潭组构成背斜翼部。由于 F_{10} 断层的破坏，褶皱南翼仅出现中寒武统陡坡寺组（ϵ_2d）；断层北翼出露中寒武统陡坡寺组（ϵ_2d）和中寒武统双龙潭组（ϵ_2s）地层，由于 F_{183} 断层的影响，中寒武统陡坡寺组（ϵ_2d）在北翼出露变宽。从总体地层分布情况来看，从背斜的核部向两翼，地层逐渐变新。

背斜轴线呈 EW 向展布。背斜北翼总体产状为 355°~5°∠10°~30°，南翼总体产状为 170°~180°∠20°~30°，轴面产状为 358°∠87°，枢纽产状为 87°∠1°，根据计算所得数据可以判断该褶皱为两翼产状基本对称的开阔直立水平褶皱，如图 2.3-3 所示。

该褶皱并非为两翼产状稳定的褶皱，而是在褶皱的两翼上均发育一些次级的小褶皱，但规模较小，影响范围仅限同一地层中。故该背斜总体上表现为轴线近东西向的复式背斜。

2. 断层褶皱构造

1）石乾寺向斜构造特征

石乾寺向斜分布于场区中北部，西起于石乾寺以西约 500 m 处，经过石乾寺向东延伸，在乌撒庄附近被第四系覆盖而隐伏于其下未出露。向斜在场区范围延伸长度约 1.5 km，出露宽度约 0.5 km，总体呈一向南凸出的弧形，如图 2.3-4 所示。

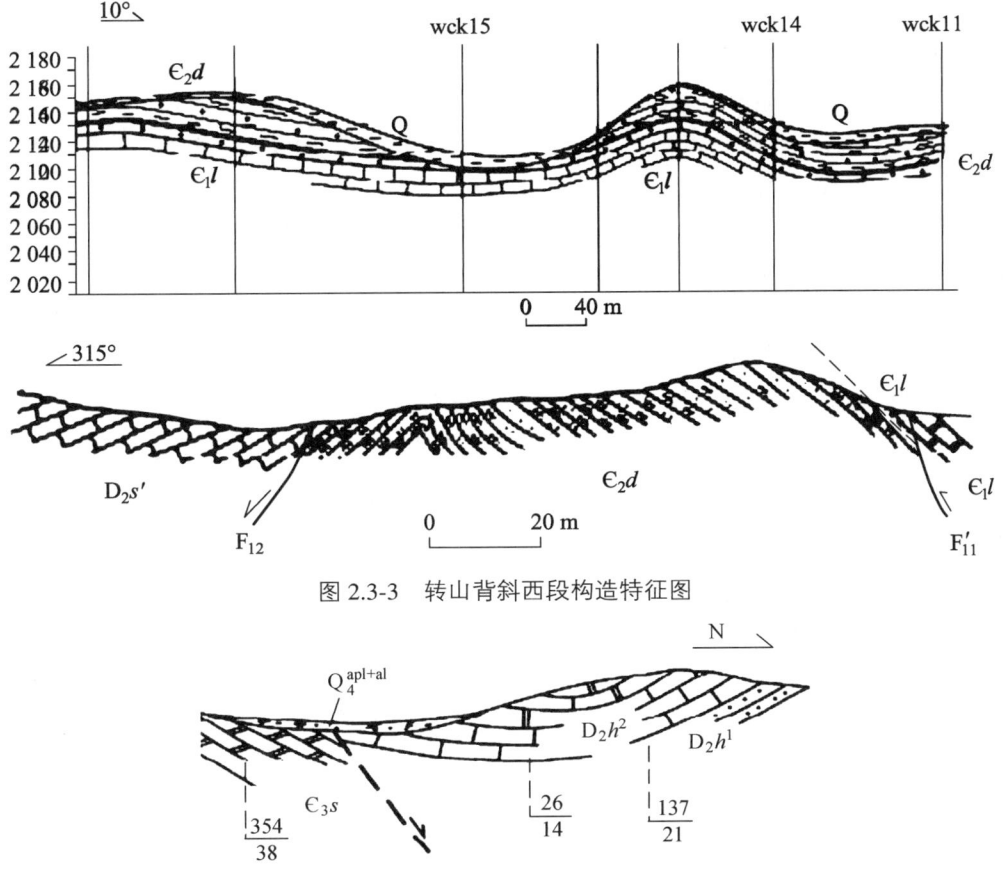

图 2.3-3 转山背斜西段构造特征图

图 2.3-4 石乾寺向斜构造特征图

石乾寺向斜南与转山背斜东段相邻,但在褶皱规模、变形强度和褶皱幅度等方面均大大逊色于转山背斜,故该向斜应属转山背斜北翼上的次级构造。同时,断层 F_{181} 延伸方向与该向斜的延伸方向基本一致,故该向斜的形成受 F_{181} 断层的影响,有很大可能是 F_{181} 断层牵引而引起褶皱形成的。

卷入向斜地层为中泥盆统海口组(D_2h)碎屑岩和碳酸盐建造、中寒武统双龙潭组(ϵ_2s)地层,前者组成向斜核部,后者构成向斜的两翼;南翼由于断层的破坏而地表出露不全。通过钻井揭露,在向斜南翼海口组上部碳酸盐建造之下存在海口组下部碎屑岩地层,表明向斜存在地层的对称性。

向斜轴线呈近 EW 向展布,向斜两翼产状较为平缓,向斜北翼代表性产状为 175°~220° ∠10°~15°,南翼代表性产状为 330°~0°∠10°~30°,轴面产状为 177°∠84°,枢纽产状为 267° ∠4°,为两翼产状基本对称的开阔直立水平褶皱。

2)浑水塘褶皱群

该褶皱群分布于场区中部,主要在浑水塘油库、水电十四局和横山之间的区域内,褶皱的轴迹大致平行延伸,总体方向近东西向,局部有所变化。

浑水塘褶皱群北与转山背斜相邻,但在褶皱规模、变形强度和褶皱幅度等方面均大大逊色于转山背斜。褶皱群发育于 F_{10} 断层东(下)盘并与断层相邻,在地表与断层呈约 45°夹角相交,但不跨越断层,并且在断层西(上)盘未见其踪迹;同时,该褶皱群具有邻近断层附近褶皱密集紧闭、变形强，远离断层褶皱稀疏、变形弱的特点。显然，该褶皱群的形成与F_{10}断层存在一定的几何-力学关系，是由F_{10}断层右旋走滑活动而派生的次级构造。

①号向斜（浑水塘向斜）分布于浑水塘油库至水电十四局一带，东段呈NEE向延伸，西段大致呈EW向延伸。延伸长度约1.5 km，出露宽度为200～500 m。总体延伸方向有一向南凸出的趋势。卷入向斜地层为上泥盆统宰格组碳酸盐建造（D_3z），组成向斜核部和翼部地层，表明向斜褶皱幅度低和变形强度弱。向斜东段轴线呈近NEE向展布，东段北翼代表性产状为145°～170°∠20°～35°，南翼代表性产状为340°～25°∠10°～30°，轴面产状为349°∠85°，枢纽产状为78°∠5°，为两翼产状基本对称的开阔直立水平褶皱。西段受断层影响，轴迹走向近EW向，北翼代表性产状为200°～210°∠55°～60°，南翼代表性产状为325°～335°∠60°～65°，轴面产状为177°∠86°，枢纽产状为264°∠39°，为直立倾伏褶皱。

②号背斜（浑水塘加油站背斜）分布于浑水塘加油站至铁路液化气公司一带，东段呈SEE向延伸，西段大致呈EW向延伸。延伸长度约1.2 km，出露宽度约200 m。总体延伸方向有向北凸出的趋势。卷入背斜地层为上泥盆统宰格组碳酸盐建造（D_3z），组成向斜核部和翼部地层，表明背斜的褶皱幅度低、规模小和变形强度弱。该背斜北翼代表性产状为350°～5°∠25°～35°，南翼代表性产状为190°～210°∠30°～40°，轴面产状为10°∠88°，枢纽产状为280°∠7°，为直立水平褶皱。

③号向斜（铁路向斜）分布于浑水塘加油站至铁路液化气公司之间的铁路沿线一带，呈EW向延伸。延伸长度约1 km，出露宽度约100 m。卷入背斜地层为上泥盆统宰格组碳酸盐建造（D_3z），组成向斜核部和翼部地层。该向斜北翼代表性产状为200°～210°∠35°～55°，南翼代表性产状为5°～20°∠30°～40°，轴面产状为20°∠85°，枢纽产状为290°∠5°，为直立水平褶皱。

④号背斜分布于铁路沿线以南，呈EW向延伸。延伸长度约500 m，出露宽度较小。卷入背斜地层为上泥盆统宰格组碳酸盐建造（D_3z），组成向斜核部和翼部地层。该向斜北翼代表性产状为5°～10°∠30°～40°，南翼代表性产状为172°∠19°，轴面产状为182°∠82°，枢纽产状为93°∠4°，为直立水平褶皱。

⑤号向斜分布于铁路沿线以南约150 m一带，呈EW向延伸。延伸长度约400 m，出露宽度较小。卷入向斜地层为上泥盆统宰格组碳酸盐建造（D_3z），组成向斜核部和翼部地层。该向斜北翼代表性产状为172°∠19°，南翼代表性产状为347°∠30°，轴面产状为169°∠84°，枢纽产状为259°∠1°，为直立水平褶皱。

⑥号背斜分布于横山以北500 m一带，呈EW向延伸。延伸长度约800 m，出露宽度较小。卷入背斜地层为上泥盆统宰格组碳酸盐建造（D_3z），组成向斜核部和翼部地层。该向斜北翼代表性产状为200°∠20°，南翼代表性产状为335°∠10°，轴面产状为5°∠84°，枢纽产状为276°∠5°，为直立水平褶皱。

①～⑥号褶皱总体上呈EW延伸，局部受F_{10}断层的影响有所变化。褶皱群中一系列褶皱规模较小，呈短轴状产出，影响地层均只有上泥盆统宰格组碳酸盐建造（D_3z）；向斜背斜相间排列，总体趋势上背斜较为宽缓，向斜较为紧闭，显示出隔槽式特征。从发育的构造部位来看，它们应该是由F_{10}断层活动形成的派生牵引构造，或者是由隐伏断层活动形成的断褶构造。

2.3.2 场区断裂构造

工程区断裂不太发育,除羊桃箐—苏家坟断裂(F_{10})具有一定规模,对构造变形具有局部分区意义外,其他断裂构造(如 F_{12}、F_{18} 和 F_{101}、F_{102})规模相对较小,仅属于小级别断裂,且变形微弱,变形方式以发育浅表层次的脆性断层为特征。因此,初勘阶段对羊桃箐—苏家坟断裂(F_{10})进行较为详细研究。场区构造断裂简表见表 2.3-1。

表 2.3-1 场区断裂构造简表

断裂名称	断裂编号	断层规模		断层产状			两盘地层		性质	
		长度/km	宽度/m	走向	倾向	倾角	上盘	下盘	位移	力学
羊桃箐—苏家坟断裂	F_{10}	6	5~8	320°~340°	SW(E)NE(W)	50°~60°	P_1y	ϵ_2d、ϵ_2s、D_2h、D_3z、C_1d、C_2w	正-逆-平移	挤压-剪切
石灰窑断层	F_{101}	0.4	2~3	310°	58°	76°	P_1y	P_1y	逆	挤压
仰天窝断层	F_{102}	2	2~3	300°	210°	75°	C_1d、D_3z	C_1d、D_3z	逆	挤压
白汉场—西冲断裂	F_{12}	3	2~4	20°~40°	290°~310°	70°	ϵ_1l、ϵ_2d、ϵ_2s	ϵ_2d、ϵ_2s、D_2h	逆	挤压
荷包塘—乌撒庄南断裂	F_{181}	3	3~4	近EW	N	70°	ϵ_2s	D_2h	正	挤压-张
花箐—李白冲断裂	F_{183}	2	2~5	近EW	N	70°	ϵ_2d	ϵ_1l	逆	挤压

1. 羊桃箐—苏家坟断裂(F_{10})

该断裂整体由分布在白邑盆地东、西两侧的北西向断裂组成,总长约 29 km,被白邑—横冲断裂带分割为东西两段,其中白邑盆地东侧断裂(即羊桃箐—苏家坟断层)起于白邑盆地南端,往南东方向经庄房、汗冲、下麻种、石将军以东、横山东麓,止于羊桃箐,横贯整个场区,通过东、西跑道南西端,长约 20 km,在场区范围展布长约 6 km,是场区内规模最大、对场区工程影响最大的断裂构造。它也是场区范围内南北两个不同方向构造格局分区的界线,断裂西南地区构造线呈 NW 向,而北东地区构造线则呈近 EW 向。

断裂的连续性较好,总体走向为 320°~340°,呈舒缓波状延伸,断面在浑水塘油库以南倾向南西,而油库以北则倾向北东,倾角在 50°以上,具有枢纽断层的断面特征。断层南西盘为上二叠统阳新组碳酸盐建造,下盘地层为寒武系—二叠系碎屑岩-碳酸盐建造。

根据断裂(F_{10})的产状、擦痕-阶步、牵引褶皱等运动学资料,该断裂至少有三期、多性质的运动学特征:① 根据断裂倾向南西、上盘地层为上石炭统—中二叠统、岩层与断层走向近于一致、断层倾角大于岩层倾角和上盘地层较下盘地层新的地层结构及断层效应来看,该断裂总体显示出具有南西盘下降、北东盘上升的正断层性质;② 根据岩层与断层走向大角度斜交，断裂破坏了华力西期的近 EW 向褶皱构造，派生近东西向浑水塘褶皱群的特征来看，断层显示为右行（顺扭）平移运动性质；③ 根据断裂带中构造变形性质来看，断裂则显示为以挤压为主的逆断层。因此，该断裂是一条具有多期活动、多性质运动的复杂构造。

在场区，断层多处出露，其中在贵昆铁路复线开挖路基边坡可见较好的露头，清楚地显示了其变形特征（图 2.3-5），断层北（下）盘由上泥盆统宰格组（D_3z）浅褐红色厚层—块状角砾状白云质灰岩、角砾状灰质白云岩组成。在近断层 300 m 范围内岩层揉皱强烈，发育一系列中小型规模的牵引褶皱；岩层总体向南、南东陡倾，局部甚至倒转，代表性产状为 160°～190°∠30°～80°。断层南（上）盘由中石炭统威宁组（C_2w）砖红色、褐红色、紫灰色厚层—块状砾屑灰岩、砂屑灰岩夹紫色、紫红色钙质粉砂岩、泥岩组成。岩层走向与断层走向基本一致，整体向南西缓倾，倾角随距离断层远近而变化，近断层附近，岩层倾角与断层面倾角基本一致，远离断层逐渐变缓，总体为断层倾角大于岩层倾角。断层变形较为强烈，构造带可宽达十几米至数十米，主要由断层影响带（破裂岩带、密集节理带）组成，上盘牵引构造发育，真正变形强带仅宽 5～8 m，并具有明显的构造分带性。

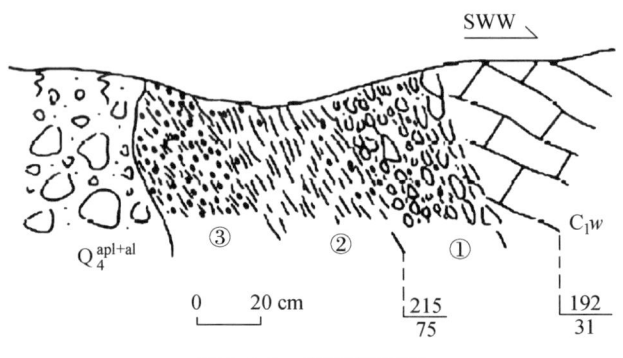

图 2.3-5 断层剖面图

劈理化细构造角砾岩带宽 10 cm，角砾含量 70%～80%，角砾被密集的劈理切割而成，并被劈理所包绕，形态为次圆—次棱角状和椭球状，角砾边缘有较为明显的搓磨现象，砾径为 0.3～0.5 cm，成分主要为灰岩。

2. 白汉场—西冲断裂（F_{12}）

该断裂东北端始自白汉场一带，向南经西冲、小高坡、荷包地、李白冲，西南在石将军采石场终止于羊桃箐—苏家坟断裂，前人认为是由两条近于平行的北东—北北东向小规模断层组成。野外调查确认其西支（即大石桥南公路一线）断裂并不存在而予以否定；东支断裂存在且规模相对较大，场区内长度为 3 km，与西跑道近于平行延伸，与跑道的距离为 0.2～0.5 km。

断裂呈 NE—NNE 向展布，北段（白汉场—李白冲）呈北北东（N20°—40°E）向、南段（李白冲—采石场）呈北东向（N40°—60°E）延伸，西支呈稳定的北东向（N30°—35°E）。断裂面倾向北西，倾角在 70° 以上。

尽管场区内未能清楚地观察到断层露头，但根据地层的展布及断层引起的地层效应分析，不难确定断层的存在和断层的性质：断层两盘地层均为古生界，西（上）盘主要由下寒武统龙王庙组（$Є_1l$）和中寒武统陡坡寺组（$Є_2d$）、双龙潭组（$Є_2s$）组成，地层时代较老；东盘（下）

则由中寒武统陡坡寺组（ϵ_2d）、双龙潭组（ϵ_2s）和中泥盆统海口组（D_2h）等地层构成，时代相对较新。断层西盘应为上升盘，东盘为下降盘；另根据断层斜切岩层引起的效应，断层西（上）盘北倾，面状地质界限有规律地向其倾向方向（北）产生视错动，同样显示断层西（上）盘应为上升盘，东（下）盘为下降盘，故该断层位移类型为逆断层。

根据前人在场区北部对断裂的研究，断裂构造岩不甚发育，破碎带宽度一般不超过 10 m，以碎裂岩为主，局部片理化强烈，两侧地层牵引褶曲发育，软弱岩层膝折明显，显示为脆性变形，力学性质表现为压剪特征。

通过本次地质调查，可以发现沿 F_{12} 断裂未见断层三角面等断错地貌或水系的同步扭动，断裂经过之处的岩溶洼地、岩溶漏斗形态完整，无位错痕迹。基岩上覆的晚更新世—全新世堆积物（主要为残坡积物）均未见后期构造变形痕迹；地貌的总体形态反映出该断裂第四纪以来无明显的活动性。

3. 长坡—金竹沟断裂（F_{18}）

前人认为该断裂是由 3 条近东西向的断裂组成，即展布于场区北部的 F_{181}、分布于李白冲以东的 F_{182} 和李白冲以西的 F_{183}。通过野外调查和钻孔验证，F_{182} 断层是与 F_{183} 为同一断层，只不过被 F_{12} 错切而已；而 F_{181} 和 F_{183} 应为两条几何特征和位移类型不同的断层，将其作为同一断层（系）显然不太合适，故本次工作将其分解为两条并重新命名，即"荷包地—乌撒庄南断裂"（F_{181}）和"花箐—李白冲断裂"（F_{183}）；同时认为，前者（F_{181}）的西段应从荷包塘南洼地中通过（已经钻探所证实）为正断层，而后者（F_{183}）为逆断层。断裂东始金竹沟，向西分别经由长坡、葛藤沟、承龙水厂、石乾寺、乌撒庄、李白冲，止于花箐以西的冲沟中，全长约 8 km，场区内长度约 5 km，穿过西跑道北端。

4. 石灰窑断裂（F_{101}）

该断裂发育于东跑道南段的采石场，是本次野外调查新发现的一条断裂。断裂近似平行于羊桃箐—苏家坟断裂，呈 NW—NE 向展布，倾向 NE，倾角较陡（断层面产状 58°∠76°），延伸长度不详。断裂两盘均为中二叠统栖霞组浅灰色灰岩，上盘岩层产状为 192°∠32°，下盘为 211°∠24°；断层与地层倾向相反，显示为逆断层性质。

5. 仰天窝断层（F_{102}）

这是一条根据物探异常经地表和钻孔验证而确定的断层。断裂异常带西起于浑水塘加油站北，向东在浑水塘火车站穿过铁路沿冲洪积扇边缘展布，控制长度约 2 km。

断层异常带绝大多数地段展布在上泥盆统宰格组地层中，东段穿切于下石炭统大塘组地层中；总体呈近东西走向，在断层东段地表露头测得断层面产状为 203°∠75°。地表露头处上盘为下石炭统大塘组浅灰色灰岩，岩层产状为 212°∠45°；下盘为上泥盆统宰格组角砾状白云岩，岩层产状为 155°∠21°；显示为逆断层结构。

6. 乌龙潭断层（F_{16}）

这是一条根据地质结构和钻孔验证而确定的断层。断裂沿国道 302—长水村科技示范园支路一线呈 NNW 向展布，推测长度约 3 km。

2.4 水文地质条件

2.4.1 气象和水文

昆明新机场属典型的亚热带高原季风气候类型,其特征是四季不甚明显,干雨季分明。据宝象河气象站(标高 2 040 m)资料,其多年平均降水量为 836.57 mm;5 月至 10 月为雨季,降水量占年降水量的 78%;11 月至来年 4 月为干季,降水量占全年降水量的 22%。据呈贡气象站资料,其多年平均蒸发量为 2 086 mm,在时间分布上:3 月至 5 月蒸发量最高,为 258~276 mm;11 月至 12 月蒸发量最低,为 111~115 mm;其余各月居中,为 137~183 mm。据呈贡气象站资料,其多年平均气温 14.6 ℃,极端低温-8.1 ℃,极端高温 30.4 ℃。

场区地处螳螂江流域与牛栏江流域分水岭地带,同属金沙江水系。南部有宝象河,其汇流面积 246 km²,主流发源于老爷山西麓,经大板桥、官渡注入滇池。全长 38 km,平均纵坡降 6.1‰,河流上游是 V 形峡谷,中、下游是 U 形宽谷。宝象河明显受降雨控制而径流量变化很大,可以看出,其年总量波动于 0.39 亿~1.6 亿立方米,多年平均为 0.99 亿立方米。其中:雨季流量 0.73 亿立方米,占年总量的 73%;干季流量 0.26 亿立方米,占年总量的 27%。

沿宝象河上游各支流建有三个小水库:宝象河水库,坝高 35.2 m,蓄水量 2 091 万立方米;铜牛寺水库,坝高 12.9 m,蓄水量 118 万立方米;天生坝水库,蓄水量 232 万立方米,坝高 32 m。它们均用于农田灌溉。

北部分布花庄河,源头为石乾寺沟,流经杨官庄水库、花庄水库、八村水库与兑龙河交汇后入嵩明境内,全长 24 km,径流面积 170.81 km²。工程区的石乾寺沟,经人工修筑为渠,断面尺寸为 1.3 m×1.5 m,流量为 2.0~50 L/s。其源头为老巴山,汇聚上游小白龙水库及沟谷来水,于荷包地西侧的岩溶脚洞流入山体,于乌撒庄石乾寺地段以泉水形式排泄,向北流向杨官庄水库。

机场场区在大区域上南属普渡河水系,北属牛栏江水系;小区域上以 F_{10} 断层附近的 P_1d 为界,南属宝象河水系(大板桥),北属花庄河水系(杨官庄)。

2.4.2 地下水类型

按其在岩(土)体中的赋存形式,地下水可分为孔隙水、裂隙水和岩溶水三大类型。裂隙水根据埋藏条件及含水层的分布特征可划分为层状裂隙水和风化裂隙水;根据赋存地下水空间、形态的差异,岩溶水可分为岩溶裂隙溶洞水和岩溶裂隙水。场区地下水类型划分结果见表 2.4-1。

场区主要出露三大岩类,即第四系松散堆积物、碎屑岩类及碳酸盐岩。根据其孔隙与溶蚀特征,可将它们划分为孔隙水中等富水层(包括部分碎屑岩风化裂隙中等富水层)、岩溶富含水层、碎屑岩裂隙弱富水或相对隔水层,具体叙述如下:

① 第四系冲洪积物(Q_4^{pl+al})与残坡积物(Q_4^{el+dl})构成的孔隙含水层:层厚 0~25 m 不等,孔隙度较高,渗水、含水性均较好;主要分布于李白冲、浑水塘等山间盆地中,以含细砾砂土、细砾黏性土、碎石黏性土、细砾红色黏土、细碎屑为主,细碎屑岩分布区为浅黄色、褐黄色含角砾黏性土。

表 2.4-1　地下水类型划分一览表

岩石（土）类型		地下水类型		含水层（组）
第四系松散土体		孔隙水		Q_4^{pl+al}、Q_4^{el+dl}、Q_4^{el}、Q_3^{pl+al}、Q_1^l
沉积岩	碳酸盐岩	岩溶水	裂隙溶洞水	E_2l^1、$P_1y^2+P_1y^1$、C_2w、C_1d^2、D_3z、ϵ_1l、$\epsilon_1y^5-Z_3y^{2+3}$
	碳酸盐岩夹碎屑岩		岩溶裂隙水	D_2h^2、ϵ_2s
	碎屑岩	裂隙水	层状裂隙水	D_2h^1、O_1t、ϵ_2d^2、ϵ_1c^1
			风化裂隙水	E_2l^2、P_1d、C_1d^1、ϵ_2d^1、ϵ_2c^2、ϵ_1q^2、ϵ_1q^1

② 碳酸盐岩富含水层。场区大多出露灰岩与白云岩，从新到老有：茅口段灰岩（P_1y^2）和栖霞段灰岩（P_1y^1），总厚达 230~300 m；威宁组（C_2w），浅灰、灰白色厚层—块状微晶灰岩、砂屑灰岩、生物碎屑灰岩，厚度为 93 m；大塘组（C_1d），灰白—肉红色中—厚层状砂屑灰岩、生物碎屑灰岩夹鲕粒灰岩透镜体，底部有不连续的紫红、黄绿色薄层钙质泥岩、泥灰岩夹铝土质页岩、粉砂质铝土岩透镜状夹层，厚度为 37 m；宰格组（D_3z），岩性组合为顶部灰、棕灰、肉红色的砂屑白云岩、砾屑白云质灰岩、泥质白云岩、粉—细晶白云岩及角砾状砾屑白云岩，中部浅灰、砖红、褐黄、紫灰色的中厚—厚层细晶、粉细晶白云岩夹泥质灰岩及黄灰色薄层白云质泥岩、砾屑白云质灰岩、角砾状灰岩，底部为黄灰、灰紫色厚层角砾状灰质白云岩，厚度>123 m；海口组（D_2h），顶部为中厚层浅灰、灰色中—微晶灰质白云岩夹薄层砂岩，中部为深灰色、灰黑色中—厚层状鲕粒灰岩、砂屑灰岩、生物碎屑灰岩、角砾状砾屑灰岩夹黄灰色薄层泥质细砂岩、砂质泥岩及黑色钙质泥岩，发育瘤状构造，厚约 142 m；中寒武统双龙潭组（ϵ_2s），浅灰、灰黄、灰紫色薄—中厚层粉—泥晶白云岩、泥质白云岩，厚 200 m；下寒武统龙王庙组（ϵ_1l），灰—深灰色中—厚层状灰岩、泥质灰岩，夹少量含生物化石的薄层砂、页岩，夹白云质灰岩及白云岩，还夹少量含生物化石的页岩，以灰岩出现为本组的底界，厚 106.6 m。

在以上碳酸盐岩中，岩溶洼地、槽谷发育，局部存在暗河管道系统，地下水富水性强，其径流模数可高达 10 L/（s·km²）。

③ 碎屑岩弱含水或相对隔水层：主要以黄灰色薄层泥质细砂岩、砂质泥岩及黑色钙质泥岩为主。场区内较典型的隔水层主要有：下二叠统倒石头组（P_1d），褐黄色、黄灰色页岩、铝土质泥岩，夹灰黑色砂质泥岩、黑色铁质泥岩、煤线及劣质煤，厚度为 6~15 m；海口组（D_2h），底部为灰白、黄色中层状中—细粒石英砂岩、岩屑石英砂岩夹薄层状页岩，厚 3~5 m，在场区内分布不连续；中寒武统陡坡寺组（ϵ_2d），上部为灰、黄、黄绿色薄层细砂岩、粉砂质泥岩、页岩、瘤状灰岩互层，下部为灰、黄灰色、绿灰色粉砂质泥岩、钙质粉砂岩及页岩夹灰色薄层泥质灰岩及灰岩，或猪肝色、粉红色薄层粉—细粒石英砂岩与砂质泥岩互层，底部为黄、褐黄色粉砂质页岩与薄层粉砂岩互层，厚度>80 m，为研究区最厚隔水层。相对隔水层总厚度不大，占场区总面积 10%~20%。

岩溶地下水是场区最主要的地下水类型，对昆明新机场工程有着重要影响。

2.4.3 水文地质单元划分

根据水文地质特征，场区大致以 F_{10} 断层为界，F_{10} 断层北部可划分为 3 个相对独立的水文地质单元，F_{10} 断层南部可划为 4 个相对独立的水文地质单元（图 2.4-1），各水文地质单元地下水补给、径流、排泄条件如表 2.4-2。

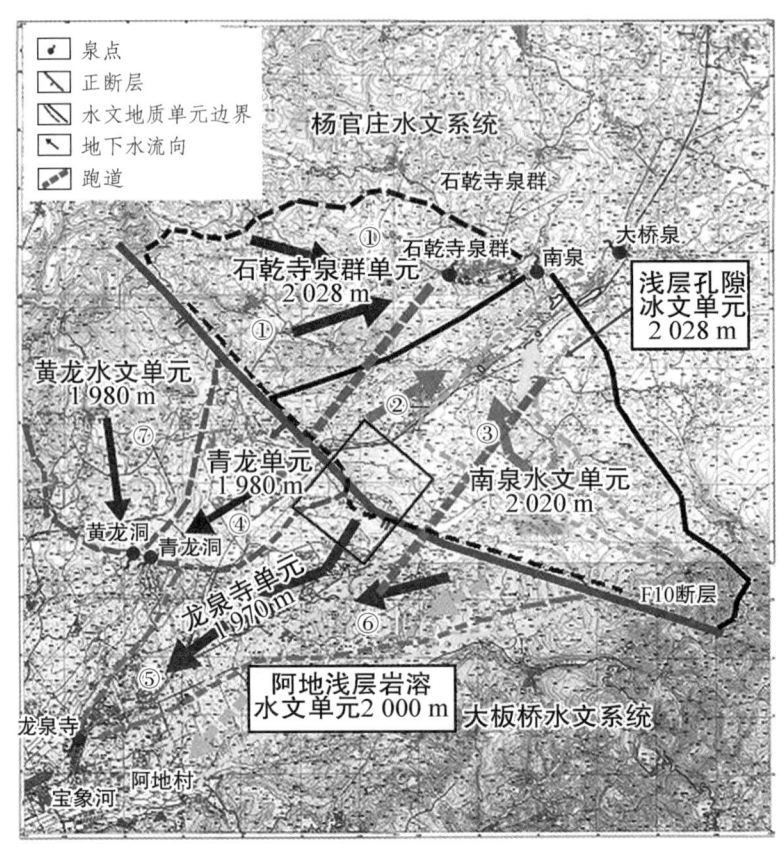

①—乌撒庄石乾寺泉群岩溶集中型泄水单元；②—乌撒庄南泉岩溶地下水集中型泄水单元；③—浑水塘—公路管理站水塘浅层地下水单元；④—"青龙洞"岩溶管道集中型地下水单元；⑤—龙泉寺管道式水文地质单元；⑥—训练场落水洞—阿地村浅层岩溶季节分散型泄水单元；⑦—黄龙洞水文地质单元。

图 2.4-1　机场区水文地质单元划分示意图

表 2.4-2　各水文地质单元的水文地质特征

序号	水文地质单元	地下水补给、径流、排泄条件		
		补给	径流	排泄
①	乌撒庄石乾寺泉群岩溶集中型泄水单元	补给来自李白冲汇水沟与小高坡溶蚀洼地，属隐伏岩溶区，以大气降水为主，地下水水位埋深在 0.8～27.2 m 不等	大气降水沿垂向溶隙下渗，然后向石乾沟盲谷径流，运移至石乾沟进入隐伏岩溶区，地表沟水通过落水洞转入地下补给地下水，通过岩溶管隙系统向乌撒庄岩溶槽谷运移	本单元地下水在石泉寺溶槽处以泉群形式排泄，泉流量 0.88～12.8 L/s；泄水基准海拔 2 028 m

续表

序号	水文地质单元	地下水补给、径流、排泄条件		
		补给	径流	排泄
②	乌撒庄南泉岩溶地下水集中型泄水单元	补给来自浑水塘大型溶蚀洼地与溶蚀槽谷，降雨直接补给地表各大大小小的漏斗与洼地，属隐伏岩溶区	大气降水以分散的流动方式补给地下，然后向大型溶洼区的最低位置 Kh323 汇流，通过较深层的管道系统进入浑水塘溶槽的较深层地下水活动区	本单元汇水面积较大，地下水流入浑水塘大型溶蚀槽谷后，在乌撒庄乌龙潭（南泉）以泉点形式排泄，此泉点除抽水供水外，枯季流量高达 7~10 L/s；泄水基准海拔 2 020 m
③	浑水塘—公路管理站水塘浅层地下水单元	补给源来自北东大型冲洪积扇孔隙潜水，汇水面积大、埋深浅，水量相对较小，以串珠状塘洼积水为特征，常年积水、大多常年不干；岩溶隐伏特征较为明显，表层的红色黏土覆盖层相对较厚，落水洞规模较大且更深，局部塌陷现象相对频繁	冲洪积浅层孔隙地下水通过地下溶隙、裂隙与管道进入浑水塘—公路管理站水塘的积水塘系统	本单元排泄以蒸发为主，少量直接渗漏补给岩溶地下水与下游塘洼；泄水基准海拔 2 054 m
④	"青龙洞"岩溶管道集中型地下水单元	属半裸露岩溶洼地地貌，地面可见大量洼地与漏斗，其中溶蚀碳酸盐岩大面积出露，低洼处被红色砂质黏土覆盖；大气降水以垂直分散渗流为主，直接对漏斗、洼地进行补给，补给条件好，入渗系数 0.84	地下水自北东向南西方向径流，水力坡度约 0.022；径流区枯季地下水位埋藏一般在 30~60 m	以垂直渗流为主，及深部水平性的管流形式交错存在，较为完整的地下水管道区主要集中在青龙洞一带，并以青龙洞暗河出口为集中排泄通道，出口长观流量为 20.9~3 761 L/s；泄水基准海拔 1 980 m
⑤	龙泉寺管道式水文地质单元	属半裸露岩溶洼地地貌，地面可见大量洼地与漏斗，大气降水以垂直分散渗流为主，直接对漏斗、洼地进行补给，补给条件较好	地下水由北东向南西方向径流，以垂直渗流为主，及深部水平性的管流形式交错存在；较为完整的地下水管道区主要集中在龙泉寺一带	泄水区位于龙泉寺，为一大型溶洞坑，枯水期估算流量达 10 L/s，该单元枯水期水位相差约 10 m；泄水基准海拔 1 970 m

续表

序号	水文地质单元	地下水补给、径流、排泄条件		
		补给	径流	排泄
⑥	训练场落水洞—阿地村浅层岩溶季节分散型泄水单元	属于半裸露岩溶洼地地貌，以降水的垂直分散渗流为主	地下水由北东向南西方向径流；地下水位埋藏较深，一般在 30~60 m	地下水经由训练场落水洞，于阿地村附近的深切槽谷排泄，主要排泄强降雨地表渗水；泄水基准海拔 2 000 m
⑦	黄龙洞水文地质单元	单元内碳酸盐岩与碎屑岩相间呈片状、条带状分布，碳酸盐岩约占40%，以半裸露型为主。沿小康郎盲谷，岩溶漏斗较发育，其他地带岩溶垂向发育以溶隙为主，大气降水通过溶隙渗入或漏斗灌入补给地下水。另外，天生坝、二龙坝水库放水也可补给下游沿线岩溶地下水	地下水径流方向受碎屑岩隔水层和沟谷切割限制，主要由北东、南西向天生坝—小康郎谷地内径流运移。进入小康郎盲谷后，地下水由潜流转为承压水平径流	天生坝水库—二龙坝水库沟谷段为地下水的局部排泄带，主要以泉流形式汇入水库、沟谷。单元地表地下水于黄龙洞暗河出口集中排泄，长观流量 26.8~3 852 L/s；泄水基准海拔 1 980 m

1. 北部杨官庄水库泄水系统

该泄水系统包括 3 个相对独立的水文单元：

① 乌撒庄石乾寺泉群岩溶集中型泄水单元：泄水处基准海拔 2 023~2 028 m，其补给来自李白冲汇水沟与小高坡溶蚀洼地，在石泉寺溶槽处以泉群形式排泄，有 10 余个小泉与大片湿地。

② 乌撒庄南泉岩溶地下水集中型泄水单元：泄水处基准海拔高度为 2 020 m，其补给来自浑水塘大型溶蚀洼地与溶蚀槽谷，汇水面积是机场区最大者，除抽水供水外，枯季流量达 7~10 L/s。

③ 第四纪冲洪积扇地下水单元：包括张家坡洪积扇，李白冲—荷包地冲洪积平原，汇水面积大、埋深浅，水量相对较小，其补给源来自大气降水；排泄以蒸发为主，少量直接渗漏补给岩溶地下水与下游塘洼。

2. 南部大板桥地下水泄水系统

该泄水系统可以分为 4 个相对独立的地下水水文单元，分别是：

① "青龙洞"岩溶管道集中型地下水单元：泄水处基准海拔 1 980 m，机场横山以南、公路以东大部分地下水汇入该系统。其最低排泄口则是青龙洞，该洞洞径高 3 m、宽 2 m，一般水深达 1.5 m；上游 300 m 处有一与其直接连通的大型落水洞，上部洞径 40 m，下部洞径 3 m，

洞深 14 m，见水深近 2 m，丰水期可上涨 1～2 m。两洞均已被人工封砌，作为供水溶洞。

② 龙泉寺管道式水文地质单元：泉点基准海拔 1 970 m，机场横山以南、公路以西大部分地下水汇入该系统。该泄水区为一大型溶洞坑，枯水期估算流量达 10 L/s。该单元枯水期水位相差约 10 m。

③ 训练场落水洞—阿地村浅层岩溶季节分散型泄水单元，基准海拔 2 000 m，其丰水期的主要排泄处位于阿地村附近的一深切槽谷处，主要排泄强降雨地表渗水。枯水期该系统在海拔 2 000 m 以上水流干枯，深部地下水则归并入龙泉寺水文单元。本单元与龙泉寺单元在垂向上的地下水位相差 30 m，与青龙洞单元相差 20 m。

以上三水文单元在枯水期相对独立，丰水期将可能部分重叠。

④ 黄龙洞水文地质单元，基准海拔 1 980 m，它与机场区其他水文单元没有直接水力联系，是一个与青龙洞相邻的独立水文地质单元。其上游为龙坝水库，龙坝水库泄水后通过小泉坪封闭状溶槽与大麦地溶蚀洼地汇水，渗入岩溶管道系统，从黄龙洞排出。

2.4.4 地下水的垂直分带

根据岩溶水空间分布，补、径、排特征等，可将测区岩溶水系统分为浅层岩溶水系统和深循环岩溶水系统。

1. 浅层岩溶水系统基本特征

该岩溶水系统主要分布于测区地表（地下）分水岭附近的岩溶洼地及其周边，呈片状或斑点状分布，规模小，彼此之间一般缺乏水力联系，系由于岩溶漏斗发展至老年期后，漏斗底部岩溶通道（主要是岩溶裂隙、管隙）被夹碎石的黏性土充填、堵塞后形成，地下水位埋藏浅，局部出露于地表，形成长年积水或季节性积水的岩溶漏斗。测区规模较大的浅层岩溶水系统是水电十四局安装公司岩溶洼地浅层岩溶水系统和浑水塘—长坡岩溶漏斗浅层岩溶水系统，其基本特征见表 2.4-3。

表 2.4-3　主要浅层岩溶水系统基本特征一览表

名称	分布位置	水文地质特征
水电十四局安装公司浅层岩溶水系统	水电十四局安装公司西侧	呈片状分布于 C_{2-1} 岩溶洼地内，含水层为 D_3z 薄—中层状白云岩。系统表面漏斗、石牙密集发育。系统处于地下水垂直入渗带内，垂向和水平发育的岩溶管洞、隙大都被黏土夹碎石充填、堵塞。系统周界与岩溶洼地周界基本一致，系统底界为地下水垂直入渗带与强径流带界线，埋深 35～45 m。系统内地下水位埋深一般小于 30 m，地下水位标高 2 053～2 075.5 m，由洼地周边向中心逐渐降低，显示地下水由洼地周边向中心径流汇集。据钻孔水位，表层岩溶水水位高出深层岩溶水位 10～15 m，表明二者之间无水力联系
浑水塘—长坡浅层岩溶水系统	浑水塘—长坡	呈条带状分布于 C_{2-4} 及 C_{2-3} 岩溶洼地内，含水层为 D_3z 薄—中层状白云岩。系统表面充水漏斗呈斑点状分布。系统处于地下水垂直入渗带内，系统周界与岩溶洼地周界基本一致，系统底界埋深约 50 m。系统内地下水位埋深 0～25 m，水位标高 2 050～2 065.8 m，地下水位起伏大，缺乏统一的地下水位面，具上层滞水的特征，不同部位地下水水力联系弱

2. 深层岩溶水系统基本特征

与浅层岩溶水系统不同的是,深层循环岩溶水系统具有明确的边界、完整的补给、径流、排泄过程,以及统一的水力联系。

根据测区岩溶含水层与相对隔水的碎屑岩、玄武岩及黏性土层的分布与组合关系、地下分水岭、阻水断层等,将测区深循环岩溶水系统划分为浑水塘—杨官庄和大板桥—大石坝两个系统,编号分别为Ⅰ、Ⅱ,再根据系统内水文地质条件的差异及与对拟建工程的相关性,Ⅰ系统再细分为$Ⅰ_1$、$Ⅰ_2$两个水文地质单元,Ⅱ系统再分为$Ⅱ_1$、$Ⅱ_2$、$Ⅱ_3$及$Ⅱ_4$四个水文地质单元,详见图2.4-2和表2.4-4、表2.4-5。

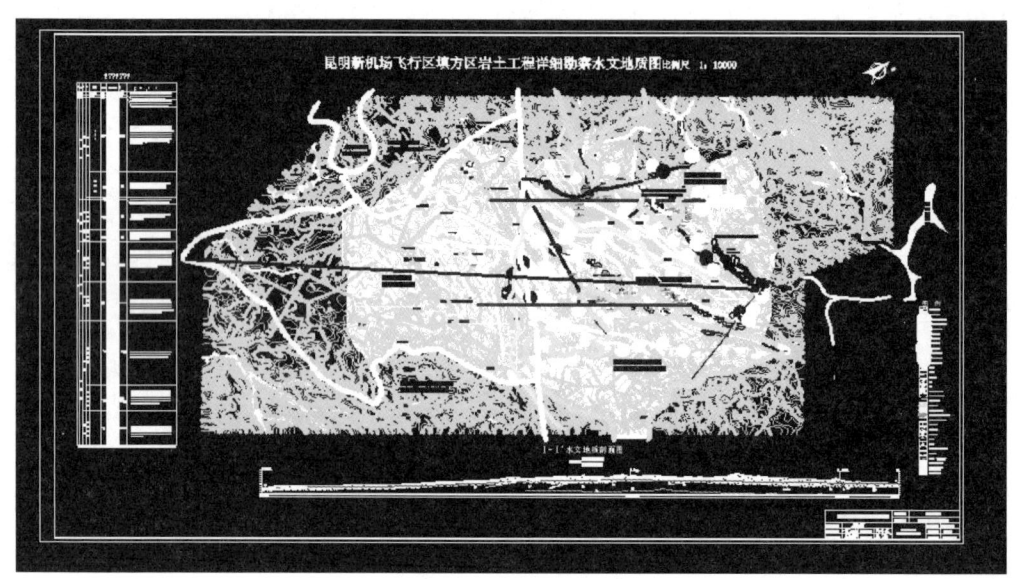

图 2.4-2 深部岩溶水系统水文地质分布图

表 2.4-4 深循环岩溶水系统划分一览表

系统编号	系统名称	水文地质单元编号	水文地质单元名称
Ⅰ	浑水塘—杨官庄岩溶地下水系统	$Ⅰ_1$	石乾沟水文地质单元
Ⅰ	浑水塘—杨官庄岩溶地下水系统	$Ⅰ_2$	浑水塘—大桥水文地质单元
Ⅱ	大板桥—大石坝岩溶地下水系统	$Ⅱ_1$	黄龙洞水文地质单元
Ⅱ	大板桥—大石坝岩溶地下水系统	$Ⅱ_2$	青龙洞水文地质单元
Ⅱ	大板桥—大石坝岩溶地下水系统	$Ⅱ_3$	小龙潭水文地质单元
Ⅱ	大板桥—大石坝岩溶地下水系统	$Ⅱ_4$	龙泉寺水文地质单元

Ⅰ系统呈片状分布,面积为72.22 km²,南部、西南部以ϵ_1c^1石英砂岩、ϵ_1c^2页岩和ϵ_2d粉砂岩、泥岩等碎屑岩为隔水边界;马鞍山—浑水塘站则以地下水分水岭为界;东南部以连续分布的P_1d页岩、石英砂岩为隔水边界;东部以地下分水岭为边界;东北部以条带状分布

的 C_1d^l 泥岩、泥灰岩为隔水边界；北部、西北部以 ϵ_1d^l 页岩、ϵ_2d^2 粉砂岩 O_1t 砂岩及地下分水岭为边界。

Ⅱ系统呈片状分布，面积为 160.25 km²，北部、北东部以 ϵ_1c^1、ϵ_1c^2、ϵ_2d^2 和 ϵ_1d^l 碎屑岩隔水边界及地下分水岭与Ⅰ系统分开；西部以 ϵ_1q^1、ϵ_1q^2、ϵ_1c^1、ϵ_2d^1、ϵ_2d^2、ϵ_2h^1 页岩、粉砂岩和石英砂岩及地下分水岭为隔水边界；南部以地下分水岭为隔水边界；东南部、东部以 P_2e^1N 凝灰岩、P_2e^2 玄武岩和砾岩、泥质粉砂岩为隔水边界。

工程区岩溶水含水层从垂向上可分为 3 个带（图 2.4-2），自上而下依次是垂直入渗带（一）、强水平径流带（二）和弱水平径流带（三），其中强水平径流带（二）与垂直入渗带（一）之间为地下水水位变幅带。

相应地，测区内岩溶发育垂向上也可分为 3 个带：垂向岩溶裂沟（裂缝或裂隙）及石牙等竖向岩溶分布带（甲带），水平岩溶管、洞、隙分布带（乙带）和相对均匀岩溶化分布带（丙带）。

深层循环岩溶水系统水文地质与岩溶垂直分带特征见表 2.4-5。

表 2.4-5 深循环岩溶水系统水文地质与岩溶垂直分带特征

系统名称	系统编号	地貌部位	水文地质垂直分带特征	岩溶垂直分带特征
浑水塘—杨官庄岩溶地下水系统	Ⅰ	溶丘	（一）带厚度因地形起伏而变化大，最大厚度约 75 m，底界标高约 2 062 m；（二）带厚度 10～20 m，底界标高为 2 040～2 050 m。地下水位等势线标高为 2 062 m，平缓	甲带以岩溶裂沟为主，厚度 10～45 m，底界标高约 2 090 m；乙带为充填废弃水平岩溶管、洞、隙带，厚度约 30 m，底界标高约 2 060 m。地下水位等等势线位于乙带底部
		侵蚀中山（A₁）	由 ϵ_2d 粉砂岩、泥岩组成，富水性较弱，为系统内部隔水边界	岩溶不发育
		岩溶盲谷（C₁）	（一）带位于谷底覆盖土层上部，厚度一般为 5～10 m，底部标高 2 058.6～2 052.7 m；（二）带上部处于覆盖土层内，下部处于碳酸岩内，厚度约 30 m，底界标高 2 009～2 022 m。地下水位等势线标高 2 058.6～2 052.7 m，较平缓	甲带缺失；乙带厚度约 40 m，底界基本与（二）带底界一致，标高 2 009～2 022 m。地下水位等势线处于覆盖土层内，岩溶水具弱承压性
		溶丘	（一）带厚度因地形起伏而变化大，最大厚度为 50 m。表层岩溶水通过脚洞入口与地表水一同汇入地下，其水位等势线大部分地段处于（一）带内。（二）带厚度约 30 m，底界标高为 1 995～2 007 m，深层岩溶水水位等势线平缓，标高为 2 032～2 034.7 m。	甲带以岩溶裂沟为主，厚度变化大，为 0～30 m，底界标高为 2 045～2 056 m。乙带厚度约 45 m，上部表层岩溶水水位等势线以上为废弃水平管、洞、隙带；以下为水平岩溶管、洞、隙带，底界标高与（二）带底界标高基本一致。表层、深层岩溶水水位等势线均处下乙带内

续表

系统名称	系统编号	地貌部位	水文地质垂直分带特征	岩溶垂直分带特征
浑水塘—杨官庄岩溶地下水系统	I	岩溶槽谷（C_3）	（一）带缺失，地下水位等势线基本与槽谷底部标高一致；（二）带厚度约35 m，底界标高为1 995～2 005 m，以下为（三）带	甲带缺失，乙带为水平岩溶管、洞、隙带，底界标高不1 985～1 995 m。地下水位等势线处于乙带顶部
大板桥—大石坝岩溶地下水系统	II	岩溶洼地（C_2）	（一）带厚度约35 m，底界标高2 045 m；（二）带厚度约15 m，底界标高为2 030 m，以下为（三）带。地下水位等势线标高2 045～2 062 m	甲带缺失，地表之下15～25 m为废弃充填的水平岩溶管、洞、隙分布带，底界标高约2 062 m，除岩溶洼地北部边缘外，均位于地下水位等势线之上。2 062 m标高之下为丙带。表层岩溶发育停滞，转而向深部发展，且发育均匀
大板桥—大石坝岩溶地下水系统	II	溶丘（C_4）	（一）带厚度因地形起伏而变化大，最大厚度约60 m，底界标高为2 030～2 045 m。F_1断层北侧溶丘（二）带厚度较均匀，约15 m，底界标高为2 050 m；南侧溶丘（二）带厚度变化大，底界标高为1 965～2 060 m。地下水位等势线标高为2 030～2 060 m，北侧平缓，南侧陡倾	北部溶丘发育垂向岩溶裂缝带，最大厚度约15 m，底界标高约2 090 m。2 070～2 090 m标高为废弃水平岩溶管、洞、隙分布带。地下水位等势线位于相对均匀岩溶化分布带内。南部溶丘发育垂向岩溶裂隙带，平均厚度约90 m，底界标高约1 990 m。1 960～1 990 m高程段为水平岩溶管、洞、隙带。地下水位等势线位于垂向岩溶裂隙带内
		岩溶台地（B_1）	F_{12}断层北侧（一）带厚度约55 m，以岩溶裂沟、裂缝为主，底界标高为1 965～2 030 m。（二）带厚度为35～65 m，底界标高为1 920～1 965 m。断层南侧（一）带厚度约35 m，以岩溶裂缝、裂隙为主，底界标高为1 963.6 m；（二）带厚度为50～60 m，底界标高约1 900 m。地下水位等势线标高为1 962～2 030 m，北侧陡倾，南侧平缓	断层北侧甲带以岩溶裂沟、裂缝为主，厚度为25～80 m，底界标高为1 986～1 995 m；乙带厚度约35 m，底界标高1 955 m。地下水位等势线在甲、乙带界线附近波动。断层南侧甲带以岩溶裂隙、裂缝为主，厚度约50 m，底界标高为1 938～1 943 m；乙带厚度约45 m，底界标高1 909 m。地下水位等势线平缓，位于甲带内
		岩溶干谷（B_2）	（一）带以岩溶裂隙为主，底界标高为1 945～1 962 m；（二）带厚度为45～60 m，底界标高为1 900 m。地下水位等势线标高为1 945～1 962 m，较平缓	甲带以岩溶裂隙为主，底界标高为1 925～1 970.5 m；乙带厚度为20～30 m，底界标高约1 905 m。地下水位等势线位于甲带内

场区地下水总体上埋藏深度较大,在地势较低的位置如南部准平原和北部浑水塘槽谷区,埋深在 35~50 m,相应标高大致在 2 030~2 045 m。F_{10} 断层上盘局部分布倒石头组碎屑岩隔水层,但不连续,F_{10} 断层胶结良好,但岩溶十分发育,不具隔水性。根据超深钻孔测得的地下水位,水位最高点大致在 F_{10} 断层附近,标高在 2 045 m 左右,因此可以判断地下水分水岭在 F_{10} 附近。与此同时,两大水文地质单元界线是相对的,会随着补给、排泄条件其位置有一定变化。

第 3 章
岩溶发育规律和基本特征

CHAPTER 3

3.1 岩溶的基本类型

昆明新机场的大部分场地在碳酸盐岩地区，分布有灰岩和白云岩，岩溶较发育，从地表到地下有多种岩溶形态存在。地表浅部岩溶发育形态多为碳酸盐岩岩面石芽、溶沟、溶槽、溶蚀孔隙。碳酸盐岩出露区裸露于地表，多表现为溶脊，局部为溶沟。隐伏碳酸盐岩多表现为溶沟（槽）。场区岩溶发育程度除平面分布与气候、地形地貌、地层岩性、地质构造等因素密切外，竖向分布上处于垂直发育带，同时也具有红黏土层厚度不均匀、基岩面起伏变化大、溶（孔）洞较为发育及勘察深度内岩溶作用随深度增加逐渐减弱的特点。昆明新机场岩溶类型详细划分见表 3.1-1。

表 3.1-1　昆明新机场主要岩溶类型

地表和地下岩溶类型	岩溶类型	发育特征和主要分布区域
地表岩溶	溶沟和溶槽	地表水沿可溶岩的节理裂隙溶蚀所形成的小型沟槽，深度在数十厘米至几米，在沟谷和沟槽中伴有石芽，在南工作区分布较普遍
	岩溶漏斗	呈漏斗形和蝶形的封闭洼地，由溶蚀作用或溶洞坍塌形成，有时在地表面呈串珠状发育，直径数十米，主要表现为岩溶洼地和积水洼地，在航站楼和东跑道区域漏斗发育
	落水洞	由岩体中的裂隙受到水流溶蚀而竖向或陡倾状发展的地下水流动通道，形态为圆状、井状和裂隙状，一般在岩溶漏斗中有分布
	石芽和石笋	一般在溶沟、溶槽部位残留的呈"脊"或笋状的形态，高度为几十厘米或几米，在地表受到雨水冲刷和剥蚀的可溶岩地段也可发现石芽和石笋，在南工作区分布较普遍
地下岩溶	溶洞	在可溶岩地区，由地下水的流动和溶蚀作用而形成的地下洞体，根据钻探揭露，分为未充填、半充填、全充填，其中大部分为充填溶洞，在南工作区有直径十多米的大溶洞发育，其他一般为小溶洞或水平向岩溶管道
	地下暗河	沿地下溶洞发育的近于水平向发展的洞穴系统，是地下水或断头沟地表水的流经通道，主要分布在李白冲、石乾寺、黄龙洞和青龙洞
	土洞	在岩溶发育和红黏土堆积区，覆盖层在地下水的渗流和潜蚀作用下，不断带走土颗粒，在裂隙开口部位附近随着土体流失形成空腔，最后导致地面塌陷，在红黏土覆盖地段有分布
	溶蚀破碎带	由较密集的溶缝、溶隙及溶洞组成，串珠状发育，形态复杂而不规则，为地下岩溶集中发育区域，也是岩溶水的流动通道，一般通过物探和钻孔验证可发现

1. 溶沟、溶槽

地表岩溶的主要表现形式是在地表形成一些沟谷和槽谷地貌形式，是在地表不断的风化、侵蚀和雨水作用下形成的，在部分低洼地带被红黏土覆盖，往往有土洞和塌陷。在剥蚀地段，红黏土未被覆盖，在槽谷地段伴随有石芽、石笋的现象。溶沟、溶槽的地面现象见图3.1-1。

图 3.1-1　溶沟、溶槽

2. 岩溶漏斗

岩溶漏斗由岩石裂隙经水溶蚀及机械侵蚀后洞穴顶板塌陷而成，平面形态多呈圆形和椭圆形，直径一般小于100 m，地面可见深度多为3~15 m，陡壁坡度多为30°~60°，底部较为平缓并堆积红黏土及少量碎、块石，少数竖向通道被塌落的红黏土堵塞而成积水塘，积水深度<2 m，积水面积一般为100~500 m^2，积水量较小（图3.1-2）。岩溶漏斗在区内多呈不规则星点状和串珠状分布（图3.1-3、图3.1-4）。

图 3.1-2　积水洼地

图 3.1-3　岩溶漏斗

图 3.1-4　岩溶漏斗

3. 落水洞

落水洞是由可溶性岩石中的节理、裂隙在水流的溶蚀、侵蚀作用下形成的地表水通往地下暗河和溶洞的流水通道，在地表水无法通过地面继续排放而通过地下岩溶管道进行排放的岩溶现象，多呈竖向和陡倾斜向发育，一般在岩溶漏斗的低洼部位和地表流水进入地下暗河的位置（图 3.1-5、3.1-6 和图 3.1-7）。

图 3.1-5　石乾沟落水洞

图 3.1-6　落水洞底部岩溶通道

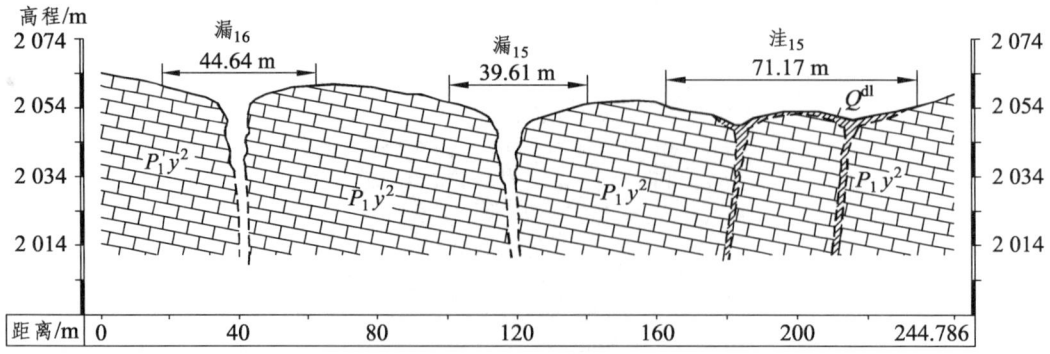

(a)

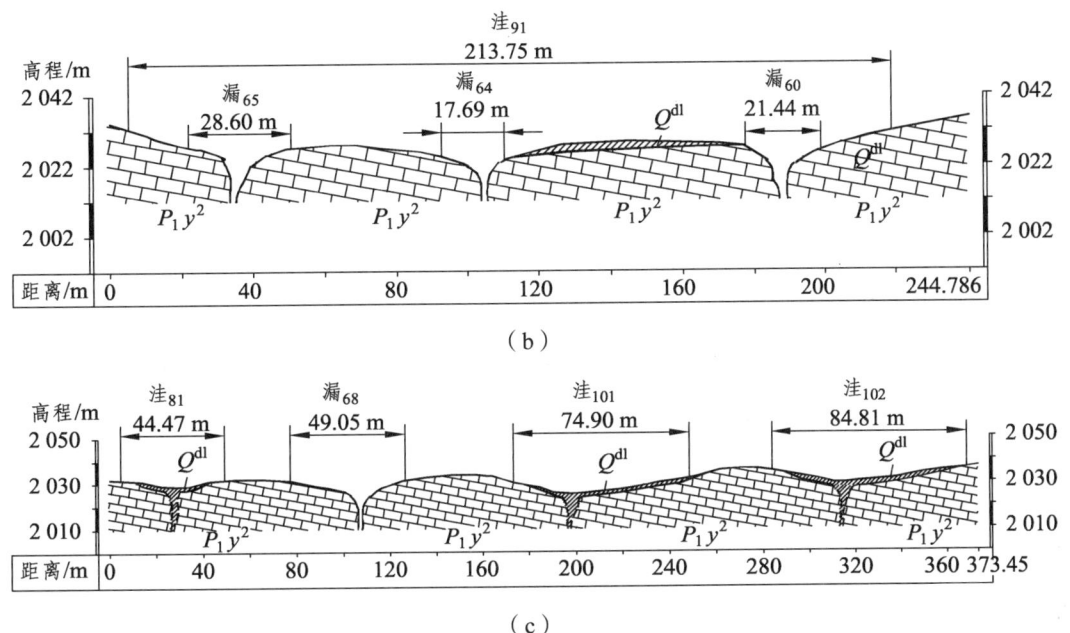

图 3.1-7 落水洞剖面示意图

4. 石芽、石笋

昆明新机场的石芽、石笋发育,在红黏土未覆盖地段,地表可见石芽、石笋的地貌景观,如图 3.1-8 所示;在红黏土覆盖地段,根据物探、采石场以及沾昆铁路路基开挖断面,可查明隐伏石芽、石笋的表现形态(图 3.1-9)。勘察区隐伏岩溶发育,形态表现在碳酸盐岩岩面石芽、溶沟、溶蚀孔隙。溶沟一般深 0.3~8.5 m,横山采石场可清楚见到。溶蚀孔隙在区内广泛发育,多个钻孔岩芯皆可见到,孔径一般为 2~5 cm。石芽一般高 0.5~8.0 m。溶沟往往被红黏土充填。

图 3.1-8 地表石芽、石笋

图 3.1-9 隐伏石芽、石笋

5. 溶洞

溶洞是由碳酸盐岩经地下水溶蚀作用而形成的地下洞穴,在昆明新机场,地下溶洞主要以竖向发育为主,经过工程地质测绘、地球物理勘探、钻探追踪验证和井下电视判断,查清地下溶洞的分布,如图 3.1-10 所示。在昆明新机场,地下溶洞在浅部以竖向发育较多,在深部水平向岩溶管道较多;直径一般为 1~3 m,多数为充填型,少数为未充填和半充填。

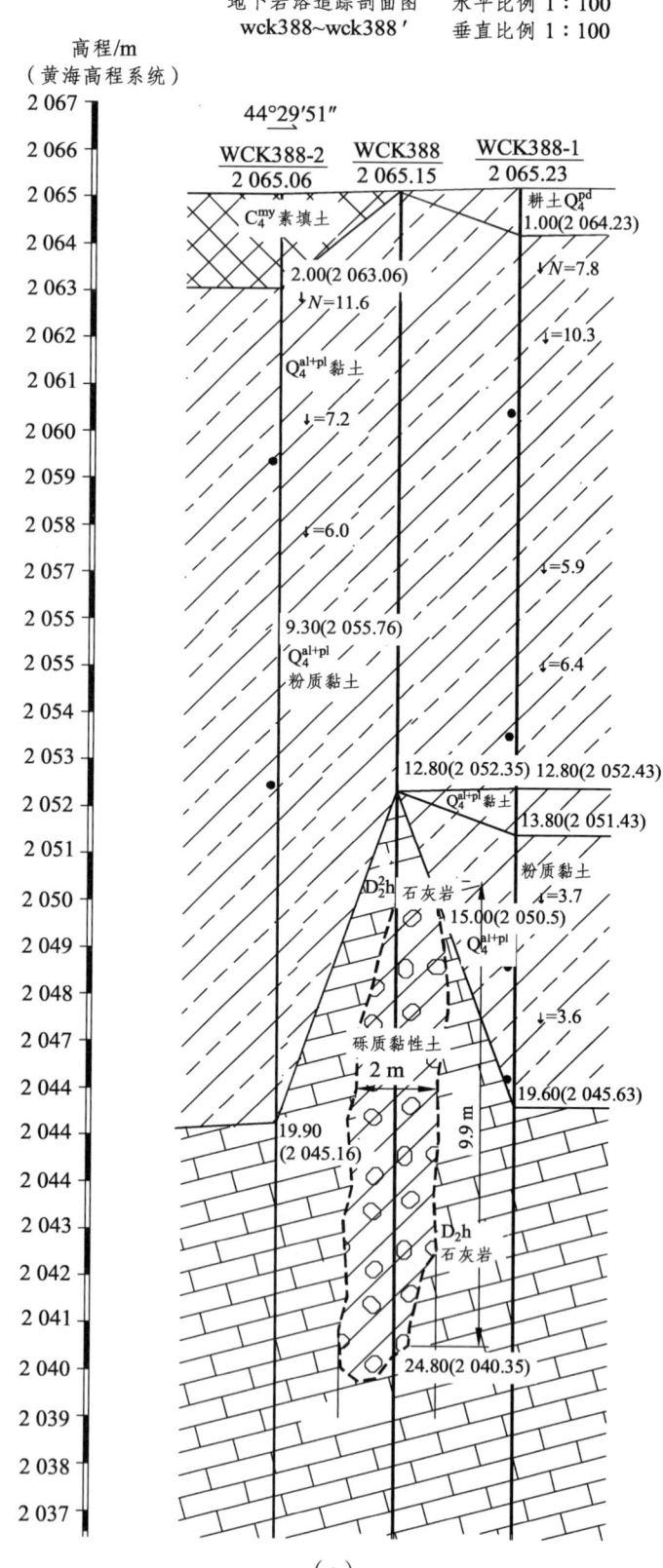

(a)

(b)

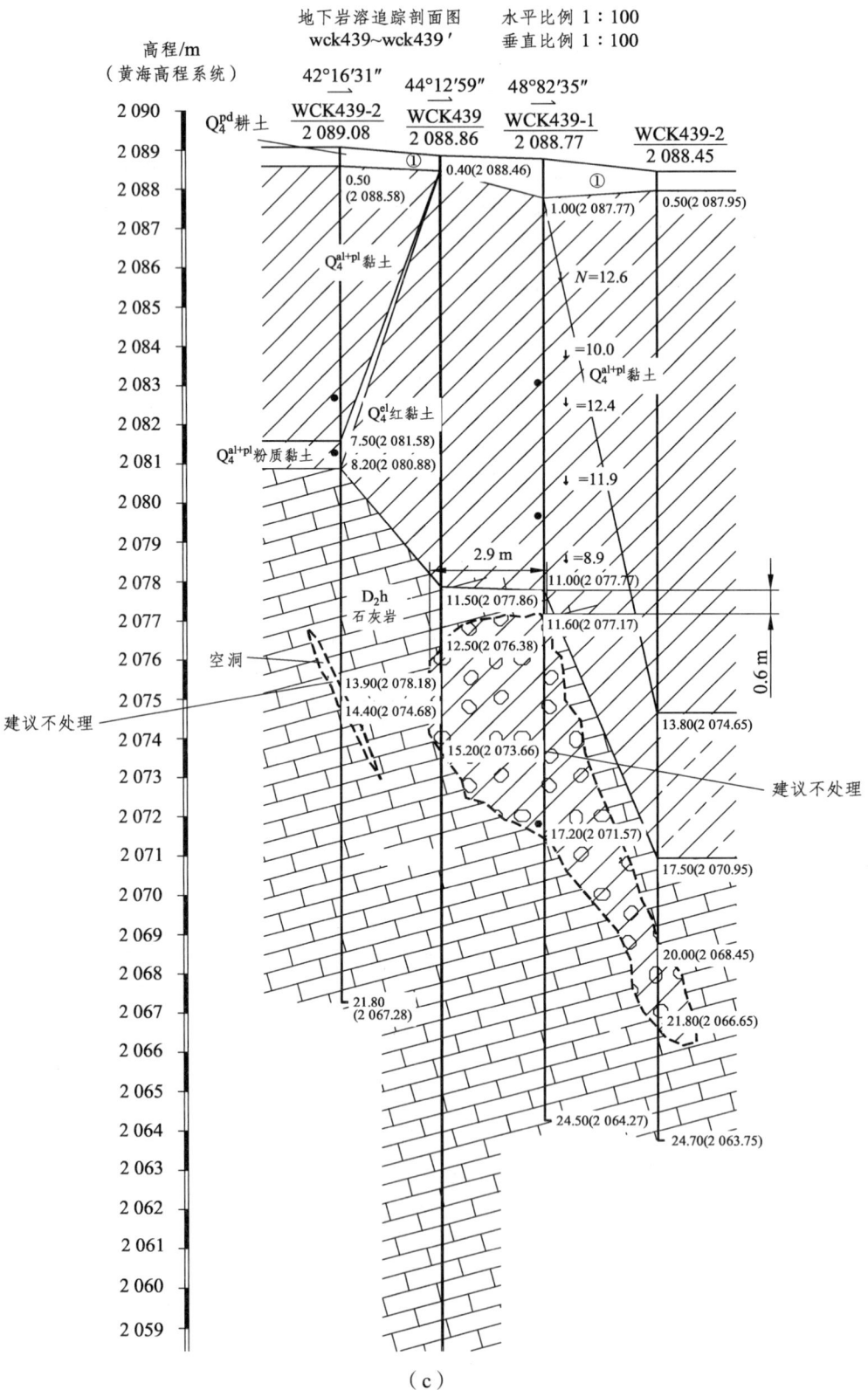

(c)

图 3.1-10 通过钻探追踪确定的地下溶洞形态

6. 土洞

土洞多发育于黏性土中，黏性土中亲水、易湿化、崩解的土层和抗冲蚀弱的松散土层容易形成土洞。土洞是岩溶的特殊形态，是埋藏在岩溶地区可溶岩层上覆土层中或岩土界面的空洞。在有覆盖土的岩溶发育区，土洞是由于地下水升降变化等特定的水文地质条件，使岩面上的土体遭到流失迁移而形成的土中洞穴。土洞是岩溶作用的产物，它的分布受到岩溶发育的岩性、岩溶水、地质构造等因素的控制（图 3.1-11、图 3.1-12）。

图 3.1-11　土洞 1

图 3.1-12　土洞 2

土洞主要分布于个别岩溶漏斗、岩溶洼地等区域。由于勘察区地下水埋藏较深，低于基岩顶板标高，不具备地下水升降潜蚀作用形成土洞的条件。场区发育的土洞主要系地表水下渗潜蚀形成。土洞发育速度与地表水下渗强度和地下岩溶发育程度有关，当地表水下渗速度和强度足够大、地下岩溶通道畅通时，土粒会迅速被带走，土洞空间会迅速扩大并向地表扩散直至形成塌陷。

7. 溶蚀破碎带

强溶蚀带由较密集的溶缝、溶隙及溶洞组成，串珠状发育，形态复杂而不规则，为地下岩溶集中发育区域，也是岩溶水的主要通道。

在昆明新机场，地质构造为长期的构造宁静期；工程区南部为岩溶准平原化地形，北部为溶丘洼地地形，地形和地下分水岭位置在现今横山一带；工程区总体为分流状岩溶水动力条件，南部为差流状岩溶水动力条件，北部为平流状岩溶水动力条件。岩溶改造期的地质环境条件特征是：地质构造为断块差异升降运动，特点是不同地块差异升降幅度不等，时间上断块差异升降运动与相对平静时相间出现；地形变化是相对高差增大；地形和地下水分岭北移，南部演化为岩溶台地、岩溶干谷地形，北部出现岩溶盲谷、岩溶槽谷，地面漏斗化；岩溶水动力条件未发生显著变化，在洼地地段形成新的表层岩溶水系统。

根据岩溶覆盖程度，场区岩溶类型总体上属裸露型和浅覆盖型，局部区域如荷包地冲洪积平原区属深覆盖型。

场区大部分区域属裸露型岩溶，如场地南部准平原区、北部溶蚀剥蚀丘陵区（T1 标段浑水塘村、T2 标段张家坡洪积扇除外），基岩局部或大面积裸露地表，覆盖层较薄，仅漏斗、洼地、溶槽覆盖层厚度较大，岩溶景观如岩溶漏斗、岩溶洼地、石芽显露，大气降水短途径流后渗入地下，地表不发育冲沟。

浅覆盖型岩溶：张家坡冲洪积扇（T2）、浑水塘村（T1）、T10之丘陵区属浅覆盖型岩溶，覆盖层厚度一般为10～15 m，局部厚度超过20 m，基岩很少裸露地表，岩溶漏斗和岩溶洼地等岩溶景观部分显露。地表水与地下水连通较密切。

深覆盖型岩溶：荷包地冲洪积平原区属深覆盖型岩溶区，该区域早期深切槽谷被第四系冲洪积物掩盖，埋藏深度20～30 m，地表无岩溶景观，地表水与地下水连通不密切。

从勘察揭露的地下岩溶情况来看，溶洞、溶穴或未充填，或为软塑黏性土混碎块石充填，充填物为第四系沉积物，由此判断岩溶形成于新生代之后，属近代岩溶。

场区分布的红黏土层厚度为5.00～19.00 m，在局部低洼基岩表面呈软塑状。大气降水主要通过岩溶漏斗、岩溶洼地、落水洞直接入渗补充地下岩溶水。从岩性特点、地质构造等工程地质和水文地质条件分析可知，该区域具备土洞发育的条件。

航站区166个勘察钻孔中未揭露到土洞，仅在HZK49钻孔附近发现一个土洞塌陷，形状为圆形，直径约为2.00 m，塌落深度约为1.50 m，表明航站区土洞不发育。

飞行区土洞发育分布具有很大的随机性，主要分布于以下带内：① 浑水塘车站新老铁路沿线，以地表水入渗潜蚀作用形成土洞为主；② 长水村（浑水塘村）小学以北串状洼地槽谷带，以地表水入渗潜蚀作用形成土洞为主；③ 水电十四局船形洼地带，以塑流或潜蚀作用形成土洞为主，局部可能以气爆或真空吸蚀作用形成土洞；④ 张家坡北东洪积扇缘及孙家山丘陵带，以地表水入渗潜蚀作用形成土洞为主；⑤ 浑水塘车站以东F_{102}沿线以地表水入渗潜蚀作用形成土洞为主；⑥ 试验段方案四区北东向溶蚀破碎带以地表水入渗潜蚀作用形成土洞为主；⑦ 下岗村漏斗发育区，以塑流或地表水入渗潜蚀作用形成土洞为主；⑧ 荷包地谷地及其北西二级阶地，以地表水入渗潜蚀作用形成土洞为主。

3.2 岩溶发育的基本特征

3.2.1 岩溶发育的总体规律

根据工程地质调查测绘、物探、钻探，对场区岩溶发育特征归纳如下：

（1）勘察区勘察深度内岩溶总体处于垂向发育带，局部区域为水平或斜向发育带，场区水平发育带埋深一般超过40 m。

（2）岩溶类型按埋藏条件分，大部分区域属裸露型，局部为浅覆盖型，荷包地冲洪积平原区属深覆盖型。大部分区域岩溶景观显露于地表，石芽、岩溶漏斗、岩溶洼地、落水洞十分发育，岩溶准平原区岩溶漏斗和岩溶洼地分布密度小，单个岩溶漏斗规模较大，岩溶丘陵区岩溶漏斗和岩溶洼地密集，单个岩溶漏斗规模较小，岩溶漏斗壁较陡。浅覆盖型岩溶区地表岩溶景观不显著，深覆盖型区无地表岩溶景观。

（3）勘察深度范围内地下岩溶垂向发育，岩溶形态以溶蚀破碎带、溶蚀缝隙、竖洞、斜洞等形态出现。钻探揭露的大部分为溶蚀缝隙，少量溶蚀洞穴。溶蚀洞穴空间高度大部分大于跨度（洞径）。钻探揭露的溶洞空间高度最大超过20 m，跨度绝大部分不超过3.0 m，个别在5.0 m左右。

（4）地下岩溶空间 60%～70%被黏性土混碎块石充填，少量为细砂混碎块石充填。黏性土大多呈软塑状态，少量为可塑状态。

（5）地质调查和钻探揭露（岩溶追踪）发现勘察区溶沟溶槽、石芽十分发育，溶沟溶槽深度一般在 5.0 m 左右，最大深度超过 20 m。石芽高度一般为 3.0～5.0 m，高者可达到 8～10 m。

（6）不同区域地层岩溶发育特征和发育规模差异较大。P_1y^1 灰岩地下岩溶发育较多的溶蚀破碎带和溶蚀裂隙、裂缝，规模较大的溶穴发育较少，岩溶作用表现出较好的均一性。C_2w 灰岩岩体极其破碎，发育的地下岩溶程度较高，既有缝隙型，也有较多的洞穴型。D_3z 白云岩和 D_2h 灰岩溶蚀破碎带较少，在发育溶蚀裂隙、裂缝的同时，溶穴较多，揭露出较多的规模较大的岩溶洞穴（最大高度超过 20 m），岩溶强烈发育。ϵ_2s 灰岩分布于转山背斜两翼（核部为 ϵ_2d 泥岩），地下岩溶发育溶蚀洞穴和溶蚀裂隙，但发育数量较少。

3.2.2 岩溶的发育特点

1. 垂直分带明显

根据场地地形地貌、水文地质条件，场区岩溶可划分为垂向岩溶带、水平岩溶带和相对均匀化岩溶带。

垂向岩溶带分布在地下 40～50 m 深度，岩溶介质为垂向或阶梯状，介质形态为溶隙或岩溶裂沟、裂缝、洞穴、溶蚀破碎带。垂向岩溶带岩溶在平面上一般呈点状分布，而非线状（带）、面状分布。勘探深度范围处于垂向岩溶带上。

水平岩溶带岩溶介质以近水平方向发育为主，介质形态为溶管、溶穴、溶隙、溶洞等。水平岩溶带已超过本次勘察深度，从场地地形地貌、水文地质条件分析，勘察场地内水平岩溶带发育较均一，应无集中发育的规模较大的水平洞穴（厅堂式溶洞），在地下水出露区（排泄区）附近可能形成大的岩溶管道（厅堂式溶洞）。

相对均匀化岩溶带岩溶介质方向不明显，为同一岩溶介质类型或多种类型岩溶介质之组合，既有水平或倾斜状，也有近垂直状。岩溶介质形态以溶隙、溶孔为主，亦有小型溶管、溶洞。

2. 岩溶发育的差异性

受岩性、地质构造、地形地貌、水文地质条件的影响，不同区域、地层岩溶发育特征、规模存在一定的差异。

1）地表岩溶形态的差异性

F_{10} 断层以南主要分布 P_1y 阳新灰岩，属溶蚀剥蚀准平原地貌，地形较平坦，岩溶漏斗、岩溶洼地、石芽等岩溶景观显露于地表。该区域岩溶漏斗、岩溶洼地总体特征是分布密度较小，单个岩溶漏斗较大，最大的单个岩溶漏斗面积可达到数万平方米，岩溶漏斗壁一般较平缓，至岩溶漏斗中心逐渐变陡，中心区域多发育落水洞，大部分岩溶漏斗覆土较薄。

F_{10} 断层以北、转山背斜以东（T1～T3、T5 标段大部分区域）主要分布 D_3z 白云岩，其次为 D_2h 灰岩，为溶蚀剥蚀丘陵区，地形波状起伏，大部分区域岩溶漏斗、洼地、石芽等岩溶景观显露地表，地表岩溶洼地、岩溶漏斗密集，岩溶漏斗洼地单个面积小，岩溶漏斗壁一般较陡、深，岩溶漏斗底部多被次生红黏土充填，充填厚度一般 5～10 m。浑水塘火车站东侧、浑水塘村一带属浅覆盖型岩溶，覆盖层厚度较大，地表岩溶形态不显著，地表水与地下水连通较密切，局部很差。该区域早期的岩溶漏斗洼地下水通道被堵塞后形成数个积水坑塘。

T8、T9、T10 标段属早期溶蚀剥蚀丘陵区，该区域岩溶受断层（F_{12}、F_{18}）、转山背斜影响明显。断层造成该区域溶蚀、剥蚀十分强烈，发育出与转山背斜以东有较大差异的地貌景观，表现为发育深切沟谷。深切沟谷包括地表水流的机械侵蚀和可溶岩的溶蚀作用，非可溶岩为地表水流的机械侵蚀，可溶岩为地表水流的机械侵蚀和溶蚀作用，非可溶岩的下切深度较可溶岩相差约 20 m。荷包地冲洪积覆盖层最大厚度超过 30 m，基岩顶板标高最低处低于 2 028 m，多位于冲沟沟口，说明强劲的地表水流造成了局部深切。根据溶蚀剥蚀深度说明该区域侵蚀基准面标高低于 2 030 m。该区域早期岩溶景观与转山以南相似，由于地质构造、地形地貌的特殊性导致局部区域岩溶发育成深谷，后被第四系冲积物掩埋，在荷包地形成冲洪积平原，形成深覆盖型岩溶，地表无岩溶景观，地表水与地下水连通性很差。冲洪积平原周边为溶蚀剥蚀丘陵区，大部分区域地表覆盖第四系冲洪积物，岩溶漏斗、岩溶洼地分布稀少，部分被覆盖掩埋，部分未完全覆盖或有渗水通道从而漏斗洼地得以保存。该区域岩溶漏斗洼地均不积水。丘陵顶部或地势较陡的位置基岩裸露地表，不发育岩溶漏斗洼地。

2）地下岩溶形态的差异性

P_1y^1 灰岩岩体发育密集竖向裂隙、岩体较完整～较破碎，地下岩溶发育较多的溶蚀破碎带和溶蚀裂隙、裂缝，规模较大的溶穴发育较少，岩溶作用表现出较好的均一性。C_2w 灰岩岩体极其破碎，发育的地下岩溶程度较高，既有缝隙型，也有较多的洞穴型，岩溶发育较 P_1y^1 灰岩强烈。F_{10} 断层（航站楼勘察结果）岩体总体上虽胶结良好，但节理裂隙、局部较破碎的岩体成为地下水入渗通道，岩溶发育程度较高，既有裂隙型，也有溶穴型。D_3z 和 D_2h 岩体较完整，极少有破碎带岩体，发育竖向、斜向节理，该区域岩溶发育与 F_{10} 以南的地下岩溶存在显著差异：溶蚀破碎带较少，发育溶蚀裂隙、裂缝的同时，溶穴较多，揭露出较多的高度较大的溶穴（最大高度超过 20 m），钻孔揭露溶洞的比例也远远高于 F_{10} 以南的 P_1y^1 灰岩。ϵ_2s 灰岩分布于转山背斜两翼（核部为 ϵ_2d 泥岩），分布区域多位于丘陵斜坡区，多位于挖方区，本次勘察钻孔较少，地下岩溶发育溶蚀洞穴和溶蚀裂隙，但发育数量较少。

3.3　地表岩溶的分布和发育规律

3.3.1　T1 标段的地表岩溶

T1 标段地处昆明新机场岩溶地区的堆积地段，地表土洞、岩溶塌陷、岩溶漏斗比较发育。该范围地表以岩溶洼地、岩溶漏斗为主，共发育岩溶漏斗和岩溶洼地 31 个，位于东跑道北段溶蚀丘陵区一线以北丘陵地带，见表 3.3-1 和表 3.3-2。岩溶洼地形状多呈不规则圆形、椭圆形，中心深 2～8 m；岩溶漏斗长度一般为 20～200 m，面积为 1 118～27 977 m²。岩溶洼地底部高程为 2 062.0～2 089.0 m，一般较为平缓，为黏土、粉质黏土、红黏土及少量碎、块石充填，多为耕地。个别岩溶漏斗有积水洼地。

表 3.3-1　飞行区 T1 标段地表塌陷分布一览表

室内编号	坐标 A/m	坐标 B/m	所在区域
Tx93	5 010.353	7 132.842	道面区
Tx90	5 101.513	7 237.544	土面区
Tx76	5 261.931	7 308.958	道面区
Tx94	5 206.660	7 486.374	道面区

表 3.3-2　飞行区 T1 标段地表漏斗、洼地分布一览表

室内编号	坐标 A/m	坐标 B/m	面积/m²	深度/m	最低点高程/m	厚度/m	充填物性质	所在区域
Kh201	4 817.072	7 138.334	15 342.21	4.50	2 080.28	4	硬塑黏性土	边坡区
Kh243	4 910.512	7 205.038	13 518.72	4.00	2 071.91	11.7	硬、可塑黏性土	土面区
Kh258-4	5 097.484	7 220.782	1 117.72	2.00	2 089.00	6	硬塑黏性土	土面区
Kh273-1	5 313.203	7 299.330	2 588.34	3.00	2 088.50	4.4	硬塑黏性土	道面区
Kh251	5 199.181	7 520.202	9 883.73	4.00	2 077.81	6.1	硬塑黏性土	道面区
Kh252	5 157.347	7 629.541	6 154.43	4.00	2 073.37	7.4	可塑黏性土	道面区
Kh245	5 090.574	7 742.681	8 604.65	3.00	2 071.96	8.2	可、软塑黏性土	道面区
Kh253	5 157.510	7 964.051	2 548.41	6.00	2 082.38	7	硬塑黏性土	道面区
Kh254-1	5 234.341	8 084.990	5 597.59	2.00	2 084.03	17.5	硬、可塑黏性土	土面区
Kh246	5 024.790	7 962.087	5 608.91	5.00	2 072.50	6.8	硬、可塑黏性土	道面区
Kh247	4 944.282	8 070.815	8 900.47	6.00	2 066.54	8.6	硬塑黏性土	土面区
Kh248	4 873.034	8 163.349	5 966.17	8.00	2 064.78	10.6	硬、可塑黏性土	土面区
Kh249	4 818.498	8 277.440	9 360.84	5.00	2 062.00	10.8	硬塑黏性土	边坡区
Kh241	4 667.861	7 792.289	13 337.77	4.00	2 071.00	13.5	硬、可塑黏性土	边坡区
Kh240	4 736.971	7 673.551	6 994.14	3.00	2 079.00	9.5	硬、可塑黏性土	边坡区
Kh242	4 852.141	7 474.211	27 976.84	4.00	2 071.18	6.4	可塑黏性土	土面区

按岩溶漏斗、岩溶洼地的长轴长度进行统计，其统计结果见表 3.3-3 和图 3.3-1。

表 3.3-3　岩溶漏斗、岩溶洼地的长轴长度统计

长轴长度/m	20	40	60	80	100	120	140	160	180	200	>200
岩溶漏斗、岩溶洼地数量/个	1	2	5	5	3	4	3	0	3	2	3

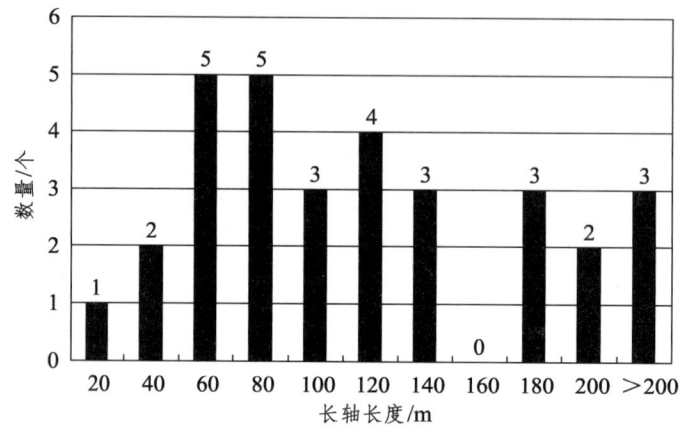

图 3.3-1　T1 标段岩溶漏斗、岩溶洼地的长轴长度统计图

3.3.2　T2 标段的地表岩溶

该范围岩溶漏斗、岩溶洼地总体上呈单个面积小、数量密集的特征，岩溶漏斗和岩溶洼地内常常分布落水洞。岩溶漏斗内一般覆盖厚 3.0～5.0 m 的红黏土或次生红黏土，覆盖土层厚的达到十余米。充填物主要呈硬塑状态，充填物厚度较大时，下部多呈可塑状态，局部夹软塑状次生红黏土。岩溶漏斗、岩溶洼地及落水洞统计汇总列于表 3.3-4。

表 3.3-4　飞行区东跑道中部 T2 标段地表漏斗、洼地统计表

室内编号	坐标 A /m	坐标 B /m	面积 /m²	深度 /m	最低点高程/m	充填物厚度/m	充填物性质	所在区域
Kh198	4 847.0	6 877.9	3 331.7	3.0	2 078.1	4.0	硬、可塑黏性土	边坡区
Kh199	4 935.5	6 847.0	7 930.4	3.0	2 076.9	8.9	硬塑黏性土	边坡区
Kh200	4 892.7	6 959.5	6 160.9	4.0	2 077.9	14.4	硬塑及可塑黏性土	边坡区
Kh257	5 316.7	6 236.8	1 060.4	3.0	2 091.0	0.5	硬塑黏性土	道面区
Kh258-2	5 083.5	7 024.1	1 348.2	3.0	2 089.4	5.9	硬塑及可塑黏性土	道面区
Kh269	5 373.5	6 217.9	2 650.5	6.0	2 087.0	1.6	硬塑黏性土	土面区
Kh270	5 399.2	6 679.7	4 904.3	5.0	2 075.4	3.1	软塑黏性土	土面区
Kh293	5 469.8	6 188.0	1 771.9	3.0	2 087.1	2.5	硬塑黏性土	土面区
Kh294	5 586.5	6 184.7	3 638.9	10.0	2 077.5	5.6	硬塑～软塑黏性土	土面区
Kh295	5 595.5	6 373.4	12 944.9	6.0	2 074.1	12.2	硬塑～软塑黏性土	土面区
Kh295-1	5 458.0	6 401.9	2 579.6	2.0	2 090.1	2.0	硬塑黏性土	土面区
Kh296	5 513.5	6 759.9	712.1	3.0	2 087.3	13.0	硬塑黏性土	土面区

续表

室内编号	坐标 A /m	坐标 B /m	面积 /m²	深度 /m	最低点高程/m	充填物厚度/m	充填物性质	所在区域
Kh297	5 556.2	6 845.4	1 716.7	3.0	2 088.2	6.1	硬塑黏性土	土面区
Kh298	5 516.7	6 902.7	4 265.7	3.0	2 095.0	7.1	硬塑黏性土	土面区
Kh384	6 017.2	6 151.6	1 220.5	2.0	2 099.0	<5.0	硬、可塑黏性土	土面区
Kh323-3	5 704.1	6 174.4	2 854.6	8.0	2 071.6	3.9	硬塑黏性土	土面区
Kh323-4	5 752.6	6 260.1	4 638.9	3.0	2 077.7	6.5	硬塑及可塑黏性土	土面区
Kh324	5 689.3	6 350.5	4 203.8	4.0	2 080.6	2.3	硬塑黏性土	土面区
Kh325	5 611.7	6 513.6	8 314.4	4.0	2 100.8	9.0	硬塑黏性土	土面区
Kh325-1	5 519.4	6 536.7	4 487.6	2.0	2 082.8	8.4	硬塑及可塑黏性土	土面区
Kh326	5 675.7	6 724.4	14 835.0	4.0	2 083.7	13.1	硬塑及可塑黏性土	土面区
Kh327	5 583.1	6 811.6	2 776.0	2.0	2 091.0	7.5	硬塑黏性土	土面区
Kh354	5 861.0	6 368.0	5 830.7	4.0	2 088.1	5.6	硬塑及可塑黏性土	土面区
Kh355	5 795.5	6 590.3	9 681.6	4.0	2 090.1	11.7	硬塑及可塑黏性土	土面区
Kh356	5 901.8	6 583.0	2 393.1	3.0	2 097.5	7.2	硬塑~软塑黏性土	土面区
Kh357	5 840.6	6 749.7	6 558.2	3.0	2 101.8	12.5	硬塑黏性土	土面区

3.3.3 T3标段的地表岩溶

该范围岩溶漏斗、岩溶洼地总体上呈现出单个面积小、数量密集的特征，其内常常分布落水洞。岩溶漏斗内一般覆盖厚 3.0~5.0 m 的红黏土或次生红黏土，覆盖土层厚可达到十余米，充填物主要呈硬塑状态，充填物厚度较大时，下部多呈可塑状态，局部夹软塑状次生红黏土（图3.3-2）。

图 3.3-2 T3 标段岩溶洼地

该区域很多石芽裸露于地表，石芽之间的溶沟溶槽为红黏土充填，根据现场调查和钻探揭露，石芽一般高度为 2.0~3.0 m，个别达 5.0~8.0 m。岩溶漏斗、岩溶洼地及落水洞统计汇总列于表 3.3-5 和表 3.3-6。

表 3.3-5　飞行区 T3 标段地表塌陷分布一览表

序号	室内编号	坐标 A/m	坐标 B/m	所在区域
1	Tx64	5 869.561	6 353.387	土面区
2	Tx82	5 898.321	6 573.208	土面区
3	Tx99	5 609.877	6 187.927	土面区
4	Tx98	5 570.254	6 180.215	土面区
5	Tx161	5 466.321	6 189.717	土面区
6	Tx97	5 699.951	6 383.260	土面区
7	Tx100	5 642.775	6 498.087	土面区
8	Tx152	5 134.801	6 260.292	道面区
9	Tx34	5 121.266	6 317.517	土面区
10	Tx45	5 111.198	6 363.711	土面区
11	Tx103	5 088.968	6 302.541	土面区
12	Tx104	5 088.559	6 319.696	土面区
13	Tx46	5 103.656	6 490.414	土面区
14	Tx49	5 045.269	6 526.162	道面区
15	Tx31	4 996.794	6 540.557	道面区
16	Tx130	4 975.774	6 742.648	道面区
17	Tx26	5 079.208	7 057.223	土面区
18	Tx137	4 869.863	6 876.675	边坡区
19	Tx131	4 880.600	6 955.436	边坡区
20	Tx91	5 076.106	6 969.312	道面区
21	Tx92	6 990.011	5 083.710	道面区
22	Tx89	5 078.791	7 038.951	土面区

表 3.3-6　飞行区东跑道中部 T3 标段地表漏斗、洼地统计表

室内编号	坐标 A/m	坐标 B/m	面积 /m^2	深度 /m	最低点高程/m	厚度 /m	充填物性质	所在区域
HWD50	5 949.353	5 480.472	2 466.92	6.00	2 085.00	4.0	硬塑黏性土	机坪区
Kh180-1	4 877.582	5 223.690	5 296.60	3.50	2 086.00	4.8	可塑黏性土	边坡区
Kh180-2	4 835.089	5 286.324	1 438.10	3.50	2 084.50	4.6	可塑黏性土	边坡区
Kh180-3	4 772.205	5 281.760	4 894.60	2.80	2 087.20	9.6	硬塑黏性土	边坡区
Kh180-4	4 956.191	5 163.791	3 827.36	4.00	2 091.64	5.5	硬塑黏性土	道面区

续表

室内编号	坐标 A /m	坐标 B /m	面积 /m²	深度 /m	最低点高程/m	厚度 /m	充填物性质	所在区域
Kh184	4 858.481	5 404.670	467.50	2.70	2 091.30	6.3	可塑黏性土	边坡区
Kh185	4 881.372	5 349.770	623.70	1.00	2 090.00	8.2	可、软塑黏性土	边坡区
Kh186	4 827.671	5 501.753	1 278.10	3.40	2 091.60	4.0	硬、可塑黏性土	边坡区
Kh190	4 849.113	5 575.118	2 497.60	1.90	2 094.10	2.6	硬塑黏性土	边坡区
Kh191	4 890.914	5 559.302	415.20	3.40	2 094.60	14.7	可、软塑黏性土	边坡区
Kh192	4 905.267	5 664.322	1 778.23	4.00	2 093.44	9.2	硬、可塑黏性土	边坡区
Kh196	4 885.344	6 026.705	1 027.00	2.40	2 090.60	<10.0	硬、可塑黏性土	边坡区
Kh203-1	4 818.805	5 082.041	1 156.70	2.00	2 098.00	7.5	硬塑黏性土	道面区
Kh204	5 064.301	5 159.090	4 625.97	10.00	2 090.00	6.3	硬塑黏性土	道面区
Kh205-1	5 172.953	5 453.389	3 705.59	8.00	2 081.00	5.2	可、软塑黏性土	道面区
Kh205-2	5 076.299	5 436.928	946.93	8.00	2 077.00	3.8	硬塑黏性土	道面区
Kh205-30	4 974.413	5 391.423	3 163.51	11.00	2 078.96	3.8	硬塑黏性土	道面区
Kh205-31	5 027.659	5 414.901	1 620.69	6.00	2 081.00	4.2	硬塑黏性土	道面区
Kh205-32	4 957.899	5 446.600	1 324.01	4.00	2 089.00	5.0	硬塑黏性土	道面区
Kh205-5	4 960.417	5 499.773	3 010.68	5.00	2 089.95	7.6	可塑黏性土	道面区
Kh205-6	5 035.795	5 306.143	4 712.95	2.00	2 088.05	2.5	硬塑黏性土	道面区
Kh206-1	5 018.686	5 546.019	2 219.50	9.00	2 083.30	13.9	可塑黏性土	道面区
Kh206-2	5 064.672	5 513.954	2 371.06	7.00	2 082.81	4.1	硬塑黏性土	道面区
Kh207	5 124.238	5 565.139	3 105.85	9.00	2 090.00	<5.0	可塑黏性土	道面区
Kh209	4 955.161	5 668.663	1 280.02	4.00	2 097.53	5.3	硬、可塑黏性土	道面区
Kh210	5 016.346	5 752.638	1 814.08	3.00	2 093.48	2.5	硬塑黏性土	道面区
Kh210-3	5 033.766	5 822.831	1 396.57	4.00	2 090.31	6.4	硬塑黏性土	道面区
Kh211-1	5 122.574	5 705.223	1 639.77	8.00	2 087.69	<10.0	硬、可塑黏性土	道面区
Kh211-2	5 136.200	5 750.280	1 380.64	5.00	2 089.78	<10.0	硬、可塑黏性土	道面区
Kh211-3	5 065.419	5 749.279	707.85	3.00	2 092.36	<10.0	硬、可塑黏性土	道面区
Kh213	5 022.670	5 888.797	1 350.51	3.00	2 088.70	4.4	硬塑黏性土	道面区
Kh214	4 962.485	5 986.357	753.59	2.00	2 089.01	6.7	硬塑黏性土	道面区
Kh214-1	5 001.591	5 999.965	764.51	2.00	2 088.09	3.2	可塑黏性土和圆砾	道面区

续表

室内编号	坐标A/m	坐标B/m	面积/m²	深度/m	最低点高程/m	厚度/m	充填物性质	所在区域
Kh214-2	5 076.402	6 004.248	2925	2.00	2 085.82	11.0	可塑黏性土和圆砾	土面区
Kh216	5 169.950	5 191.859	4729	7.00	2 087.00	6.2	可塑黏性土	土面区
Kh217	5 225.478	5 415.113	3 395.78	3.00	2 082.00	6.6	硬塑黏性土	机坪区
Kh218	5 249.783	5 514.098	1 685.43	5.00	2 086.00	6.6	硬塑黏性土	机坪区
Kh219-1	5 332.385	5 013.333	932.94	3.00	2 099.00	3.6	硬、可塑黏性土	机坪区
Kh219-2	5 347.186	4 960.129	2 214.92	6.00	2 096.00	4.6	可塑黏性土	机坪区
Kh220	5 280.707	5 060.237	1 463.71	3.00	2 097.00	5.0	可塑黏性土	道面区
Kh221	5 292.633	5 125.188	1 477.11	2.00	2 092.00	3.9	硬塑黏性土	机坪区
Kh222-2	5 307.796	5 259.246	1 650.36	5.00	2 081.00	3.5	硬塑黏性土	机坪区
Kh224	5 251.357	5 298.885	1 092.89	6.00	2 080.00	<5.0	可塑黏性土	道面区
Kh225	5 278.391	5 359.520	1 805.83	4.00	2 079.00	5.7	硬塑黏性土	机坪区
Kh226	5 362.651	5 295.263	742.61	—	回填	5.8	填土	机坪区
Kh228	5 355.947	5 420.329	942.15	—	回填	10.5	填土、硬塑黏性土	机坪区
Kh242-2	5 061.875	5 950.836	1842	2.00	2 088.73	<10.0	可塑黏性土	道面区
Kh255	5 342.609	5 685.880	726.33	2.00	2 082.00	<5.0	可塑黏性土	道面区
Kh255-1	5 313.850	5 667.959	1 312.16	2.00	2 079.32	9.0	可塑黏性土	机坪区
Kh255-2	5 346.535	5 593.934	2 941.77	3.00	2 080.16	7.5	硬、可、软塑黏性土	机坪区
Kh255-3	5 319.397	5 729.583	1 141.8	4.00	2 079.7	3.4	硬塑黏性土	机坪区
Kh256	5 270.857	5 925.071	1 672.13	—	回填	6.1	填土、可塑黏性土	机坪区
Kh256-1	5 259.849	6 060.613	7 392.21	3.00	2 082.70	9.3	可塑黏性土	机坪区
Kh256-2	5 291.396	5 868.356	2 437.29	4.00	2 077.01	10.7	硬、可、软塑黏性土	机坪区
Kh256-3	5 358.383	6 022.894	2 014.45	4.00	2 082.60	2.8	可塑黏性土	机坪区
Kh257-1	5 329.426	6 106.934	4 903.63	3.00	2 083.40	4.9	可塑黏性土	机坪区
Kh263-2	5 468.108	5 506.760	1 398.48	4.00	2 080.00	7.3	硬塑黏性土	机坪区

续表

室内编号	坐标 A /m	坐标 B /m	面积 /m^2	深度 /m	最低点高程/m	厚度 /m	充填物性质	所在区域
Kh264	5 432.133	5 628.791	2 730.79	4.00	2 080.00	8.4	硬、可塑黏性土	机坪区
Kh264-1	5 462.851	5 589.716	1 435.54	3.00	2 082.00	3.7	硬塑黏性土	机坪区
Kh265	5 397.974	5 786.579	2 492.55	2.00	2 074.81	5.0	硬塑黏性土	机坪区
Kh266	5 453.191	5 942.290	2 004.84	5.00	2 079.11	4.9	硬塑黏性土	机坪区
Kh267	5 433.157	5 985.786	576.08	3.00	2 082.00	<5.0	可塑黏性土	机坪区
Kh282-2	5 480.064	5 765.297	795.50	3.00	2 081.00	<5.0	可塑黏性土	道面区
Kh284-2	5 476.670	5 818.501	1 718.24	6.00	2 077.40	<5.0	可塑黏性土	道面区
Kh343-1	5 880.143	5 545.199	1 508.17	9.00	2 085.00	<5.0	可塑黏性土	机坪区
Kh343-3	5 908.280	5 515.731	1 150.76	4.00	2 087.00	6.1	硬塑黏性土	道面区
Kh369	6 110.238	5 518.267	1 156.50	3.00	2 094.00	2.0	硬塑黏性土	土面区
Kh370	6 222.609	5 508.119	6 487.45	4.00	2 094.00	2.9	硬塑黏性土	道面区
Kh370-1	6 200.957	5 499.740	1 076.56	3.00	2 093.00	6.0	硬塑黏性土	土面区
Kh373	6 051.685	5 559.280	1 115.41	4.00	2 093.00	1.0	硬塑黏性土	土面区
Kh-7-000	5 403.523	5 896.653	1 451.69	4.00	2 079.00	10.5	硬、可塑黏性土	土面区
Tx8-37	5 149.289	5 251.763	5 034.55	2.50	2 088.91	8.2	可塑黏性土	边坡区

按岩溶漏斗、岩溶洼地的长轴长度进行统计，其统计结果见表 3.3-7 和图 3.3-3。

表 3.3-7 岩溶漏斗、岩溶洼地的长轴长度统计

长轴长度/m	20	40	60	80	100	120	140	160	180	200	>200
岩溶漏斗、岩溶洼地数量/个	1	2	9	6	3	5	7	3	1	1	1

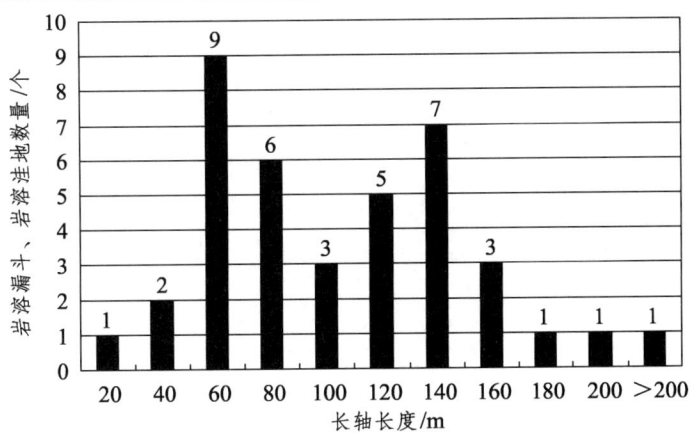

图 3.3-3 T3 标段岩溶漏斗、岩溶洼地的长轴长度统计图

3.3.4　T4标段的地表岩溶

该区域地表发育岩溶漏斗、岩溶洼地、石芽、溶沟、溶槽、溶脊等岩溶形态。地表岩溶发育除受自身岩性控制外,一般受构造线、地层分界线、节理裂隙、岩层破碎程度影响。岩溶漏斗、岩溶洼地顺上述地层界线、节理裂隙面发育,同时岩体破碎时更易被溶蚀。下二叠统阳新组(P_1y)灰岩节理裂隙较发育,特别是竖向裂隙极发育,在横山采石场、浑水塘采石场、沾昆铁路废弃的路基边坡开挖面上清晰可见,同时岩体较破碎。受其影响,地表岩溶发育较为均一,以岩溶漏斗、岩溶洼地的形态出现,溶蚀槽谷不发育,岩溶地貌以准平原和丘陵的形态出现,丘陵顶部浑圆、平缓,无岩溶漏斗、岩溶洼地分布。

该区域岩溶漏斗、岩溶洼地总体上呈单个面积小、数量较密集的特征,其内常常分布落水洞。岩溶漏斗和岩溶洼地边壁一般均较平缓,内覆盖厚3.0~5.0 m的红黏土或次生红黏土,部分岩溶漏斗内无充填物,基岩裸露地表,仅溶沟溶槽内充填红黏土;覆盖土层最厚的岩溶漏斗达到19.50 m,充填物主要呈硬塑状态,充填物厚度较大时,下部多呈可塑状态,局部夹软塑状次生红黏土(该区域仅XK379见软塑次生红黏土)。

该区域石芽大面积裸露于地表,石芽之间的溶沟溶槽为红黏土充填,根据现场调查和钻探揭露,石芽一般高2.0~4.0 m,个别隐伏石芽可达5.0~8.0 m。

该区域未发现地面塌陷,但该区域钻孔揭露土洞1个。该区域未发现落水洞,地表水主要顺溶蚀裂缝向地下排泄。

岩溶漏斗、岩溶洼地统计汇总列于表3.3-8。

表3.3-8　飞行区东跑道南端T4地表岩溶统计表

室内编号	坐标A /m	坐标B /m	面积 /m²	深度 /m	最低点高程/m	充填物厚度及性质/m	所在区域
Kh069-2	5 425.06	3 312.55	2 129	5.0	2 052	2.8(硬塑黏性土)	边坡区
Kh069-5	5 385.61	3 366.09	1 230	4.0	2 056	19.9(硬塑黏性土)	边坡区
Kh069-7	5 389.89	3 411.39	886	3.0	2 058	4.1(硬塑黏性土)	边坡区
Kh070-1	5 406.75	3 629.31	4 774	5.0	2 066	2.7(硬塑黏性土)	边坡区
Kh076	5 332.84	3 440.23	4 134	5.0	2 057	4.3(硬塑黏性土)	边坡区
Kh076-1	5 284.91	3 386.77	519	4.0	2 061	2(硬塑黏性土)	边坡区
Kh077	5 269.31	3 456.55	1 135	4.0	2 059	4.5(硬塑黏性土)	边坡区
Kh078	5 280.81	3 671.02	10 327	10.0	2 059	2.9(硬塑黏性土)	边坡区
Kh078-1	5 228.28	3 591.26	1 219	4.0	2 063	4.8(硬塑黏性土)	边坡区
Kh079	5 280.48	3 799.15	1 505	2.0	2 073	4.8(硬塑黏性土)	边坡区
Kh092-1	5 174.78	3 509.73	958	1.0	2061	<5.0(硬塑黏性土)	边坡区
Kh092-2	5 218.56	3 491.23	3 156	4.0	2 059	<10.0(硬塑黏性土)	边坡区
Kh092-3	5 148.06	3 545.36	385	1.0	2 063	<5.0(硬塑黏性土)	边坡区
Kh093	5 019.46	3 600.00	5 549	5.0	2 059	7(硬塑黏性土)	边坡区
Kh093-1	5 100.74	3 620.01	1 154	4.0	2 061	1.8(硬塑黏性土)	边坡区
Kh093-4	4 983.97	3 658.82	132	4.0	2 060	无	边坡区

续表

室内编号	坐标 A /m	坐标 B /m	面积 /m²	深度 /m	最低点高程/m	充填物厚度及性质/m	所在区域
Kh093-6	4 869.11	3 609.63	3 396	5.0	2 057	1.4（硬塑黏性土）	边坡区
Kh094	5 169.56	3 758.34	3 236	5.0	2 066	5.75（硬塑黏性土）	边坡区
Kh110	4 910.05	3 714.49	187	2.0	2 063	无	边坡区
Kh111-1	4 953.16	3 754.15	3 148	3.0	2 064	14.5（硬塑黏性土）	边坡区
Kh111-2	5 005.94	3 772.74	1 321	3.0	2 067	5.3（硬塑黏性土）	边坡区
Kh112-1	4 893.30	3 790.65	519	2.0	2 067	<5.0（硬塑黏性土）	边坡区
Kh112-2	4 872.98	3 764.15	164	1.5	2 066	无	边坡区
Kh122-1	4 733.41	3 796.62	1 483	2.0	2 066	3.5（硬塑黏性土）	边坡区
Kh122-2	4 762.66	3 726.79	1 762	1.2	2 064	5.3（硬塑黏性土）	边坡区
Kh123-1	4 810.85	3 739.59	379	1.5	2 064	<10.0（硬塑黏性土）	边坡区
Kh123-2	4 798.21	3 763.47	194	1.5	2 064	9.5（硬塑黏性土）	边坡区
Kh124	4 742.45	3 845.60	175	2.7	2 068	无	边坡区
Kh126	4 708.41	3 882.60	80	1.5	2 072	无	边坡区
Kh127	4 726.20	3 905.55	125	1.0	2 072	无	边坡区
Kh128	4 730.60	4 084.04	2 485	3.0	2 080	2.2（硬塑黏性土）	边坡区

按岩溶漏斗、岩溶洼地的长轴长度进行统计，其统计结果见表 3.3-9 和图 3.3-4。

表 3.3-9 岩溶漏斗、岩溶洼地的长轴长度统计

长轴长度/m	20	40	60	80	100	120	140	160	180	200	>200
岩溶漏斗、岩溶洼地数量/个	6	11	14	10	3	3	2	1	0	1	0

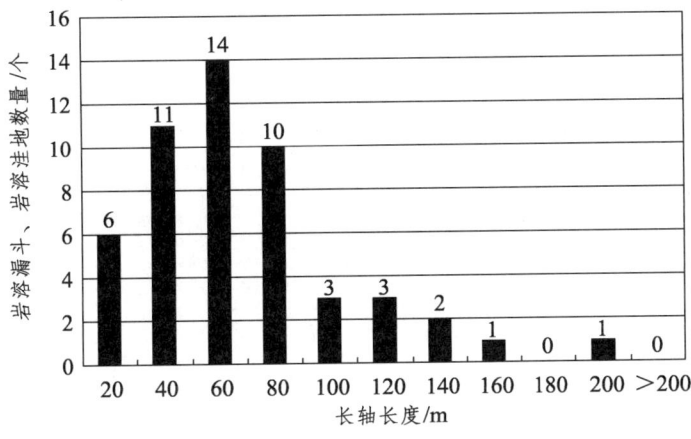

图 3.3-4 T4 标段岩溶漏斗、岩溶洼地的长轴长度统计图

3.3.5　T5 标段的地表岩溶

该范围地表岩溶以岩溶漏斗为主,其次为岩溶洼地,共发育岩溶漏斗 34 个,岩溶洼地约 29 个。岩溶洼地内发育落水洞,岩溶洼地形状多呈不规则圆形、椭圆形,中心深度有 2.0~14.0 m,面积为 588.7~5 974.6 m²;底部高程为 2 069.0~2 103.0 m。一般较为平缓,为次生红黏土及少量碎、块石充填,多为耕地。本勘察范围地表岩溶漏斗和岩溶洼地分布情况见表 3.3-10。

表 3.3-10　T5 地表岩溶统计表

室内编号	坐标 A /m	坐标 B /m	面积 /m²	深度 /m	最低点高程/m	充填物厚度及性质/m	所在区域
HWD21	64 393.394	4 870.008	1 702.94	4.00	2 096.00	11.2（可、软塑黏性土）	停机坪
HWD22	6 338.420	4 909.201	4 229.81	2.00	2 091.00	9.3（硬、可塑黏性土）	停机坪
HWD23	6 350.201	4 974.371	5 974.62	10.00	2 083.50	13.9（硬、可塑黏性土）	停机坪
HWD24	6 193.479	5 184.283	1 628.57	3.00	2 094.00	9.3（硬、可、软塑黏性土）	停机坪
HWD25	6 291.060	5 048.594	1 358.56	4.00	2 092.00	5.3（硬塑黏性土）	停机坪
HWD30	6 313.362	5 239.697	1 680.43	4.00	2 091.00	6.2（硬塑黏性土）	停机坪
HWD31	6 243.325	5 242.604	1 420.65	5.00	2 090.00	7.8（硬、可黏性土）	停机坪
HWD32	6 280.697	5 309.172	2 090.472	4.00	2 082.00	6.4（硬塑黏性土）	停机坪
HWD33	6 250.134	5 371.351	2 531.66	5.00	2 084.00	13.6（硬、可塑黏性土）	停机坪
HWD34	6 305.994	5 425.960	1 801.54	4.00	2 099.00	15.6（硬、可塑黏性土）	停机坪
HWD39	5 818.388	5 253.300	1 855.32	5.00	2 087.00	<3（硬、可塑黏性土）	停机坪
HWD40	5 738.404	5 382.716	600.8	2.00	2 097.00	2.7（硬塑黏性土）	停机坪
HWD41	5 789.747	5 365.943	1 849.3	4.00	2 091.00	6.5（可、软塑黏性土）	停机坪
HWD42	5 853.450	5 358.209	2 826.91	5.00	2 090.00	9.7（可塑黏性土）	停机坪
HWD43	5 973.422	5 394.847	873	4.00	2 091.00	7.8（硬、可塑黏性土）	停机坪
HWD44	5 942.353	5 417.085	612.82	5.00	2 087.00	1（硬塑黏性土）	停机坪
HWD45	5 948.450	5 348.451	1 521.35	5.00	2 090.00	4.2（硬塑黏性土）	停机坪
HWD46	5 916.815	5 292.897	1 983.218	3.00	2 089.00	9.46（硬、可塑黏性土）	停机坪
HWD47	5 966.853	5 250.111	792.61	2.00	2 090.00	<5（硬塑黏性土）	停机坪
HWD48	6 048.170	5 466.453	666.07	3.00	2 086.00	2.5（硬塑黏性土）	停机坪
HWD49	6 173.135	5 324.822	5 101.83	10.00	2 080.00	6（硬、可塑黏性土）	停机坪
HWD52	5 831.958	5 472.503	627.44	4.00	2 096.00	0.8（耕土）	停机坪
HWD53	5 976.358	5 154.363	1 333.48	6.00	2 089.00	<8（硬、可塑黏性土）	停机坪
HWD54	6 142.800	5 073.140	1 695.105	4.00	2 090.00	3（硬、可塑黏性土）	停机坪
HWD55	5 866.490	5 147.862	1 636.14	4.00	2 081.00	8.8（可塑黏性土）	停机坪
HWD59	5 693.958	5 481.071	588.741	3.00	2 103.00	<6.3（可塑黏性土）	停机坪
HWD60	5 589.324	5 350.790	989.34	3.00	2 085.00	2.9（可塑黏性土）	停机坪

续表

室内编号	坐标A/m	坐标B/m	面积/m²	深度/m	最低点高程/m	充填物厚度及性质/m	所在区域
HWD61	5 642.048	5 298.617	2 590.1	3.00	2 087.00	1（耕土）	停机坪
HWD62	5 514.888	5 433.761	727.17	2.00	2 081.00	8.5（硬、可、软塑黏性土）	停机坪
HLD16	6 272.480	5 328.521	258.72	6.00	2 076.00	6.4（硬塑黏性土）	停机坪
HLD20	6 102.851	5 279.289	2 257.09	7.00	2 087.00	7.8（可塑黏性土）	停机坪
HLD21	6 075.383	5 417.971	3 626.86	11.00	2 083.00	4.2（硬塑黏性土）	停机坪
HLD28	6 117.299	4 873.723	12 081.19	14.00	2 069.00	12.6（可、软塑黏性土）	停机坪
HLD29	6 008.324	4 945.144	6 397.01	8.00	2 074.00	2.5（硬塑黏性土）	停机坪
HLD30	5 271.350	5 132.805	1 735.42	4.00	2 076.00	7.1（软塑黏性土）	停机坪
HLD31	5 825.234	5 082.663	216.51	4.00	2 078.00	1.5（素填土）	停机坪
HLD32	5 858.141	5 039.255	216.71	3.00	2 078.00	1.1（硬塑黏性土）	停机坪
HLD33	5 811.966	5 032.301	2 180.92	5.00	2 073.00	6（可塑黏性土）	停机坪
HLD34	5 754.823	5 080.965	724.46	3.00	2 075.00	无	停机坪
HLD35	5 710.848	5 131.955	2 088.706	6.00	2 073.00	6.8（软塑黏性土）	停机坪
HLD36	5 864.747	4 962.190	909.5	3.00	2 074.00	2.8（可塑黏性土）	停机坪
HLD37	5 888.854	4 840.129	6 473.38	5.00	2 073.00	2.5（硬塑黏性土）	停机坪
HLD38	5 714.380	4 936.843	1 344.38	5.00	2 076.00	11（硬、可塑黏性土）	停机坪
HLD39	5 750.906	4 895.180	1 835.405	6.00	2 076.00	7.1（可、软塑黏性土）	停机坪
HLD86	5 471.068	4 763.149	1 636.88	7.00	2 100.00	2（可塑黏性土）	停机坪
HLD87	5 542.602	4 836.478	7 054.46	4.00	2 092.00	9.1（硬塑黏性土）	停机坪
HLD88	5 690.749	4 879.093	2 456.53	3.00	2 082.00	2.5（硬塑黏性土）	停机坪
HLD89	5 466.635	4 922.834	568.47	3.00	2 098.00	1.5（耕土）	停机坪
HLD90	5 458.752	4 870.163	536.801	3.00	2 096.00	7（硬、可塑黏性土）	停机坪
HLD96	5 419.765	5 013.885	566.2	6.00	2 090.00	3（硬塑黏性土）	停机坪
HLD97	5 451.500	5 062.751	416.73	4.00	2 087.00	5.5（硬塑黏性土）	停机坪
Kh222-1	5 377.694	5 220.291	4 226.49	8.00	2 075.00	6.2（硬塑黏性土）	停机坪
HLD105	5 659.555	4 978.895	2 452.85	8.00	2 078.00	6.7（可、软塑黏性土）	停机坪
HLD106	5 549.629	5 061.512	1 286.77	3.00	2 084.00	2.4（可塑黏性土）	停机坪
HLD107	5 482.448	5 194.076	3 441.42	—	回填	2（素填土）	停机坪
HLD108	5 561.554	5 198.837	5 032.049	—	回填	12（硬、可塑黏性土）	停机坪
HLD109	5 656.543	5 180.676	539.92	4.00	2 076.00	<4.8（可、软塑黏性土）	停机坪
HLD111	5 538.826	5 391.171	1 118.15	5.00	2 081.00	8.5（硬、可、软塑黏性土）	停机坪
HLD112	5 500.177	5 480.240	1 430.64	6.00	2 077.00	2.5（可塑黏性土）	停机坪

续表

室内编号	坐标 A /m	坐标 B /m	面积 /m²	深度 /m	最低点高程/m	充填物厚度及性质/m	所在区域
HLD114	5 508.204	5 366.549	1 295.061	4.00	2 081.00	3.5（可塑黏性土）	停机坪
HLD115	5 499.329	5 333.783	1 755.28	5.00	2 079.00	7.7（可、软塑黏性土）	停机坪
Kh228-2	5 411.494	5 472.547	1 821.84	3.00	2 079.00	1（耕土）	停机坪
HLD117	5 471.296	5 280.754	8 023.85	—	回填	3.7（素填土）	停机坪

按岩溶漏斗、岩溶洼地的长轴长度进行统计，其统计结果见表3.3-11和图3.3-5。

表3.3-11 岩溶漏斗、岩溶洼地的长轴长度统计

长轴长度/m	20	40	60	80	100	120	140	160	180	200	>200
岩溶漏斗、岩溶洼地数量/个	6	11	14	10	3	3	2	1	0	1	0

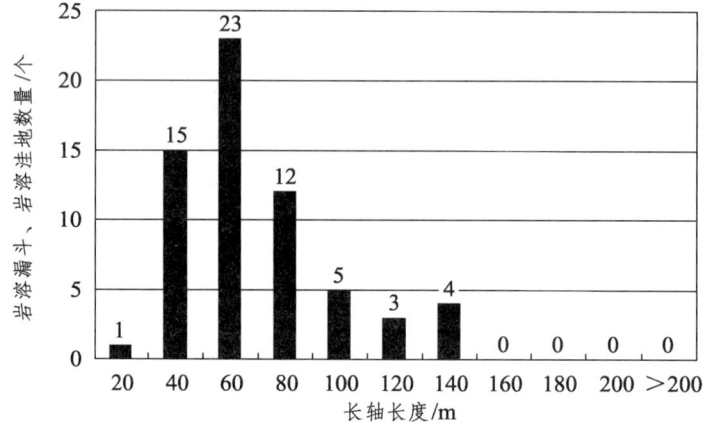

图3.3-5 T5标段岩溶漏斗、岩溶洼地的长轴长度统计图

3.3.6 T6、T7标段的地表岩溶

该范围地表岩溶以岩溶洼地为主，共发育岩溶漏斗和岩溶洼地约23个。其中，T6分布23个，T7只分布2个，说明地表岩溶T6标段比T7标段发育。岩溶洼地形状多呈不规则圆形、椭圆形，中心深度为2.5~12.0 m，面积为275.7~36 950 m²，底部高程为2 047.0~2 115.0 m，一般较为平缓，为次生红黏土及少量碎、块石充填，多为耕地。本勘察范围地表溶洞洼地分布情况见表3.3-12~表3.3-14和图3.3-6、图3.3-7。

表3.3-12 飞行区西跑道南端T6标段塌陷分布一览表

室内编号	坐标 A/m	坐标 B/m	面积/m²	深度/m	所在区域
Tx124	6 866.484 6	3 850.776 2	6 530.24	4.0	边坡区
Tx129	7 154.878 1	4 251.438 3	5 762.48	5.5	土面区

表 3.3-13 飞行区西跑道南端 T6 标段地表漏斗、洼地分布一览表

序号	室内编号	坐标 A /m	坐标 B /m	面积 /m²	深度 /m	最低点高程/m	充填物性质及厚度/m	所在区域
1	Kh031	6 782.980	4 193.214	12 527.94	10.00	2 057.00	3.2（硬塑黏性土）	道面区
2	Kh027	6 890.960	4 099.960	6 705.45	5.00	2 058.00	4.3（硬、可塑黏性土）	道面区
3	Kh016	7 147.920	4 265.134	8 114.58	10.00	2 064.00	无	土面区
4	Kh020	7 027.720	4 052.070	8 939.79	7.00	2 057.00	1.5（硬塑黏性土）	土面区
5	Kh015	7 175.299	4 055.146	11 951.36	9.00	2 054.00	9.5（硬塑黏性土）	土面区
6	Kh014	7 156.562	3 901.669	8 438.36	5.00	2 050.00	9.5（硬塑黏性土）	边坡区
7	Kh013	7 090.403	3 775.238	11 678.39	4.00	2 053.00	3.5（硬塑黏性土）	边坡区
8	Kh024	6 946.901	3 509.278	36 949.78	8.00	2 047.00	<8.5（硬塑黏性土）	边坡区
9	Kh029	6 815.253	3 792.906	8 502.38	4.00	2 053.00	4.3（硬塑黏性土）	边坡区
10	Kh440	6 912.214	3 845.852	4 640.51	3.00	2 054.00	14（硬塑黏性土）	边坡区
11	Kh026	6 920.112	3 976.327	20 617.93	8.00	2 053.00	15.4（硬、可塑黏性土）	土面区
12	Kh030	6 767.625	3 995.207	3 216.19	3.00	2 060.00	3.4（硬塑黏性土）	边坡区
13	Kh037	6 515.271	3 405.035	19 126.37	6.00	2 053.00	3（硬塑黏性土）	边坡区
14	Kh038-2	6 542.974	3 830.059	12 898.66	5.00	2 061.00	13（硬、可塑黏性土）	土面区
15	Kh038-1	6 653.817	3 673.526	1 388.8	2.50	2 055.00	10（硬塑黏性土）	土面区
16	Kh035	6 686.034	3 937.315	7 492.62	4.00	2 059.00	4.8（硬塑黏性土）	边坡区
17	Kh028	6 950.660	4 193.250	6 425.36	12.00	2 055.00	0.5（耕土）	土面区
18	Kh016-1	6 891.978	5 022.885	275.69	5.00	2 115.00	无	土面区
19	Kh020-1	7 028.352	4 035.432	663.63	5.00	2 052.00	1.5（硬塑黏性土）	土面区
20	Kh015-1	7 167.619	4 043.450	1 043.1	5.00	2 049.00	9.5（硬塑黏性土）	土面区
21	HLD12	6 466.936	4 185.861	3 467.71	6.00	2 069.00	3.9（可塑黏性土）	边坡区

表 3.3-14 飞行区西跑道南端 T7 标段地表漏斗、洼地分布一览表

序号	室内编号	坐标 A /m	坐标 B /m	面积 /m²	深度 /m	最低点高程/m	充填物性质及厚度/m	所在区域
1	HWD20	6 591.261	4 309.437	13 658.15	6.00	2 067.00	10.1（可、软塑黏性土）	土面区
2	Kh032	6 741.733	4 393.118	14 369.7	8.00	2 066.100	3.9（硬塑黏性土）	道面区

图 3.3-6　T7 标段积水岩溶洼地 HWD20

图 3.3-7　T7 标段岩溶漏斗 HLD2

按岩溶漏斗、岩溶洼地的长轴长度进行统计，其统计结果见表 3.3-15 和图 3.3-8。

表 3.3-15　岩溶漏斗、岩溶洼地的长轴长度统计

长轴长度/m	20	40	60	80	100	120	140	160	180	200	>200
岩溶漏斗、岩溶洼地数量/个	0	1	2	3	4	5	6	1	3	1	0

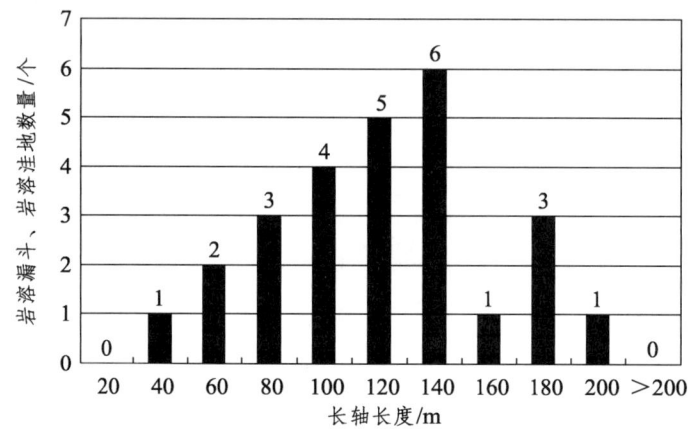

图 3.3-8　T6、T7 标段岩溶漏斗、岩溶洼地的长轴长度统计图

3.3.7　T8、T9、T10 标段的地表岩溶

该范围地表岩溶以岩溶洼地为主，共发育岩溶洼地 29 个，位于西跑道北段溶蚀丘陵区花凹—荷包地落水洞一线以北丘陵地带，大部分位于 T10 标段。T8 标段未见岩溶漏斗和岩溶洼地。岩溶洼地形状多呈不规则圆形、椭圆形，洼地长轴为 39～255 m，短轴为 16～109 m，中心深度为 2～8 m，面积为 613～23 126 m^2，底部高程为 2 042.0～2 091.0 m，一般较为平缓，为次生红黏土及少量碎、块石充填，多为耕地。T8、T9、T10 标段范围内地表溶洞和岩溶洼地分布情况见表 3.3-16～表 3.3-20。

表 3.3-16　飞行区 T9 标段地表岩溶（塌陷）分布一览表

室内编号	坐标 A/m	坐标 B/m	深度/m	所在区域
Tx122	6 553.795	7 649.093	1.00	土面区

表 3.3-17　飞行区 T9 标段地表岩溶（漏斗、洼地）分布一览表

室内编号	坐标 A /m	坐标 B /m	面积 /m²	深度 /m	最低点高程/m	充填物性质及厚度 /m	所在区域
Kh428	7 059.6	7 484.5	5 477.6	5.4	2 075.0	15.0（可塑黏性土）	土面区

表 3.3-18　飞行区 T9 标段地表塌陷分布一览表

序号	室内编号	坐标 A/m	坐标 B/m	深度/m	所在区域
1	Tx117	6 663.091	7 854.088	1~2	土面区
2	Tx118	6 709.547	7 820.859	2~4	土面区
3	Tx119	6 879.665	7 818.971	1~2	土面区
4	Tx120	6 850.842	7 823.049	1~2	土面区
5	Tx121	6 819.635	7 825.423	1~2	土面区
6	Tx29	6 920.033	8 165.870	1~2	道面区
7	Tx52	7 142.533	8 348.923	2~3	边坡区
8	Tx53	6 939.847	8 363.599	2~3	道面区
9	Tx54	6 940.726	8 183.429	2~3	道面区
10	Tx55	7 139.929	7 877.362	1~2	边坡区
11	Tx58	6 947.134	7 913.197	1~2	道面区
12	Tx59	6 938.771	7 919.659	1~2	道面区
13	Tx60	6 903.046	7 916.594	1~2	土面区
14	Tx61	6 849.757	7 867.806	1~2	土面区
15	Tx62	6 550.988	7 763.657	1~2	土面区
16	Tx69	6 459.072	8 229.957	1~2	边坡区
17	Tx72	6 606.912	8 066.644	2~3	土面区
18	Tx74	6 735.469	8 178.234	1~2	土面区
19	Tx75	6 723.071	8 163.175	1~2	土面区
20	Tx77	6 563.897	8 421.316	2~3	边坡区
21	Tx78	6 391.570	8 368.381	1~3	边坡区
22	Tx80	6 680.264	8 285.204	2~3	边坡区
23	Tx81	6 977.198	7 838.164	2~3	道面区

表 3.3-19　飞行区 T10 标段地表塌陷分布一览表

序号	室内编号	坐标 A/m	坐标 B/m	深度/m	所在区域
1	Tx117	6 663.091	7 854.088	1~2	土面区
2	Tx118	6 709.547	7 820.859	2~4	土面区
3	Tx119	6 879.665	7 818.971	1~2	土面区
4	Tx120	6 850.842	7 823.049	1~2	土面区
5	Tx121	6 819.635	7 825.423	1~2	土面区
6	Tx29	6 920.033	8 165.870	1~2	道面区
7	Tx52	7 142.533	8 348.923	2~3	边坡区
8	Tx53	6 939.847	8 363.599	2~3	道面区
9	Tx54	6 940.726	8 183.429	2~3	道面区
10	Tx55	7 139.929	7 877.362	1~2	边坡区
11	Tx58	6 947.134	7 913.197	1~2	道面区
12	Tx59	6 938.771	7 919.659	1~2	道面区
13	Tx60	6 903.046	7 916.594	1~2	土面区
14	Tx61	6 849.757	7 867.806	1~2	土面区
15	Tx62	6 550.988	7 763.657	1~2	土面区
16	Tx69	6 459.072	8 229.957	1~2	边坡区
17	Tx72	6 606.912	8 066.644	2~3	土面区
18	Tx74	6 735.469	8 178.234	1~2	土面区
19	Tx75	6 723.071	8 163.175	1~2	土面区
20	Tx77	6 563.897	8 421.316	2~3	边坡区
21	Tx78	6 391.570	8 368.381	1~3	边坡区
22	Tx80	6 680.264	8 285.204	2~3	边坡区
23	Tx81	6 977.198	7 838.164	2~3	道面区

表 3.3-20　飞行区 T10 标段地表漏斗、洼地分布一览表

室内编号	坐标 A/m	坐标 B/m	面积/m²	深度/m	最低点高程/m	充填物性质及厚度/m	所在区域
Kh416-3	6 609.6	8 065.4	1 412.4	4.0	2 069.0	18（可塑黏性土）	土面区
Kh416-4	6 642.1	8 152.1	1 537.5	4.0	2 085.0	18.5（硬塑黏性土）	土面区
Kh418	6 391.8	8 234.9	1 339.0	1.6	2 062.4	4.1（硬塑黏性土）	边坡区
Kh419	6 476.3	8 223.9	2 544.4	7.0	2 058.0	<10.0（硬、可塑黏性土）	边坡区
Kh420	6 406.8	8 368.9	5 532.5	3.7	2 042.3	13.5（硬、可塑黏性土）	边坡区
Kh421	6 540.9	8 305.3	6 262.5	3.5	2 050.3	22.8（硬、可、软塑黏性土）	边坡区
Kh422	6 549.0	8 421.9	4 101.3	4.0	2 049.0	16.0（硬、可塑黏性土）	边坡区
Kh422-1	6 533.7	8 374.6	1 135.9	3.5	2 052.5	22.5（硬、可、软塑黏性土）	边坡区

续表

室内编号	坐标 A /m	坐标 B /m	面积 /m²	深度 /m	最低点高程/m	充填物性质及厚度/m	所在区域
Kh424	6 872.0	8 062.7	4 284.9	3.0	2 075.0	7.8～10.5（硬、可、软塑黏性土）	道面区
Kh425	6 813.7	8 371.1	4 600.0	3.2	2 065.0	6.2（硬、可、软塑黏性土）	土面区
Kh425-1	6 865.4	8 497.8	12 610.6	6.2	2 062.7	20.0（硬、可塑黏性土）	边坡区
Kh426	6 684.7	8 285.7	2 891.7	8.0	2 060.0	12.7（硬、可塑黏性土）	土面区
Kh427	6 860.0	8 277.3	2 045.8	2.0	2 073.0	<10.0（硬、可塑黏性土）	道面区
Kh427-4	6 710.1	8 173.4	613.1	3.0	2 091.0	4.6（硬塑黏性土）	土面区
Kh428	7 059.6	7 484.5	5 477.6	5.4	2 075.0	15.0（可塑黏性土）	土面区
Kh429	6 984.5	7 843.7	2 714.9	5.0	2 058.0	18.3（可塑黏性土）	道面区
Kh429-2	6 886.5	7 815.5	3 706.0	6.0	2 046.0	7.5～18.3（硬、可、软塑黏性土）	道面区
Kh430	7 069.3	7 816.3	3 094.0	2.1	2 063.0	9.8（可塑黏性土）	土面区
Kh431	7 029.3	7 930.9	2 084.5	5.2	2 064.0	13.2（硬塑黏性土）	土面区
Kh432	6 941.9	7 968.1	1 497.9	2.0	2 071.0	4.5（硬塑黏性土）	道面区
Kh433	6 973.0	8 089.3	3 007.5	2.0	2 077.0	12～18.3（硬、可、软塑黏性土）	道面区
Kh434-1	6 947.9	8 182.7	1 878.7	3.0	2 075.0	8.8（硬、可、软塑黏性土）	道面区
Kh435	6 960.5	8 320.3	1 013.0	2.0	2 077.0	3.4（硬塑黏性土）	道面区
Kh436	6 947.9	8 361.2	3 141.5	7.8	2 066.8	12.2（硬、可塑黏性土）	道面区
Kh436-1	6 970.1	8 458.8	3 172.1	5.0	2 065.5	5.2～23.0（硬、可塑黏性土）	土面区
Kh437	7 174.9	7 930.5	23 125.5	4.0	2 065.3	12.9～18.1（硬、可、软塑黏性土）	道面区
Kh438-1	7 135.0	8 358.8	13 275.3	5.0	2 072.0	17.4（硬、可、软塑黏性土）	边坡区
Kh438-2	7 052.5	7 434.0	7 488.8	4.0	2 072.0	17.0（硬、可塑黏性土）	边坡区
Kh450	6 908.2	8 419.7	3 036.9	3.0	2 064.2	10.5（硬、可塑黏性土）	土面区

3.3.8 南工作区的地表岩溶

昆明新机场南工作区共发现岩溶漏斗、岩溶洼地 161 个。岩溶漏斗平面形态多呈近圆形或椭圆形，直径一般为 25～40 m，可见深度多为 5～10 m，最深 19 m。岩溶漏斗周边均有基岩出露，边壁无崩塌现象，斗壁坡度多为 30°～70°，在岩体裂隙内多为次生红黏土充填，少量碎石、块石。漏斗底部有管道裂隙通入地下，管道口周围植被较发育，以灌木丛、杂草为主，可见深度内未见积水。岩溶洼地在平面上形状多呈不规则圆形、椭圆形、纺锤形等，在剖面上呈碟形或锥形。岩溶洼地大体直径一般为 20～100 m，最大直径约 200 m，洼地深度多小于 10 m，最大深度达 20 m，面积一般为 500～2 500 m²，最大为 0.03 km²。岩溶洼地内多为次生红黏土及碎石土充填，在锥形洼地中偶见石牙出露，有的碟形洼地为耕地。岩溶漏斗、岩溶洼地有多个，在平面上成线状或多与岩溶洼地呈串珠状分布。

南工作区范围内各岩溶漏斗、岩溶洼地的分布情况见图 3.3-9 和表 3.3-21。

图 3.3-9　南工作区岩溶漏斗地表形态特征（据南工作区详勘）

表 3.3-21　南工作区地表岩溶漏斗、洼地分布情况一览表

序号	室内编号	坐标 A/m	坐标 B/m	长轴长度或直径/m	面积/m^2	深度/m	最低点高程/m
1	洼32	5 033.851	2 891.831	90	4 161	10	2 045.26
2	洼37	5 290.883	2 508.067	57	1 240	4	2 062.32
3	洼38	5 219.541	2 476.637	60	2 428	5	2 039.50
4	洼39	5 010.318	2 402.24	70	3 963	8	2 041.23
5	洼41	5 223.341	2 402.212	22	303	3	2 042.13
6	洼44	5 408.42	2 511.483	30	1 208	6	2 033.91
7	洼49	5 730.255	2 634.827	52	1 320	4	2 036.22
8	洼71	6 239.919	2 247.237	28	373	2.5	2 042.71
9	洼72	6 409.534	2 258.402	55	1 908	3	2 039.50
10	洼73	6 375.445	2 049.768	78	2 825	5	2 033.91
11	洼74	6 375.604	1 813.202	47	1 069	3	2 028.56
12	洼76	6 251.178	1 519.179	36	493	3	2 018.24
13	洼77	5 756.414	2 251.865	30	566	3	2 012.78
14	洼78	5 750.385	1 983.532	55	1 888	3	2 034.40
15	洼79	5 742.744	1 922.243	30	458	3	2 031.95
16	洼80	5 714.097	1 884.69	55	1 787	3	2 027.98
17	洼81	5 622.166	1 896.015	40	1 407	2.5	2 030.89
18	洼87	5 655.303	1 721.913	15	152	2	2 028.31
19	洼88	5 676.928	1 719.546	32	547	3	2 027.10
20	洼89	5 728.387	1 633.325	60	1 695	5	2 026.16
21	洼90	5 755.143	1 554.8	32	542	3	2 016.51
22	洼91	5 997.16	1 913.737	220	27 682	8	2 024.04
23	洼92	5 769.113	1 753.923	13	124	3	2 026.35
24	洼93	5 820.987	1 703.243	50	835	5	2 019.33

续表

序号	室内编号	坐标 A/m	坐标 B/m	长轴长度或直径/m	面积/m²	深度/m	最低点高程/m
25	洼94	5 905.476	1 656.865	60	2 149	5	2 029.04
26	洼95	6 005.265	1 614.075	30	761	3	2 023.71
27	洼97	6 110.815	1 535.128	25	237	3	2 018.33
28	洼98	6 081.825	1 717.095	66	1 482	3	2 032.84
29	洼99	5 656.144	1 983.571	35	1 037	3	2 030.13
30	洼100	5 507.451	1 865.728	77	2 709	4	2 027.66
31	洼101	5 475.544	2 006.993	80	2 905	8	2 029.25
32	洼102	5 406.34	2 094.971	70	3 939	5	2 032.44
33	洼103	5 300.822	2 078.695	60	2 196	3	2 038.95
34	洼104	5 653.882	2 088.853	90	5 511	10	2 024.30
35	洼105	5 649.615	2 226.818	50	2 370	3	2 029.26
36	洼106	5 438.389	1 805.44	70	3 500	3	2 028.33
37	洼107	5 324.356	1 747.674	20	255	4	2 030.01
38	洼109	5 152.883	1 820.285	35	610	3	2 036.21
39	洼110	5 164.263	2 086.812	140	11 004	10	2 035.13
40	洼112	5 001.307	2 182.73	41	844	2	2 038.33
41	漏53	5 632.694	1 824.79	13	130	4	2 030.12
42	漏54	5 663.302	1 606.814	38	717	15	2 020.33
43	漏56	5 813.519	1 824.476	26	592	5	2 022.21
44	漏57	5 784.534	1 797.139	40	731	6	2 023.80
45	漏58	5 849.307	1 887.624	16	191	4	2 024.98
46	漏59	5 877.728	1 904.236	10	61	5	2 027.64
47	漏66	5 846.607	1 672.679	24	221	5	2 021.87
48	漏67	5 871.621	1 644.273	13	121	4	2 022.16
49	漏68	5 561.09	1 938.303	50	2 412	8	2 024.32
50	漏70	5 022.371	2 217.47	24	269	6	2 038.12
51	Kh056-3	5 795.456	3 458.789	73	2 909	4	2 066.34
52	Kh062-3	6 083.878	2 439.033	19	235	3	2 042.30
53	Kh062-4	6 074.506	2 405.367	36	757	3	2 042.21
54	Kh069-1	5 483.956	3 353.805	53	1 286	3	2 057.67
55	Kh1-11	5 413.128	2 569.565	44	449	3	2 033.71
56	Kh2-13	5 746.947	2 678.556	9	68	3	2 038.14
57	Kh2-18	5 673.776	2 792.292	19	225	2	2 046.79

续表

序号	室内编号	坐标 A/m	坐标 B/m	长轴长度或直径/m	面积/m²	深度/m	最低点高程/m
58	Kh2-21	5 486.889	2 890.743	14	156	2	2 048.29
59	Kh1-1	5 024.2361	2 654.9128	66	1 739	4	2 041.33
60	Kh1-2	5 097.4755	2 687.0105	63	2 415	5	2 039.25
61	Kh1-3	5 158.3801	2 631.8902	100	3 292	6	2 035.29
62	Kh1-4	5 083.9315	2 598.7799	24	451	3	2 039.56
63	Kh1-5	5 176.3328	2 518.3312	93	3 779	5	2 037.07
64	Kh1-5-1	5 145.0852	2 345.3853	140	11 758	7	2 038.11
65	Kh1-6	5 329.2478	2 585.835	25	356	3	2 034.56
66	Kh1-7	5 318.0845	2 417.8401	86	2 955	4	2 033.76
67	Kh1-8	5 368.206	2 475.7285	81	2 638	6	2 032.09
68	Kh1-9	5 376.7434	2 339.7313	52	1 523	3	2 037.34
69	Kh1-10	5 357.8253	2 268.6726	24	454	3	2 039.41
70	Kh1-12	5 463.7041	2 423.0241	31	428	3	2 028.42
71	Kh1-13	5 526.8659	2 381.6236	92	4 619	5	2 025.63
72	Kh1-14	5 579.0736	2 437.0846	54	1 558	3	2 025.61
73	Kh1-16	5 760.7583	2 347.1823	174	19 443	5	2 031.08
74	Kh1-17	5 923.788	2 304.9358	96	5 310	4	2 035.25
75	Kh1-18	5 898.7693	2 402.3948	54	701	3	2 031.84
76	Kh1-19	5 852.7527	2 364.8418	53	1 259	3	2 030.44
77	Kh2-1	5 151.3058	2 869.2752	56	2 083	4	2 042.65
78	Kh2-2	5 057.956	2 773.0205	58	1 973	5	2 041.68
79	Kh2-3	5 183.3694	2 774.6451	32	814	3	2 042.48
80	Kh2-4	5 228.9944	2 777.1522	37	909	3	2 041.38
81	Kh2-5	5 300.744	2 780.4702	26	388	2	2 041.63
82	Kh2-7	5 289.7904	2 686.788	33	436	3	2 038.22
83	Kh2-8	5 247.2553	2 674.4188	36	654	3	2 039.04
84	Kh2-10	5 376.5636	2 627.2529	41	466	2	2 037.50
85	Kh2-11	5 542.8855	2 698.4079	24	319	2	2 037.61
86	Kh2-14	5 791.6988	2 642.1295	32	536	3	2 036.18
87	Kh2-15	5 778.5106	2 509.6208	46	1050	5	2 027.56
88	Kh2-16	6 030.6792	2 617.8514	27	528	2	2 045.38
89	Kh2-24	5 272.3659	2 849.4677	45	1 029	3	2 042.83
90	Kh062-5	6 092.7571	2 342.2583	68	2 619	5	2 034.28

续表

序号	室内编号	坐标 A/m	坐标 B/m	长轴长度或直径/m	面积/m²	深度/m	最低点高程/m
91	Kh062-6	6 119.4908	2 267.1068	120	5 682	3	2 037.56
92	Kh033-4	6 625.9169	2 302.247	207	17 402	4	2 043.55
93	洼120	6 200.165	3 692.408	63	3 000	3	2 079.21
94	洼52	6 285.149	3 441.552	98	4 343	5	2 063.78
95	Kh046-1	5 995.7499	2 828.1727	38	730	5	2 047.21
96	Kh043	6 086.6618	3 333.5083	106	4 838	3	2 062.73
97	Kh044	6 052.6388	3 487.6219	83	3 285	2	2 067.63
98	Kh040	6 422.5124	3 609.0162	91	4 633	2	2 061.34
99	Kh037	6 505.5531	3 393.2696	183	19 126	9	2 051.76
100	Kh034	6 640.9899	3 215.7612	190	9 306	6	2 049.38
101	Kh033-6	6 645.7582	2 511.5306	276	32 955	10	2 044.45
102	Kh021	6 838.8578	3 099.3033	172	13 382	4	2 044.55
103	Kh024-2	6 845.37	3 276.757	109	4 975	6	2 051.45
104	Kh033	6 645.594	3 150.82	81	1 283	5	2 049.43
105	Kh033-1	6 641.475	2 984.946	190	31 034	6	2 049.55
106	Kh033-3	6 797.074	2 512.543	53	1 563	3	2 050.35
107	Kh033-5	6 414.835	3 070.483	49	1 041	3	2 055.67
108	洼24	5 233.565	3 199.919	30	672	4	2 047.05
109	洼25	5 177.894	3 007.419	158	11 116	8	2 037.02
110	洼30	5 434.762	2 870.703	37	756	3	2 043.05
111	漏23	5 232.254	3 227.005	12	102	5	2 053.86
112	Kh103	5 028.2321	3 110.6543	182	22 872	8	2 022.84
113	Kh1-15	5 630.157	2 333.372	106	6 428	4	2 032.81
114	Kh2-12	5 629.092	2 698.747	58	1 932	3	2 038.65
115	Kh2-6	5 324.161	2 706.843	15	87	2	2 041.86
116	Kh2-9	5 295.333	2 657.057	25	274	3	2 039.16
117	Kh090-1	5 071.4624	3 291.2015	31	272	2	2 050.64
118	Kh090-2	5 084.154	3 313.8323	36	554	2	2 050.31
119	Kh089	5 157.134	3 161.4719	50	1 525	3	2 047.91
120	Kh089-2	5 219.7065	3 117.5372	24	317	2	2 048.61
121	Kh074	5 298.6861	3 076.5913	14	267	2	2 049.32
122	Kh075	5 284.1122	3 165.1415	64	2 015	4	2 046.73
123	Kh2-22	5 340.819	2 972.3966	40	761	3	2 055.64

续表

序号	室内编号	坐标 A/m	坐标 B/m	长轴长度或直径/m	面积/m²	深度/m	最低点高程/m
124	Kh2-23	5 423.2384	2 988.8371	61	2 654	5	2 043.54
125	Kh2-20	5 548.6541	2 842.3361	60	1 990	5	2 039.35
126	Kh062-1	5 576.7882	2 960.1267	60	2 498	2	2 047.59
127	Kh2-19	5 636.614	2 857.9414	65	2 262	4	2 042.56
128	Kh062-2	5 726.857	2 882.8413	96	4 180	4	2 044.82
129	Kh2-17	5 941.0619	2 755.4286	54	1 421	2	2 043.26
130	Kh069-4	5 371.9621	3 280.9327	39	947	3	2 054.67
131	Kh069-3	5 381.3537	3 311.5859	36	791	2	2 056.86
132	Kh069-2	5 420.5882	3 315.3136	56	2 129	5	2 050.71
133	Kh069-6	5 418.9231	3 392.4806	37	821	4	2 056.87
134	Kh068	5 470.2482	3 223.1414	68	2 779	4	2 053.02
135	Kh063-1	5 519.7647	3 418.6443	89	3 866	5	2 057.86
136	Kh063-2	5 569.1596	3 444.1325	79	3 378	4	2 058.92
137	Kh070-1	5 404.4461	3 635.3585	87	4 774	4	2 066.35
138	Kh072	5 418.8557	3 749.76	68	2 632	4	2 070.76
139	Kh071	5 476.014	3 663.7185	67	2 608	3	2 070.75
140	Kh064	5 532.2116	3 602.1916	61	2 101	6	2 069.45
141	Kh065	5 571.6835	3 937.2917	151	13 635	8	2 076.50
142	Kh065-1	5 742.1777	3 665.9133	155	18 793	6	2 065.38
143	Kh052	5 871.5563	3 905.933	45	1 247	2	2 073.56
144	Kh056-2	5 791.5657	3 544.7041	159	13 220	8	2 061.54
145	Kh060	5 659.5712	3 302.7378	151	14 560	6	2 055.32
146	Kh062	5 538.2224	3 161.8149	35	629	3	2 051.84
147	Kh058	5 640.7521	3 106.1802	90	3 422	4	2 050.36
148	Kh059	5 664.9032	3 160.4132	64	2 630	6	2 048.38
149	Kh058-1	5 734.1419	3 001.0749	108	6 963	3	2 048.67
150	Kh050	5 843.6483	3 089.6874	132	11 474	5	2 054.12
151	Kh055	5 761.0833	3 232.0441	32	518	4	2 058.545
152	Kh051-1	5 780.6649	3 358.4067	18	188	4	2 061.66
153	Kh051	5 849.6443	3 328.0812	42	1 162	5	2 063.36
154	Kh049	5 906.8546	3 287.4921	36	798	3	2 063.41
155	Kh047-2	5 923.8014	3 344.5888	55	1 769	2	2 065.13
156	Kh046	5 968.315	3 264.1245	69	2 761	3	2 062.58

续表

序号	室内编号	坐标 A/m	坐标 B/m	长轴长度或直径/m	面积/m²	深度/m	最低点高程/m
157	Kh047-1	5 981.006	3 411.6773	89	5 413	4	2 063.83
158	Kh066	5 576.0007	4 348.783	37	801	4	2 092.38
159	Kh073	5 621.8295	4 365.7112	56	1 765	4	2 089.25
160	Kh057	5 757.8816	4 046.5506	57	2 361	2	2 079.22
161	Kh048	5 897.2046	4 215.831	197	22 014	13	2 068.23

按岩溶漏斗、岩溶洼地的长轴长度进行统计，其统计结果见表 3.3-22 和图 3.3-10。

表 3.3-22 岩溶漏斗、岩溶洼地的长轴长度统计

长轴长度/m	20	40	60	80	100	120	140	160	180	200	>200
岩溶漏斗、岩溶洼地数量/个	14	44	35	27	17	5	2	7	2	5	3

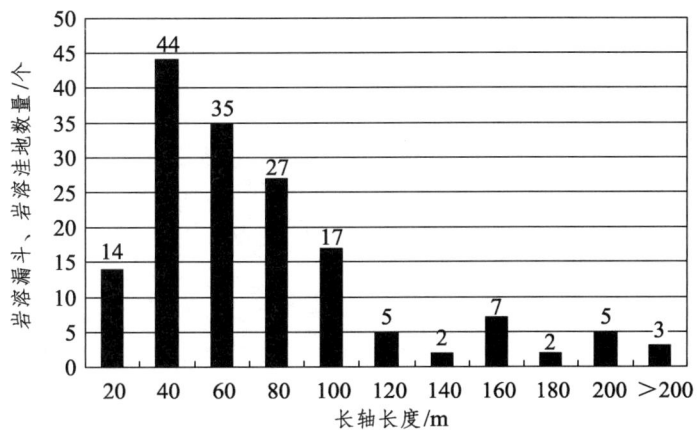

图 3.3-10 南工作区岩溶漏斗、岩溶洼地的长轴长度统计图

3.4 地下岩溶的分布和发育规律

3.4.1 地下岩溶的平面分布

昆明新机场在大部分地段都有岩溶分布，现场勘察工作分标段进行，由于各标段地质条件和岩性不同，岩溶分布也不一样。按照勘察工作的顺序，先进行挖方区土石方的勘察，再进行飞行区的勘察，当挖方区的土石方工程进行到设计标高时，再进行挖方区的岩土工程勘察，因此岩溶统计分析和平面分布按各标段分类统计。全场区飞行区共分为 10 个标段，南工作区分为 2 个标段。各标段的划分如图 3.4-1 所示。

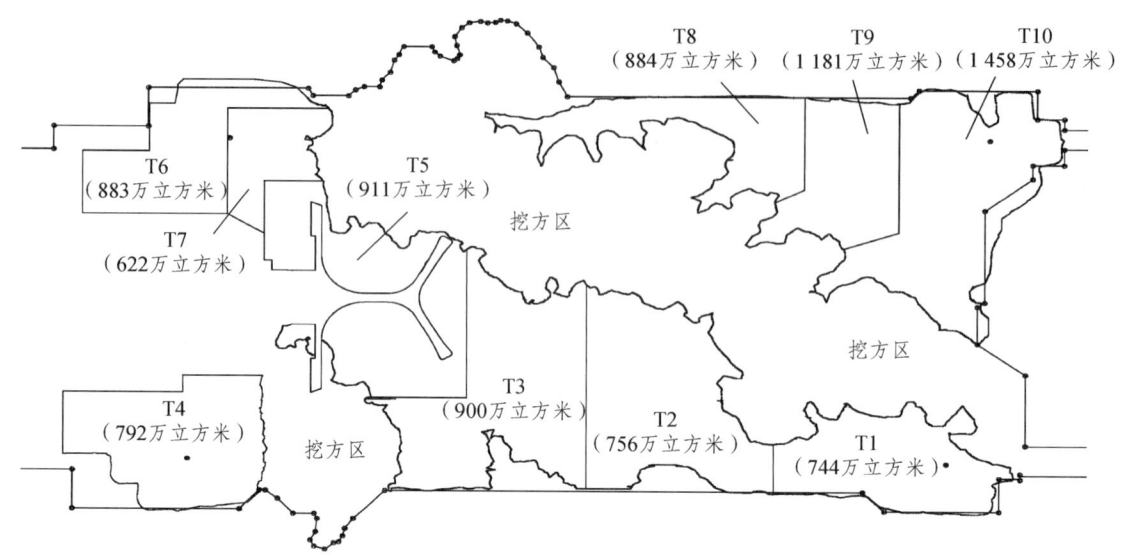

图 3.4-1 标段划分

各标段地下岩溶分布特征如下：

（1）T1 标段位于浑水塘村一带，处于溶蚀剥蚀丘陵区域（I_3 区）和冲洪积堆积地貌边缘，该区域地形标高变化在 2 065.16～2 099.71 m，绝对高差为 34.50 m，基岩为碳酸盐岩。该标段丘陵区域地表岩溶发育，地表岩溶形态包括岩溶漏斗、岩溶洼地、落水洞，丘陵斜坡中上部、顶部地表石芽裸露，总体上覆盖层较薄。因侵蚀基准面标高较低，该区域在勘察深度内地下岩溶以溶缝、溶蚀破碎带为主，大的地下岩溶空间（溶洞）分布较少。岩溶漏斗和岩溶洼地有 15 个，但相对于场地东部的地表岩溶发育程度，不论是数量上还是密度上均少得多。冲洪积区域的地表岩溶较少的原因系后期冲洪积层将地表岩溶填充、掩盖。同时，该区域人类活动可能对部分漏斗洼地进行了填埋。该区域发育一积水洼地，系早期的漏斗消水通道被堵塞后形成积水坑塘，该水塘常年不干。该标段槽谷区覆盖层较厚，丘陵斜坡覆盖层较薄，勘察区大部分为村庄，地表塌陷很少，通过钻探揭露该区域未发现有土洞。根据该区域地形地貌特征、地下水埋深、覆盖层厚度等特征，判断该区域具备土洞发育的条件，土洞规模一般较小，发育土洞的位置多为具备地表水入渗的位置。T1 标段的地貌特征见图 3.4-2。

图 3.4-2 T1 标段地貌特征

（2）T2、T3 标段为东飞行区跑道和东飞行区联络滑行道中部所在的区域，地貌上属溶蚀剥蚀丘陵、槽谷区，基岩主要为泥盆系上统宰格组 D_3z 白云岩、泥盆系中统海口组 D_2h 石灰岩，地形波状起伏，岩溶漏斗、岩溶洼地星罗棋布，一般基岩埋藏较浅，地表石芽裸露，覆盖层薄；岩溶洼地、岩溶漏斗中一般堆积厚度较大的次生红黏土。岩溶漏斗、岩溶洼地大小不等，在洪积扇与丘陵斜坡接触带发育岩溶规模较大的岩溶洼地，对洪积扇边缘形态有所破坏和改变。地貌特征决定了地表水短途径流后进入漏斗洼地，渗入地下，岩溶漏斗和岩溶洼地仅在特大暴雨后可能短暂积水。加之侵蚀基准面标高较低，导致该区域在勘察深度内地下岩溶以溶缝、竖向管道、溶蚀破碎带为主，大的地下岩溶空间（溶洞）分布较少，不具备发育厅堂式溶洞的岩溶环境条件。该区域由于基岩完整性较好，节理裂隙发育数量较少，地下岩溶形态表现出竖向溶蚀缝隙、洞穴数量较多、空间尺寸较大、缝隙宽度、洞穴跨度、竖向高度均较其他区域规模大的特征。岩溶漏斗和岩溶洼地内常常分布落水洞。岩溶漏斗内一般覆盖厚 3.0~5.0 m 的红黏土或次生红黏土。覆盖土层厚的岩溶漏斗达到十余米。岩溶漏斗内充填物主要呈硬塑状态，充填物厚度较大时，下部多呈可塑状态，局部夹软塑状次生红黏土。T2、T3 标段的地貌特征见图 3.4-3。

图 3.4-3 T2、T3 标段地形地貌特征

（3）T4 标段区域位于溶蚀剥蚀准平原区域（I_1 区），该区域地形较平坦，向东南方向缓倾，大部分区域石芽裸露地表，地表发育岩溶漏斗、岩溶洼地和落水洞。局部区域溶蚀作用，形成较深的洼地，分布厚度较大的覆盖层。

该区域岩溶发育特征和发育程度与 F_{10} 断层以北岩溶发育特征有明显差异。地貌形态上为溶蚀剥蚀准平原，地形较平坦，向南侧缓倾，地表石芽裸露，总体上覆盖层较薄。岩溶漏斗、岩溶洼地星罗棋布、大小不等。地貌特征决定了地表水短途径流后渗入地下，地表水在平面上呈较均一化、分散型下渗。加之侵蚀基准面标高较低，导致该区域在勘察深度内地下岩溶以溶缝、溶蚀破碎带为主，大的地下岩溶空间（溶洞）分布较少。本区岩溶发育规律有以下特征：从地貌上看，在地形相对陡峻、地表径流量大的横山一带，以地表侵蚀为主，岩溶多呈现溶沟、溶槽、石芽等地表形态；在地势相对平缓、地表水容易下渗地段，岩溶的地表及地下形态均较发育，地表有较多的岩溶洼地、岩溶漏斗等，地下发育有溶洞。

本区域地下水埋藏较深，侵蚀基准面标高较低，勘察深度内地下岩溶以竖向发育为主，大气降水顺岩溶裂缝、竖向溶蚀管道转入地下。勘察深度内总体上岩溶发育程度和特征与 F_{10} 断层以北差异较大，溶蚀作用主要以破碎带、岩溶裂隙、裂缝、竖向及斜向岩溶管道（竖洞）等岩溶形态出现，大的岩溶空间（溶洞）发育程度很低。场地北侧横山采石场开挖高度为 20~40 m，开挖边坡上未见大的水平岩溶发育，亦未见竖向发育的大的岩溶空间。浑水塘采石场（浑水塘油库西南侧）开挖深度超过 30 m，数十米近于直立的边坡上未见发育溶洞，岩溶形态主要为竖向裂缝，一般追踪垂直裂隙发育。废弃的沾昆铁路复线路基边坡面上亦未见溶洞发育，仅地表隐伏石芽、石笋较发育。T4 区域地貌形态见图 3.4-4。

图 3.4-4　T4 标段地形地貌特征

（4）T5 区域位于溶蚀剥蚀丘陵区（I_{2-3} 区），该区域地形波状起伏，溶蚀洼地、槽谷与丘陵相间排列。大部分区域覆盖层较薄，石芽裸露地表。地表发育岩溶漏斗、岩溶洼地和落水洞。局部区溶蚀作用，形成较深的岩溶洼地，分布厚度较大的覆盖层。T5 区域地貌形态见图 3.4-5。

图 3.4-5　T5 标段地形地貌特征

本区域地下水埋藏较深，侵蚀基准面标高较低，勘察深度内地下岩溶以竖向发育为主，大气降水顺岩溶裂缝、竖向溶蚀管道转入地下。勘察深度内总体上岩溶发育程度和特征与 F_{10} 以北差异较大，溶蚀作用主要以破碎带、岩溶裂隙、裂缝、竖向及斜向岩溶管道（竖洞）等岩溶形态出现，大的岩溶空间（溶洞）发育程度很低。场地北侧横山采石场开挖高度为 20～40 m，开挖边坡上未见大的水平岩溶发育，亦未见竖向发育的大的岩溶空间。浑水塘采石场（浑水塘油库西南侧）开挖深度为 40 m，数十米近于直立的边坡上未见发育溶洞，岩溶形态主要为竖向裂缝，一般追踪垂直裂隙发育。废弃的沾昆铁路复线路基边坡面上亦未见溶洞发育，仅地表隐伏石芽、石笋较发育。

（5）T6、T7 标段位于浑水塘采石场—下岗中村，新机场西跑道南端，T6 属溶蚀剥蚀准平原地貌单元，T7 属剥蚀丘陵地貌单元。T6、T7 标段岩溶微地貌单元包括岩溶漏斗、岩溶洼地、落水洞、溶沟溶槽、石芽。T6、T7 区域地貌形态见图 3.4-6。

图 3.4-6　T6、T7 标段地形地貌特征

本区域地下水埋藏较深，侵蚀基准面标高较低，勘察深度内地下岩溶以竖向发育为主，大气降水顺岩溶裂缝、竖向溶蚀管道转入地下。勘察深度溶蚀作用主要以破碎带、岩溶裂隙、

裂缝、竖向及斜向岩溶管道（竖洞）等岩溶形态出现，大的岩溶空间（溶洞）发育程度较低。

（6）T8、T9、T10标段区域跨越多个地貌单元。T8标段李白冲村附近及挖填分界线以下的部分斜坡区为构造剥蚀地貌，李白冲沟谷—荷包地为冲洪积地貌；T9标段大部分区域位于荷包地，为冲洪积地貌，该区域地形平坦，冲洪积层之底部基岩为碳酸盐岩；T10标段大部分区域为冲洪积地貌，仅丘陵中上部及顶部为岩溶地貌，该区为丘陵区，下覆基岩为碳酸盐岩。T8、T9、T10区域地貌形态见图3.4-7和图3.4-8。

图3.4-7 T9标段冲洪积地貌特征

图3.4-8 T9、T10标段地貌特征

该区域地貌形态上大部分区域为冲洪积地貌，地表岩溶形态不显著，主要系地表岩溶形态被冲洪积黏性土掩盖，可见的地表岩溶漏斗、岩溶洼地较少。在冲洪积平原区，无岩溶漏斗、岩溶洼地，由于地表水流作用，平原区发育冲沟，荷包地平原区北面冲沟末端发育一落水洞（LSD01），通过地下伏流排泄李白冲泉水、地表汇集的雨水。冲洪积丘陵区可见少量岩溶漏斗和岩溶洼地，部分区域水流作用发育冲沟。丘陵斜坡中上部、顶部为岩溶地貌，部分地表石芽裸露，总体上覆盖层较薄。加之侵蚀基准面标高较低，导致该区域在勘察深度内地下岩溶以溶缝、溶蚀破碎带为主，大的地下岩溶空间（溶洞）分布较少。

小高坡与荷包地溶蚀槽谷片区侵蚀基准面海拔在2 029 m左右，局部在2 025 m左右；在石乾寺排泄区最低点高程约2 020 m，说明地下管道系统最低处位于2 029～2 020 m，该标高的地下发育水平岩溶管道、溶缝，但局部被泥砂堵塞，致使地下水流不通畅。荷包地早期为溶蚀剥蚀槽谷，后期被第四系冲洪积物覆盖。根据钻探资料（SK406），基岩顶板标高最低为2 030 m，与石乾寺泉水出露点基本接近，溶蚀槽谷底标高远远低于目前落水洞位置。早期荷包地槽谷区是岩溶垂向发育、地表岩溶漏斗化过程中同时受烟堆山、转山高地地表水流沿冲沟强烈深切侵蚀的结果，这点从目前荷包地基岩顶板标高可以得到证实，位于冲沟沟口的基岩顶板埋藏较深，而非冲洪积平原的中心区域。该位置在丰水期可能短暂积水成湖，枯水期存在流量较小的泉水。荷包地至乌撒庄（石乾寺泉）之间岩溶系统经历了槽谷下切和被冲洪积物逐渐掩盖的两个过程。在下切过程中，岩溶以竖向溶蚀作用为主，发育成深切槽谷，同时丰水期汇水区水流不能及时垂直下渗，荷包地至乌撒庄之间兼有水平向（斜向）岩溶发育，其稳定的地下水水平径流应不高于 2 029 m，丰水期形成短暂的高于 2 029 m 的季节性水平（斜向）排泄，由此形成的高于荷包地现地面标高的水平岩溶管道系统规模不大。在被第四系冲洪积物覆盖之前，该岩溶槽谷地表水流以垂直和水平方向（斜向）向乌撒庄方向排泄，该区域发育竖向节理裂隙，且延伸较远，地表水不会集中于某一裂缝形成强烈侵蚀，即岩溶动力是相对分散的，不会集中形成大的岩溶空间，且主要的水平管道埋藏较深（丘陵地带已超过勘察深度）。目前的排泄通道系第四系冲洪积物逐渐将溶蚀槽谷覆盖后在槽谷深切过程中形成的既有溶缝、溶管基础上改造而成，由于侵蚀基准面远低于落水洞，水流进入洞口时首先是竖向和斜向进入地下岩溶管道，至接近侵蚀基准面后近水平流动。

综上，落水洞是在岩溶裂沟、裂缝基础上被改造而成，且入口高悬于地下水水位之上，其最早仅是局部范围的消水点，而非所有岩溶水集中于该落水洞排泄。到全新世，石乾寺盲谷堆积到现状标高时，该落水洞才作为石乾寺盲谷唯一的消水通道。

落水洞所处岩溶丘陵，节理裂隙异常发育且节理延伸长、张开宽、有明显位错，这些特征决定岩溶演化之起始阶段很快，但水流不能大量集中，即岩溶动力是相对分散的，不能集中注塑某一地段的岩溶介质，形成不了尺寸大的岩溶介质，岩溶作用很快进入停滞消亡阶段。落水洞作为外源水输入口，即外动力输入口，因时间晚，既有岩溶介质连通性好且不均匀化程度低，对既有岩溶介质的改造有限，一般不可能重新溶蚀出新的、大的岩溶管洞，而只能对既有小尺寸岩溶管洞进行有限扩展。在荷包地溶蚀槽谷被第四系冲洪积物覆盖过程中，大量黏性土被带入溶蚀通道中，大部分溶蚀通道被泥沙堵塞，不再具备过水能力。现有的落水洞可能是荷包地唯一的消水通道。落水洞洞口近圆形，流量不大，但孔口有积水，洞壁裂缝宽度较大，洞壁残留的枯枝树叶表明流量较大时有壅水现象。

从落水洞至石乾寺之间勘察揭露的地下岩溶形态来看，总体上是以竖向发育为主，岩溶追踪亦未发现跨度很大的岩溶空间。落水洞—石乾寺之间可能的水平岩溶水排泄通道区大部分位于方案 2 区域，根据已有物探、钻探资料，勘探深度范围内均未发现大的岩溶空间（即厅堂式溶洞）。一般来说，地下水排泄区较补给区更容易形成大的岩溶空间，现场调查石乾寺泉水出露地段未发现大的岩溶空间。

因此，判断该区域伏流区水平岩溶管道发育规模不大，由溶缝、溶隙、局部管道构成，一般跨度不大、整体稳定，判断不需进行专门处理。地下岩溶处理主要针对钻探揭露的稳定性较差或不稳定的个别溶洞进行处理。

场区土洞发育具有很大的随机性，在覆盖型岩溶区存在土洞发育的可能，从新近出现的土洞（主要为土洞发育形成地表土层塌陷）来看，土洞分布于不同标高。本次勘察区域荷包地谷地及其北西二级阶地，以地表水入渗潜蚀作用形成土洞为主，WCK435-1 钻探揭露土洞一个，埋置深度为 7.50～10.0 m。

（7）南工作区范围内地形较平缓，地形坡度为 5°～10°，地面波状起伏，高程一般为 2 020 m～2 100 m，最高点在试验一区的横山附近，高程为 2 109.4 m。从场区地面地质调查和钻探揭露情况看，南工作区范围内东部基岩多裸露，溶沟、石牙、岩溶漏斗、落水洞、岩溶洼地星罗棋布，中、西部多为第四系土层覆盖，地表岩溶及地下岩溶与东部相比相对不发育。

南工作区地貌特征见图 3.4-9。

图 3.4-9　南工作区地貌特征

由于南工作区内出露的碳酸盐岩单层厚度较大，节理裂隙发育，大量的地表水沿落水洞、岩溶漏斗及溶蚀裂隙等竖向通道转入地下，汇入地下水。在地下水水位变动带和地下水位以下岩体内，由于地下水的化学作用和动力作用，对地下的碳酸盐岩沿层面产生进一步溶蚀而形成溶洞或溶孔（隙）。

地表岩溶，如岩溶洼地、岩溶漏斗和落水洞等主要沿断层构造和优势节理裂隙的走向呈串珠状发育。地下岩溶发育大体顺断层构造、优势节理裂隙及岩层层面等结构面在竖向和斜向上呈垂向或阶梯状发育，以溶蚀裂隙、溶洞（穴）的形态出现。

地下岩溶高度一般为 0.5~3.0 m，少量空间高度为 3.0~6.0 m，超过 6.0 m 的数量甚少，仅 1 个。目前，钻探揭露岩溶空间高度最大者达到 13.4 m。通过钻孔电视及追踪孔揭露情况看，在勘探深度范围内地下岩溶主要以沿陡倾裂隙竖向溶蚀为主，钻孔揭露的地下岩溶空间高度较大，但其水平宽度并不很大。根据钻探揭露和物探解译成果，地下岩溶大部分已被可塑~软塑次生红黏土夹少量碎块石充填。被充填的岩溶空隙空间体约占总数量的 75.4%，仅少部分岩溶洞穴未被充填或半充填。

3.4.2　地下岩溶的统计分析

（1）T1 标段位于东跑道北段，本次在该区域完成钻孔 308 个，揭露地下岩溶的钻孔 96 个，溶洞（缝）揭露率约 31%（表 3.4-1）。84.5% 钻孔揭露的溶洞高度小于 3.0 m；溶洞高度大于 5.0 m 的有 6 个钻孔，占 6.1%；溶洞高度为 3.0~5.0 m 的有 11 个钻孔，占 11.5%。

表 3.4-1　东跑道北端（T1）钻孔揭露溶洞汇总表

孔号	孔口标高/m	土层厚度/m	顶板基岩厚度/m	溶洞顶底深度/m		溶洞高度/m	充填情况
ECK81	2 090.82	5.00	7.8	12.8	14.1	1.3	无充填
ECK81-2	2 090.47	10.60	3.9	14.5	16.5	2	全充填
ECK105	2 080.07	7.70	9.3	17	25.8	8.8	全充填
ECK105-2	2 079.98	9.50	0.9	10.4	11.8	1.4	全充填
ECK106	2 081.05	5.20	2.2	7.4	8.5	1.1	全充填

续表

孔号	孔口标高/m	土层厚度/m	顶板基岩厚度/m	溶洞顶底深度/m		溶洞高度/m	充填情况
ECK106-1	2 081.05	2.90	9.5	12.4	13.6	1.2	全充填
ECK106-2	2 080.85	7.20	0	7.2	9.7	2.5	全充填
ECK114	2 078.62	2.20	12.3	14.5	16	1.5	无充填
	2 078.62	2.20	3.4	19.4	20.5	1.1	无充填
ECK114-2	2 079.09	3.80	9.1	12.9	13.5	0.6	无充填
	2 079.09	3.80	6	19.5	21	1.5	无充填
ECK141	2 068.72	13.70	1.3	15	16	1	全充填
ECK141-2	2 068.74	9.20	3.5	12.7	13.1	0.4	无充填
ECK200	2 075.23	10.50	1.8	12.3	13.5	1.2	全充填
ECK200-1	2 075.3	8.40	2	10.4	13	2.6	无充填
ECK202	2 072.5	6.80	1.2	8	9.4	1.4	全充填
	2 072.5	6.80	1.1	10.5	11.8	1.3	无充填
ECK202-1	2 072.36	4.70	1.4	6.1	6.5	0.4	无充填
	2 072.36	4.70	1.7	8.2	8.8	0.6	无充填
	2 072.36	4.70	3.5	12.3	13.8	1.5	无充填
ECK202-2	2 073.02	1.50	2.5	4	4.8	0.8	全充填
	2 073.02	1.50	0.8	5.6	7	1.4	全充填
	2 073.02	1.50	4.2	11.2	12.6	1.4	无充填
ECK414	2 088.75	4.40	5.1	9.5	12.1	2.6	无充填
ECK414-2	2 088.76	1.40	2.3	3.7	4.12	0.42	全充填
	2 088.76	1.40	3.58	7.7	9	1.3	全充填
ECK415+1	2 090.75	9.50	0.9	10.4	15.5	5.1	半填
ECK415+1-1	2 091.33	4.10	1	5.1	5.7	0.6	全充填
	2 091.33	4.10	2.7	8.4	9	0.6	无充填
ECK415+1-2	2 091.57	6.80	0.4	7.2	7.8	0.6	全充填
ECK446	2 077.58	8.20	5.9	14.1	15.6	1.5	全充填
ECK446-1	2 078.46	8.80	15.1	23.9	24.9	1	无充填
ECK446-2	2 077.59	11.80	4.7	16.5	17.8	1.3	无充填
	2 077.59	11.80	1	18.8	21	2.2	全充填
ECK457	2 070.47	10.6	1.8	12.4	13.1	0.7	全充填
ECK462	2 078.86	12	1.2	13.2	19	5.8	全充填
ECK462-1	2 079.24	10.40	2	12.4	13.9	1.5	全充填
ECK462-2	2 078.65	7.20	0.8	8	8.5	0.5	全充填

续表

孔号	孔口标高/m	土层厚度/m	顶板基岩厚度/m	溶洞顶底深度/m		溶洞高度/m	充填情况
ECK480	2 075.72	8.40	1	9.4	11	1.6	无充填
ECK480-1	2 075.79	8.40	7.7	16.1	17.9	1.8	全充填
ECK480-2	2 075.78	6.10	0.4	6.5	6.9	0.4	全充填
ECK482	2 090.55	9.60	2.9	12.5	16	3.5	全充填
ECK482-1	2 090.8	8.10	1.1	9.2	10.1	0.9	全充填
ECK482-2	2 090.62	12.50	0.7	13.2	14.2	1	全充填
	2 090.62	12.50	0.3	14.5	15.7	1.2	全充填
XK846	2 081.9	5.60	10.30	15.9	18.1	2.2	无充填
XK848	2 084.95	15.60	0.90	16.50	18.80	2.30	半充填
XK852	2 084.27	10.90	2.00	12.90	13.90	1.00	全充填
XK852-1	2 084.12	7.00	5.00	12.00	13.30	1.30	无充填
XK852-3	2 083.86	6.00	1.80	7.80	8.70	0.90	全充填
	2 083.86	6.00	1.8	10.50	12.50	2.00	无充填
XK854	2 094.62	3.70	1.40	5.10	8.10	3.00	全充填
XK854-2	2 094.46	2.6	2.00	4.6	8.3	3.70	全充填
XK858	2 089.57	3.70	2	5.7	6.3	0.6	无充填
	2 089.57	3.70	0.5	6.8	10.3	3.5	全充填
	2 089.57	3.70	1.6	11.9	13	1.1	无充填
XK858-1	2 089.3	2.50	4.1	6.6	9.8	3.2	全充填
XK858-2	2 090.26	4.20	-3.6	6.2	7.9	1.7	全充填
	2 090.26	4.20	2.1	10	10.65	0.65	全充填
	2 090.26	4.20	2.05	12.7	13.4	0.7	全充填
XK859	2 087.25	9	3.00	12	14	2.00	半充填
XK862	2 094.36	4.20	1	5.2	5.8	0.6	全充填
	2 094.36	4.20	1.8	7.6	8	0.4	全充填
XK865	2 079.81	5.40	11.40	16.80	17.50	0.70	无充填
XK872	2 091.9	7.50	3.5	11	13	2	无充填
XK875	2 079.83	7.00	1.3	8.3	9.7	1.4	无充填
	2 079.83	7.00	1.5	11.2	12.3	1.1	无充填
XK875-2	2 079.82	5.80	0.7	6.5	7.4	0.9	无充填
	2 079.82	5.80	1.2	8.6	9.6	1	无充填
XK876	2 073.73	8.20	2	10.2	11	0.8	无充填
XK877	2 079.43	11.60	0.7	12.3	16	3.7	全充填

续表

孔号	孔口标高/m	土层厚度/m	顶板基岩厚度/m	溶洞顶底深度/m		溶洞高度/m	充填情况
XK877-1	2 079.48	12.00	0.8	12.8	13.8	1	全充填
	2 079.48	12.00	0.8	14.6	15.2	0.6	全充填
XK877-2	2 079.78	14.20	1.00	15.2	16	0.8	全充填
XK879	2 083.62	9.90	1.90	11.80	13.10	1.30	无充填
XK879-1	2 083.58	10.70	0.20	10.90	11.90	1.00	无充填
XK886	2 077.43	11.50	1.5	13	15.7	2.7	无充填
XK887	2 079.85	11.90	0.6	12.5	14.5	2	无充填
XK888	2 077.68	12.60	0.4	13	14	1	无充填
XK896	2 075.96	8.00	2.1	10.1	11.4	1.3	无充填
XK896-1	2 076.06	8.20	1.4	9.6	10.4	0.8	无充填
XK896-2	2 075.94	8.70	1.2	9.9	10.3	0.4	无充填
XK897	2 076.62	9.80	2.50	12.3	13.8	1.5	无充填
XK902	2 078.65	8.10	0.40	8.5	13.7	5.2	半充填
XK902-2	2 078.78	12.30	2.80	15.1	16.1	1	无充填
XK913	2 076.24	11.00	3.8	14.8	15.7	0.9	无充填
XK923	2 070.7	9.80	2.4	12.2	15.9	3.7	无充填
	2 070.7	9.80	4.7	20.6	21.2	0.6	无充填
XK924	2 082.38	8.50	1	9.5	10.7	1.2	无充填
XK925	2 086.52	7.70	1.7	9.4	11.4	2	全充填
XK926	2 076.69	4.20	4.00	8.2	8.7	0.5	全充填
	2 076.69	4.20	0.5	9.2	9.9	0.7	全充填
	2 076.69	4.20	1.4	11.3	12.7	1.4	全充填
	2 076.69	4.20	1.5	14.2	15.6	1.4	全充填
XK926-2	2 076.71	3.20	4.10	7.3	8.2	0.9	无充填
	2 076.71	3.20	1.8	10	11.3	1.3	半充填
XK933	2 073.57	15.60	5.9	21.5	25.3	3.8	半充填
XK936	2 073.6	4.50	11.90	16.4	18.9	2.5	无充填
XK939	2 079.96	4.40	10.2	14.6	16.1	1.5	无充填
XK941	2 078.76	10.00	5.6	15.6	19.8	4.2	全充填
XK942	2 077.76	22.00	6.9	28.9	30	1.1	无充填
XK950	2 067.62	4.40	4.7	9.1	13.1	4	全充填
XK950-1	2068	6.10	1	7.1	14	6.9	全充填
XK951	2 085.14	13.10	1.40	14.50	16.10	1.60	无充填

续表

孔号	孔口标高/m	土层厚度/m	顶板基岩厚度/m	溶洞顶底深度/m		溶洞高度/m	充填情况
XK952	2 083.08	12.40	1.40	13.8	16.5	2.7	无充填
XK952-2	2083	10.60	2.10	12.7	13.2	0.5	无充填
XK953	2 072.55	6.40	0.3	6.7	8	1.3	无充填
XK953-2	2 072.42	5.00	3.3	8.3	9.8	1.5	全充填
XK954	2 077.56	5.10	6.60	11.70	17.10	5.40	全充填
	2 077.56	5.10	4.9	22.00	22.90	0.90	无充填
XK954-1	2 073.44	2.60	6.5	9.1	11.7	2.6	全充填
	2 073.44	2.60	2.2	13.9	16	2.1	全充填
	2 073.44	2.60	0.7	16.7	18.1	1.4	半充填
XK954-2	2 073.64	8.80	9.60	18.40	19.50	1.10	无充填
XK957	2 071.11	5.80	1.5	7.3	8.4	1.1	无充填
	2 071.11	5.80	1	9.4	11.7	2.3	无充填
XK959	2 070.87	8.00	1.8	9.8	11	1.2	无充填
XK977	2 066.57	4.90	0.6	5.5	6.1	0.6	无充填
	2 066.57	4.90	0.4	6.5	8.9	2.4	无充填
XK977-1	2 066.45	8.60	1.3	9.9	10.8	0.9	无充填
XK977-2	2 066.78	5.40	3.7	9.1	9.9	0.8	无充填
XK979	2 076.81	10.20	0.20	10.4	11.7	1.3	无充填
XK984	2 065.39	7.50	0.4	7.9	9.3	1.4	无充填
XK985	2 065.04	4.40	1.4	5.8	7.9	2.1	无充填
XK988	2 071	5.70	4.9	10.6	14.3	3.7	全充填
XK989	2 065.59	15.80	0.4	16.2	16.9	0.7	无充填

T1标段各溶洞的充填情况等详见表3.4-2~表3.4-4。统计表明，全充填溶洞占44%，未充填溶洞占50%，半充填溶洞占6%。

表 3.4-2 钻孔揭露溶洞情况（据详勘）

地层代号	揭露溶洞个数	溶洞高度/m			溶洞底板埋深/m				全充填和半充填个数	未充填个数
		0.5~2	2~4	>4	<10	10~20	20~30	>30		
D_2h	92	67	19	6	30	58	3	1	43	49
ϵ_2s	6	4	2	—	—	4	2	—	3	3
D_3z	28	18	8	2	6	19	3	—	16	12
合计	126	89	29	8	36	81	8	1	62	64

表 3.4-3　钻孔揭露溶洞情况（据详勘）

地层代号	溶洞洞径（跨度）/m								
	0.0~0.5	0.5~1.0	1.0~1.5	1.5~2.0	2.0~2.5	2.5~3.0	3.0~4.0	4.0~5.0	>5.0
D_2h	28	29	9	8	5	3	5	3	2
ϵ_2s	1	4	1	—	—	—	—	—	—
D_3z	7	10	4	2	1	2	1	1	—
合计	36	43	14	10	6	5	6	4	2

表 3.4-4　钻孔揭露溶洞统计结果（据详勘）

地层代号	统计指标	覆盖层厚/m	顶板厚度/m	溶洞高度/m
D_2h	样本数	92	92	92
	最大值	12.3	6.9	3
	最小值	0	0.4	0.2
	平均值	2.35	1.63	0.82
ϵ_2s	样本数	28	28	28
	最大值	15.1	2.2	1.1
	最小值	1	1	0.25
	平均值	6.4	1.55	0.77
D_3z	样本数	6	6	6
	最大值	11.9	14.6	2.7
	最小值	0.3	0.5	0.25
	平均值	3.75	2.17	0.90

（2）T2、T3 标段共完成钻孔 260 个，加上初勘钻孔约 300 个；揭露地下岩溶的钻孔 T2 为 191 个（含追踪孔），T3 为 118 个（含追踪孔），总计为 309 个，溶洞（缝）揭露率约 30%。按钻孔统计，T2 标段揭露的溶洞高度大于 5.0 m 的为 14 个，占钻孔揭露溶洞的 7.3%；3.0~5.0 m 洞高的为 33 个，占钻孔揭露总溶洞数的 17.3%；75%以上钻孔揭露的溶洞高度小于 3.0 m。T3 标段揭露高度大于 5.0 m 的溶洞 15 个，占总数的 12.7%；3.0~5.0 m 洞高的为 37 个，占总数的 31.4%；56%以上的溶洞高度小于 3.0 m。T2、T3 主要为同一岩层，位置相邻，统计结果基本接近。该区域大部分地下岩溶为充填溶洞，占总数的 70%~80%，仍有相当数量的空洞。该区域岩溶地下岩溶总体上较发育，对钻孔揭露的岩溶进行了相当数量的追踪，根据追踪结果，结合井下电视判断，该区域地下岩溶以竖向发育为主。典型溶洞特征如 HZK164 钻孔溶洞追踪揭露的溶洞（空洞），为该片区地下岩溶发育的典型代表，揭露的高度达到 16.5 m，陡倾角斜向至竖向发育，仅从顶部水平跨度来看，不超过 3.0 m（表 3.4-5~表 3.4-13）。

表 3.4-5 东跑道中段（T2）钻孔揭露溶洞（土洞）汇总表

孔号	孔口标高/m	土层厚度/m	顶板基岩厚度/m	溶洞顶底深度/m		溶洞高度/m	充填情况
ECK47	2 086.92	10.7	2.10	12.8	15.6	17.70	全充填
	2 086.92	10.7	5.30	20.90	27.90		全充填
ECK47-2	2 087.13	10.80	7.00	17.80	18.30	0.50	无充填
ECK95	2 089.69	10.60	6.20	16.80	17.60	0.80	全充填
ECK95-1	2 089.65	9.70	1.80	11.50	12.00	0.50	全充填
ECK95-2	2 089.65	10.00	2.60	12.60	14.00	1.40	全充填
ECK97	2 092.57	15.40	2.10	17.50	20.40	2.90	全充填
ECK98	2 097.55	11.90	2.10	14.00	16.00	2.00	全充填
ECK99+2	2 096.95	24.2	1.1	25.30	27.20	1.90	全充填
ECK99+2-1	2 096.95	23.50	0.50	24.00	26.00	2.00	无充填
ECK99+2-3	2 096.95	23.60	0.40	24.00	25.70	1.70	半充填
ECK100	2 084.92	1.50	4.70	6.20	10.60	4.40	全充填
ECK100-1	2 084.27	6.70	8.00	14.70	16.10	1.40	无充填
ECK101	2 085.58	10.20	1.10	11.30	14.40	3.10	全充填
ECK101-1	2 084.27	10.70	2.10	12.80	14.30	1.50	无充填
ECK104	2 082.74	4.50	8.60	13.10	21.50	8.40	全充填
ECK104-2	2 082.77	3.70	1.10	4.80	6.70	1.90	全充填
ECK193	2 082.79	2.00	10.20	12.20	15.60	3.40	全充填
ECK368	2 098.78	6.40	1.90	8.30	9.30	1.00	全充填
	2 098.78	6.40	4.10	13.40	15.00	1.60	无充填
	2 098.78	6.40	10.70	25.70	27.00	1.30	半充填
ECK368-2	2 098.63	11.50	5.30	16.80	19.10	2.30	全充填
ECK372	2 076.97	8.90	1.10	10.00	13.40	3.40	全充填
ECK372-1	2 077.05	9.90	4.10	14.00	14.50	0.50	全充填
ECK372-2	2 077.05	3.90	2.30	6.20	10.60	4.40	全充填
ECK374	2 082.72	4.8	14.5	19.3	23	3.7	无充填
ECK374-2	2 082.74	6.40	16.70	23.10	24.50	1.40	无充填
ECK374-1	2 082.72	7.30	4.80	12.10	13.40	1.30	无充填
ECK384	2 090.91	17.00	0.00	17.00	18.40	1.40	土洞
ECK397	2 084.92	11.00	2.00	13.00	19.00	6.00	全充填
ECK397-2	2 084.92	13.70	1.70	15.40	16.40	1.00	全充填
ECK398	2 083.68	3.2	5.1	8.3	9.5	1.2	半充填

续表

孔号	孔口标高/m	土层厚度/m	顶板基岩厚度/m	溶洞顶底深度/m		溶洞高度/m	充填情况
ECK451	2 085.69	9.70	0.50	10.20	14.50	4.30	全充填
	2 085.69	9.70	2.50	17.00	27.60	10.60	半充填
ECK451-1	2 085.69	3.50	7.90	11.40	11.90	0.50	全充填
EZK14	2 090.20	2.96	1.04	4.00	9.50	5.50	全充填
EZK16	2 097.40	2.00	6.60	8.60	11.4	2.80	全充填
EZK21	2 087.28	1.1	3.00	4.1	5.1	1	全充填
	2 087.28	1.1	7.80	12.9	15.6	2.7	无充填
EZK25	2 091.55	4.8	11.50	16.3	20.1	3.8	半充填
EZK25-1	2 091.95	0.60	10.70	11.30	12.50	1.20	全充填
	2 091.95	0.60	1.10	13.60	14.40	0.80	全充填
EZK25-2	2 091.52	0.00	19.00	19.00	21.00	2.00	全充填
EZK59	2 087.89	10	2.5	12.5	15.7	3.2	全充填
EZK59-2	2 087.89	10.90	4.30	15.20	16.50	1.30	半充填
EZK59-1	2 087.89	8.50	6.30	14.80	17.20	2.40	半充填
EZK61	2 093.75	3.7	4.50	8.2	9.5	1.3	无充填
EZK93	2 094.32	11.2	4.60	15.8	19.4	3.6	半充填
TCK144	2 103.63	9.40	2.80	12.20	12.80	0.60	无充填
TCK144+1	2 090.11	6.30	1.30	7.60	8.40	0.80	半充填
	2 090.11	6.30	19.10	27.50	29.50	2.00	无充填
	2 090.11	6.30	1.10	30.60	32.50	1.90	全充填
TCK144+1-1	2 090.00	6.80	0.80	7.60	8.80	1.20	全充填
TCK144+1-2	2 090.22	7.80	2.70	10.50	11.70	1.20	半充填
TCK144+1-3	2 090.00	6.70	2.00	8.70	9.60	0.90	无充填
	2 090.00	6.70	2.00	11.60	13.50	1.90	无充填
TCK144+2	2 090.22	11.70	4.00	15.70	17.10	1.40	全充填
	2 090.22	11.70	7.50	24.60	25.40	0.80	全充填
TCK144+2-1	2 090.00	13.00	1.00	14.00	15.00	1.00	无充填
TCK149+2	2 077.75	6.50	2.50	9.00	9.50	0.50	全充填
TCK149+2-2	2 077.75	8.00	1.00	9.00	14.30	5.30	全充填
TCK159+1	2 075.97	7.70	3.70	11.40	12.10	0.70	全充填
	2 075.97	7.70	3.20	15.30	16.40	1.10	全充填
TCK159+1-1	5 075.97	5.10	8.80	13.90	15.10	1.20	全充填
TCK159+1-2	5 075.97	9.60	3.20	12.80	16.90	4.10	全充填

续表

孔号	孔口标高/m	土层厚度/m	顶板基岩厚度/m	溶洞顶底深度/m		溶洞高度/m	充填情况
TCK161	2 088.02	4.90	12.60	17.50	22.40	4.90	无充填
TCK161-2	2 088.31	5.20	2.80	8.00	16.60	8.60	半充填
	2 088.31	5.20	5.40	22.00	25.40	3.40	无充填
TCK161-3	2 088.31	5.50	0.50	6.00	7.40	1.40	全充填
	2 088.31	5.50	0.40	7.80	9.40	1.60	无充填
TCK161-1	2 088.17	3.90	1.60	5.50	7.00	1.50	无充填
	2 088.17	3.90	9.90	16.90	18.00	1.10	全充填
	2 088.17	3.90	5.60	23.60	25.20	1.60	全充填
TCK161+1	2 083.65	7.80	4.10	11.90	13.95	2.05	半充填
TCK161+1-1	2 083.65	10.60	1.30	11.90	15.10	3.20	无充填
TCK162	2 091.01	1.70	10.20	11.90	14.40	2.50	全充填
TCK162-1	2 091.01	3.60	6.00	9.60	10.40	0.80	全充填
TCK162-2	2 091.01	6.50	5.70	12.20	13.40	1.20	全充填
TCK163+2	2 083.65	13.10	1.90	15.00	16.20	1.20	全充填
	2 083.65	13.10	1.00	17.20	19.30	2.10	全充填
TCK163+2-1	2 083.65	11.90	0.50	12.40	13.60	1.20	无充填
TCK163+2-2	2 083.65	14.60	2.00	16.60	20.20	3.60	无充填
	2 083.65	14.60	1.00	21.20	22.00	0.80	无充填
TCK166	2 087.58	5.00	4.20	9.20	15.30	6.10	全充填
TCK166-1	2 087.58	1.30	10.00	11.30	11.90	0.60	全充填
TCK166-2	2 087.52	0.5	5.5	6	8.2	2.2	全充填
TCK172	2 088.29	6.10	7.40	13.50	14.00	0.50	无充填
	2 088.29	6.10	1.00	15.00	15.60	0.60	全充填
TCK172-2	2 088.29	6.10	8.50	14.60	15.10	0.50	全充填
	2 088.29	6.10	1.20	16.30	16.60	0.30	全充填
	2 088.29	6.10	0.60	17.20	17.50	0.30	全充填
TCK172-1	2 088.29	2.80	0.90	3.70	4.10	0.40	无充填
	2 088.29	2.80	6.60	10.70	15.30	4.60	无充填
	2 088.29	2.80	2.30	17.60	18.00	0.40	无充填
	2 088.29	2.80	2.00	20.00	20.80	0.80	无充填
TCK172-3	2 088.29	4.00	3.70	7.70	15.90	8.20	半充填
	2 088.29	4.00	0.20	16.10	17.90	1.80	半充填
TCK172-4	2 088.72	2.8	3.3	6.1	7.4	1.3	无充填

续表

孔号	孔口标高/m	土层厚度/m	顶板基岩厚度/m	溶洞顶底深度/m		溶洞高度/m	充填情况
TCK172-5	2 088.29	4.10	2.20	6.30	6.80	0.50	全充填
	2 088.29	4.10	4.70	11.50	14.70	3.20	半充填
	2 088.29	4.10	0.50	15.20	16.30	1.10	全充填
	2 088.29	4.10	1.70	18.00	19.00	1.00	全充填
TCK172-6	2 088.51	2.20	8.90	11.10	11.80	0.70	全充填
TCK178	2 075.20	3.10	1.00	4.10	6.80	2.70	充填
TCK178-1	2 075.50	3.50	9.60	13.10	14.20	1.10	无充填
TCK178-2	2 075.43	6.60	8.60	15.20	18.40	3.20	无充填
TCK178-3	2 075.50	12.10	4.00	16.10	17.50	1.40	无充填
TCK181+1	2 095.01	7.10	0.80	7.90	10.80	2.90	半充填
TCK181+1-1	2 095.01	10.00	3.50	13.50	14.50	1.00	无充填
TCK181+1-2	2 095.01	12.00	1.50	13.50	15.50	2.00	无充填
TCK181+1-3	2 095.01	11.00	1.00	12.00	14.50	2.50	无充填
TCK181+1-4	2 095.01	9.00	0.80	9.80	11.80	2.00	无充填
	2 095.01	9.00	3.60	15.40	16.60	1.20	无充填
TCK181+1-5	2 095.01	11.00	0.50	11.50	13.50	2.00	全充填
TCK208	2 088.10	7.60	6.20	13.80	15.50	1.70	无充填
	2 088.10	7.60	5.30	20.80	26.00	5.20	无充填
TCK208-1	2 088.08	10.5	1.4	11.9	13	1.1	无充填
	2 088.08	10.5	5.50	18.5	20.5	2	全充填
TCK208-2	2 088.10	6.30	6.20	12.50	15.80	3.30	无充填
TCK301+1	2 081.97	2.70	0.50	3.20	5.20	2.00	全充填
	2 081.97	2.70	9.00	14.20	16.20	2.00	全充填
TCK301+1-2	2 081.38	2.70	22.30	25.00	25.40	0.40	全充填
TCK352	2 077.73	3.50	0.00	3.50	4.50	1.00	土洞全充填
TCK352-1	2 077.73	2.50	5.60	8.10	11.30	3.20	半充填
TCK353	2 079.30	5.60	0.60	6.20	7.40	1.20	无充填
	2 079.30	5.60	3.40	10.80	16.50	5.70	半充填
TCK353-2	2 079.33	1.80	2.50	4.30	5.80	1.50	全充填
	2 079.33	1.80	1.00	6.80	8.60	1.80	全充填
	2 079.33	1.80	1.50	10.10	12.50	2.40	全充填
XK697	2 097.54	8.90	1.70	10.60	11.40	0.80	无充填
XK697-1	2 097.54	9.90	1.70	11.60	12.40	0.80	全充填软塑黏土

续表

孔号	孔口标高/m	土层厚度/m	顶板基岩厚度/m	溶洞顶底深度/m		溶洞高度/m	充填情况
XK698	2 093.32	4.80	4.50	9.30	10.30	1.00	全充填
XK698-1	2 093.32	5.20	0.80	6.00	8.10	2.10	无充填
XK698-2	2 093.32	3.90	2.70	6.60	7.20	0.60	无充填
XK699	2 088.08	5.60	0.40	6.00	7.70	1.70	无充填
	2 088.08	5.60	0.80	8.50	10.30	1.80	全充填
	2 088.08	5.60	0.90	11.20	11.80	0.60	无充填
	2 088.08	5.60	5.00	16.80	18.40	1.60	无充填
XK699-1	2 088.08	3.60	4.20	7.80	9.40	1.60	全充填
	2 088.08	3.60	0.50	9.90	12.50	2.60	全充填
XK699-1	2 088.08	3.60	0.90	13.40	14.00	0.60	全充填
	2 088.08	3.60	0.70	14.70	16.10	1.40	全充填
	2 088.08	3.60	0.50	16.60	18.60	2.00	全充填
XK699-2	2 088.20	8.3	6.4	14.7	15.4	0.7	全充填
XK700	2 098.46	5.10	1.90	7.00	8.70	1.70	全充填
	2 098.46	5.10	1.30	10.00	11.10	1.10	全充填
	2 098.46	5.10	1.20	12.30	13.00	0.70	全充填
XK700-1	2 098.46	6.40	2.20	8.60	11.00	2.40	全充填
XK700-2	2 098.04	7.00	1.00	8.00	8.50	0.50	全充填
XK702	2 097.46	7.20	1.40	8.60	9.20	0.60	全充填
	2 097.46	7.20	1.10	10.30	13.00	2.70	全充填
XK702-1	2 097.44	12.1	0.6	12.7	13.8	1.1	全充填
XK702-2	2 097.43	6.6	5.6	12.2	13.9	1.7	全充填
XK703	2 100.94	3.00	3.00	6.00	7.60	1.60	无充填
XK703-2	2 101.4	3	2.9	5.9	8.1	2.2	无充填
XK703-3	2 101.74	8.1	1.5	9.6	11.2	1.6	无充填
XK703-1	2 101.61	6	2.5	8.5	9.4	0.9	无充填
	2 101.61	6	2.40	11.8	13.3	1.5	无充填
	2 101.61	6	1.00	14.3	16	1.7	无充填
XK703-4	2 101.16	4	2.6	6.6	7.9	1.3	无充填
XK704	2 094.74	4.20	4.50	8.70	9.10	0.40	半充填
	2 094.74	4.20	0.80	9.90	12.60	2.70	半充填
XK704-1	2 094.74	3.00	6.90	9.90	13.20	3.30	全充填
XK704-2	2 094.74	3.50	2.30	5.80	6.20	0.40	全充填
	2 094.74	3.50	6.10	12.30	13.30	1.00	全充填

续表

孔号	孔口标高/m	土层厚度/m	顶板基岩厚度/m	溶洞顶底深度/m		溶洞高度/m	充填情况
XK705	2 086.14	2.40	3.80	6.20	6.90	0.70	无充填
XK705-1	2 086.14	4.50	2.30	6.80	10.50	3.70	全充填
XK705-2	2 086.14	11.30	0.70	12.00	15.50	3.50	无充填
XK707	2 093.73	3.70	2.10	5.80	7.50	1.70	半充填
	2 093.73	3.70	2.60	10.10	11.70	1.60	全充填
	2 093.73	3.70	1.50	13.20	14.00	0.80	全充填
XK707-2	2 093.73	2.20	4.00	6.20	11.20	5.00	全充填
XK707-1	2 093.73	7.50	0.30	7.80	10.60	2.80	全充填
	2 093.73	7.50	1.80	12.40	13.80	1.40	全充填
	2 093.73	7.50	3.60	17.40	19.40	2.00	全充填
XK707-3	2 093.73	7.80	1.70	9.50	10.50	1.00	全充填
	2 093.73	7.80	2.70	13.20	14.20	1.00	全充填
	2 093.73	7.80	1.00	15.20	16.20	1.00	全充填
XK707-4	2 093.73	4.70	1.00	5.70	7.60	1.90	全充填
	2 093.73	4.70	5.40	13.00	14.00	1.00	全充填
XK708	2 086.15	4.80	7.20	12.00	16.80	4.80	全充填
XK708-1	2 086.15	7.30	11.50	18.80	19.60	0.80	全充填
XK708-2	2 086.15	1.50	16.60	18.10	21.70	3.60	全充填
XK710	2 091.21	5.10	3.80	8.90	10.50	1.60	无充填
	2 091.21	5.10	2.20	12.70	15.20	2.50	无充填
XK710-1	2091	2.9	1.3	4.2	5.1	0.9	无充填
	2091	2.9	4.70	9.8	10.6	0.8	无充填
XK716	2 089.51	5.90	8.90	14.80	16.10	1.30	无充填
XK716-1	2 089.51	8.00	1.70	9.70	10.50	0.80	无充填
XK716-2	2 089.51	7.70	0.30	8.00	9.00	1.00	无充填
XK731	2 096.31	6.00	1.60	7.60	8.70	1.10	无充填
XK732	2 096.70	2.80	2.20	5.00	6.90	1.90	无充填
	2 096.70	2.80	9.10	16.00	17.00	1.00	无充填
XK735	2 090.50	2.10	4.10	6.20	6.90	0.70	无充填
	2 090.50	2.10	5.20	12.10	13.20	1.10	无充填
XK735-1	2 090.99	0.70	4.50	5.20	5.70	0.50	无充填
	2 090.99	0.70	6.70	12.40	13.10	0.70	无充填
XK735-2	2 090.23	3.00	3.00	6.00	6.60	0.60	全充填
	2 090.23	3.00	5.70	12.30	13.20	0.90	无充填

续表

孔号	孔口标高/m	土层厚度/m	顶板基岩厚度/m	溶洞顶底深度/m		溶洞高度/m	充填情况
XK742	2 098.74	5.30	0.40	5.70	7.10	1.40	无充填
XK742-2	2 098.74	8.10	2.10	10.20	11.50	1.30	无充填
XK742-1	2 098.74	8.90	0.80	9.70	11.90	2.20	全充填
XK742-3	2 098.74	8.90	0.10	9.00	11.00	2.00	全充填
XK742-5	2 098.75	3	4.3	7.3	8.8	1.5	全充填
XK761	2 096.94	2.00	2.80	4.80	6.00	1.20	全充填
XK764	2 087.48	12.50	2.20	14.70	16.60	1.90	全充填
XK775	2 087.58	11.80	2.00	13.80	14.60	0.80	无充填
XK777	2 088.25	7.50	1.50	9.00	12.50	3.50	半充填
XK777-2	2 088.14	0.00	6.00	6.00	7.50	1.50	无充填
XK777-2	2 088.14	0.00	2.00	9.50	16.50	7.00	无充填
XK777-1	2 088.25	1.50	9.00	10.50	16.30	5.80	全充填
XK777-4	2 088.32	4.60	8.70	13.30	18.20	4.90	全充填
XK778	2 087.90	14.20	1.50	15.70	18.00	2.30	无充填
XK778-1	2 087.90	13.30	0.70	14.00	16.00	2.00	无充填
XK786	2 095.95	3.80	1.90	5.70	10.40	4.70	全充填
XK787	2 087.17	5.80	2.30	8.10	13.50	5.40	全充填
XK789	2 090.76	9.00	3.10	12.10	13.40	1.30	无充填
XK791	2 095.26	13.00	2.40	15.40	18.00	2.60	半充填
XK791-1	2 095.26	10.30	6.00	16.30	17.00	0.70	无充填
XK791-2	2 095.26	10.10	1.80	11.90	14.70	2.80	全充填
XK793	2 097.52	9.70	1.80	11.50	12.30	0.80	全充填
XK794	2 085.91	6.70	1.10	7.80	11.20	3.40	全充填
XK795	2 085.74	0.90	4.60	5.50	8.80	3.30	全充填
XK795-1	2 085.74	3.90	2.40	6.30	7.50	1.20	全充填
XK795-2	2 085.62	1.5	0.2	1.7	3.4	1.7	无充填
XK795-2	2 085.62	1.5	1.00	4.4	16.2	11.8	半充填
XK795-3	2 085.68	3.00	2.50	5.50	6.30	0.80	无充填
XK795-3	2 085.68	3.00	1.10	7.40	8.80	1.40	无充填
XK795-4	2 085.68	0.60	11.80	12.40	13.80	1.40	无充填
XK797	2 084.74	7.40	1.00	8.40	9.40	1.00	全充填
XK798	2 087.89	7.60	5.80	13.40	18.60	5.20	无充填
XK799	2 087.92	1.60	1.20	2.80	3.40	0.60	无充填
XK799	2 087.92	1.60	4.30	7.70	8.20	0.50	无充填

续表

孔号	孔口标高/m	土层厚度/m	顶板基岩厚度/m	溶洞顶底深度/m		溶洞高度/m	充填情况
XK816	2 083.62	1.1	1.7	2.8	3.9	1.1	半充填
XK817	2 081.52	2.70	1.50	4.20	6.00	1.80	半充填
	2 081.52	2.70	2.70	8.70	11.00	2.30	半充填
XK817-2	2 081.52	9.90	2.30	12.20	14.00	1.80	无充填
XK817-1	2 081.52	7.50	1.00	8.50	9.00	0.50	半充填
	2 081.52	7.50	0.20	9.20	10.40	1.20	半充填
XK814	2 083.28	7.70	3.60	11.30	13.30	2.00	全充填
XK827	2 093.42	8.00	4.00	12.00	13.90	1.90	无充填
XK827-1	2 093.42	8.50	0.40	8.90	13.50	4.60	半充填
	2 093.42	8.50	0.90	14.40	16.40	2.00	无充填
XK827-4	2 093.42	11.00	0.30	11.30	16.00	4.70	全充填
XK827-5	2 093.42	8.00	5.10	13.10	14.90	1.80	全充填
XK827-2	2 093.42	6.00	9.10	15.10	17.60	2.50	半充填
XK827-3	2 093.42	11.80	0.20	12.00	13.10	1.10	无充填
	2 093.42	11.80	2.50	15.60	17.10	1.50	无充填
XK827-6	2 093.42	10.80	6.50	17.30	17.70	0.40	全充填
XK835	2 092.55	1.10	4.50	5.60	6.10	0.50	全充填
	2 092.55	0.20	0.20	6.30	6.90	0.60	全充填
XK836	2 095.22	11.50	1.00	12.50	15.00	2.50	半充填
XK836-1	2 095.22	9.40	3.60	13.00	15.00	2.00	半充填
XK836-2	2 095.22	10.20	5.10	15.30	15.70	0.40	半充填
XK842	2 085.21	14.20	2.40	16.60	18.00	1.40	全充填
XK843	2 079.14	4.00	0.40	4.40	9.00	4.60	全充填
XK843-1	2 079.14	3.60	1.20	4.80	6.40	1.60	全充填
	2 079.14	3.60	2.80	9.20	10.20	1.00	全充填
	2 079.14	3.60	2.40	12.60	13.20	0.60	全充填
XK843-2	2 079.14	4.30	4.50	8.80	14.40	5.60	全充填
XK843-3	2 079.14	3.90	9.9	13.8	14.3	0.5	全充填
XK847	2 084.42	3.50	1.50	5.00	6.50	1.50	全充填
XK851	2 089.58	15.00	1.70	16.70	17.80	1.10	无充填

表 3.4-6　飞行区东跑道中部 T2 标段落水洞统计表

室内编号	坐标 A/m	坐标 B/m	充填物性质/m	所在区域
HLSD1	6 668.464	4 395.339	块石填塞	机坪区
HLSD11	5 928.791	5 495.908	块石填塞	机坪区
HLSD12	5 878.643	5 541.355	块石填塞	机坪区
HLSD20	5 068.678	5 160.870	块石填塞	道面区
HLSD22	5 501.798	5 479.449	洞径 0.80～1.00 m	机坪区
HLSD23	5 467.384	5 578.167	洞径 0.50～1.00 m	机坪区
HLSD24	5 468.710	5 598.137	洞径 3.00～4.00 m	机坪区
HLSD25	5 453.406	5 581.470	洞径 2.00 m	机坪区
HLSD26	5 245.278	5 297.046	黏性土、块石填塞	道面区
HLSD27	5 068.664	5 436.712	洞径 0.50 m	道面区
HLSD28	5 063.658	5 516.670	黏性土、块石填塞	道面区
HLSD29	5 102.785	5 573.571	块石填塞	道面区
HLSD30	5 128.786	5 160.870	洞径 0.5 m	道面区
HLSD31	5 030.902	5 810.138	洞径 1.0 m	道面区

表 3.4-7　钻孔揭露溶洞情况（据详勘）

地层代号	揭露溶洞	溶洞高度/m			溶洞底板埋深/m				充填	未充填
		0.5～2	2～4	>4	<10	10～20	20～30	>30		
D_3z	210	129	53	28	57	134	19		137	73
D_2h	54	38	14	2	10	38	5	1	32	22
合计	264	167	67	30	67	172	24	1	169	95

表 3.4-8　钻孔揭露溶洞洞径（跨度）情况（据详勘）

地层代号	溶洞洞径（跨度）/m								
	0.0～0.5	0.5～1.0	1.0～1.5	1.5～2.0	2.0～2.5	2.5～3.0	3.0～4.0	4.0～5.0	>5.0
D_3z	42	87	36	17	11	9	7	1	
D_2h	21	17	10	4	1		1		
合计	63	101	46	21	12	9	8	1	

表 3.4-9　钻孔揭露溶洞统计结果（据详勘）

地层代号	统计指标	覆盖层厚/m	顶板厚度/m	溶洞高度/m
D_3z	样本数	210	210	210
	最大值	24.2	22.3	11.8
	最小值	0	0	0.4
	平均值	6.17	3.82	2.16

续表

地层代号	统计指标	覆盖层厚/m	顶板厚度/m	溶洞高度/m
D₂h	样本数	54	54	54
	最大值	14.6	19.1	8.2
	最小值	2.2	0.2	0.3
	平均值	7.34	2.95	1.55

表 3.4-10 东跑道中段（T3）钻孔揭露溶洞（土洞）汇总表

孔号	孔口标高/m	土层厚度/m	顶板基岩厚度/m	溶洞顶底深度/m		溶洞高度/m	充填情况
ECK2	2 096.43	5.00	6.20	11.20	15.70	4.50	全充填
	2 096.43	5.00	3.50	19.20	22.50	3.30	全充填
ECK2-1	2 096.4	2.00	15.20	17.20	17.60	0.40	无充填
ECK2-2	2 096.5	5.50	5.80	11.30	11.90	0.60	全充填
ECK70	2 090.32	3.80	4.60	8.40	9.20	0.80	半充填
ECK70-1	2 090.56	3.30	9.70	13.00	15.80	2.80	全充填
ECK86	2 095.59	3.80	0.50	4.3	5.5	1.20	半充填
ECK94	2 088.62	4.30	0.30	4.6	7.5	2.90	全充填
ECK308	2 091.59	3.90	2.40	6.3	7.3	1.0	半充填
ECK316	2 079.6	11.00	0.60	11.6	12.8	1.2	半充填
	2 079.6	11.00	3.00	15.8	17	1.2	半充填
	2 079.6	11.00	10.80	27.8	30.1	2.3	无充填
ECK319	2 082.77	6.60	3.80	10.40	11.70	1.30	全充填
	2 082.77	6.60	1.50	13.20	16.50	3.30	全充填
ECK319-1	2 082.92	1.90	10.90	12.80	18.00	5.20	全充填
ECK352	2 093.1	0.90	2.60	3.5	4.5	1.0	半充填
ECK361	2 085.43	4.30	1.00	5.30	6.70	1.40	全充填
	2 085.43	4.30	11.40	18.10	18.90	0.80	无充填
	2 085.43	4.30	6.20	25.10	25.70	0.60	无充填
ECK361-2	2 086.06	5.70	7.00	12.70	13.40	0.70	充填
ECK385	2 088.07	4.10	7.30	11.40	11.90	0.50	无充填
ECK385-1	2 088.07	3.40	1.90	5.30	9.70	4.40	充填
ECK385-4	2 088.07	3.70	1.70	5.40	6.60	1.20	全充填
	2 088.07	3.70	1.50	8.10	18.00	9.90	全充填
ECK385-5	2 088.07	2.30	4.30	6.60	7.70	1.10	全充填
ECK385-2	2 088.07	2.00	1.10	3.10	5.60	2.50	充填

续表

孔号	孔口标高/m	土层厚度/m	顶板基岩厚度/m	溶洞顶底深度/m		溶洞高度/m	充填情况
ECK385-3	2 088.07	3.20	2.20	5.40	6.40	1.00	无充填
ECK386	2 087.94	10.80	6.80	17.60	18.30	0.70	无充填
	2 087.94	10.80	0.60	18.90	21.50	2.60	半充填
ECK386-2	2 087.49	12.00	9.50	21.50	23.00	1.50	充填
EZK14	2 090.20	3.00	3.60	6.60	9.50	2.90	充填
EZK14-1	2 090.65	3.60	2.10	5.70	6.20	0.50	充填
	2 090.65	3.60	0.20	6.40	8.60	2.20	充填
EZK14-3	2 090.65	1.00	8.80	9.80	11.40	1.60	半充填
EZK15	2 090.8	4.6	2.90	7.5	10	2.50	全充填
EZK16	2 097.4	2	4.80	6.8	11	4.20	全充填
SK555	2 086.3	0.00	0.60	0.6	1.1	0.5	全充填
	2 086.3	0.00	3.10	4.2	5.3	1.1	无充填
SK561	2 083.7	1.10	0.80	1.9	2.5	0.6	全充填
	2 083.7	1.10	7.40	9.9	13.3	3.4	全充填
SK562	2 086.51	0.30	0.70	1	1.8	0.8	全充填
	2 086.51	0.30	4.50	6.3	7.5	1.2	全充填
XK578	2 081.37	7.30	1.00	8.3	10.3	2.00	半充填
XK591	2 081.10	8.40	6.10	14.50	22.40	7.90	半充填
XK596	2 079.86	6.20	1.30	7.50	8.50	1.00	半充填
	2 079.86	6.20	2.10	10.60	11.90	1.30	无充填
	2 079.86	6.20	0.40	12.30	13.00	0.70	无充填
XK598	2 085.04	5.80	12	17.80	22.00	4.20	无充填
XK601	2 079.61	4.30	15.2	19.50	20.80	1.30	无充填
XK603	2 080.33	7.50	3.50	11.00	18.90	7.90	无充填
XK603-2	2 080.33	1.40	9.30	10.70	12.20	1.50	无充填
XK603-1	2 080.33	4.70	8.20	12.90	15.50	2.60	无充填
XK603-3	2 080.33	4.80	8.00	12.80	13.70	0.90	无充填
XK611	2 085.67	1.50	8.10	9.60	10.50	0.90	无充填
XK612	2 079.37	9.60	6.50	16.10	23.00	6.90	无充填
	2 079.37	9.60	1.70	24.70	27.70	3.00	无充填
XK612-2	2 079.37	5.50	10.50	16.00	16.30	0.30	无充填
	2 079.37	5.50	1.20	17.50	26.40	8.90	无充填
XK616	2 082.62	6.60	2.40	9.00	10.60	1.60	半充填

续表

孔号	孔口标高/m	土层厚度/m	顶板基岩厚度/m	溶洞顶底深度/m		溶洞高度/m	充填情况
XK622	2 079.2	5.20	3.30	8.50	10.20	1.70	半充填
	2 079.2	5.20	3.80	14.00	19.60	5.60	半充填
XK622-2	2 091.16	2.10	1.90	4.00	4.50	0.50	全充填
XK623	2 098.33	3.00	6.20	9.20	9.40	0.20	全充填
XK628	2 098.88	2.70	2.00	4.70	8.30	3.60	全充填
XK628-1	2 098.88	0.00	5.00	5.00	12.00	7.00	全充填
XK630	2 094.11	9.10	13.30	22.40	30.50	8.10	全充填
XK632	2 082.20	3.80	4.00	7.80	8.30	0.50	全充填
	2 082.20	3.80	2.10	10.40	11.00	0.60	全充填
XK636	2 082.2	8.10	2.10	10.20	12.60	2.40	全充填
XK636-1	2 082.2	4.20	7.10	11.30	12.50	1.20	无充填
	2 082.2	4.20	1.00	13.50	14.50	1.00	半充填
	2 082.2	4.20	0.60	15.10	16.40	1.30	半充填
	2 082.2	4.20	4.00	20.40	22.30	1.90	全充填
XK636-2	2 082.2	12.50	0.20	12.70	14.60	1.90	半充填
	2 082.2	12.50	1.50	16.10	18.00	1.90	无充填
	2 082.2	12.50	0.30	18.30	22.70	4.40	半充填
	2 082.2	12.50	0.60	23.30	28.40	5.10	半充填
XK636-3	2 082.2	15.00	1.10	16.10	16.90	0.80	无充填
	2 082.2	15.00	0.60	17.50	18.30	0.80	无充填
XK636-5	2 082.2	15.10	0.10	15.20	15.50	0.30	无充填
	2 082.2	15.10	0.90	16.40	16.80	0.40	无充填
	2 082.2	15.10	2.90	19.70	20.50	0.80	全充填
	2 082.2	15.10	1.90	22.40	23.00	0.60	全充填
	2 082.2	15.10	2.80	25.80	26.40	0.60	无充填
XK636-5	2 082.2	15.10	0.10	26.50	27.60	1.10	无充填
XK636-4	2 082.2	14.40	0.60	15.00	15.50	0.50	无充填
	2 082.2	14.40	5.70	21.20	25.00	3.80	半充填
XK637	2 098.38	2.00	2.40	4.40	5.00	0.60	全充填
XK638	2 097.53	1.80	11.50	13.30	13.90	0.60	无充填
XK638-2	2 097.53	2.00	5.90	7.90	8.10	0.20	全充填
XK639	2 092.74	5.40	10.10	15.50	16.80	1.30	无充填
XK640	2 085.93	8.00	0.80	8.80	9.30	0.50	半充填

续表

孔号	孔口标高/m	土层厚度/m	顶板基岩厚度/m	溶洞顶底深度/m		溶洞高度/m	充填情况
XK641	2 097.11	0.50	2.80	3.30	3.80	0.50	全充填
XK642	2 081.54	11.30	0.00	11.30	13.90	2.60	半充填
XK642-1	2 081.54	7.50	3.50	11.00	18.00	7.00	全充填
	2 081.54	7.50	1.30	19.30	25.30	6.00	全充填
XK642-3	2 081.542	4.10	2.90	7.00	8.50	1.50	全充填
	2 081.542	4.10	0.70	9.20	10.10	0.90	全充填
	2 081.542	4.10	1.30	11.40	12.70	1.30	全充填
	2 081.542	4.10	0.40	13.10	16.30	3.20	全充填
	2 081.542	4.10	4.10	20.40	22.70	2.30	全充填
	2 081.542	4.10	1.00	23.70	29.10	5.40	全充填
	2 081.542	4.10	1.50	30.60	31.40	0.80	无充填
XK642-5	2 081.542	5.30	1.50	6.80	8.50	1.70	全充填
	2 081.542	5.30	0.40	8.90	10.40	1.50	全充填
	2 081.542	5.30	0.10	10.50	11.10	0.60	无充填
	2 081.542	5.30	1.30	12.40	12.60	0.20	全充填
	2 081.542	5.30	1.10	13.70	14.10	0.40	全充填
	2 081.542	5.30	2.70	16.80	17.40	0.60	无充填
	2 081.542	5.30	0.10	17.50	18.40	0.90	半充填
	2 081.542	5.30	0.10	18.50	20.20	1.70	半充填
	2 081.542	5.30	5.90	26.10	26.50	0.40	无充填
	2 081.542	5.30	2.10	28.60	29.00	0.40	全充填
	2 081.542	5.30	1.00	30.00	30.80	0.80	无充填
XK642-4	2 081.542	7.30	1.50	8.80	11.80	3.00	半充填
XK642-4	2 081.542	7.30	5.70	17.50	17.70	0.20	无充填
	2 081.542	7.30	0.30	18.00	21.00	3.00	半充填
	2 081.542	7.30	0.10	21.10	22.80	1.70	无充填
	2 081.542	7.30	0.10	22.90	23.60	0.70	无充填
XK642-4	2 081.542	7.30	0.50	24.10	24.50	0.40	全充填
	2 081.542	7.30	0.40	24.90	26.00	1.10	全充填
XK643	2 097.05	10.30	1.80	12.10	14.70	2.60	全充填
XK643-2	2 097.05	14.00	2.50	16.50	18.30	1.80	全充填
XK644	2 092.8	5.50	5.90	11.40	11.70	0.30	全充填
	2 092.8	5.50	1.40	13.10	13.40	0.30	全充填

续表

孔号	孔口标高/m	土层厚度/m	顶板基岩厚度/m	溶洞顶底深度/m		溶洞高度/m	充填情况
	2 092.8	5.50	0.90	14.30	14.80	0.50	无充填
	2 092.8	5.50	0.50	15.30	16.00	0.70	全充填
XK648	2 088.93	7.60	3.40	11.00	13.00	2.00	半充填
XK648-2	2 088.93	4.50	3.80	8.30	10.50	2.20	半充填
XK648-3	2 088.93	3.50	6.20	9.70	11.30	1.60	半充填
	2 088.93	3.50	0.50	11.80	12.40	0.60	半充填
	2 088.93	3.50	3.60	16.00	18.10	2.10	全充填
XK648-4	2 088.93	2.00	6.60	8.60	8.70	0.10	无充填
XK648-5	2 088.93	3.40	3.40	6.80	6.90	0.10	无充填
	2 088.93	3.40	4.30	11.20	12.20	1.00	半充填
	2 088.93	3.40	0.80	13.00	13.20	0.20	无充填
XK648-6	2 088.93	5.10	2.70	7.80	8.00	0.20	无充填
	2 088.93	5.10	0.20	8.20	9.00	0.80	无充填
	2 088.93	5.10	6.40	15.40	16.40	1.00	半充填
	2 088.93	5.10	1.80	18.20	20.60	2.40	半充填
XK656	2 068.71	6.50	1.60	8.10	9.30	1.20	全充填
XK656-1	2 068.71	3.80	0.60	4.40	5.00	0.60	全充填
	2 068.71	3.80	0.50	5.50	6.60	1.10	无充填
XK656-2	2 068.71	6.00	2.30	8.30	10.40	2.10	无充填
XK656-3	2 068.71	4.50	2.10	6.60	9.10	2.50	全充填
XK656-5	2 068.71	5.80	1.00	6.80	8.70	1.90	全充填
XK671	2 086.61	8.40	5.50	13.90	15.50	1.60	无充填
XK678	2 077.49	3.50	2.30	5.80	8.00	2.20	全充填
XK681	2 079.81	3.40	16.30	19.70	21.90	2.20	无充填
XK683	2 084.28	4.50	0.90	5.40	7.30	1.90	全充填
XK683-1	2 084.28	4.50	1.10	5.60	10.30	4.70	全充填
XK683-3	2 085.48	5.20	1.90	7.10	10.50	3.40	无充填
XK683-5	2 086.26	4.70	1.30	6.00	9.10	3.10	全充填
	2 086.26	4.70	4.70	13.80	14.10	0.30	无充填
XK683-6	2 086.66	4.40	0.40	4.80	5.60	0.80	全充填
XK685	2 096.47	0.00	4.80	4.80	5.40	0.60	全充填
XK686	2 077.87	7.50	3.50	11.00	12.20	1.20	无充填
XK692	2 099.02	6.00	8.00	14.00	18.80	4.80	无充填

续表

孔号	孔口标高/m	土层厚度/m	顶板基岩厚度/m	溶洞顶底深度/m		溶洞高度/m	充填情况
XK692-5	2 098.82	7.00	4.80	11.80	12.60	0.80	无充填
XK692-1	2 099.02	7.50	4.50	12.00	19.00	7.00	全充填
XK692-2	2 099.02	6.50	1.50	8.00	11.50	3.50	全充填
	2 099.02	6.50	7.30	18.80	21.80	3.00	全充填
XK692-4	4 986.077	7.20	0.80	8.00	9.50	1.50	全充填
XK693	2 103.132	8.40	0.80	9.20	10.50	1.30	全充填
	2 103.132	8.40	6.50	17.00	17.20	0.20	全充填
	2 103.132	8.40	1.00	18.20	20.00	1.80	无充填
XK693-1	2 103.13	10.50	11.30	21.80	22.80	1.00	全充填
XK695	2 102.95	3.30	8.70	12.00	17.00	5.00	无充填
XK695-2	2 103.48	1.10	12.1	13.2	14.9	1.7	全充填
XK725	2 080.23	1.00	5.80	6.80	8.30	1.50	全充填
XK726	2 079.45	4.20	1.50	5.70	6.80	1.10	全充填
XK726-1	2 079.45	3.50	4.00	7.50	9.20	1.70	全充填
XK726-2	2 079.45	2.60	9.60	12.20	13.00	0.80	无充填
XK739	2 082.7	9.30	5.00	14.30	15.70	1.40	全充填
XK752	2 086.61	3.70	5.10	8.80	13.80	5.00	半充填
XK752-1	2 086.61	6.00	8.60	14.60	18.40	3.80	半充填
XK752-2	2 086.61	2.40	5.70	8.10	13.00	4.90	半充填
XK770	2 095.44	4.00	1.00	5.00	6.00	1.00	全充填
XK771	2 087.25	3.00	1.50	4.50	5.80	1.30	全充填
XK771-1	2 087.25	1.50	4.90	6.40	11.90	5.50	半充填
	2 087.25	1.50	0.80	12.70	16.80	4.10	全充填
XK786	2 090.9	3.80	1.40	5.20	5.40	0.20	无充填
	2 090.9	3.80	0.30	5.70	10.40	4.70	全充填
XK787	2 087.17	5.80	2.30	8.10	9.60	1.50	全充填
	2 087.17	5.80	0.50	10.10	10.40	0.30	全充填
	2 087.17	5.80	2.60	13.00	13.50	0.50	全充填
	2 087.17	5.80	4.40	17.90	18.40	0.50	无充填
XK804	2 094.52	4.30	1.00	5.30	5.50	0.20	全充填
XK806	2 092.25	0.00	9.50	9.50	9.90	0.40	半充填
XK819	2 086.91	1.00	1.80	2.80	4.10	1.30	全充填
XKW2	2 096.39	6.40	1.6	8	8.5	0.5	停机坪
XKW4	2 085.85	6.40	1.10	7.50	9.40	1.90	半充填

表 3.4-11　钻孔揭露溶洞情况（据详勘）

地层代号	揭露溶洞	溶洞高度/m			溶洞底板埋深/m				充填	未充填
		0.5~2	2~4	>4	<10	10~20	20~30	>30		
D_3z	192	129	36	27	57	97	34	4	132	60
合计	192	129	36	27	57	97	34	4	132	60

表 3.4-12　钻孔揭露溶洞洞径（跨度）情况（据详勘）

地层代号	溶洞洞径（跨度）/m								
	0.0~0.5	0.5~1.0	1.0~1.5	1.5~2.0	2.0~2.5	2.5~3.0	3.0~4.0	4.0~5.0	>5.0
D_3z	70	59	23	16	10	8	5		1
合计	70	59	23	16	10	8	5		1

表 3.4-13　钻孔揭露溶洞统计结果（据详勘）

地层代号	统计指标	覆盖层厚/m	顶板厚度/m	溶洞高度/m
D_3z	样本数	192	192	192
	最大值	15.1	16.3	9.9
	最小值	0	0	0.1
	平均值	5.63	3.58	1.96

（3）T4 标段完成钻孔 70 个（包括岩溶追踪孔），揭露地下岩溶的钻孔 12 个，溶洞（缝）揭露率约 19%。其中，69% 的钻孔揭露的溶洞高度小于 3.0 m，溶洞高度大于 5.0 m 的有 3 个钻孔，占 23%。该区域揭露的溶洞均有充填物，半充填及全充填各占一半（表 3.4-14～表 3.4-17）。

表 3.4-14　东跑道南端（T4）钻孔揭露溶洞汇总表

孔号	孔口标高/m	土层厚度/m	顶板基岩厚度/m	溶洞顶底深度/m		溶洞高度/m	充填情况
BCK320	2074.75	14.20	4.30	18.50	20.00	1.50	全充填
EZK39	2067.12	2.00	4.70	6.70	7.50	0.80	全充填
EZK39-1	2067.55	4.10	0.55	4.65	6.40	1.75	全充填可塑黏土夹碎石
XK353	2068.49	2.70	15.60	18.30	21.80	3.50	软塑次生红黏土夹灰岩块半充填
XK355	2058.57	4.30	13.00	17.30	17.80	0.50	软塑次生红黏土夹灰岩块半充填
XK357	2069.32	4.60	13.40	18.00	19.40	1.40	软塑次生红黏土夹灰岩块半充填
XK360	2064.13	1.10	4.50	5.60	6.00	0.40	软塑次生红黏土夹灰岩块全充填
XK367	2067.40	5.20	3.10	8.30	13.60	5.30	软塑次生红黏土夹灰岩块全充填
XK378	2066.00	14.50	1.30	15.80	23.50	7.70	软塑次生红黏土夹灰岩块全充填
XK388	2065.90	5.40	3.60	9.00	15.10	6.10	可塑黏土夹块石全充填
XK388-1	2065.67	6.50	6.00	12.50	14.30	1.80	可塑黏土夹块石全充填
XK401	2082.21	0.90	14.90	15.8	18	2.20	可塑黏土夹块石全充填

表 3.4-15　钻孔揭露溶洞情况

地层代号	揭露溶洞	溶洞高度/m			溶洞底板埋深/m				充填	未充填
		0.5~2	2~4	>4	<10	10~20	20~30	>30		
P_1y^2	12	7	2	3	3	6	3		12	—
合计	12	7	2	3	3	6	3		12	—

表 3.4-16　钻孔揭露溶洞洞径（跨度）情况

地层代号	溶洞洞径（跨度）/m								
	0.0~0.5	0.5~1.0	1.0~1.5	1.5~2.0	2.0~2.5	2.5~3.0	3.0~4.0	4.0~5.0	>5.0
P_1y^2	3	3	1	2	—	1	2		
合计	3	3	1	2	—	1	2		

表 3.4-17　钻孔揭露溶洞统计结果

地层代号	统计指标	覆盖层厚/m	顶板厚度/m	溶洞高度/m
P_1y^2	样本数	12	12	12
	最大值	14.5	15.6	7.7
	最小值	0.9	0.55	0.4
	平均值	5.46	7.08	2.75

（4）T5 标段完成钻孔 202 个（包括岩溶追踪孔），揭露地下岩溶的钻孔共 99 个，揭露溶洞的基本钻孔 48 个，溶洞（缝）揭露率约 22%。其中，67% 的钻孔揭露的溶洞高度小于 3.0 m，溶洞高度大于 5.0 m 的有 11 个钻孔，占 11%。该区域揭露的溶洞有 46% 为无充填的溶洞，其余为半充填及全充填（表 3.4-18~表 3.4-22）。

表 3.4-18　T5 标段钻孔揭露溶洞（土洞）汇总表

孔号	孔口标高/m	土层厚度/m	顶板基岩厚度/m	溶洞顶底深度/m		溶洞高度/m	充填情况
HZK111	2 097.98	1.30	18.6	19.9	24.3	4.4	无充填
HZK111-1	2 097.15	6.20	0.4	6.6	8.5	1.9	半充填
HZK111-2	2 097.03	6.40	18	24.4	25	0.6	无充填
HZK127	2 078.17	1.50	9.8	11.30	12.70	1.40	全充填
HZK127-1	2 078.16	5.60	1.4	7.00	8.00	1.00	全充填
HZK151	2 097.47	8.00	7.3	15.30	18.40	3.10	无充填
	2 097.47	8.00	0.40	18.80	25.00	6.20	全充填
HZK151-1	2 097.24	7.50	2	9.50	11.50	2.00	全充填
HZK151-3	2 096.89	2.00	2	4.00	7.00	3.00	全充填
	2 096.89	2.00	2.80	9.80	14.50	4.70	全充填
	2 096.89	2.00	13.50	28.00	29.00	1.00	无充填

续表

孔号	孔口标高/m	土层厚度/m	顶板基岩厚度/m	溶洞顶底深度/m		溶洞高度/m	充填情况
HZK151-4	2 096.76	0.30	6.2	6.50	12.50	6.00	全充填
	2 096.76	0.30	1.50	14.00	21.50	7.50	半充填
HZK151-6	2 096.49	3.60	6.4	10.00	14.30	4.30	无充填
	2 096.49	3.60	1.40	15.70	17.10	1.40	无充填
HZK151-7	2 096.97	3.50	21.6	25.10	28.20	3.10	无充填
HZK151-8	2 096.27	3.00	8.3	11.30	12.80	1.50	无充填
HZK153	2 083.14	0.80	11.2	12.00	17.00	5.00	无充填
HZK153-1	2 083.24	3.50	1.2	4.70	14.70	10.00	无充填
HZK161	2 075.56	5.80	8.2	14.00	15.20	1.20	全充填
	2 075.56	5.80	7.40	22.60	24.60	2.00	无充填
HZK161-2	2 075.63	6.10	5.9	12.00	13.00	1.00	无充填
	2 075.63	6.10	2.5	15.50	17.00	1.50	半充填
HZK164	2 083.04	0.00	0	0.00	4.20	4.20	无充填
	2 083.04	0.00	7.9	12.10	18.00	5.90	全充填
HZK164-2	2 083.87	1.50	1.5	3.00	10.00	7.00	无充填
HZK169	2 095.7	2.10	5.1	7.20	9.50	2.30	无充填
HZK169-1	2 096.3	2.60	9.77	12.37	14.12	1.75	无充填
HZK83	2 099.32	7.90	1.1	9	9.9	0.9	无充填
	2 099.32	7.90	13	20.9	21.5	0.6	全充填
	2 099.32	7.90	16.5	24.4	28.9	4.5	全充填
HZK83-1	2 099.35	4.60	0.8	5.4	6	0.6	全充填
	2 099.35	4.60	4.7	10.7	11.9	1.2	全充填
	2 099.35	4.60	2.5	14.4	15	0.6	无充填
	2 099.35	4.60	14.7	29.7	30.3	0.6	无充填
	2 099.35	4.60	0.7	31	31.7	0.7	全充填
XK419	2 093.3	14.10	0.3	14.4	16.2	1.8	无充填
XK423	2 091.34	6.20	1.1	7.3	7.8	0.5	无充填
XK431	2 092.75	5.30	5	10.3	11.1	0.8	全充填
XK432	2 096.37	6.00	0.4	6.4	7.4	1	全充填
	2 096.37	6.00	0.7	8.1	9.3	1.2	全充填
XK432-2	2 096.45	4.50	0.7	5.2	7.4	2.2	全充填
XK433	2 091.44	7.80	3.9	11.7	13.1	1.4	无充填
	2 091.44	7.80	11.1	24.2	25.2	1	无充填
XK433-1	2 091.5	7.40	0.4	7.8	10.1	2.3	全充填

续表

孔号	孔口标高/m	土层厚度/m	顶板基岩厚度/m	溶洞顶底深度/m		溶洞高度/m	充填情况
XK433-2	2 091.4	10.00	1	11	12.4	1.4	全充填
XK435	2 084.59	13.60	2.3	15.9	17.2	1.3	全充填
XK437	2 096.52	7.50	2.9	10.40	11.20	0.80	无充填
	2 096.52	7.50	0.8	12.00	12.50	0.50	无充填
XK440	2 098.32	0.00	12.3	12.3	15.4	3.1	全充填
XK441	2 098.9	8.40	4.3	12.7	13.5	0.8	全充填
	2 098.9	8.40	2.9	16.4	23	6.6	全充填
XK441-1	2 099.1	9.40	1	10.4	11.9	1.5	全充填
XK441-2	2 098.88	11.50	11.9	23.4	25.1	1.7	无充填
XK445	2 098.28	3.20	10.3	13.5	14.6	1.1	无充填
XK445-2	2 098.41	7.50	0.4	7.9	9.2	1.3	全充填
	2 098.41	7.50	1.1	10.3	11	0.7	全充填
	2 098.41	7.50	1	12	13.9	1.9	全充填
	2 098.41	7.50	2.1	16	17.3	1.3	无充填
XK445-3	2 098.18	3.70	1.7	5.4	6.2	0.8	半充填
XK447	2 089.72	14.50	0.5	15	15.7	0.7	无充填
	2 089.72	14.50	1.8	17.5	19.4	1.9	全充填
XK452	2 096.37	6.40	2	8.4	11.3	2.9	全充填
	2 096.37	6.40	1.2	12.5	13.5	1	全充填
xk452-1	2 096.62	3.30	6.4	9.7	10.7	1	全充填
	2 096.62	3.30	3.2	13.9	14.8	0.9	全充填
	2 096.62	3.30	0.5	15.3	16	0.7	全充填
xk452-2	2 096.21	2.60	8	10.6	12.8	2.2	全充填
	2 096.21	2.60	1.6	14.4	15.4	1	半充填
XK453	2 093.96	4.70	2.9	7.6	8.6	1	全充填
XK453-1	2 094.02	4.60	3.7	8.3	8.9	0.6	全充填
xk455	2 085.76	6.00	2.7	8.70	9.60	0.9	全充填
XK455-1	2 086.02	4.10	1.1	5.2	6	0.8	全充填
	2 086.02	4.10	0.6	6.6	7.1	0.5	无充填
	2 086.02	4.10	5.1	12.2	13.3	1.1	全充填
XK455-2	2 085.96	4.80	1.6	6.4	7.1	0.7	全充填
	2 085.96	4.80	5.7	12.8	14.6	1.8	全充填
XK463	2 097.83	3.00	8	11	12	1	全充填
XK464	2 083.98	3.70	14.2	17.9	38.5	20.6	无充填

续表

孔号	孔口标高/m	土层厚度/m	顶板基岩厚度/m	溶洞顶底深度/m		溶洞高度/m	充填情况
XK464-1	2 083.74	4.00	10.5	14.5	37	22.5	无充填
XK464-4	2 082.42	2.00	13.8	15.8	38.2	22.4	无充填
XK471	2 096.7	12.60	7.4	20	21.8	1.8	无充填
XK471-1	2 096.73	7.70	0.4	8.1	8.6	0.5	无充填
XK471-2	2 096.85	6.40	1	7.4	10.8	3.4	全充填
	2 096.85	6.40	4.8	15.6	16.5	0.9	无充填
xk476	2 096.47	1.50	7.5	9	12	3	无充填
	2 096.47	2.00	1.2	13.2	18.7	5.5	无充填
XK476-1	2 096.36	0.50	6	6.5	7.4	0.9	无充填
	2 096.36	0.50	0.4	7.8	8.8	1	全充填
	2 096.36	0.50	1.2	10	11.5	1.5	无充填
XK476-2	2 096.05	3	10.2	13.2	13.7	0.5	无充填
	2 096.05	3	3	16.7	20.4	3.7	无充填
XK477	2 099.91	2.00	20.1	22.10	22.60	0.5	全充填
XK482	2 079.17	0.80	8	8.80	12.60	3.80	全充填
xk485	2 089.07	9.46	10.25	19.71	20.86	1.15	无充填
xk486	2 096.27	4.20	9.3	13.5	19.6	6.1	全充填
XK486-1	2 090.4	2.8	5.6	8.4	9.5	1.1	无充填
	2 090.4	2.8	1.5	11	12.1	1.1	无充填
	2 090.4	2.8	3.2	15.3	20.8	5.5	半充填
XK486-2	2 090.27	2.5	4.3	6.8	7.8	1	半充填
	2 090.27	2.50	6.9	14.7	18.90	4.2	半充填
XK486-3	2 090.29	0.50	17.8	18.3	18.9	0.6	无充填
XK488	2 085.78	3.00	1.5	4.5	6.6	2.1	全充填
XK490	2 075.56	5.20	9.3	14.50	19.00	4.50	半充填
XK490-2	2 075.56	4.70	10.3	15.00	15.50	0.50	全充填
XK492	2 081.03	1.10	22.1	23.20	24.70	1.50	无充填
XK516	2 091.08	12.80	2.5	15.30	15.80	0.50	全充填
XK518	2 096.4	2.70	1	3.7	4.1	0.4	无充填
	2 096.4	2.70	0.8	4.9	5.29	0.39	无充填
	2 096.4	2.70	3.01	8.3	9.1	0.8	无充填
XK524	2 094.09	8.00	0.6	8.60	9.60	1.00	无充填
	2 094.09	8.00	2.8	12.40	13.00	0.60	无充填

续表

孔号	孔口标高/m	土层厚度/m	顶板基岩厚度/m	溶洞顶底深度/m		溶洞高度/m	充填情况
XK524	2 094.09	8.00	1	14.00	14.40	0.40	无充填
	2 094.09	8.00	3.9	18.30	22.50	4.20	半充填
XK524-1	2 095.19	3.80	1.8	5.60	7.00	1.40	半充填
	2 095.19	3.80	10.9	17.90	18.50	0.60	无充填
XK524-2	2 094.13	6.60	1.9	8.50	9.90	1.40	半充填
	2 094.13	6.60	2.3	12.20	12.70	0.50	半充填
	2 094.13	6.60	0.2	12.90	14.80	1.90	半充填
XK524-3	2 094.26	7.90	1.9	9.80	10.50	0.70	无充填
XK528	2 086.89	1.00	5	6.00	7.50	1.50	半充填
	2 086.89	1.00	5	12.50	13.20	0.70	无充填
	2 086.89	1.00	0.7	13.90	15.20	1.30	半充填
	2 086.89	1.00	0.6	15.80	17.60	1.80	半充填
	2 086.89	1.00	0.4	18.00	18.50	0.50	无充填
XK528-1	2 086.82	0.50	5.6	6.10	13.90	7.80	半充填
	2 086.82	0.50	0.4	14.30	16.10	1.80	半充填
	2 086.82	0.50	0.3	16.40	19.50	3.10	半充填
	2 086.82	0.50	0.8	20.30	20.80	0.50	无充填
XK528-2	2 086.45	2.50	7.8	10.30	10.90	0.60	无充填
	2 086.45	2.50	2.2	13.10	13.40	0.30	无充填
XK528-3	2 086.88	2.00	0.4	2.40	4.50	2.10	半充填
	2 086.88	2.00	8.4	12.90	16.50	3.60	无充填
	2 086.88	2.00	0.6	17.10	17.60	0.50	无充填
XK531	2 081.72	2.70	3	5.70	6.50	0.80	无充填
	2 081.72	2.70	1	7.50	8.20	0.70	全充填
	2 081.72	2.70	0.4	8.60	12.10	3.50	全充填
XK534	2 089.38	4.20	0.4	4.60	6.20	1.60	无充填
	2 089.38	4.20	3.8	10.00	10.70	0.70	无充填
XK541	2 077.66	4.70	0.6	5.30	5.80	0.50	全充填
	2 077.66	4.70	0.9	6.70	7.10	0.40	全充填
XK548	2 087.69	0.50	1.6	2.10	4.00	1.90	半充填
XK548-1	2 088.4	2.00	9.7	11.70	14.70	3.00	无充填
XK548-2	2 088.19	2.00	11.3	13.30	13.90	0.60	无充填
XK548-3	2 088.64	0.50	3.3	3.80	6.10	2.30	无充填
	2 088.64	0.50	8.4	14.50	15.60	1.10	无充填

续表

孔号	孔口标高/m	土层厚度/m	顶板基岩厚度/m	溶洞顶底深度/m		溶洞高度/m	充填情况
XK550	2 089.44	3.00	3.5	6.50	9.50	3.00	全充填
XK550-1	2 089.12	0.60	6.5	7.1	8.1	1	半充填
XK552	2 088.21	0.50	3	3.50	7.00	3.50	全充填
XK554	2 078.58	1.70	9.6	11.30	11.60	0.30	全充填
XK560	2 094.43	3.00	3.9	6.90	9.40	2.50	半充填
XK560-1	2 094.29	3.50	3.5	7.00	9.20	2.20	半充填
XK576	2 085.37	0.50	4.4	4.90	6.10	1.20	全充填
XK577	2 084.86	1.00	12.2	13.20	14.50	1.30	无充填
XK584	2 083.76	8.60	1.4	10.00	12.50	2.50	无充填
	2 083.76	8.60	1.3	13.80	14.90	1.10	无充填
	2 083.76	8.60	3.3	18.20	19.00	0.80	无充填
	2 083.76	8.60	1.5	20.50	21.20	0.70	无充填
	2 083.76	8.60	1.2	22.40	23.40	1.00	无充填
	2 083.76	8.60	1.3	24.70	25.10	0.40	无充填
XK584-1	2 084.37	10.60	5.20	15.80	23.40	7.60	半充填
XK584-2	2 083.21	9.50	2.6	12.10	12.80	0.70	无充填
	2 083.21	9.50	0.7	13.50	14.30	0.80	无充填
	2 083.21	9.50	1.9	16.20	16.70	0.50	无充填
XK584-3	2 084.48	8.40	3.4	11.80	12.00	0.20	全充填
	2 084.48	8.40	6	18.00	18.20	0.20	无充填
	2 084.48	8.40	7.9	26.10	26.30	0.20	无充填
XK584-4	2 082.45	8.50	1.2	9.70	10.00	0.30	无充填
	2 082.45	8.50	1.2	11.20	11.80	0.60	无充填

表 3.4-19 飞行区 T5 标段地表岩溶（落水洞）分布一览表

室内编号	坐标 A/m	坐标 B/m	充填物性质	所在区域
HLSD7	6 272.277	5 328.524	无	停机坪
HLSD10	6 096.644	5 268.980	黏性土块石填塞	停机坪
HLSD16	5 420.000	5 018.818	黏性土块石填塞	停机坪
HLSD21	5 528.601	5 407.369	无	停机坪
HLSD22	5 501.798	5 479.449	无	停机坪

表 3.4-20　钻孔揭露溶洞情况（据详勘）

地层代号	揭露溶洞	溶洞高度/m			溶洞底板埋深/m				充填	未充填
		0.5~2	2~4	>4	<10	10~20	20~30	>30		
C_2w	4	2	2	—	2	2	—	—	3	1
D_2h	4	4	—	—	1	3	—	—	1	3
D_3z	163	116	23	24	43	89	26	5	82	81
合计	171	122	25	24	46	94	26	5	86	85

表 3.4-21　钻孔揭露溶洞情况（据详勘）

地层代号	溶洞洞径（跨度）/m								
	0.0~0.5	0.5~1.0	1.0~1.5	1.5~2.0	2.0~2.5	2.5~3.0	3.0~4.0	4.0~5.0	>5.0
C_2w	1	1	2	—	—	—	—	—	—
D_2h	3	1	—	—	—	—	—	—	—
D_3z	75	41	13	10	10	4	7	3	—
合计	78	43	15	10	10	4	7	3	—

表 3.4-22　钻孔揭露溶洞统计结果（据详勘）

地层代号	统计指标	覆盖层厚/m	顶板厚度/m	溶洞高度/m
C_2w	样本数	4	4	4
	最大值	14.5	3.9	2.5
	最小值	3	0.5	0.7
	平均值	8.87	2.4	1.82
D_2h	样本数	4	4	4
	最大值	13.6	2.9	1.3
	最小值	6.2	0.8	0.5
	平均值	8.7	1.77	0.77
D_3z	样本数	163	163	163
	最大值	14.1	22.1	22.5
	最小值	0	0	0.2
	平均值	4.51	4.75	2.24

（5）T6、T7标段共完成钻孔153个，揭露地下岩溶的钻孔26个（不含溶洞追踪孔），溶洞（缝）揭露率约15.3%。其中，67%的钻孔揭露的溶洞高度小于3.0 m，溶洞高度大于5.0 m的有7个钻孔，占19%。该区域揭露的溶洞大部分为充填半充填溶洞，仅揭露到10个未充填的空洞，占揭露地下溶洞的28%（表3.4-23~表3.4-28）。

表 3.4-23 T6、T7 标段钻孔揭露溶洞汇总表

孔号	孔口标高/m	土层厚度/m	顶板基岩厚度/m	溶洞顶底深度/m		溶洞高度/m	充填情况
HZK20	2 072.53	5.00	13	18	20.5	2.5	无充填
HZK20-2	2 072.55	4.70	3.6	8.3	9.2	0.9	无充填
HZK58	2 082.82	2.10	14.9	17	18	1	全充填
HZK58-1	2 082.62	2.20	8	10.2	10.6	0.4	全充填
WZK122	2 085.38	2.10	1	3.1	7	3.9	全充填
WZK122-2	2 085.49	3.70	0.5	4.2	5.7	1.5	无充填
	2 085.49	3.70	2.7	8.4	19	10.6	半充填
WZK122-3	2 085.51	1.00	9.5	10.5	12.4	1.9	无充填
WZK83	2 063.28	1.50	7.1	8.6	9.6	1.00	全充填
WZK83-1	2 063.04	4.50	2	6.50	7.40	0.90	全充填
XK3	2 060.03	5.60	1.2	6.80	8.30	1.50	无充填
	2 060.03	5.60	0.7	9.00	10.10	1.10	全充填
XK6	2 070.34	8.70	3.4	12.10	13.80	1.70	全充填
XK9	2 080.33	3.00	7.7	10.7	13.2	2.5	全充填
XK13	2 063.48	11.00	2.7	13.70	21.00	7.30	全充填
XK13-1	2 063.70	8.50	0.7	9.20	11.50	2.30	无充填
	2 063.70	8.50	1.5	13.00	13.80	0.80	无充填
XK20	2 059.47	2.50	0.7	3.2	4.7	1.5	无充填
XK34	2 058.08	5.40	4.1	9.50	15.50	6.00	全充填
	2 058.08	5.40	11.6	17.00	20.00	3.00	全充填
XK34-1	2 057.82	8.00	2.5	10.50	13.00	2.50	全充填
	2 057.82	8.00	2.5	15.50	16.00	0.50	全充填
XK34-2	2 058.27	1.50	12	13.50	16.50	3.00	全充填
XK38	2 074.47	8.00	5.3	13.30	24.80	11.50	半充填
XK51	2 064.96	10.80	4.4	15.2	17	1.8	全充填
XK53	2 073.27	10.90	3.1	14	16.1	2.1	全充填
XK60	2 057.93	3.50	5.5	9.00	9.50	0.50	全充填
XK73	2 073.14	2.00	11	13	18.9	5.9	全充填
XK73-1	2 073.1	1.80	2.7	4.5	6.3	1.8	全充填
	2 073.1	1.80	6.9	13.2	18.8	5.6	全充填
XK76	2 093.22	2.70	4.3	7.00	9.10	2.10	无充填
XK87	2 062.22	7.00	1.5	8.50	21.70	13.20	全充填
XK87-1	2 062.55	4.80	1.3	6.10	9.90	3.80	全充填
XK92	2 060.70	3.40	1.5	4.90	9.30	4.40	全充填

续表

孔号	孔口标高/m	土层厚度/m	顶板基岩厚度/m	溶洞顶底深度/m		溶洞高度/m	充填情况
XK94	2 058.88	3.20	2.9	6.1	7.3	1.2	全充填
XK96	2 083.76	1.50	7.2	8.7	9.7	1	全充填
	2 083.76	1.50	1.5	11.2	11.7	0.5	无充填
	2 083.76	1.50	4.9	16.6	18.8	2.2	无充填
	2 083.76	1.50	1.3	20.1	21.5	1.4	无充填
	2 083.76	1.50	4	25.5	28	2.5	无充填
XK100	2 067.08	8.50	1.8	10.3	12.5	2.2	全充填
XK101	2 069.37	5.50	7.9	13.4	16.4	3	溶隙
XK107	2 063.48	4.50	6.1	10.6	11.3	0.7	全充填
XK116	2 078.76	4.60	3.7	8.3	9.4	1.1	全充填
	2 078.76	4.60	11.5	20.9	30.1	9.2	无充填
XK125	2 074.62	1.10	4.4	5.5	7	1.5	全充填
XK126	2 075.12	4.10	1.1	5.2	6.1	0.9	全充填

说明：溶洞充填物主要为软塑红黏土夹碎块石。

表 3.4-24　飞行区西跑道南端 T6 标段落水洞分布一览表

室内编号	坐标 A/m	坐标 B/m	充填物性质	所在区域
HLSD2	6 940.970	4 186.820	无	土面区
HLSD3	7 025.92	4 032.21	黏性土块石充填	土面区
LSD6	7 166.837	4 043.735	无	边坡区
LSD9	6 913.857	4 091.142	无	土面区

表 3.4-25　飞行区西跑道南端 T7 标段落水洞分布一览

室内编号	坐标 A/m	坐标 B/m	充填物性质	所在区域
HLSD1	6 668.464	4 395.339	黏性土块石充填	道面区

表 3.4-26　钻孔揭露溶洞情况（据详勘）

地层代号	揭露溶洞	溶洞高度/m			溶洞底板埋深/m				充填	未充填
		0.5~2	2~4	>4	<10	10~20	20~30	>30		
P_1y^1	47	24	14	9	17	22	7	1	32	15
合计	47	24	14	9	17	22	7	1	32	15

表 3.4-27　钻孔揭露溶洞洞径（跨度）情况（据详勘）

地层代号	溶洞洞径（跨度）/m								
	0.0~0.5	0.5~1.0	1.0~1.5	1.5~2.0	2.0~2.5	2.5~3.0	3.0~4.0	4.0~5.0	>5.0
P_1y^1	7	17	10	5	2	2	3	—	—
合计	7	17	10	5	2	2	3	—	—

表 3.4-28 钻孔揭露溶洞统计结果（据详勘）

地层代号	统计指标	覆盖层厚/m	顶板厚度/m	溶洞高度/m
P_1y^1	样本数	47	47	47
	最大值	11	14.9	13.2
	最小值	1	0.50	0.4
	平均值	4.52	4.67	2.94

（6）T8、T9、T10 标段共完成钻孔 308 个，揭露地下岩溶的钻孔 38 个（不包括追踪孔和初勘钻孔），溶洞（缝）揭露率约 12.3%。其中，70%的钻孔揭露的溶洞高度小于 3.0 m，溶洞高度大于 5.0 m 的有 8 个钻孔，占 7%左右（表 3.4-29～表 3.4-39）。

表 3.4-29 T8、T9、T10 钻孔揭露溶洞汇总表

孔号	孔口标高/m	土层厚度/m	顶板基岩厚度/m	溶（土）洞顶底深度/m	溶（土）洞高度/m	充填情况
WCK42	2 075.91	19.00	2.7	21.70	25.50	3.8	全充填
WCK64	2 067.90	12.60	1.5	14.10	22.30	8.2	全充填
WCK66	2 069.76	16	3	19	22.3	3.3	半充填
WCK66-1	2 070.13	16.90	1.2	18.10	19.80	1.70	全充填
WCK80	2 053.05	7.7	2.7	10.4	16.7	6.30	全充填
WCK174	2 069.22	9.40	4	13.40	14.50	1.10	全充填
WCK179	2 060.51	12.50	1.5	14.00	16.20	2.20	全充填
WCK300	2 053.35	7.50	0.5	8.00	10.30	2.30	全充填
WCK301	2 053.14	10	1.8	11.8	14	2.20	全充填
WCK301-1	2 053.02	9.9	1.6	11.5	14.8	3.30	全充填
WCK305	2 057.00	5.80	1.8	7.60	16.10	8.50	全充填
WCK305-1	2 059.06	5.50	0.7	6.20	6.50	0.30	全充填
WCK305-1	2 059.06	5.50	2.40	8.90	9.70	0.80	全充填
WCK305-1	2 059.06	5.50	3.90	13.60	16.10	2.50	全充填
WCK305-2	2 056.46	5.30	2.6	7.90	10.60	2.70	全充填
WCK305-2	2 056.46	5.30	0.20	10.80	11.80	1.00	全充填
WCK305-2	2 056.46	5.30	3.70	15.50	16.70	1.20	全充填
WCK308	2 053.81	5.4	5.2	10.6	13.6	3	全充填
WCK418	2 075.23	7.4	1.6	9	11.8	2.8	全充填
WCK418-1	2 075.03	10.90	2.2	13.10	13.80	0.70	全充填
XK137	2 076.02	8.70	1.7	10.4	12.4	2	无充填
XK137-2	2 076.39	4.50	6.5	11	12.5	1.5	充填
XK203	2 080.64	14.70	1.2	15.9	17.2	1.30	全充填
XK218	2 080.05	6.20	9	15.20	17.60	2.40	无充填

续表

孔号	孔口标高/m	土层厚度/m	顶板基岩厚度/m	溶（土）洞顶底深度/m	溶（土）洞高度/m	充填情况
XK248	2 084.33	26.90	2	28.90	30.50	1.60	全充填
XK249	2 076.43	23.90	1	24.90	25.70	0.80	无充填
XK257	2 079.86	9.70	5.4	15.10	16.00	0.90	全充填
	2 079.86	9.70	0.80	16.80	19.20	2.40	全充填
XK287	2 071.17	17.20	4.3	21.50	23.20	1.70	全充填
XK288	2 066.15	26.90	2	28.90	30.50	1.60	全充填
XK297	2 065.43	8.30	1.7	10.00	12.10	2.10	全充填
	2 065.43	12.10	1.20	13.30	15.30	2.00	全充填
XK297-2	2 065.56	7.80	1.5	9.30	14.20	4.90	全充填
	2 065.56	14.20	1.20	15.40	16.10	0.70	全充填
XK297-3	2 064.65	8.20	1.4	9.60	11.30	1.70	全充填
	2 064.65	8.20	0.40	11.70	12.80	1.10	无充填
	2 064.65	8.20	0.80	13.60	14.00	0.40	无充填
XK297-3	2 064.65	8.20	1.30	15.30	17.20	1.90	全充填
XK298	2 067.76	18.40	2	20.40	20.90	0.50	全充填
XK322	2 053.27	5.30	4.7	10.00	11.30	1.30	无充填
XK323	2 054.22	10.60	5.7	16.30	17.20	0.90	全充填
XK324	2 053.46	5.80	2.3	8.10	9.30	1.20	全充填
	2 053.46	5.80	0.70	10.00	11.10	1.10	全充填
	2 053.46	5.80	0.90	12.00	14.80	2.80	半充填
XK324-1	2 053.16	6.50	0.2	6.70	7.90	1.20	全充填
	2 053.16	6.50	1.80	9.70	10.70	1.00	全充填
	2 053.16	6.50	2.00	12.70	14.10	1.40	全充填
XK324-3	2 053.48	8.50	3.9	12.40	14.30	1.90	全充填
	2 053.48	8.50	0.30	14.60	15.10	0.50	无充填
	2 053.48	8.50	0.30	15.40	17.20	1.80	无充填
XKW13	2 080.42	17.50	1.6	19.10	21.10	2.00	全充填
SK379	2 057.33	8.70	1.8	10.5	18	7.5	全充填
	2 057.33	8.70	12.3	21.00	22.60	1.6	全充填
WCK46	2 067.9	0.80	1.5	2.3	9.4	7.1	半充填
WCK46-2	2 080.25	5.00	2	7.00	10.20	3.20	全充填
WCK69	2 059.76	10.20	2.4	12.6	16.8	4.2	半充填

续表

孔号	孔口标高/m	土层厚度/m	顶板基岩厚度/m	溶（土）洞顶底深度/m		溶（土）洞高度/m	充填情况
WCK69-1	2 059.44	11.30	1	12.30	14.00	1.70	全充填
	2 059.44	11.30	0.80	14.80	17.00	2.20	全充填
WCK69-2	2 060.11	14.30	0.7	15.00	16.10	1.10	全充填
	2 060.11	14.30	4.60	20.70	22.00	1.30	全充填
WCK336	2 067.36	4	1	5	7	2	全充填
WCK355	2 083.94	8.6	0.9	9.5	12.5	3	无充填
	2 083.94	8.6	17.2	25.80	27.80	2	无充填
WCK355-1	2 084.29	10.60	5.4	16.00	18.90	2.90	无充填
WCK361	2 085.28	16.1	2.4	18.5	21	2.5	全充填
WCK361-1	2 085.21	16.33	1.17	17.5	18.6	1.1	无充填
WCK361-2	2 085.38	11.30	1.7	13	15	2	无充填
WCK362	2 071.81	17.6	4.5	22.1	28.1	6	全充填
WCK365	2 058.41	6.7	1.2	7.9	15	7.1	全充填
WCK365-1	2 058.74	9.00	1.9	10.9	13.4	2.5	无充填
WCK384	2 067.99	14.7	0.4	15.1	20.1	5	无充填
WCK388	2 065.15	12.8	2.2	15	24.8	9.8	全充填
WCK390	2 076.57	2.6	4.9	7.5	8.7	1.2	无充填
WCK391	2 074.19	16	3.5	19.5	23.1	3.6	半充填
WCK391-1	2 073.98	18.90	2.1	21	21.6	0.6	无充填
WCK393	2 091.59	5.4	11.3	16.7	20	3.3	无充填
WCK393-2	2 092.12	3.8	4.9	8.7	10.5	1.80	无充填
WCK393-3	2 092.88	5.00	1	6.00	7.00	1.00	无充填
WCK396	2 044.7	7.5	1.8	9.3	11.3	2	全充填
WCK396-2	2 045.05	7.20	1.8	9.00	10.20	1.20	无充填
	2 045.05	7.20	7.00	17.20	18.00	0.80	无充填
WCK401	2 076.75	12	7.8	19.8	29.2	0．9	全充填
WCK401-2	2 076.74	12.70	3.3	16.00	20.70	4.70	全充填
WCK410	2 072.69	17	2.1	19.1	21	1.90	全充填
WCK433	2 078.69	14	2.2	16.2	17.5	1.30	全充填
WCK435	2 076.65	18.3	1	19.3	22	2.70	半充填
WCK435-1	2 076.62	7.50	0	7.50	10.00	2.50	无充填（土洞）
WCK437+1	2 074.21	10.5	3.2	13.7	15.7	2.00	半充填

续表

孔号	孔口标高/m	土层厚度/m	顶板基岩厚度/m	溶（土）洞顶底深度/m		溶（土）洞高度/m	充填情况
WCK437+1-1	2 074.13	6.70	1.8	8.50	8.90	0.40	无充填
	2 074.13	6.70	0.30	9.20	9.50	0.30	无充填
WCK437+1-2	2 074.3	6.70	0.4	7.10	7.60	0.50	无充填
	2 074.3	6.70	0.20	7.80	8.10	0.30	半充填
	2 074.3	6.70	0.40	8.50	9.80	1.30	无充填
WCK439	2 088.86	11	1.5	12.5	15.2	2.70	全充填
WCK439-1	2 088.77	11.00	0.6	11.60	17.20	5.60	半充填
WCK439-3	2 088.45	17.50	2.5	20.00	21.80	1.80	全充填
WCK439-2	2 089.08	8.20	5.7	13.90	14.40	0.50	无充填
WCK440	2 087.95	5.40	0.4	5.80	8.20	2.40	无充填
WCK440-1	2 088.48	7.30	0.6	7.90	8.60	0.70	全充填
WCK440-2	2 087.85	4.40	2.4	6.80	7.40	0.60	无充填
	2 087.85	4.40	0.50	7.90	8.60	0.70	全充填
	2 087.85	4.40	1.00	9.60	10.00	0.40	无充填
	2 087.85	4.40	4.30	12.90	21.50	8.60	全充填
XK138	2 081.35	11.00	1	12	13	1.00	全充填
XK142	2 087.31	0.30	2.4	2.7	17.00	14.30	全充填
XK142-1	2 086.38	3.90	4.6	8.5	11.5	3.00	全充填
XK244	2 077.78	0.30	8.4	8.70	15.50	6.80	半充填
XK244-2	2 077.51	0.50	6.8	7.30	13.00	5.70	半充填
xk244-1	2 077.65	4.10	3.1	7.20	9.00	1.80	全充填
XK246	2 077.43	16.90	6.1	23	29.5	6.5	全充填
XK259	2 060.67	14.90	8.8	23.70	24.00	0.30	全充填
XK260	2 071.23	0.30	0.6	0.90	2.50	1.60	全充填
XK262	2 076.48	21.84	3.46	25.3	28	2.7	全充填
XK272	2 078.9	5.95	3.98	9.93	13.37	3.44	无充填
XK272-1	2 078.94	10.30	1	11.3	12	0.7	无充填
XK280	2 072.8	5.15	1.65	6.8	7.75	0.95	无充填
	2 072.8	5.15	0.5	8.25	9.65	1.4	无充填
XK280-1	2 074.16	6.70	2.4	9.1	10.2	1.1	无充填
	2 074.16	6.70	0.9	11.1	11.7	0.6	无充填
XK280-2	2 072.44	7.60	0.5	8.1	8.8	0.7	无充填
XK289	2 053.7	10.60	9.9	20.50	21.60	1.10	全充填

续表

孔号	孔口标高/m	土层厚度/m	顶板基岩厚度/m	溶（土）洞顶底深度/m		溶（土）洞高度/m	充填情况
XK292	2 089.91	7.80	0.8	8.60	10.10	1.50	全充填
XK292-1	2 090.73	6.70	0.2	6.90	7.40	0.50	半充填
	2 090.73	6.70	4.50	11.90	16.50	4.60	全充填
XK292-2	2 089.69	12.60	1.1	13.70	14.20	0.50	无充填
XK293	2 095.34	2.80	1	3.80	4.10	0.30	全充填
	2 095.34	2.80	5.5	9.60	9.90	0.30	全充填
	2 095.34	2.80	5.2	15.10	16.40	1.30	无充填
XK302	2 062.29	3.70	2	5.70	8.50	2.80	全充填
XK303	2 062.82	3.50	0.7	4.20	5.20	1.00	无充填
XK306	2 090.20	4.60	2.9	7.50	7.70	0.20	全充填
XK307	2 091.47	3.00	8.6	11.60	12.00	0.40	无充填
XK331	2 062.75	4.10	7.3	11.4	12.9	1.5	无充填
XK336	2 076.6	2.40	1.1	3.5	5.1	1.6	全充填
	2 076.6	2.40	1.7	6.8	8	1.2	全充填
	2 076.6	2.40	1.8	9.8	10.6	0.8	无充填
XK338	2 087.03	5.90	0.7	6.6	7	0.4	全充填
	2 087.03	5.90	2.8	9.8	10.1	0.3	全充填
	2 087.03	5.90	2.5	12.6	13.6	1	全充填
	2 087.03	5.90	1.9	15.5	16.1	0.6	全充填
XK341	2 079.02	12.20	3.1	15.3	15.9	0.6	无充填
	2 079.02	12.20	1	16.9	17.3	0.4	无充填
XK343	2 075.2	4.00	1	5	8.4	3.4	全充填
	2 075.2	4.00	2.6	11	12	1	全充填
XK344	2 060.1	0.70	2.1	2.8	5.4	2.6	全充填
	2 060.1	0.70	2.1	7.5	8.8	1.3	全充填
XKW6	2 093.59	7.60	0.6	8.20	9.50	1.30	全充填
	2 093.59	7.60	0.5	10.00	11.20	1.20	无充填
XKW6-1	2 093.74	6.70	0.2	6.90	8.10	1.20	全充填
	2 093.74	6.70	4.4	12.50	13.90	1.40	无充填
XKW6-2	2 092.79	7.00	1.6	8.60	9.80	1.20	无充填
XKW6-3	2 092.78	7.00	10	17.00	18.30	1.30	全充填

表 3.4-30　飞行区 T10 标段落水洞分布一览表

室内编号	坐标 A/m	坐标 B/m	充填物性质	所在区域
HLSD40	6 729.652	7 826.122	无	道面区
HLSD01	6 720.442	7 826.645	无	道面区

表 3.4-31　钻孔揭露溶洞情况（据详勘）

地层代号	揭露溶洞	溶洞高度			溶洞底板埋深				充填	未充填
		0.5~2	2~4	>4	<10	10~20	20~30	>30		
D_2h	1		1			1			1	
$\epsilon_2 s$	3	2		1	1	2		—	3	—
合计	4	2	1	1	1	3			4	—

表 3.4-32　钻孔揭露溶洞洞径（跨度）情况（据详勘）

地层代号	溶洞洞径（跨度）/m								
	0.0~0.5	0.5~10	1.0~1.5	1.5~2.0	2.0~2.5	2.5~3.0	3.0~4.0	4.0~50	>5.0
D_2h			1						
$\epsilon_2 s$	1	1						1	
合计	1	1	1					1	

表 3.4-33　钻孔揭露溶洞统计结果（据详勘）

地层代号	统计指标	覆盖层厚/m	顶板厚度/m	溶洞高度/m
D_2h	样本数	1	1	1
	最大值			
	最小值			
	平均值	12.5	1.5	2.2
$\epsilon_2 s$	样本数	3	3	3
	最大值	9.4	4.6	7.1
	最小值	1.5	1.0	0.6
	平均值	4.3	3.2	2.93

表 3.4-34　钻孔揭露溶洞情况（据详勘）

地层代号	揭露溶洞	溶洞高度/m			溶洞底板埋深/m				充填	未充填
		0.5~2	2~4	>4	<10	10~20	20~30	>30		
D_2h	36	18	14	4		27	7	2	31	5
$\epsilon_2 s$	11	9	2		2	9		—	8	3
合计	47	27	16	4	2	36	7	2	39	8

表 3.4-35　钻孔揭露溶洞洞径（跨度）情况（据详勘）

地层代号	溶洞洞径（跨度）/m								
	0.0~0.5	0.5~1.0	1.0~1.5	1.5~2.0	2.0~2.5	2.5~3.0	3.0~4.0	4.0~5.0	>5.0
D_2h	7	11	11	3	1	0	3		
ϵ_2s	1	8	1	1					
合计	8	19	12	4	1	0	3		

表 3.4-36　钻孔揭露溶洞统计结果（据详勘）

地层代号	统计指标	覆盖层厚/m	顶板厚度/m	溶洞高度/m
D_2h	样本数	36	36	36
	最大值	26.9	9.0	8.5
	最小值	4.5	0.2	0.4
	平均值	11.53	2.33	2.36
ϵ_2s	样本数	11	11	11
	最大值	8.5	5.2	3.0
	最小值	5.3	0.2	0.5
	平均值	6.65	1.76	1.56

表 3.4-37　T9、T10 标段地下岩溶钻孔揭露溶洞情况（据详勘）

地层代号	揭露溶洞	溶洞高度/m			溶洞底板埋深/m				充填	未充填
		0.5~2	2~4	>4	<10	10~20	20~30	>30		
D_2h	92	58	20	14	29	45	17		53	39
ϵ_2s	9	5	3	1	3	3	3	—	7	2
合计	101	63	23	15	32	48	3		60	41

表 3.4-38　钻孔揭露溶洞洞径（跨度）情况（据详勘）

地层代号	溶洞洞径（跨度）/m								
	0.0~0.5	0.5~10	1.0~1.5	1.5~2.0	2.0~2.5	2.5~3.0	3.0~4.0	4.0~50	>5.0
D_2h	24	30	14	6	3	3	12		
ϵ_2s	3	3	1	1	1				
合计	27	33	15	7	4	3	12		

表 3.4-39　钻孔揭露溶洞统计结果（据详勘）

地层代号	统计指标	覆盖层厚/m	顶板厚度/m	溶洞高度/m
D_2h	样本数	92	92	92
	最大值	18.9	17.2	14.3
	最小值	0.3	0	0.2
	平均值	7.71	2.95	2.23

续表

地层代号	统计指标	覆盖层厚/m	顶板厚度/m	溶洞高度/m
$\in_2 s$	样本数	9	9	9
	最大值	21.8	6.1	6.5
	最小值	0.7	1.0	0.4
	平均值	9.95	2.62	2.27

（7）南工作区根据钻探、物探高密度电法探测结果资料，位于填方区内的初勘孔中有28个钻孔揭露到31个地下岩溶洞穴（溶洞）。详勘阶段，718个钻孔中有94个孔揭露到地下岩溶洞穴（溶洞），数量为93个；16个物探验证孔中有3个孔揭露到地下岩溶洞穴，数量为4个；总计揭露到128个洞穴（溶洞），总的钻孔遇洞穴率为18.4%。物探剖面解译到35处地下异常，其中有2处可判断为溶洞，有7处为溶蚀裂隙，其他可判断为岩体破碎带。根据钻探、物探和地表地质复核调查，详勘阶段新发现44条溶蚀裂隙，南工作区170个钻孔揭露溶洞总计216个。

地下岩溶仍然主要分布在场区茅口段（$P_1 y^2$）和栖霞段（$P_1 y^1$）的界线以东，其次分布在场区西南角的 F_1、F_2、F_3 断层附近和场区西部边缘。根据钻孔岩芯揭露，地下岩体的完整性存在明显不均一性。完整性较好的岩体，其岩溶一般不发育，地面表现为较完整的石牙块体，岩芯多呈柱状；在节理裂隙发育的岩体内，岩芯多较破碎，呈碎块状，岩溶也较发育，裂隙间夹钙华。

填方区内钻孔所揭露的洞穴最小高度为0.10 m，最大高度为14.7 m。其中：高度≤1 m的洞穴有40个，占总量的43.01%；高度为1~1.5 m的洞穴有17个，占总量的18.28%；高度为1.5~3 m的洞穴有21个，占总量的22.58%；高度为3~6 m的洞穴有14个，占总量的15.05%；高度>6 m的洞穴有1个，占总量的1.07%。据此可知南工作区钻孔所揭露的地下洞穴高度大多数在1.5 m以下（表3.4-40~表3.4-43和图3.4-10）。

表3.4-40 南工作区地下岩溶统计

孔号	孔口标高/m	土层厚度/m	顶板基岩厚度/m	溶（土）洞顶底深度/m	溶（土）洞高度/m	充填情况
WZK13	2 037.15	2.6	2.7	5.3	14.7	充填
ZK2003	2 023.68	7.55	0.95	8.5	4	充填
ZK2204	2 030.64	3.65	0.25	3.9	2.1	充填
ZK2405	2 041.75	11.55	0.45	14.9	1.05	充填
ZK1111	2 050.23	3	6.1	9.1	0.3	无充填
ZK1113	2 050.28	6.2	0.8	7	0.6	充填
ZK1219	2 057.7	10.05	2.35	12.4	1.8	充填
ZK1302	2 019.57	2.5	1.2	3.7	1.7	充填
ZK1404	2 028.67	5.5	1	6.5	1	充填
ZK1406	2 034.76	4.9	2.7	7.6	1.1	无充填

续表

孔号	孔口标高/m	土层厚度/m	顶板基岩厚度/m	溶（土）洞顶底深度/m	溶（土）洞高度/m	充填情况
ZK2217	2 056.52	8.1	1.5	15.5	1.1	半充填
ZK2305	2 032.44	7.15	4.85	12	2.07	充填
ZK2309	2 033.91	2.8	0.8	3.6	1.4	充填
ZK2318	2 059.94	6.3	10.7	17	0.9	半充填
ZK2319	2 067.94	2.3	8.35	10.65	2.15	半充填
ZK2320	2 068.79	1.7	5.5	7.2	1.2	充填
ZK2404	2 038.85	8.15	3.72	11.87	0.51	无充填
ZK2405	2 041.75	11.55	1.65	13.2	0.45	充填
ZK2411	2 044.18	1	1	2	1.4	充填
ZK2414	2 046.98	2.3	3.4	5.7	0.9	充填
WZK1	2 047.96	6.5	28.9	35.4	4.2	充填
WZK16-1	2 032.79	3.3	4.4	7.7	2.7	充填
WZK16-2	2 032.79	3.3	9.4	19.8	1.8	半充填
XZK2004	2 041.19	10.2	1.6	15.8	3.8	充填
XZK2515	2 076.94	14.7	1.1	12.5	2.4	无充填
XZK2704	2 024.51	9.6	2.9	9.4	13.4	充填
XZK2903	2 027.07	7.8	1.6	9.7	3.1	充填
XZK3107	2 041.92	8.2	1.5	3.45	2.02	半充填
XZK3323	2 046.61	1.7	1.75	5.1	3.6	充填
XZK3904	2 031.16	3.1	2	6	4.9	充填
XZK3 904-4	2 031.15	4.4	1.6	12.4	4.2	充填
XZK4512	2 042.56	10.6	1.8	6.9	3.2	半充填
XZK2303	2 028.72	6.3	0.6	3.3	2.8	充填
XZK2 303-1	2 028.72	2.7	0.6	7.55	2.2	充填
XZK3208	2 031.62	6.55	1	11.7	3.53	充填
XZK2511	2 066.97	11.6	0.1	4.5	0.8	无充填
XZK3327	2 050.15	4.2	0.3	1.9	0.7	充填
XZK3701	2 026.07	0.9	1	1.9	3.8	充填
XZK3708	2 051.77	1.5	0.4	7.9	1	充填
XZK3 309-1	2 027.77	7.1	0.8	4.8	1.6	无充填
XZK3902	2 031.88	2.8	0.6	5.1	2	充填
XZK3503	2 029.59	4.6	0.5	7.1	1.3	半充填
XZK4308	2 051.94	6.6	0.5	1.6	1.1	无充填

续表

孔号	孔口标高/m	土层厚度/m	顶板基岩厚度/m	溶（土）洞顶底深度/m	溶（土）洞高度/m	充填情况
XZK4706	2 041.81	1	0.6	1.55	2.3	充填
XZK3106	2 039.33	0.3	1.25	7.1	0.3	充填
XZK1106	2 046.44	2.5	4.6	8.5	0.6	充填
XZK1207	2 049.29	5.2	3.3	11	0.5	充填
XZK1207	2 049.29	5.2	2	13.4	0.5	充填
XZK1211	2 053.56	9.3	4.1	6.6	1.1	充填
XZK1213	2 058.53	5.6	1	5.9	0.5	半充填
XZK1219	2 059.56	2.6	3.3	8.1	0.4	充填
XZK1219	2 059.56	2.6	1.8	11.8	0.4	充填
XZK1220	2 034.76	7.4	4.4	12.8	0.3	充填
XZK1220	2 034.76	7.4	0.7	14.8	1.2	充填
XZK1220	2 034.76	7.4	0.8	16.6	1.2	充填
XZK1220	2 034.76	7.4	0.6	7.3	0.8	充填
XZK1307	2 065.55	6.3	1	8.3	0.4	充填
XZK1307	2 065.55	6.3	0.5	13.9	1.3	充填
XZK1414	2 063.13	11.3	2.6	9.3	0.2	充填
XZK1506	2 056.05	7.9	1.4	2	0.8	无充填
XZK1708	2 059.21	1.3	0.7	4.8	0.5	充填
XZK1810	2 067.78	3.7	1.1	9	1	充填
XZK2113	2 049.32	1.6	7.4	9.6	0.2	充填
XZK2113	2 049.32	1.6	0.4	10.5	0.2	充填
XZK2121	2 070.96	9.08	1.42	10.1	1.13	填充
XZK2130	2 074.67	8	2.1	4	2.1	充填
XZK2 130-2	2 074.67	2.4	1.6	6	1.4	充填
XZK2 130-2	2 074.67	2.4	0.6	6.6	0.3	充填
XZK2 130-2	2 074.67	2.4	0.3	8.4	0.3	充填
XZK2 130-2	2 074.67	2.4	1.5	7.7	1.1	充填
XZK2204	2 030.22	5	2.7	3.8	3.9	充填
XZK2213	2 058.75	3	0.8	8.6	0.1	充填
XZK2213	2 058.75	3	4.7	6.5	0.6	充填
XZK2307	2 039.79	3.2	3.3	3.4	2.4	充填
XZK2506	2 051.91	0.86	2.54	30	1	充填
XZK2506	2 051.91	0.86	30	25	3	充填
XZK2506	2 051.91	0.86	25	13	1.5	无充填

续表

孔号	孔口标高/m	土层厚度/m	顶板基岩厚度/m	溶（土）洞顶底深度/m	溶（土）洞高度/m	充填情况
XZK2717	2 073.9	7.3	5.7	16.4	1.3	充填
XZK2717	2 073.9	7.3	2.1	18.3	0.9	充填
XZK2717	2 073.9	7.3	1	5.9	3	充填
XZK2803	2 053.35	4	1.9	7.15	0.7	充填
XZK3 208-2	2 031.62	5.4	1.75	7.49	1.25	无充填
XZK3211	2 039.05	0	7.49	10.4	1.78	充填
XZK3309	2 027.77	8.4	2	7.1	3.4	无充填
XZK3310	2 027.04	2.9	4.2	7.5	2.1	半充填
XZK3312	2 028.35	3.8	3.7	4.6	0.8	无充填
XZK3314	2 030.3	1.1	3.5	7.72	2.4	无充填
XZK3317	2 034.4	4.6	3.12	11.74	0.45	无充填
XZK3318	2 036.58	6.1	5.64	3	0.5	无充填
XZK3325	2 049.79	2.7	0.3	11.4	0.3	充填
XZK3402	2 026.89	6	5.4	13.6	2.2	充填
XZK3403	2 030.05	7.5	6.1	7.1	1.6	充填
XZK3514	2 032.84	4.1	3	6.2	0.8	半充填
XZK3602	2 031.57	2.1	4.1	10.2	2.4	充填
XZK3701	2 026.07	0.9	4.5	9.1	3.4	充填
XZK3 701-1	2 026.07	7.3	1.8	18.5	2	半充填
XZK3811	2 057.49	12.7	5.8	10.2	0.5	半充填
XZK3814	2 061.78	4.1	6.1	4	2.4	充填
XZK3902	2 031.88	2.8	1.2	8.8	0.2	充填
XZK3917	2 051.72	2.5	6.3	16.4	1.2	充填
XZK4002	2 036.07	13.6	2.8	12.3	2.7	无充填
XZK4209	2 036.71	9.4	2.9	3.2	3.5	充填
XZK4211	2 041.77	2	1.2	8.2	0.6	充填
XZK4223	2 039.3	6.8	1.4	6	0.7	充填
XZK4423	2 061.77	2.6	3.4	4	5.3	半充填
XZK4 512-3	2 042.56	1	3	7.4	0.6	充填
XZK4514	2 046.65	3.6	3.8	4	6	半充填
XZK4515	2 042.91	3.3	0.7	2.2	0.3	半充填
XZK4520	2 052.57	1.7	0.5	3.8	1.2	半充填
XZK4602	2 044.87	2.5	1.3	14.7	1.4	充填

续表

孔号	孔口标高/m	土层厚度/m	顶板基岩厚度/m	溶（土）洞顶底深度/m	溶（土）洞高度/m	充填情况
XZK4705	2 045.96	12	2.7	15.9	4.6	无充填
XZK4705	2 045.96	12	3.9	9.3	3.9	充填
XW-5	2 049.2	7.28	2.02	14.43	1.3	充填
XW-5	2 049.2	7.28	4.16	7.38	0.97	充填
XW-10	2 038.5	5.3	2.08	3.7	0.89	充填
XW-16	2 044.3	1.5	2.2		1.8	无充填

表 3.4-41　钻孔揭露溶洞情况（据详勘）

地层代号	揭露溶洞	溶洞高度/m			溶洞底板埋深/m				充填	未充填
		0.5~2	2~4	>4	<10	10~20	20~30	>30		
P_1y^1	78	65	13	—	45	30	1	2	65	13
P_1y^2	138	89	39	10	61	67	7	3	115	23
合计	216	154	42	10	106	97	8	5	180	36

表 3.4-42　钻孔揭露溶洞情况（据详勘）

地层代号	溶洞洞径（跨度）/m								
	0.0~0.5	0.5~1.0	1.0~1.5	1.5~2.0	2.0~2.5	2.5~3.0	3.0~4.0	4.0~5.0	>5.0
P_1y^1	27	22	14	2	3	2	2	4	2
P_1y^2	30	37	28	17	7	8	5	2	4
合计	57	59	42	19	10	10	7	6	6

表 3.4-43　钻孔揭露溶洞统计结果（据详勘）

地层代号	统计指标	覆盖层厚/m	顶板厚度/m	溶洞高度/m
P_1y^1	样本数	78	78	78
	最大值	27.23	28.9	6.3
	最小值	0.86	0.3	0.2
	平均值	6.41	2.6	1.35
P_1y^2	样本数	138	138	138
	最大值	31.0	30	14.7
	最小值	0	0.1	0.2
	平均值	6.43	3.04	2.05

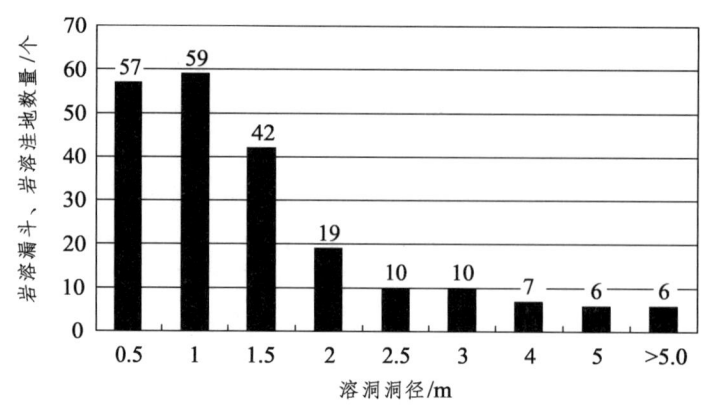

图 3.4-10 南工作区溶洞洞径统计图

（8）机场地下岩溶的总体特征。

P_1y^1 灰岩岩体发育密集竖向裂隙、岩体较完整~较破碎，地下岩溶发育较多的溶蚀破碎带和溶蚀裂隙、裂缝，规模较大的溶穴发育较少，岩溶作用表现出较好的均一性。C_2w 灰岩岩体极其破碎，发育的地下岩溶程度较高，既有缝隙型，也有较多的洞穴型，岩溶发育较 P_1y^1 灰岩强烈。F_{10} 断层（航站楼勘察结果）岩体总体上虽胶结良好，但节理裂隙、局部较破碎的岩体成为地下水入渗通道，岩溶发育程度较高，既有裂隙型，也有溶穴型。D_3z 和 D_2h 岩体较完整，极少有破碎带岩体，发育竖向、斜向节理，该区域岩溶发育与 F_{10} 以南的地下岩溶存在显著差异，溶蚀破碎带较少，发育溶蚀裂隙、裂缝和较多溶穴，揭露出较多的高度较大的溶穴（最大高度超过 20 m），钻孔揭露溶洞的比例也远远高于 F_{10} 以南的 P_1y^1 灰岩。$Є_2s$ 灰岩分布于转山背斜两翼（核部为 $Є_2d$ 泥岩），分布区域多位于丘陵斜坡区，多位于挖方区，本次勘察钻孔较少，地下岩溶发育溶蚀洞穴和溶蚀裂隙，但发育数量较少。

地下岩溶垂向发育，岩溶形态以溶蚀破碎带、溶蚀缝隙、竖洞、斜洞等形态出现。钻探揭露的大部分为溶蚀缝隙，少量溶蚀洞穴。溶蚀洞穴空间高度大部分大于跨度（洞径）。钻探揭露的溶洞空间高度最大超过 20 m，跨度绝大部分不超过 3.0 m，个别在 5.0 m 左右。

经过统计分析，昆明新机场的地下岩溶 55%为全充填，11%为半充填，有 34%的地下岩溶为未充填；在被充填的溶洞中，有 60%~70%被黏性土混碎块石充填，少量为细砂混碎块石充填。黏性土大多呈软塑状态，少量为可塑状态。各标段地下岩溶充填情况的比例见表 3.4-44。全场地地下岩溶充填比例见图 3.4-11。

表 3.4-44 各标段地下岩溶充填情况比例

标段编号	全充填	半充填	无充填
T1	44%	5%	51%
T2	54%	10%	36%
T3	50%	19%	31%
T4	92%	8%	0
T5	36%	14%	50%

续表

标段编号	全充填	半充填	无充填
T6、T7	72%	3%	25%
T8、T8、T9	67%	6%	27%
南工作区	72%	12%	16%
合计	55%	11%	34%

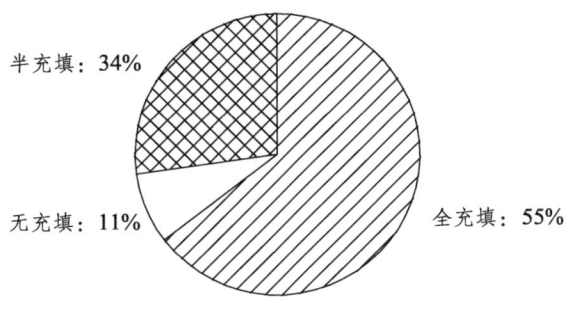

图 3.4-11　全场地地下岩溶充填比例

3.5　本章小结

昆明新机场的大部分场地位于碳酸盐岩地区，从地表到地下岩溶发育，总体处于垂向发育带，局部区域为水平或斜向发育带，形态多样。地下岩溶空间大部分被充填，充填物多呈软塑状态，少量呈可塑状态。不同区域地层岩溶发育特征和发育规模差异较大。

第 4 章
岩溶地基处理方法研究

4.1 一般规定

岩溶类型包括地表岩溶和地下岩溶两类。岩溶地基处理原则如下：

（1）重要建筑物宜避开岩溶强烈发育区。

（2）在地面 15 m 以下的溶洞不进行处理。

（3）当地基含石膏、岩盐等易溶岩时，应考虑溶蚀作用的不利影响。

（4）不稳定的岩溶洞隙应以地基处理为主，并可根据其形态、大小及埋深，采用清爆换填、浅层楔状填塞、洞底支撑、梁板跨越、调整柱距等方法处理。

（5）岩溶水的处理宜采取疏导的原则。

（6）在未经有效处理的隐伏土洞或地表塌陷影响范围内不应采用天然地基；对土洞和塌陷宜采用地表截流、防渗堵漏、挖填灌填岩溶通道、通气降压等方法进行处理，同时采用梁板跨越；对重要建筑物应采用桩基或墩基。

（7）应采取防止地下水排泄通道堵塞对水压力对基坑底板、地坪及道路等的不良影响以及泄水、涌水对环境影响的措施。

（8）当采用桩（墩）基时，宜优先采用大直径墩基或嵌岩桩。

4.2 地表岩溶的地基处理

地表岩溶地基处理方法包括石芽、石笋清爆回填及强夯加固，岩溶漏斗、溶沟、溶槽分层回填及强夯加固，落水洞分层填筑，等等。

4.2.1 石芽、石笋清爆回填

岩溶地区地面岩石受到雨水、地表水体和风化作用的影响，在地表容易形成溶沟、溶槽、岩溶漏斗、石芽、石笋、落水洞等地貌景观。经过风化作用形成的红黏土具有空隙比大、分布厚度差异大、地基不均匀、上部土层呈硬塑状态而下部土层呈软塑和流塑状态的特征。这些工程特性对工程建设影响很大，在机场建设的地基处理中，针对各种岩溶形态需采取不同的技术处理方法。

（1）对于宽度较大的溶沟、溶槽和岩溶漏斗一般采用分层回填、分层夯实的方法进行处理，夯实时根据填料性质采用冲击碾压、振动碾压和强夯。

（2）石芽、石笋对地基的不均匀性影响很大，一般采取挖除和破碎孤石、清爆石芽和石笋的措施。如果石芽和石笋间的红黏土经过分析不能满足地基的强度和均匀性要求，应挖除后回填夯实。

（3）岩溶漏斗、溶沟溶槽一般伴随有落水洞的产生，一般采取回填碎石料并用柱锤夯实，设置过滤层的措施。

在昆明新机场，地表岩溶发育，在地表面出露了大量的石芽、石笋等地貌形态。根据沾昆铁路路基开挖和钻探揭露，航站楼前区浅部岩溶发育形态表现在碳酸岩岩面石芽、溶沟、溶槽、溶蚀孔隙发育，碳酸盐岩出露区裸露于地表，溶沟（槽）深 0.3～8.0 m，在红黏土覆盖地段隐伏于地下，在坡坎边可见石芽出露，石芽高度为 0.5～8.0 m，锥体侧面倾角一般为 60°～

75°，石芽之间溶沟（槽）内为红黏土充填（图 4.2-1）。

图 4.2-1　场区出露地表的石芽

根据《公路设计手册　路基》，当溶沟、石芽直接出露或埋深不超过 3 m 时，对于不平整基岩、突出的石芽、溶沟、溶槽以及形状不规则由化学作用形成的碳酸钙沉积物，可用爆破的方法清除突出部分，对于石芽、溶沟、溶槽间的红黏土则需挖除。清除后用石填料置换其间的湿软松散物，置换高度超出原炸平岩面（图 4.2-2）。

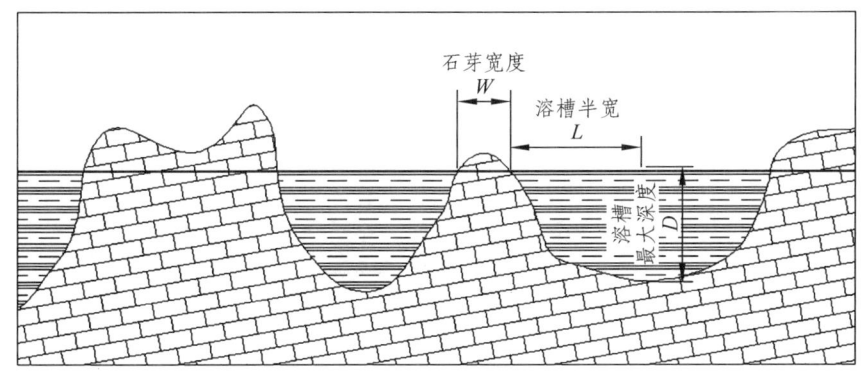

图 4.2-2　石芽爆破回填处理

针对机场工程特点，将石芽处理分为飞行区和航站区两部分。飞行区的石芽处理主要考虑溶槽与石芽组成的不均匀地基的差异沉降，航站区的石芽处理应重点考虑石芽岩体的滑移等稳定性问题。

1. 溶槽

溶槽与石芽组成的不均匀地基的差异沉降计算主要是计算溶槽中地基土的沉降量，并考虑沉降量和溶槽深度的关系比值，然后由差异沉降系数得出溶槽深度和宽度的临界比值，以判断是否需对溶槽进行处理。

飞机荷载：飞机全重起飞荷载按 4 000 kN 计取，将面层、基层和土基按多层弹性体系分析计算，得作用于土基顶层的最大附加应力为 32 kPa。

计算方法：采用《建筑地基基础设计规范》（GB 50007—2011）推荐的沉降计算法进行计算。

$$s = \psi_s s' = \psi_s \sum_{i=1}^{n} \frac{p_0}{E_{si}}(z_i \bar{a}_i - z_{i-1}\bar{a}_{i-1}) \tag{4.2-1}$$

式中：s——地基最终沉降量（mm）；

ψ_s——沉降计算经验系数，根据地区沉降观测资料及经验确定；

s'——分层总和法计算地基沉降量（mm）；

n——地基沉降计算深度范围内所划分的土层数；

p_0——对应于荷载标准值时的基础底面处的附加压力（kPa）；

E_{si}——基础底面下，第 i 层土的压缩模量，按实际应力范围取值（kPa）；

z_i，z_{i-1}——基础底面至第 i 层土、第 $i-1$ 层土底面的距离（m）；

$\bar{a}_i$，$\bar{a}_{i-1}$——基础底面计算点至第 i 层土、第 $i-1$ 层土底面范围内的平均附加应力系数，可查表。

机场跑道的基础底面为正方形，边长 $l=b=4$ m。将地基看作均匀的填土层，$E_s=10$ MPa，查表可知 $\psi_s=0.7$。基础底面的附加压力 $p_0=32$ kPa，其中平均附加应力系数 $\bar{a}_i$ 查表 4.2-1 可知。

表 4.2-1 平均附加应力系数

深度 z/m	l/b	z/b	平均附加应力系数 $\bar{a}_i$
1	1	0.25	0.977
2	1	0.5	0.9
3	1	0.75	0.795
4	1	1	0.698
5	1	1.25	0.616
6	1	1.5	0.548
7	1	1.75	0.492
8	1	2	0.446
9	1	2.25	0.407
10	1	2.5	0.374
11	1	2.75	0.346
12	1	3	0.322

计算结果如表 4.2-2、图 4.2-3 所示。在飞机荷载作用下，当溶槽深度小于 10 m 时，溶槽沉降量一般小于 1 cm，沉降量远小于工后沉降要求（工后沉降一般要求不大于 15 cm），控制溶槽沉降的主要指标应考虑溶槽的不均匀沉降。

表 4.2-2 沉降量计算结果

溶槽深度 H/m	3	4	5	6	7	8	9	10	11	12
沉降量 ΔH/mm	5.3	6.3	6.9	7.4	7.7	8	8.2	8.4	8.5	8.6

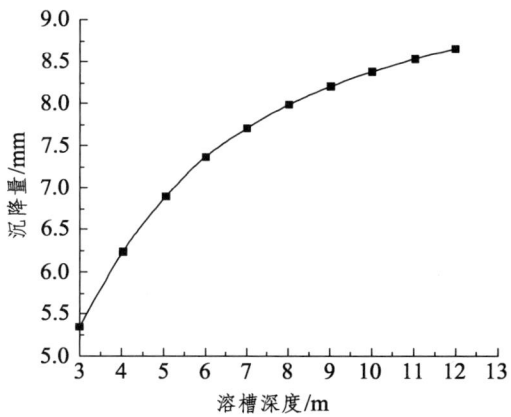

图 4.2-3 溶槽深度与沉降量关系曲线

据机场有关资料可知：

$$\Delta H / L \leqslant \xi \tag{4.2-2}$$

式中：L——溶槽半宽（m）；

ξ——差异沉降系数，$\xi=1.5‰$。

将溶槽宽度 $D=2L$ 代入，整理得：

$$D \geqslant 2\Delta H/\xi$$

溶槽宽度和深度的比值：

$$\frac{D}{H} \geqslant \frac{2}{\xi} \cdot \frac{\Delta H}{H} \tag{4.2-3}$$

即

$$\frac{D}{H} \geqslant \frac{2}{\xi} \cdot \max\left(\frac{\Delta H}{H}\right) = \frac{2}{0.0015} \cdot \left(\frac{0.0053}{3}\right) = 2.36$$

由上述结果可得：当溶槽宽度和深度的比值不小于 2.36 时，差异沉降量满足机场要求；当比值小于 2.36 时，差异沉降量不满足机场要求，需要对溶槽进行相应处理。

2. 石芽

石芽的稳定性主要是石芽岩体在上部荷载作用下发生滑移、折断等破坏。将石芽简化为锥体后，石芽岩体沿结构面发生滑移破坏的模式如图 4.2-4 所示，则其稳定性计算公式如下：

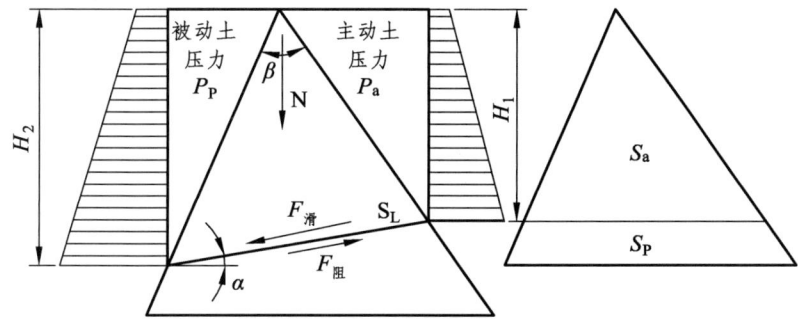

图 4.2-4 石芽稳定性分析简图

$$F_{\text{滑}} = N\sin\alpha + P_a\cos\alpha \qquad (4.2\text{-}4)$$

$$F_{\text{阻}} = (N\cos\alpha + P_p\sin\alpha - P_a\sin\alpha)\tan\phi + P_p\cos\alpha + CS_L \qquad (4.2\text{-}5)$$

$$K = \frac{F_{\text{阻}}}{F_{\text{滑}}} \geq 1 \qquad (4.2\text{-}6)$$

$$P_a = \frac{1}{2}\gamma H_1 K_a S_a - 2C\sqrt{K_a}S_a \qquad (4.2\text{-}7)$$

$$P_p = \frac{1}{2}\gamma H_1 K_p S_p - 2C\sqrt{K_p}S_p \qquad (4.2\text{-}8)$$

$$K_a = \tan^2\left(45° - \frac{\phi}{2}\right) \qquad (4.2\text{-}9)$$

$$K_p = \tan^2\left(45° + \frac{\phi}{2}\right) \qquad (4.2\text{-}10)$$

$$S_a = H_1^2 \tan\frac{\beta}{2} \qquad (4.2\text{-}11)$$

$$S_p = H_2^2 \tan\frac{\beta}{2} \qquad (4.2\text{-}12)$$

$$S_L = \frac{1}{2}\pi H_2 (H_1 + H_2) \frac{\tan^2\frac{\beta}{2}}{\cos\alpha}\left[\left(1 - \tan\frac{\beta}{2}\sin\alpha\cos\alpha\right)^2 - \sin^4\alpha\right]^{\frac{1}{2}} \qquad (4.2\text{-}13)$$

$$H_2 = H_1 \frac{1 + \tan\alpha\tan\frac{\beta}{2}}{1 - \tan\alpha\tan\frac{\beta}{2}} \qquad (4.2\text{-}14)$$

式中：N——上部荷载（kN）；

α——岩层倾角（°）；

φ——层间摩擦角（°）；

C——内聚力（kN）；

β——石芽顶角（°）；

H_1、H_2——石芽两侧高度（m）；

P_a、P_p——主、被动土压力（kN）；

S_a——主动土压力作用面积（m²）；

S_p——被动土压力作用面积（m²）；

S_L——内聚力作用面积（m²）；

K_a、K_p——主、被动土压力系数；

K——石芽稳定系数。

若不考虑内聚力和主、被动土压力作用，则石芽稳定性条件简化为 $\varphi \geq \alpha$。

经现场调查，石芽岩体的风化大多属中风化，其内摩擦角 φ 一般大于 40°，场区岩层倾角 α 一般为 12°~16°，因此，不含夹层的石芽稳定性好。

对含有夹层的石芽，按下述方案进行稳定性计算：

（1）上部荷载 N 取 5 000 kN、10 000 kN、25 000 kN、50 000 kN 四种。

（2）岩层倾角 α 取 12°、16°两种。

（3）石芽锥顶角 β 取 40°、30°两种。

计算如表 4.2-3～表 4.2-18 和图 4.2-5～图 4.2-20。

表 4.2-3　石芽稳定性计算结果（N=5 000 kN，α=12°，β=40°）

序号	上部荷载 N/kN	岩层倾角 α/(°)	锥顶角 β/(°)	内聚力 C/kPa	内摩擦角 φ/(°)	充填土容重/kN	石芽高度 H_1/m	石芽直径 D/m	石芽高度 H_2/m	稳定系数 K
1	5 000	12	40	20	10	19	1	0.7	1.2	0.870
2	5 000	12	40	20	10	19	1.5	1.1	1.8	0.929
3	5 000	12	40	20	10	19	2	1.5	2.3	1.021
4	5 000	12	40	20	10	19	2.5	1.8	2.9	1.153
5	5 000	12	40	20	10	19	3	2.2	3.5	1.329
6	5 000	12	40	20	10	19	3.5	2.5	4.1	1.556
7	5 000	12	40	20	10	19	4	2.9	4.7	1.840
8	5 000	12	40	20	10	19	4.5	3.3	5.3	2.185
9	5 000	12	40	20	10	19	5	3.6	5.8	2.598
10	5 000	12	40	20	10	19	5.5	4.0	6.4	2.985
11	5 000	12	40	20	10	19	6	4.4	7.0	3.376
12	5 000	12	40	20	10	19	6.5	4.7	7.6	3.760
13	5 000	12	40	20	10	19	7	5.1	8.2	4.122
14	5 000	12	40	20	10	19	7.5	5.5	8.8	4.451
15	5 000	12	40	20	10	19	8	5.8	9.3	4.739
16	5 000	12	40	20	10	19	8.5	6.2	9.9	4.983
17	5 000	12	40	20	10	19	9	6.6	10.5	5.183
18	5 000	12	40	20	10	19	9.5	6.9	11.1	5.340
19	5 000	12	40	20	10	19	10	7.3	11.7	5.459
20	5 000	12	40	20	10	19	10.5	7.6	12.3	5.543
21	5 000	12	40	20	10	19	11	8.0	12.8	5.599
22	5 000	12	40	20	10	19	11.5	8.4	13.4	5.631
23	5 000	12	40	20	10	19	12	8.7	14.0	5.644
24	5 000	12	40	20	10	19	12.5	9.1	14.6	5.641
25	5 000	12	40	20	10	19	13	9.5	15.2	5.626

表 4.2-4　石芽稳定性计算结果（N=5 000 kN，α=12°，β=30°）

序号	荷载 N/kN	岩层倾角 α/(°)	锥顶角 β/(°)	内聚力 C/kPa	内摩擦角 φ/(°)	充填土容重/kN	石芽高度 H_1/m	石芽直径 D/m	石芽高度 H_2/m	稳定系数 K
1	5 000	12	30	20	10	19	1	0.5	1.1	0.855
2	5 000	12	30	20	10	19	1.5	0.8	1.7	0.893
3	5 000	12	30	20	10	19	2	1.1	2.2	0.952
4	5 000	12	30	20	10	19	2.5	1.3	2.8	1.036
5	5 000	12	30	20	10	19	3	1.6	3.4	1.149
6	5 000	12	30	20	10	19	3.5	1.9	3.9	1.295
7	5 000	12	30	20	10	19	4	2.1	4.5	1.477
8	5 000	12	30	20	10	19	4.5	2.4	5.0	1.699
9	5 000	12	30	20	10	19	5	2.7	5.6	1.965
10	5 000	12	30	20	10	19	5.5	2.9	6.2	2.224
11	5 000	12	30	20	10	19	6	3.2	6.7	2.494
12	5 000	12	30	20	10	19	6.5	3.5	7.3	2.768
13	5 000	12	30	20	10	19	7	3.8	7.8	3.040
14	5 000	12	30	20	10	19	7.5	4.0	8.4	3.300
15	5 000	12	30	20	10	19	8	4.3	9.0	3.541
16	5 000	12	30	20	10	19	8.5	4.6	9.5	3.760
17	5 000	12	30	20	10	19	9	4.8	10.1	3.952
18	5 000	12	30	20	10	19	9.5	5.1	10.6	4.117
19	5 000	12	30	20	10	19	10	5.4	11.2	4.255
20	5 000	12	30	20	10	19	10.5	5.6	11.8	4.367
21	5 000	12	30	20	10	19	11	5.9	12.3	4.456
22	5 000	12	30	20	10	19	11.5	6.2	12.9	4.523
23	5 000	12	30	20	10	19	12	6.4	13.4	4.573
24	5 000	12	30	20	10	19	12.5	6.7	14.0	4.606

表 4.2-5　石芽稳定性计算结果（N=10 000 kN，α=12°，β=40°）

序号	荷载 N/kN	岩层倾角 α/(°)	锥半顶角 β/(°)	内聚力 C/kPa	内摩擦角 φ/(°)	充填土容重/kN	石芽高度 H_1/m	石芽直径 D/m	石芽高度 H_2/m	稳定系数 K
1	10 000	12	40	20	10	19	1	0.7	1.2	0.850
2	10 000	12	40	20	10	19	1.5	1.1	1.8	0.879
3	10 000	12	40	20	10	19	2	1.5	2.3	0.925
4	10 000	12	40	20	10	19	2.5	1.8	2.9	0.991
5	10 000	12	40	20	10	19	3	2.2	3.5	1.079
6	10 000	12	40	20	10	19	3.5	2.5	4.1	1.193

续表

序号	荷载 N/kN	岩层倾角 α/(°)	锥半顶角 β/(°)	内聚力 C/kPa	内摩擦角 φ/(°)	充填土容重/kN	石芽高度 H_1/m	石芽直径 D/m	石芽高度 H_2/m	稳定系数 K
7	10 000	12	40	20	10	19	4	2.9	4.7	1.335
8	10 000	12	40	20	10	19	4.5	3.3	5.3	1.507
9	10 000	12	40	20	10	19	5	3.6	5.8	1.714
10	10 000	12	40	20	10	19	5.5	4.0	6.4	1.925
11	10 000	12	40	20	10	19	6	4.4	7.0	2.152
12	10 000	12	40	20	10	19	6.5	4.7	7.6	2.392
13	10 000	12	40	20	10	19	7	5.1	8.2	2.640
14	10 000	12	40	20	10	19	7.5	5.5	8.8	2.889
15	10 000	12	40	20	10	19	8	5.8	9.3	3.134
16	10 000	12	40	20	10	19	8.5	6.2	9.9	3.370
17	10 000	12	40	20	10	19	9	6.6	10.5	3.592
18	10 000	12	40	20	10	19	9.5	6.9	11.1	3.798
19	10 000	12	40	20	10	19	10	7.3	11.7	3.984
20	10 000	12	40	20	10	19	10.5	7.6	12.3	4.149
21	10 000	12	40	20	10	19	11	8.0	12.8	4.294
22	10 000	12	40	20	10	19	11.5	8.4	13.4	4.418
23	10 000	12	40	20	10	19	12	8.7	14.0	4.524
24	10 000	12	40	20	10	19	12.5	9.1	14.6	4.611

表 4.2-6　石芽稳定性计算结果（N=10 000 kN，α=12°，β=30°）

序号	荷载 N/kN	岩层倾角 α/(°)	锥顶角 β/(°)	内聚力 C/kPa	内摩擦角 φ/(°)	充填土容重/kN	石芽高度 H_1/m	石芽直径 D/m	石芽高度 H_2/m	稳定系数 K
1	10 000	12	30	20	10	19	1	0.5	1.1	0.842
2	10 000	12	30	20	10	19	1.5	0.8	1.7	0.861
3	10 000	12	30	20	10	19	2	1.1	2.2	0.891
4	10 000	12	30	20	10	19	2.5	1.3	2.8	0.933
5	10 000	12	30	20	10	19	3	1.6	3.4	0.989
6	10 000	12	30	20	10	19	3.5	1.9	3.9	1.062
7	10 000	12	30	20	10	19	4	2.1	4.5	1.153
8	10 000	12	30	20	10	19	4.5	2.4	5.0	1.264
9	10 000	12	30	20	10	19	5	2.7	5.6	1.397
10	10 000	12	30	20	10	19	5.5	2.9	6.2	1.535
11	10 000	12	30	20	10	19	6	3.2	6.7	1.686
12	10 000	12	30	20	10	19	6.5	3.5	7.3	1.847

续表

序号	荷载 N/kN	岩层倾角 α/(°)	锥顶角 β/(°)	内聚力 C/kPa	内摩擦角 φ/(°)	充填土容重/kN	石芽高度 H_1/m	石芽直径 D/m	石芽高度 H_2/m	稳定系数 K
13	10 000	12	30	20	10	19	7	3.8	7.8	2.018
14	10 000	12	30	20	10	19	7.5	4.0	8.4	2.194
15	10 000	12	30	20	10	19	8	4.3	9.0	2.373
16	10 000	12	30	20	10	19	8.5	4.6	9.5	2.551
17	10 000	12	30	20	10	19	9	4.8	10.1	2.724
18	10 000	12	30	20	10	19	9.5	5.1	10.6	2.891
19	10 000	12	30	20	10	19	10	5.4	11.2	3.048
20	10 000	12	30	20	10	19	10.5	5.6	11.8	3.195
21	10 000	12	30	20	10	19	11	5.9	12.3	3.329
22	10 000	12	30	20	10	19	11.5	6.2	12.9	3.450
23	10 000	12	30	20	10	19	12	6.4	13.4	3.559
24	10 000	12	30	20	10	19	12.5	6.7	14.0	3.654

表 4.2-7　石芽稳定性计算结果（N=25 000 kN，α=12°，β=40°）

序号	荷载 N/kN	岩层倾角 α/(°)	锥顶角 β/(°)	内聚力 C/kPa	内摩擦角 φ/(°)	充填土容重/kN	石芽高度 H_1/m	石芽直径 D/m	石芽高度 H_2/m	稳定系数 K
1	25 000	12	40	20	10	19	1	0.7	1.2	0.838
2	25 000	12	40	20	10	19	1.5	1.1	1.8	0.849
3	25 000	12	40	20	10	19	2	1.5	2.3	0.868
4	25 000	12	40	20	10	19	2.5	1.8	2.9	0.894
5	25 000	12	40	20	10	19	3	2.2	3.5	0.929
6	25 000	12	40	20	10	19	3.5	2.5	4.1	0.975
7	25 000	12	40	20	10	19	4	2.9	4.7	1.032
8	25 000	12	40	20	10	19	4.5	3.3	5.3	1.101
9	25 000	12	40	20	10	19	5	3.6	5.8	1.183
10	25 000	12	40	20	10	19	5.5	4.0	6.4	1.272
11	25 000	12	40	20	10	19	6	4.4	7.0	1.371
12	25 000	12	40	20	10	19	6.5	4.7	7.6	1.481
13	25 000	12	40	20	10	19	7	5.1	8.2	1.600
14	25 000	12	40	20	10	19	7.5	5.5	8.8	1.727
15	25 000	12	40	20	10	19	8	5.8	9.3	1.862
16	25 000	12	40	20	10	19	8.5	6.2	9.9	2.003
17	25 000	12	40	20	10	19	9	6.6	10.5	2.148
18	25 000	12	40	20	10	19	9.5	6.9	11.1	2.295

续表

序号	荷载 N/kN	岩层倾角 α/(°)	锥顶角 β/(°)	内聚力 C/kPa	内摩擦角 φ/(°)	充填土容重/kN	石芽高度 H_1/m	石芽直径 D/m	石芽高度 H_2/m	稳定系数 K
19	25 000	12	40	20	10	19	10	7.3	11.7	2.442
20	25 000	12	40	20	10	19	10.5	7.6	12.3	2.589
21	25 000	12	40	20	10	19	11	8.0	12.8	2.732
22	25 000	12	40	20	10	19	11.5	8.4	13.4	2.871
23	25 000	12	40	20	10	19	12	8.7	14.0	3.005
24	25 000	12	40	20	10	19	12.5	9.1	14.6	3.133

表 4.2-8　石芽稳定性计算结果（N=25 000 kN，α=12°，β=30°）

序号	荷载 N/kN	岩层倾角 α/(°)	锥顶角 β/(°)	内聚力 C/kPa	内摩擦角 φ/(°)	充填土容重/kN	石芽高度 H_1/m	石芽直径 D/m	石芽高度 H_2/m	稳定系数 K
1	25 000	12	30	20	10	19	1	0.5	1.1	0.835
2	25 000	12	30	20	10	19	1.5	0.8	1.7	0.842
3	25 000	12	30	20	10	19	2	1.1	2.2	0.854
4	25 000	12	30	20	10	19	2.5	1.3	2.8	0.871
5	25 000	12	30	20	10	19	3	1.6	3.4	0.893
6	25 000	12	30	20	10	19	3.5	1.9	3.9	0.923
7	25 000	12	30	20	10	19	4	2.1	4.5	0.959
8	25 000	12	30	20	10	19	4.5	2.4	5.0	1.004
9	25 000	12	30	20	10	19	5	2.7	5.6	1.057
10	25 000	12	30	20	10	19	5.5	2.9	6.2	1.114
11	25 000	12	30	20	10	19	6	3.2	6.7	1.178
12	25 000	12	30	20	10	19	6.5	3.5	7.3	1.249
13	25 000	12	30	20	10	19	7	3.8	7.8	1.327
14	25 000	12	30	20	10	19	7.5	4.0	8.4	1.412
15	25 000	12	30	20	10	19	8	4.3	9.0	1.503
16	25 000	12	30	20	10	19	8.5	4.6	9.5	1.599
17	25 000	12	30	20	10	19	9	4.8	10.1	1.699
18	25 000	12	30	20	10	19	9.5	5.1	10.6	1.802
19	25 000	12	30	20	10	19	10	5.4	11.2	1.908
20	25 000	12	30	20	10	19	10.5	5.6	11.8	2.015
21	25 000	12	30	20	10	19	11	5.9	12.3	2.123
22	25 000	12	30	20	10	19	11.5	6.2	12.9	2.230
23	25 000	12	30	20	10	19	12	6.4	13.4	2.335
24	25 000	12	30	20	10	19	12.5	6.7	14.0	2.438

表 4.2-9　石芽稳定性计算结果（N=50 000 kN，α=12°，β=40°）

序号	荷载 N/kN	岩层倾角 α/(°)	锥顶角 β/(°)	内聚力 C/kPa	内摩擦角 φ/(°)	充填土容重/kN	石芽高度 H_1/m	石芽直径 D/m	石芽高度 H_2/m	稳定系数 K
1	50 000	12	40	20	10	19	1	0.7	1.2	0.834
2	50 000	12	40	20	10	19	1.5	1.1	1.8	0.839
3	50 000	12	40	20	10	19	2	1.5	2.3	0.849
4	50 000	12	40	20	10	19	2.5	1.8	2.9	0.862
5	50 000	12	40	20	10	19	3	2.2	3.5	0.880
6	50 000	12	40	20	10	19	3.5	2.5	4.1	0.902
7	50 000	12	40	20	10	19	4	2.9	4.7	0.931
8	50 000	12	40	20	10	19	4.5	3.3	5.3	0.965
9	50 000	12	40	20	10	19	5	3.6	5.8	1.006
10	50 000	12	40	20	10	19	5.5	4.0	6.4	1.052
11	50 000	12	40	20	10	19	6	4.4	7.0	1.103
12	50 000	12	40	20	10	19	6.5	4.7	7.6	1.160
13	50 000	12	40	20	10	19	7	5.1	8.2	1.223
14	50 000	12	40	20	10	19	7.5	5.5	8.8	1.292
15	50 000	12	40	20	10	19	8	5.8	9.3	1.367
16	50 000	12	40	20	10	19	8.5	6.2	9.9	1.448
17	50 000	12	40	20	10	19	9	6.6	10.5	1.534
18	50 000	12	40	20	10	19	9.5	6.9	11.1	1.624
19	50 000	12	40	20	10	19	10	7.3	11.7	1.718
20	50 000	12	40	20	10	19	10.5	7.6	12.3	1.816
21	50 000	12	40	20	10	19	11	8.0	12.8	1.916
22	50 000	12	40	20	10	19	11.5	8.4	13.4	2.018
23	50 000	12	40	20	10	19	12	8.7	14.0	2.121
24	50 000	12	40	20	10	19	12.5	9.1	14.6	2.224

表 4.2-10　石芽稳定性计算结果（N=50 000 kN，α=12°，β=30°）

序号	荷载 N/kN	岩层倾角 α/(°)	锥顶角 β/(°)	内聚力 C/kPa	内摩擦角 φ/(°)	充填土容重/kN	石芽高度 H_1/m	石芽直径 D/m	石芽高度 H_2/m	稳定系数 K
1	50 000	12	30	20	10	19	1	0.5	1.1	0.832
2	50 000	12	30	20	10	19	1.5	0.8	1.7	0.836
3	50 000	12	30	20	10	19	2	1.1	2.2	0.842
4	50 000	12	30	20	10	19	2.5	1.3	2.8	0.850
5	50 000	12	30	20	10	19	3	1.6	3.4	0.862
6	50 000	12	30	20	10	19	3.5	1.9	3.9	0.876

续表

序号	荷载 N/kN	岩层倾角 α/(°)	锥顶角 β/(°)	内聚力 C/kPa	内摩擦角 φ/(°)	充填土容重/kN	石芽高度 H_1/m	石芽直径 D/m	石芽高度 H_2/m	稳定系数 K
7	50 000	12	30	20	10	19	4	2.1	4.5	0.894
8	50 000	12	30	20	10	19	4.5	2.4	5.0	0.917
9	50 000	12	30	20	10	19	5	2.7	5.6	0.943
10	50 000	12	30	20	10	19	5.5	2.9	6.2	0.972
11	50 000	12	30	20	10	19	6	3.2	6.7	1.005
12	50 000	12	30	20	10	19	6.5	3.5	7.3	1.042
13	50 000	12	30	20	10	19	7	3.8	7.8	1.083
14	50 000	12	30	20	10	19	7.5	4.0	8.4	1.128
15	50 000	12	30	20	10	19	8	4.3	9.0	1.177
16	50 000	12	30	20	10	19	8.5	4.6	9.5	1.230
17	50 000	12	30	20	10	19	9	4.8	10.1	1.286
18	50 000	12	30	20	10	19	9.5	5.1	10.6	1.347
19	50 000	12	30	20	10	19	10	5.4	11.2	1.411
20	50 000	12	30	20	10	19	10.5	5.6	11.8	1.477
21	50 000	12	30	20	10	19	11	5.9	12.3	1.547
22	50 000	12	30	20	10	19	11.5	6.2	12.9	1.618
23	50 000	12	30	20	10	19	12	6.4	13.4	1.691
24	50 000	12	30	20	10	19	12.5	6.7	14.0	1.766

表 4.2-11 石芽稳定性计算结果（N=5 000 kN，α=16°，β=40°）

序号	荷载 N/kN	岩层倾角 α/(°)	锥顶角 β/(°)	内聚力 C/kPa	内摩擦角 φ/(°)	充填土容重/kN	石芽高度 H_1/m	石芽直径 D/m	石芽高度 H_2/m	稳定系数 K
1	5 000	16	40	20	10	19	1	0.7	1.2	0.649
2	5 000	16	40	20	10	19	1.5	1.1	1.8	0.699
3	5 000	16	40	20	10	19	2	1.5	2.5	0.777
4	5 000	16	40	20	10	19	2.5	1.8	3.1	0.890
5	5 000	16	40	20	10	19	3	2.2	3.7	1.041
6	5 000	16	40	20	10	19	3.5	2.5	4.3	1.236
7	5 000	16	40	20	10	19	4	2.9	4.9	1.480
8	5 000	16	40	20	10	19	4.5	3.3	5.5	1.777
9	5 000	16	40	20	10	19	5	3.6	6.2	2.134
10	5 000	16	40	20	10	19	5.5	4.0	6.8	2.493
11	5 000	16	40	20	10	19	6	4.4	7.4	2.871
12	5 000	16	40	20	10	19	6.5	4.7	8.0	3.259

续表

序号	荷载 N/kN	岩层倾角 α/(°)	锥顶角 β/(°)	内聚力 C/kPa	内摩擦角 φ/(°)	充填土容重/kN	石芽高度 H_1/m	石芽直径 D/m	石芽高度 H_2/m	稳定系数 K
13	5 000	16	40	20	10	19	7	5.1	8.6	3.646
14	5 000	16	40	20	10	19	7.5	5.5	9.2	4.019
15	5 000	16	40	20	10	19	8	5.8	9.9	4.370
16	5 000	16	40	20	10	19	8.5	6.2	10.5	4.690
17	5 000	16	40	20	10	19	9	6.6	11.1	4.975
18	5 000	16	40	20	10	19	9.5	6.9	11.7	5.223
19	5 000	16	40	20	10	19	10	7.3	12.3	5.433
20	5 000	16	40	20	10	19	10.5	7.6	12.9	5.607
21	5 000	16	40	20	10	19	11	8.0	13.6	5.748
22	5 000	16	40	20	10	19	11.5	8.4	14.2	5.859
23	5 000	16	40	20	10	19	12	8.7	14.8	5.944
24	5 000	16	40	20	10	19	12.5	9.1	15.4	6.006

表 4.2-12 石芽稳定性计算结果（N=5 000 kN，α=16°，β=30°）

序号	荷载 N/kN	岩层倾角 α/(°)	锥顶角 β/(°)	内聚力 C/kPa	内摩擦角 φ/(°)	充填土容重/kN	石芽高度 H_1/m	石芽直径 D/m	石芽高度 H_2/m	稳定系数 K
1	5 000	16	30	20	10	19	1	0.5	1.2	0.636
2	5 000	16	30	20	10	19	1.5	0.8	1.7	0.667
3	5 000	16	30	20	10	19	2	1.1	2.3	0.715
4	5 000	16	30	20	10	19	2.5	1.3	2.9	0.785
5	5 000	16	30	20	10	19	3	1.6	3.5	0.879
6	5 000	16	30	20	10	19	3.5	1.9	4.1	1.000
7	5 000	16	30	20	10	19	4	2.1	4.7	1.151
8	5 000	16	30	20	10	19	4.5	2.4	5.2	1.336
9	5 000	16	30	20	10	19	5	2.7	5.8	1.557
10	5 000	16	30	20	10	19	5.5	2.9	6.4	1.786
11	5 000	16	30	20	10	19	6	3.2	7.0	2.032
12	5 000	16	30	20	10	19	6.5	3.5	7.6	2.291
13	5 000	16	30	20	10	19	7	3.8	8.2	2.558
14	5 000	16	30	20	10	19	7.5	4.0	8.7	2.825
15	5 000	16	30	20	10	19	8	4.3	9.3	3.087
16	5 000	16	30	20	10	19	8.5	4.6	9.9	3.337
17	5 000	16	30	20	10	19	9	4.8	10.5	3.572
18	5 000	16	30	20	10	19	9.5	5.1	11.1	3.786

续表

序号	荷载 N/kN	岩层倾角 α/(°)	锥顶角 β/(°)	内聚力 C/kPa	内摩擦角 φ/(°)	充填土容重/kN	石芽高度 H_1/m	石芽直径 D/m	石芽高度 H_2/m	稳定系数 K
19	5 000	16	30	20	10	19	10	5.4	11.7	3.979
20	5 000	16	30	20	10	19	10.5	5.6	12.2	4.150
21	5 000	16	30	20	10	19	11	5.9	12.8	4.298
22	5 000	16	30	20	10	19	11.5	6.2	13.4	4.424
23	5 000	16	30	20	10	19	12	6.4	14.0	4.530
24	5 000	16	30	20	10	19	12.5	6.7	14.6	4.617

表 4.2-13　石芽稳定性计算结果（N=10 000 kN，α=16°，β=40°）

序号	荷载 N/kN	岩层倾角 α/(°)	锥顶角 β/(°)	内聚力 C/kPa	内摩擦角 φ/(°)	充填土容重/kN	石芽高度 H_1/m	石芽直径 D/m	石芽高度 H_2/m	稳定系数 K
1	10 000	16	40	20	10	19	1	0.7	1.2	0.632
2	10 000	16	40	20	10	19	1.5	1.1	1.8	0.657
3	10 000	16	40	20	10	19	2	1.5	2.5	0.696
4	10 000	16	40	20	10	19	2.5	1.8	3.1	0.752
5	10 000	16	40	20	10	19	3	2.2	3.7	0.828
6	10 000	16	40	20	10	19	3.5	2.5	4.3	0.925
7	10 000	16	40	20	10	19	4	2.9	4.9	1.047
8	10 000	16	40	20	10	19	4.5	3.3	5.5	1.196
9	10 000	16	40	20	10	19	5	3.6	6.2	1.375
10	10 000	16	40	20	10	19	5.5	4.0	6.8	1.565
11	10 000	16	40	20	10	19	6	4.4	7.4	1.776
12	10 000	16	40	20	10	19	6.5	4.7	8.0	2.004
13	10 000	16	40	20	10	19	7	5.1	8.6	2.245
14	10 000	16	40	20	10	19	7.5	5.5	9.2	2.497
15	10 000	16	40	20	10	19	8	5.8	9.9	2.753
16	10 000	16	40	20	10	19	8.5	6.2	10.5	3.010
17	10 000	16	40	20	10	19	9	6.6	11.1	3.263
18	10 000	16	40	20	10	19	9.5	6.9	11.7	3.507
19	10 000	16	40	20	10	19	10	7.3	12.3	3.739
20	10 000	16	40	20	10	19	10.5	7.6	12.9	3.956
21	10 000	16	40	20	10	19	11	8.0	13.6	4.157
22	10 000	16	40	20	10	19	11.5	8.4	14.2	4.340
23	10 000	16	40	20	10	19	12	8.7	14.8	4.505
24	10 000	16	40	20	10	19	12.5	9.1	15.4	4.652

表 4.2-14 石芽稳定性计算结果（N=10 000 kN，α=16°，β=30°）

序号	荷载 N/kN	岩层倾角 α/(°)	锥顶角 β/(°)	内聚力 C/kPa	内摩擦角 φ/(°)	充填土容重/kN	石芽高度 H_1/m	石芽直径 D/m	石芽高度 H_2/m	稳定系数 K
1	10 000	16	30	20	10	19	1	0.5	1.2	0.625
2	10 000	16	30	20	10	19	1.5	0.8	1.7	0.641
3	10 000	16	30	20	10	19	2	1.1	2.3	0.665
4	10 000	16	30	20	10	19	2.5	1.3	2.9	0.700
5	10 000	16	30	20	10	19	3	1.6	3.5	0.747
6	10 000	16	30	20	10	19	3.5	1.9	4.1	0.807
7	10 000	16	30	20	10	19	4	2.1	4.7	0.883
8	10 000	16	30	20	10	19	4.5	2.4	5.2	0.975
9	10 000	16	30	20	10	19	5	2.7	5.8	1.086
10	10 000	16	30	20	10	19	5.5	2.9	6.4	1.205
11	10 000	16	30	20	10	19	6	3.2	7.0	1.338
12	10 000	16	30	20	10	19	6.5	3.5	7.6	1.484
13	10 000	16	30	20	10	19	7	3.8	8.2	1.642
14	10 000	16	30	20	10	19	7.5	4.0	8.7	1.809
15	10 000	16	30	20	10	19	8	4.3	9.3	1.982
16	10 000	16	30	20	10	19	8.5	4.6	9.9	2.161
17	10 000	16	30	20	10	19	9	4.8	10.5	2.341
18	10 000	16	30	20	10	19	9.5	5.1	11.1	2.520
19	10 000	16	30	20	10	19	10	5.4	11.7	2.696
20	10 000	16	30	20	10	19	10.5	5.6	12.2	2.866
21	10 000	16	30	20	10	19	11	5.9	12.8	3.029
22	10 000	16	30	20	10	19	11.5	6.2	13.4	3.183
23	10 000	16	30	20	10	19	12	6.4	14.0	3.327
24	10 000	16	30	20	10	19	12.5	6.7	14.6	3.460

表 4.2-15 石芽稳定性计算结果（N=25 000 kN，α=16°，β=40°）

序号	荷载 N/kN	岩层倾角 α/(°)	锥顶角 β/(°)	内聚力 C/kPa	内摩擦角 φ/(°)	充填土容重/kN	石芽高度 H_1/m	石芽直径 D/m	石芽高度 H_2/m	稳定系数 K
1	25 000	16	40	20	10	19	1	0.7	1.2	0.622
2	25 000	16	40	20	10	19	1.5	1.1	1.8	0.632
3	25 000	16	40	20	10	19	2	1.5	2.5	0.647
4	25 000	16	40	20	10	19	2.5	1.8	3.1	0.670
5	25 000	16	40	20	10	19	3	2.2	3.7	0.700
6	25 000	16	40	20	10	19	3.5	2.5	4.3	0.739

续表

序号	荷载 N/kN	岩层倾角 α/(°)	锥顶角 β/(°)	内聚力 C/kPa	内摩擦角 φ/(°)	充填土容重/kN	石芽高度 H_1/m	石芽直径 D/m	石芽高度 H_2/m	稳定系数 K
7	25 000	16	40	20	10	19	4	2.9	4.9	0.788
8	25 000	16	40	20	10	19	4.5	3.3	5.5	0.847
9	25 000	16	40	20	10	19	5	3.6	6.2	0.919
10	25 000	16	40	20	10	19	5.5	4.0	6.8	0.998
11	25 000	16	40	20	10	19	6	4.4	7.4	1.087
12	25 000	16	40	20	10	19	6.5	4.7	8.0	1.188
13	25 000	16	40	20	10	19	7	5.1	8.6	1.298
14	25 000	16	40	20	10	19	7.5	5.5	9.2	1.419
15	25 000	16	40	20	10	19	8	5.8	9.9	1.548
16	25 000	16	40	20	10	19	8.5	6.2	10.5	1.686
17	25 000	16	40	20	10	19	9	6.6	11.1	1.830
18	25 000	16	40	20	10	19	9.5	6.9	11.7	1.981
19	25 000	16	40	20	10	19	10	7.3	12.3	2.135
20	25 000	16	40	20	10	19	10.5	7.6	12.9	2.292
21	25 000	16	40	20	10	19	11	8.0	13.6	2.450
22	25 000	16	40	20	10	19	11.5	8.4	14.2	2.608
23	25 000	16	40	20	10	19	12	8.7	14.8	2.764
24	25 000	16	40	20	10	19	12.5	9.1	15.4	2.917

表 4.2-16　石芽稳定性计算结果（N=25 000 kN，α=16°，β=30°）

序号	荷载 N/kN	岩层倾角 α/(°)	锥顶角 β/(°)	内聚力 C/kPa	内摩擦角 φ/(°)	充填土容重/kN	石芽高度 H_1/m	石芽直径 D/m	石芽高度 H_2/m	稳定系数 K
1	25 000	16	30	20	10	19	1	0.5	1.2	0.619
2	25 000	16	30	20	10	19	1.5	0.8	1.7	0.625
3	25 000	16	30	20	10	19	2	1.1	2.3	0.635
4	25 000	16	30	20	10	19	2.5	1.3	2.9	0.649
5	25 000	16	30	20	10	19	3	1.6	3.5	0.668
6	25 000	16	30	20	10	19	3.5	1.9	4.1	0.692
7	25 000	16	30	20	10	19	4	2.1	4.7	0.722
8	25 000	16	30	20	10	19	4.5	2.4	5.2	0.759
9	25 000	16	30	20	10	19	5	2.7	5.8	0.803
10	25 000	16	30	20	10	19	5.5	2.9	6.4	0.852
11	25 000	16	30	20	10	19	6	3.2	7.0	0.908
12	25 000	16	30	20	10	19	6.5	3.5	7.6	0.971

续表

序号	荷载 N/kN	岩层倾角 α/(°)	锥顶角 β/(°)	内聚力 C/kPa	内摩擦角 φ/(°)	充填土容重/kN	石芽高度 H_1/m	石芽直径 D/m	石芽高度 H_2/m	稳定系数 K
13	25 000	16	30	20	10	19	7	3.8	8.2	1.040
14	25 000	16	30	20	10	19	7.5	4.0	8.7	1.116
15	25 000	16	30	20	10	19	8	4.3	9.3	1.199
16	25 000	16	30	20	10	19	8.5	4.6	9.9	1.288
17	25 000	16	30	20	10	19	9	4.8	10.5	1.382
18	25 000	16	30	20	10	19	9.5	5.1	11.1	1.482
19	25 000	16	30	20	10	19	10	5.4	11.7	1.585
20	25 000	16	30	20	10	19	10.5	5.6	12.2	1.692
21	25 000	16	30	20	10	19	11	5.9	12.8	1.802
22	25 000	16	30	20	10	19	11.5	6.2	13.4	1.914
23	25 000	16	30	20	10	19	12	6.4	14.0	2.026
24	25 000	16	30	20	10	19	12.5	6.7	14.6	2.138

表 4.2-17 石芽稳定性计算结果（N=50 000 kN，α=16°，β=40°）

序号	荷载 N/kN	岩层倾角 α/(°)	锥顶角 β/(°)	内聚力 C/kPa	内摩擦角 φ/(°)	充填土容重/kN	石芽高度 H_1/m	石芽直径 D/m	石芽高度 H_2/m	稳定系数 K
1	50 000	16	40	20	10	19	1	0.7	1.2	0.618
2	50 000	16	40	20	10	19	1.5	1.1	1.8	0.623
3	50 000	16	40	20	10	19	2	1.5	2.5	0.631
4	50 000	16	40	20	10	19	2.5	1.8	3.1	0.642
5	50 000	16	40	20	10	19	3	2.2	3.7	0.657
6	50 000	16	40	20	10	19	3.5	2.5	4.3	0.677
7	50 000	16	40	20	10	19	4	2.9	4.9	0.701
8	50 000	16	40	20	10	19	4.5	3.3	5.5	0.731
9	50 000	16	40	20	10	19	5	3.6	6.2	0.767
10	50 000	16	40	20	10	19	5.5	4.0	6.8	0.807
11	50 000	16	40	20	10	19	6	4.4	7.4	0.853
12	50 000	16	40	20	10	19	6.5	4.7	8.0	0.904
13	50 000	16	40	20	10	19	7	5.1	8.6	0.962
14	50 000	16	40	20	10	19	7.5	5.5	9.2	1.026
15	50 000	16	40	20	10	19	8	5.8	9.9	1.096
16	50 000	16	40	20	10	19	8.5	6.2	10.5	1.172
17	50 000	16	40	20	10	19	9	6.6	11.1	1.254
18	50 000	16	40	20	10	19	9.5	6.9	11.7	1.342

续表

序号	荷载 N/kN	岩层倾角 α/(°)	锥顶角 β/(°)	内聚力 C/kPa	内摩擦角 φ/(°)	充填土容重/kN	石芽高度 H_1/m	石芽直径 D/m	石芽高度 H_2/m	稳定系数 K
19	50 000	16	40	20	10	19	10	7.3	12.3	1.434
20	50 000	16	40	20	10	19	10.5	7.6	12.9	1.531
21	50 000	16	40	20	10	19	11	8.0	13.6	1.633
22	50 000	16	40	20	10	19	11.5	8.4	14.2	1.738
23	50 000	16	40	20	10	19	12	8.7	14.8	1.846
24	50 000	16	40	20	10	19	12.5	9.1	15.4	1.956

表 4.2-18　石芽稳定性计算结果（N=50 000 kN，α=16°，β=30°）

序号	荷载 N/kN	岩层倾角 α/(°)	锥顶角 β/(°)	内聚力 C/kPa	内摩擦角 φ/(°)	充填土容重/kN	石芽高度 H_1/m	石芽直径 D/m	石芽高度 H_2/m	稳定系数 K
1	50 000	16	30	20	10	19	1	0.5	1.2	0.617
2	50 000	16	30	20	10	19	1.5	0.8	1.7	0.620
3	50 000	16	30	20	10	19	2	1.1	2.3	0.625
4	50 000	16	30	20	10	19	2.5	1.3	2.9	0.632
5	50 000	16	30	20	10	19	3	1.6	3.5	0.641
6	50 000	16	30	20	10	19	3.5	1.9	4.1	0.653
7	50 000	16	30	20	10	19	4	2.1	4.7	0.669
8	50 000	16	30	20	10	19	4.5	2.4	5.2	0.687
9	50 000	16	30	20	10	19	5	2.7	5.8	0.709
10	50 000	16	30	20	10	19	5.5	2.9	6.4	0.734
11	50 000	16	30	20	10	19	6	3.2	7.0	0.762
12	50 000	16	30	20	10	19	6.5	3.5	7.6	0.794
13	50 000	16	30	20	10	19	7	3.8	8.2	0.830
14	50 000	16	30	20	10	19	7.5	4.0	8.7	0.870
15	50 000	16	30	20	10	19	8	4.3	9.3	0.914
16	50 000	16	30	20	10	19	8.5	4.6	9.9	0.962
17	50 000	16	30	20	10	19	9	4.8	10.5	1.013
18	50 000	16	30	20	10	19	9.5	5.1	11.1	1.069
19	50 000	16	30	20	10	19	10	5.4	11.7	1.128
20	50 000	16	30	20	10	19	10.5	5.6	12.2	1.191
21	50 000	16	30	20	10	19	11	5.9	12.8	1.258
22	50 000	16	30	20	10	19	11.5	6.2	13.4	1.327
23	50 000	16	30	20	10	19	12	6.4	14.0	1.399
24	50 000	16	15	20	10	19	12.5	6.7	14.6	1.474

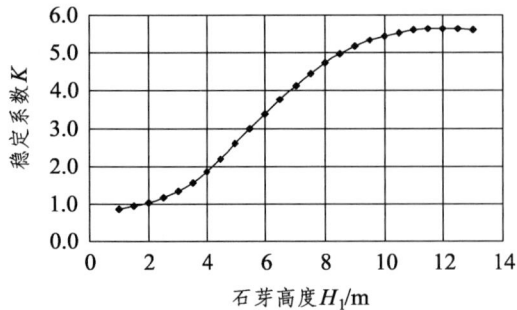

图 4.2-5　石芽稳定系数 K 与高度 H_1 关系曲线
（N=5 000 kN，α=12°，β=40°）

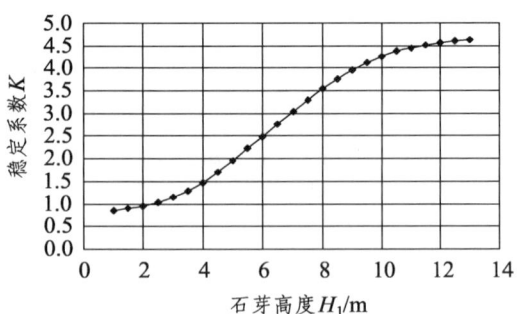

图 4.2-6　石芽稳定系数 K 与高度 H_1 关系曲线
（N=5 000 kN，α=12°，β=30°）

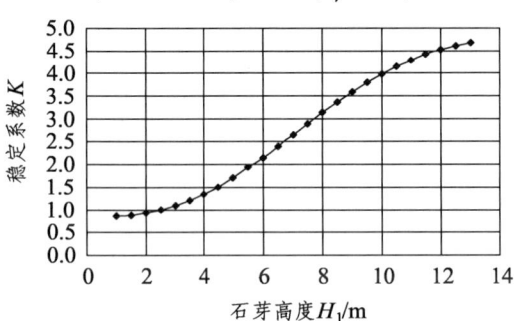

图 4.2-7　石芽稳定系数 K 与高度 H_1 关系曲线
（N=10 000 kN，α=12°，β=40°）

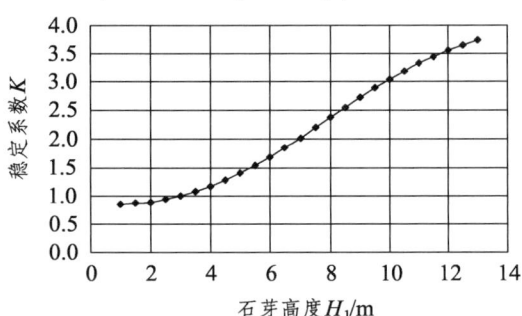

图 4.2-8　石芽稳定系数 K 与高度 H_1 关系曲线
（N=10 000 kN，α=12°，β=30°）

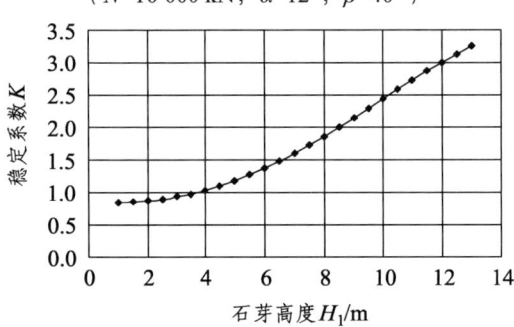

图 4.2-9　石芽稳定系数 K 与高度 H_1 关系曲线
（N=25 000 kN，α=12°，β=40°）

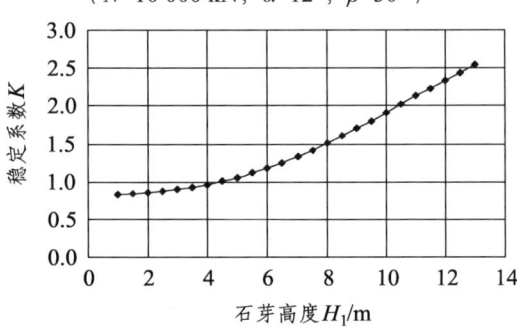

图 4.2-10　石芽稳定系数 K 与高度 H_1 关系曲线
（N=25 000 kN，α=12°，β=30°）

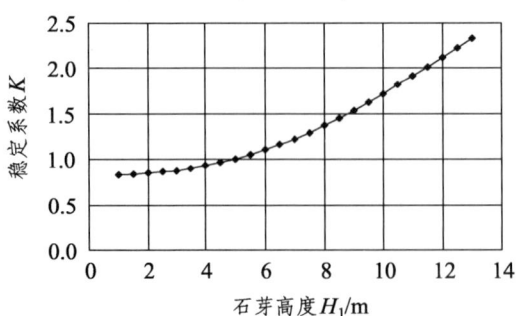

图 4.2-11　石芽稳定系数 K 与高度 H_1 关系曲线
（N=50 000 kN，α=12°，β=40°）

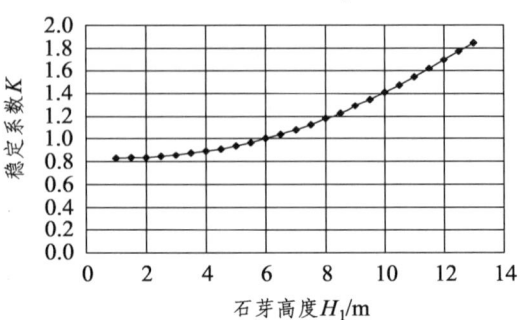

图 4.2-12　石芽稳定系数 K 与高度 H_1 关系曲线
（N=50 000 kN，α=12°，β=30°）

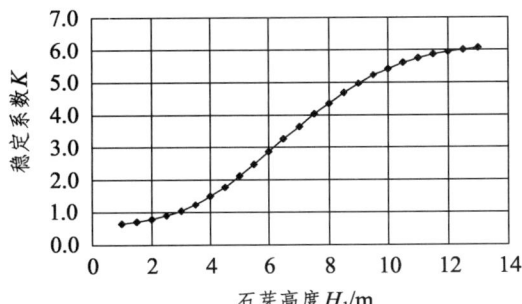

图 4.2-13 石芽稳定系数 K 与高度 H_1 关系曲线
（N=5 000 kN，α=16°，β=40°）

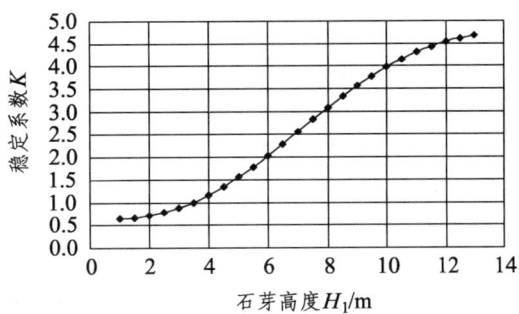

图 4.2-14 石芽稳定系数 K 与高度 H_1 关系曲线
（N=5 000 kN，α=16°，β=30°）

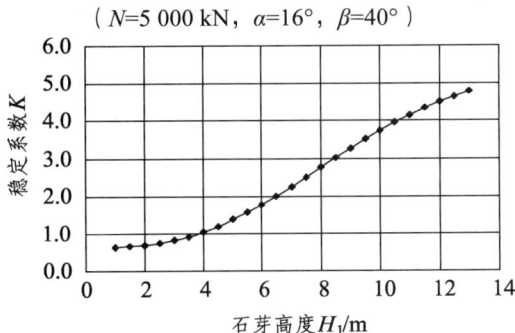

图 4.2-15 石芽稳定系数 K 与高度 H_1 关系曲线
（N=10 000 kN，α=16°，β=40°）

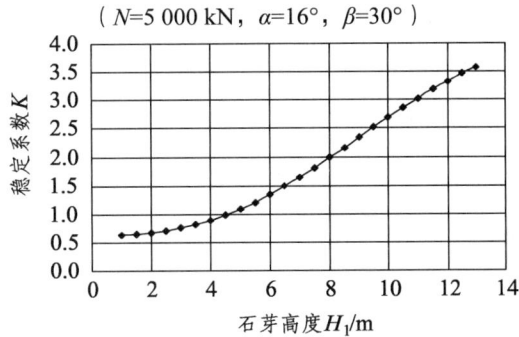

图 4.2-16 石芽稳定系数 K 与高度 H_1 关系曲线
（N=10 000 kN，α=16°，β=30°）

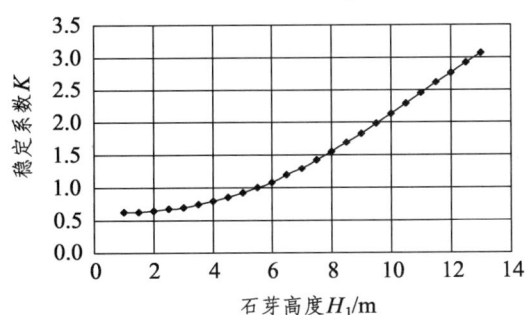

图 4.2-17 石芽稳定系数 K 与高度 H_1 关系曲线
（N=25 000 kN，α=16°，β=40°）

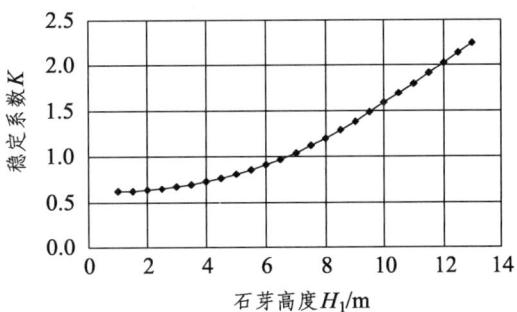

图 4.2-18 石芽稳定系数 K 与高度 H_1 关系曲线
（N=25 000 kN，α=16°，β=30°）

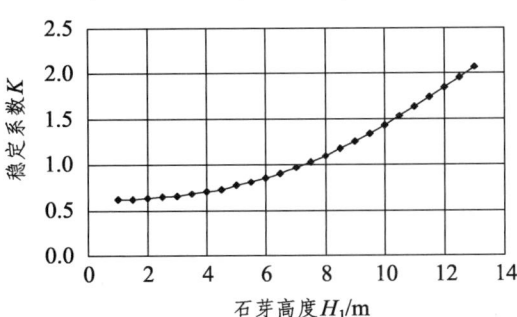

图 4.2-19 石芽稳定系数 K 与高度 H_1 关系曲线
（N=50 000 kN，α=16°，β=40°）

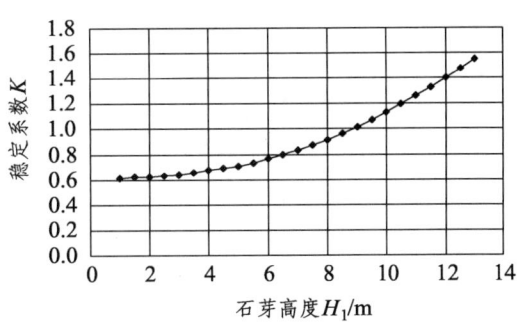

图 4.2-20 石芽稳定系数 K 与高度 H_1 关系曲线
（N=50 000 kN，α=16°，β=30°）

图 4.2-22　强夯垫层处理岩溶漏斗

表 4.2-20　东试验区岩溶漏斗基本特征

试验类型	岩溶漏斗编号	尺寸或面积/m²	钻孔揭露漏斗内充填物厚度/m
岩溶漏斗处理	Kh081	364	4.4
	Kh097	1 478	7.0
	Kh084	1 411	9.3
	Kh096	24 202	9.3

岩溶处理施工设计参数见表 4.2-21。

表 4.2-21　岩溶漏斗强夯处理施工设计参数

岩溶漏斗编号	强夯垫层厚度/m	夯型	单击夯能/(kN·m)	夯点间距	夯点布置	夯击遍数	单点击数	点夯停夯标准（最后两击平均夯沉量）
Kh081	1.0	点夯	2 000	4.5 m	正方形	2 遍	8～12	≤5 cm
		满夯	1 000	d/4 搭接	搭接型		3～5	≤5 cm
Kh097	1.0	点夯	3 000	4.5 m	正方形	2 遍	8～12	≤8 cm
		满夯	1 000	d/4 搭接	搭接型		3～5	≤5 cm
Kh084	1.0	点夯	4 000	4.5 m	正方形	2 遍	8～12	≤10 cm
		满夯	1 000	d/4 搭接	搭接型		3～5	≤5 cm
Kh096	1.0	点夯	4 000	4.5 m	正方形	2 遍	8～12	≤10 cm
		满夯	1 000	d/4 搭接	搭接型		3～5	≤5 cm

注：d 为夯锤直径（m）。

2. 岩溶漏斗处理效果检测

1）地面平均下沉量

岩溶漏斗强夯处理的夯坑夯沉量，各个试验小区在夯至设计击数时，均可达到最后两击平均夯沉量的控制标准。第二遍点夯的夯坑夯沉量，明显比第一遍的夯坑夯沉量小（一般小 30%～50%），表明第一遍点夯后，垫层下地基土得到了一定的夯实。

在强夯前、后分别对碎块石垫层顶面标高进行观测，根据夯坑补料量及沉降观测结果计算地面平均下沉量。强夯能级 2 000 kN·m、3 000 kN·m 的地面平均下沉量为 0.6 m 左右，强夯能级 4 000 kN·m 的地面平均下沉量为 1.0 m 左右。各试验区强夯后均有较大的地面平均下沉量，表明均有较好的有效夯实效果。从地面平均下沉量还可看出，强夯能级及其对应的红黏土层厚度是影响地面平均下沉量的主要因素，而垫层厚度对地面平均下沉量的影响不明显。

2）钻孔取土及室内土工试验

Kh097 岩溶漏斗经强夯处理后，在夯点、夯间分别布置了 1 个钻探取土和标贯试验孔，取样深度至土面以下 5~9 m。夯点下 4.0 m 内的室内试验干密度比较大，达到 1.50 g/cm^3，但在 5.0 m 深处比较小，只有 1.13 g/cm^3。夯点间的干密度则为 1.31~1.53 g/cm^3。总体上，干密度随深度增加而减小，且夯点下的干密度比夯点间的大 5%~10%，但在 5.0 m 深度处，夯点下的干密度比夯点间的小，这可能是受含水率影响所致。

Kh084 岩溶漏斗经强夯处理后，在夯点、夯间分别布置了 3 个钻探取土和标贯试验孔，取样深度至土面以下 5~9 m。夯点下 6.0 m 内的室内试验干密度在 1.22~1.59 g/cm^3，平均为 1.35 g/cm^3，但在 2.5 m 深度处，有个测点的干密度比较小，只有 1.25 g/cm^3。夯点间的干密度则在 1.23~1.45 g/cm^3，平均为 1.37 g/cm^3。总体上，干密度随深度增加而减小，夯点下的平均干密度与夯点间的相近。

3）标准贯入与动力触探试验

（1）标准贯入试验。

Kh097 岩溶漏斗经强夯处理后夯点下的标贯击数在 7.9~12.5 击，平均为 10.8 击，夯点间的标贯击数在 6.9~11.2 击，平均为 9.2 击。无论是夯点下还是夯点间的标贯击数均比较高。

Kh084 岩溶漏斗经强夯处理后的标贯击数在 4.3~11.6 击，平均为 8.5 击，夯点间的标贯击数在 6.0~10.9 击，平均为 7.4 击。无论是夯点下还是夯点间的标贯击数均比较高，且夯点下比夯点间约高 1 击。其地基承载力特征值一般可达 200 kPa。

（2）动力触探试验。

岩溶漏斗强夯处理后夯点下的超重型动探击数 N_{120} 在 4~25 击，一般为 4~10 击，其密实程度相当于稍密碎石及中密碎石，少数为密实碎石。强夯垫层动探击数所对应的地基承载力特征值在 350 kPa 以上。

强夯后垫层下检测层深度范围内的红黏土地基，超重型动探击数 N_{120} 一般在 4~8 击，少数在 1~3 击，对应的地基承载力特征值一般可达 200 kPa。

4）现场载荷试验

Kh084 岩溶漏斗强夯处理后一个月，分别选择 2 个夯点、2 个夯间位置进行浅层平板载荷试验。强夯处理后地基承载力特征值，除一个点为 390 kPa 外，其他 3 个点均达到 400 kPa；地基变形模量在 32.0~64.4 MPa，平均值为 49.0 MPa。这说明铺设垫层强夯后的地基承载力比较大，强夯处理的效果较好。

5）大体积密度与颗分试验

在岩溶漏斗 Kh081、Kh084、Kh097 经强夯处理后，对每个岩溶漏斗强夯垫层采用灌水法进行大体积密度（固体体积率）和颗粒分析试验（Kh084）。除一个测点的干密度较小（2.00 g/cm^3，相应的固体体积率为 75.3%）外，其余测点的干密度均大于 2.05 g/cm^3（固体体积率大于 78%），强夯垫层的密实度基本达到要求。

Kh084 岩溶漏斗经强夯处理后，碎石垫层的颗分试验的结果为：碎石垫层不均匀系数

C_u=18.2~30.7，曲率系数 C_c=1.1~1.6。符合级配良好的判定标准 C_u>5、C_c=1~3，可以判定强夯后块碎石垫层级配良好。

6）波速测试

岩溶漏斗 Kh084、Kh097、Kh081 经强夯处理后，6 m 深度内剪切波速在 180~310 m/s 且多在 200 m/s 以上。

7）小结

采用强夯能级 4 000 kN·m 处理 Kh084、Kh096 岩溶漏斗，地面平均下沉量在 1 m 左右；采用强夯能级 2 000 kN·m、3 000 kN·m 处理 Kh081、Kh097 岩溶漏斗，地面平均下沉量在 0.6 m 左右。各试验区强夯后均有较大的地面平均下沉量，均有较好的有效夯实效果。

颗分试验结果表明，强夯后块碎石垫层级配良好。经强夯处理后，块碎石垫层超重型动探击数 N_{120} 一般为 4~10 击，其密实程度相当于稍密碎石及中密碎石。

Kh084 岩溶漏斗经强夯处理后的地基承载力特征值，除一个点为 390 kPa 外，其他 3 个点均达到 400 kPa；地基变形模量在 32.0~64.4 MPa，平均值为 49.0 MPa。这说明铺设垫层强夯后的地基承载力比较大，强夯处理的效果较好。

岩溶漏斗在 6 m 深度内的剪切波速多在 200 m/s 以上。

综合以上测试结果可知：2 000 kN·m、3 000 kN·m、4 000 kN·m 强夯处理后，岩溶漏斗得到了有效的处理。

4.2.3 落水洞和溶槽的处理

对位于场区内的落水洞和溶槽，采用以下处理方案：

（1）对洞径小于 2.5 m 的落水洞，应将洞体周围的草木和松动的岩体等清理干净，并扩大洞体的直径（至洞径不小于 2.5 m），然后从洞底至洞口采用由大到小逐级不同粒径的碎石分层填筑，形成反滤层，并在洞顶洞径范围内采用 1 000 kN·m 能级进行强夯（锤底静压力 25~40 kPa），以最后两击的平均夯沉量不大于 5 cm 作为控制标准。填料不均匀系数 $C_u \geqslant 5$，曲率系数 C_c=1~3，含泥量不大于 5%，最大粒径≤20 cm，并在洞口周围外延 5 m 铺设一层土工布。为了确保土工布不受破坏，在土工布上、下表面分别铺设一层 20 cm 厚的砂砾石或碎石保护层。

（2）对洞径大于 2.5 m 的落水洞和溶槽，首先将洞体周围的草木等清除干净，然后从洞底至洞口采用由大到小逐级不同粒径的碎石分层填筑，形成反滤层。对于较大的洞体，采用振动压路机进行分层振动碾压，并在洞顶洞径范围内采用 1 000 kN·m 能级进行强夯（锤底静压力 25~40 kPa），夯点以搭接 1/4 锤径进行，要求最后两击平均夯沉量≤5 cm。填料不均匀系数 $C_u \geqslant 5$，曲率系数 C_c=1~3，含泥量不大于 5%，最大粒径≤40 cm，并在洞口周围外延 5 m 铺设一层土工布。为了确保土工布不受破坏，在土工布上、下表面分别铺设一层 20 cm 厚的砂砾石或碎石保护层。

砂砾石最大粒径应不大于 60 mm，粒径为 5~60 mm 的质量应大于总质量的 50%，并要求不均匀系数 $C_u \geqslant 5$，曲率系数 C_c=1~3，含泥量不大于 10%。碎石最大粒径应不大于 50 mm，含泥量不大于 10%。

土工布规格不小于 300 g/m²，抗拉强度不小于 6 kN/m，渗透系数为 5×10^{-2}~5×10^{-1} cm/s。落水洞的处理见图 4.2-23 和图 4.2-24。

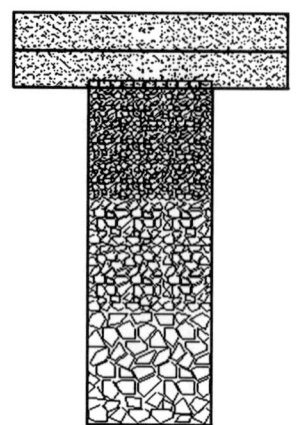

图 4.2-23　落水洞处理剖面图

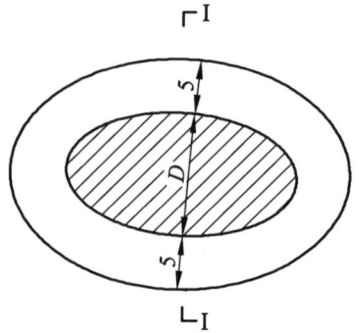

图 4.2-24　落水洞处理平面图

4.3　地下岩溶的地基处理

地下岩溶的处理根据岩溶的大小、埋藏深度、上覆岩层的厚度、充填情况和充填物的成分综合考虑，一般说来，对于浅部岩溶采用清爆回填、强夯加固的方法，对于中等深度或在地基影响范围内的地下岩溶采用洞顶跨越、压力注浆、混凝土灌注、混凝土灌注后再用压力注浆或直接采用桩基础穿过岩溶等方法处理。经岩溶稳定性分析评价属于稳定的岩溶可不进行处理。

4.3.1　洞顶跨越

对于岩溶形态复杂，规模较大，采取简单处理方法不好处治，或者需考虑岩溶水随季节变化，发生间歇性或周期性的消水和涌水，不宜封闭、不易疏导的，以及溶洞、溶槽向地下发育很深的，常考虑采取适当的跨越方法。跨越的方法根据结构形式的不同有多种，可分为桥跨、混凝土拱跨和钢筋混凝土板跨等方法。

1. 静力模型

结合前述地下溶洞和其他场区落水洞出露情况，采用 FLAC^{3D} 软件模拟，其计算模型如图 4.3-1 ~ 图 4.3-3 所示。

1）计算方案

（1）土基上的飞机全重起飞荷载 P：32 kPa（按飞机全重起飞荷载 4 000 kN 计算）

（2）填土厚度 H：10 m、20 m、30 m、40 m 四种

（3）跨度 L：6 m。

（4）跨越方式：平板跨越、拱跨越。

2）边界条件

四个侧面及底面约束。

3）计算参数（表 4.3-1）

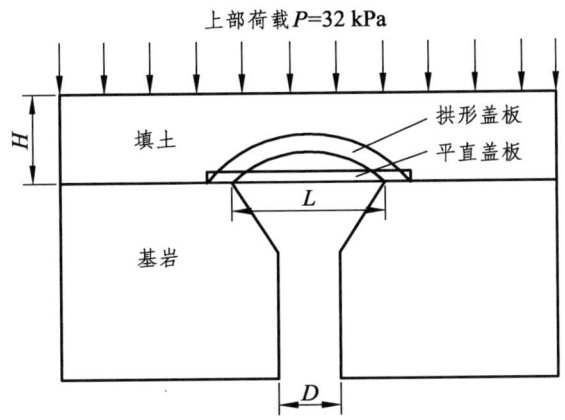

图 4.3-1 跨越法计算模型

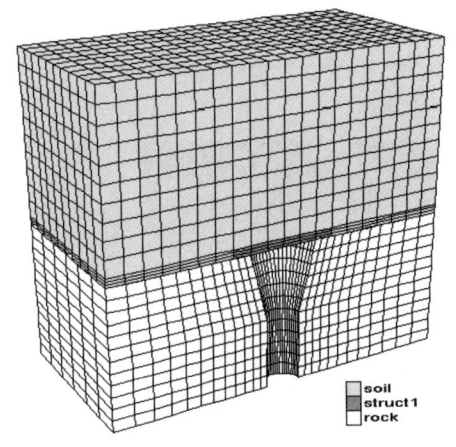

图 4.3-2 平板跨越计算网格　　　　　图 4.3-3 拱跨越计算网格

表 4.3-1 计算参数

代号	地层	模量 /MPa	泊松比 μ	内聚力 C/MPa	内摩擦角 φ/(°)	抗拉强度 σ_t/MPa
Rock	基岩	25 000.0	0.25	1.0	40	2.0
Soil	填土	7.0	0.30	0.03	15	0.0
Struct	跨板	30 000.0	0.20	1.5	45	2.0

4）计算结果

填土厚度 10～40 m、平板跨越时计算结果如表 4.3-2、图 4.3-4～图 4.3-11 所示。根据算计结果，平板上的压应力略大于 γH 理论计算值，其原因是应力分布不均匀。填方高度与总沉降间呈非线性关系（图 4.3-28，幂函数关系相关性较强）。若假定填土结束时填土所完成的沉降为 75%（剩余量为 25%），跑道铺筑结束时所完成的沉降为 40%（剩余量为 60%），即工后沉降量如下式计算得 3.5～32 cm。

$$S_C = 0.25 S_A + S_B \tag{4.3-1}$$

$$S_{工后} = 0.6 S_C \tag{4.3-2}$$

式中：S_A——填土产生的沉降（cm）；

S_B——荷载产生的沉降（cm）；

S_C——填土结束时剩余沉降（cm）；

$S_{工后}$——工后沉降（cm）。

表 4.3-2　平板跨越计算结果

填土厚度 H/m	填土沉降量 S_A/cm	荷载沉降量 S_B/cm	总沉降量 /cm	填土结束时剩余沉降 S_C/cm	工后沉降量 $S_{工后}$/cm
10	10	3.4	13.4	6.0	3.5
20	40	6.7	46.7	16.7	10.0
30	91	10.2	101.2	33.0	20.0
40	161	13.5	174.5	53.8	32.3

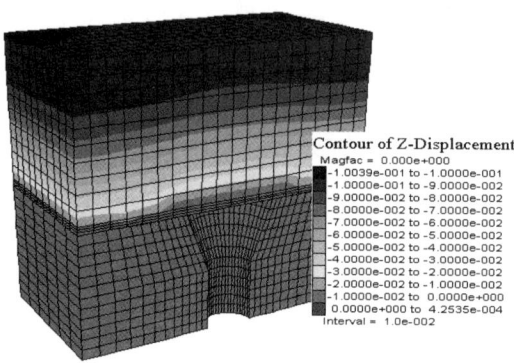

图 4.3-4　平板跨越填土后沉降量等值线
（H=10 m，L=6 m）

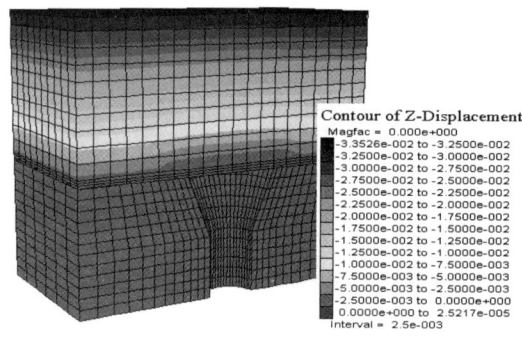

图 4.3-5　平板跨越施加荷载后沉降量等值线
（P=32 kPa，H=10 m，L=6 m）

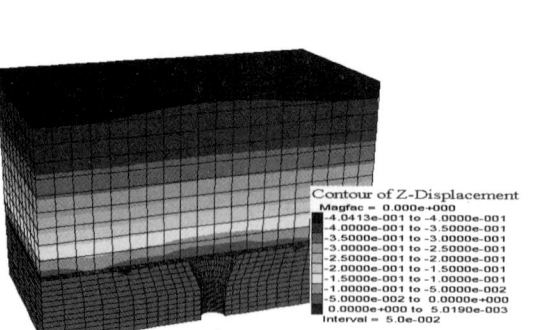

图 4.3-6　平板跨越填土后沉降量等值线
（H=20 m，L=6 m）

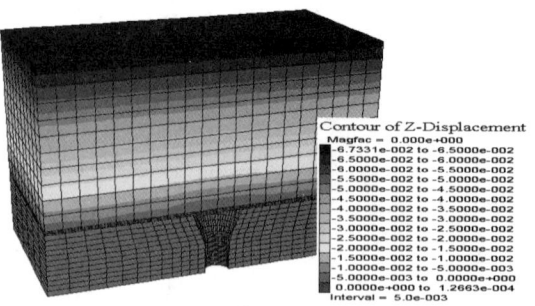

图 4.3-7　平板跨越施加荷载后沉降量等值线
（P=32 kPa，H=20 m，L=6 m）

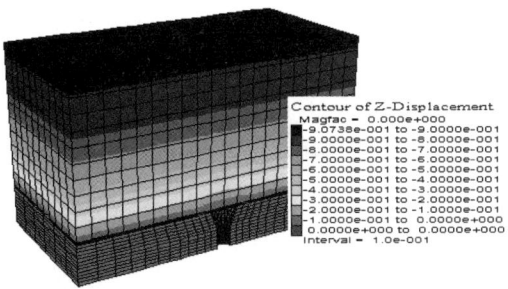

图 4.3-8　平板跨越填土后沉降量等值线
（H=30 m，L=6 m）

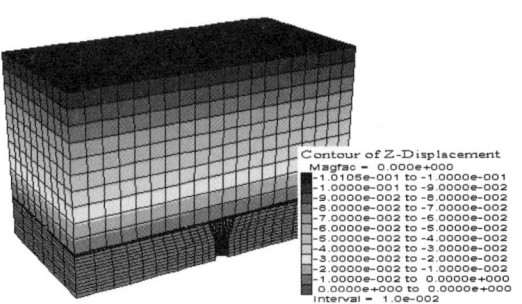

图 4.3-9　平板跨越施加荷载后沉降量等值线
（P=32 kPa，H=30 m，L=6 m）

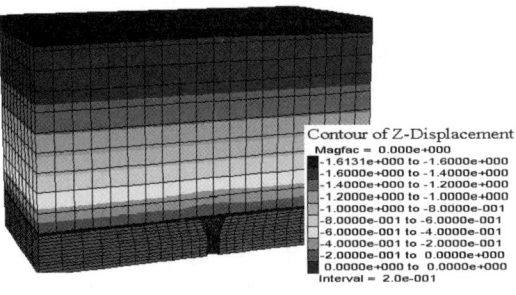

图 4.3-10　平板跨越填土后沉降量等值线
（H=40 m，L=6 m）

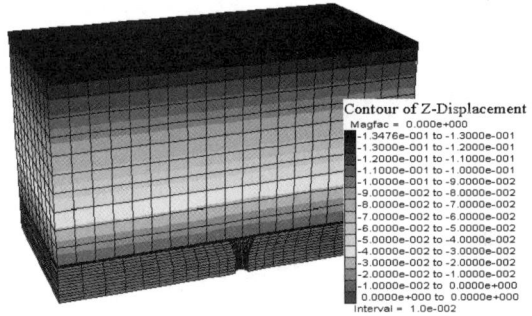

图 4.3-11　平板跨越施加荷载后沉降量等值线
（P=32 kPa，H=40 m，L=6 m）

填土厚度 10~40 m、拱跨越时计算结果如表 4.3-3、图 4.3-12~图 4.3-27 所示。从中可知：填方厚度较小时，跨越方式对沉降位移分布有一定影响；填方厚度较大时，跨越方式对沉降位移的影响较小。拱跨越在拱脚部应力有较大的集中（表 4.3-4），应力集中程度约为重应力的 4~6 倍。

表 4.3-3　拱跨越计算结果

填土厚度 H/m	填土沉降量 S_A/cm	荷载沉降量 S_B/cm	总沉降量 /cm	填土结束时剩余沉降 S_C/cm	工后沉降量 $S_{工后}$/cm
10	10.2	3.4	13.6	6.0	3.6
20	41.1	6.8	47.9	17.1	10.2
30	92.7	10.2	102.9	33.4	20.0
40	165	13.6	178.6	54.9	32.9

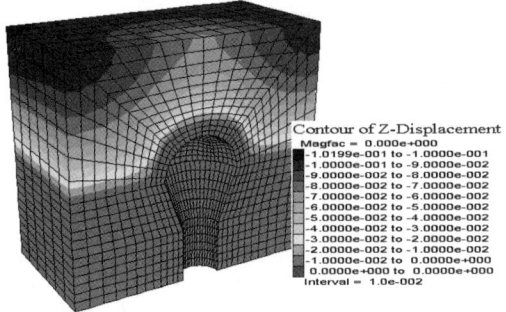

图 4.3-12　拱跨越填土后沉降量等值线
（H=10 m，L=6 m）

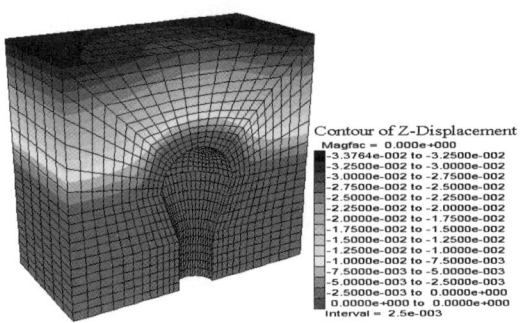

图 4.3-13　拱跨越施加荷载后沉降量等值线
（P=32 kPa，H=10 m，L=6 m）

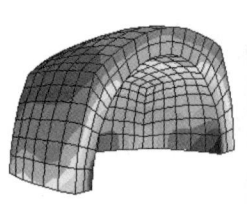

图 4.3-14　拱跨越最大主应力等值线
（H=10 m，L=6 m，拉应力为正，压应力为负）

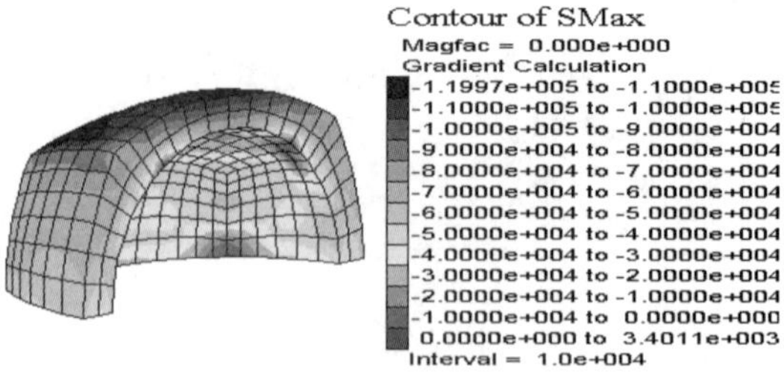

图 4.3-15　拱跨越最小主应力等值线
（H=10 m，L=6 m，拉应力为正，压应力为负）

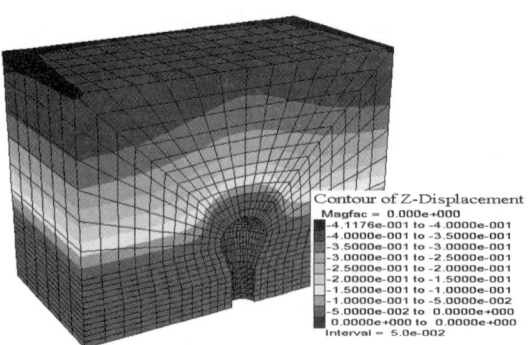

图 4.3-16　拱跨越填土后沉降量等值线
（H=20 m，L=6 m）

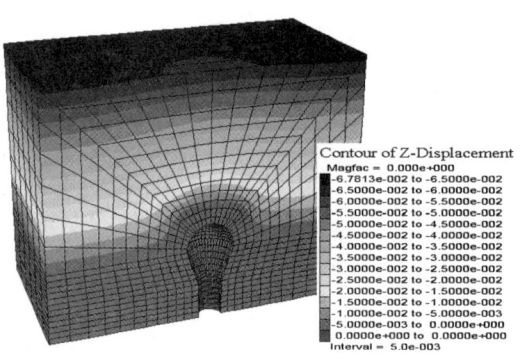

图 4.3-17　拱跨越施加荷载后沉降量等值线
（P=32 kPa，H=20 m，L=6 m）

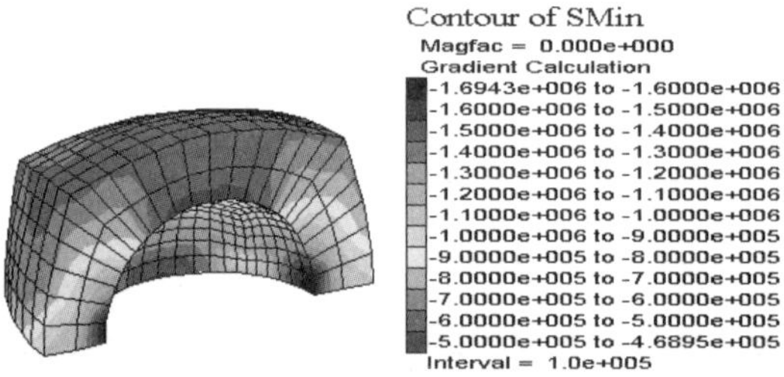

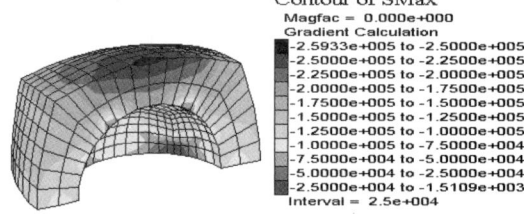

图 4.3-18　拱跨越最大主应力等值线
（H=20 m，L=6 m，拉应力为正，压应力为负）

图 4.3-19　拱跨越最小主应力等值线
（H=20 m，L=6 m，拉应力为正，压应力为负）

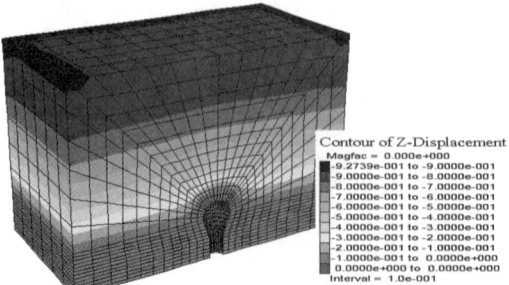

图 4.3-20　拱跨越填土后沉降量等值线
（H=30 m，L=6 m）

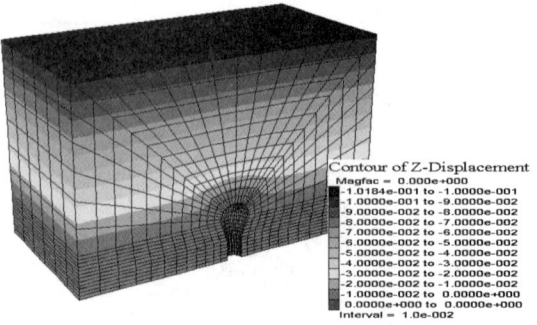

图 4.3-21　拱跨越施加荷载后沉降量等值线
（P=32 kPa，H=30 m，L=6 m）

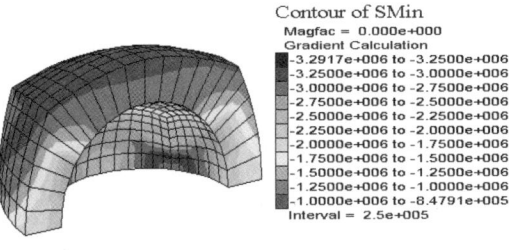 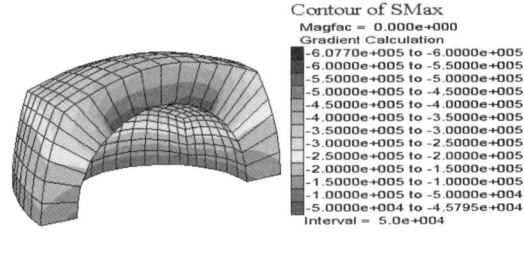

图 4.3-22　拱跨越最大主应力等值线
（H=30 m，L=6 m，拉应力为正，压应力为负）

图 4.3-23　拱跨越最小主应力等值线
（H=30 m，L=6 m，拉应力为正，压应力为负）

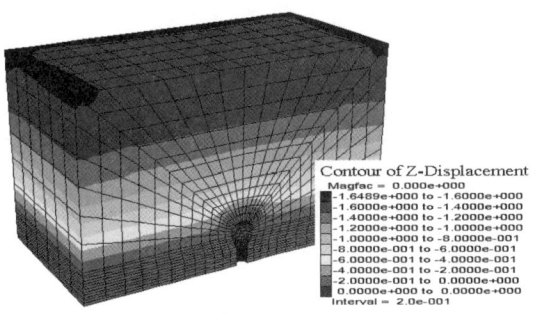 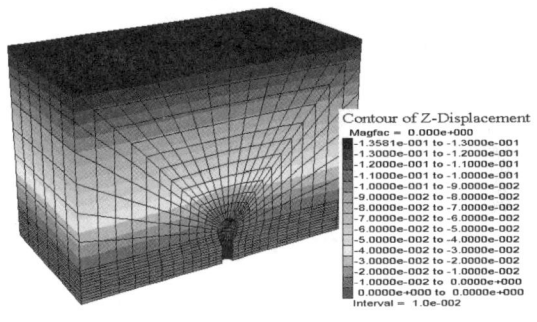

图 4.3-24　拱跨越填土后沉降量等值线
（H=40 m，L=6 m）

图 4.3-25　拱跨越施加荷载后沉降量等值线
（P=32 kPa，H=40 m，L=6 m）

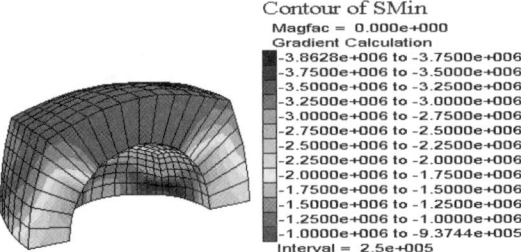 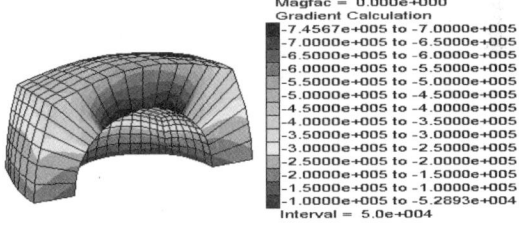

图 4.3-26　拱跨越最大主应力等值线
（H=40 m，L=6 m，拉应力为正，压应力为负）

图 4.3-27　拱跨越最小主应力等值线
（H=40 m，L=6 m，拉应力为正，压应力为负）

表 4.3-4　拱脚最大压应力

填土高度/m	10	20	30	40
拱脚最大压应力/MPa	1.3	1.7	3.2	3.8

填方高度与沉降量关系曲线如图 4.3-28 所示。

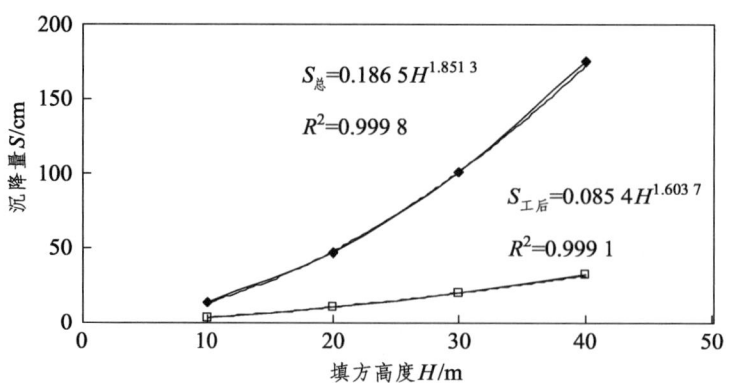

图 4.3-28　填方高度与沉降量关系曲线

2. 动力模型

根据现行《建筑抗震设计规范》，昆明市抗震设防烈度为Ⅷ度，设计地震分组为第二组，Ⅱ类建筑场地，特征周期为 0.40 s，机场场地基岩地震动加速度峰值如表 4.3-5 所示，50 年超越概率为 10% 的最大加速度为 231 cm/s²，即 0.45g。

表 4.3-5　机场场地基岩地震动加速度峰值　　　　　　　　　　　单位：cm/s²

场点	50 年超越概率		
	63%	10%	2%
西跑道北端	65.638	229.762	441.521
西跑道南端	64.117	218.142	416.411
东跑道北端	68.590	248.736	479.718
东跑道南端	65.505	228.366	439.345
平均值	66	231	444

地震动曲线如图 4.3-29 所示，采用周期函数拟合曲线如图 4.3-30 所示。

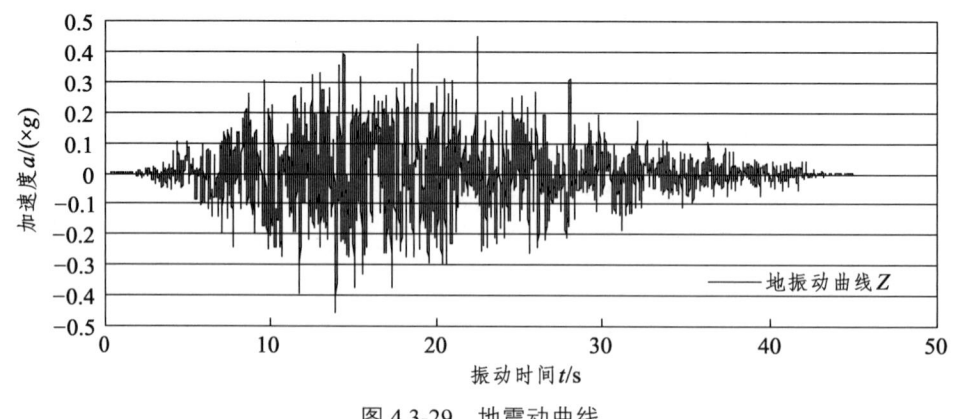

图 4.3-29　地震动曲线

$$a = A\mathrm{e}^{-k(t-t_0)^2}\sin(2\pi ft - t_0) \qquad (4.3\text{-}3)$$

式中：a——加速度；

A——最大加速度值，取 $0.45g$；

k、f 和 t_0——参数，其中，$k=0.01$、$f=3$、$t_0=19.5$。

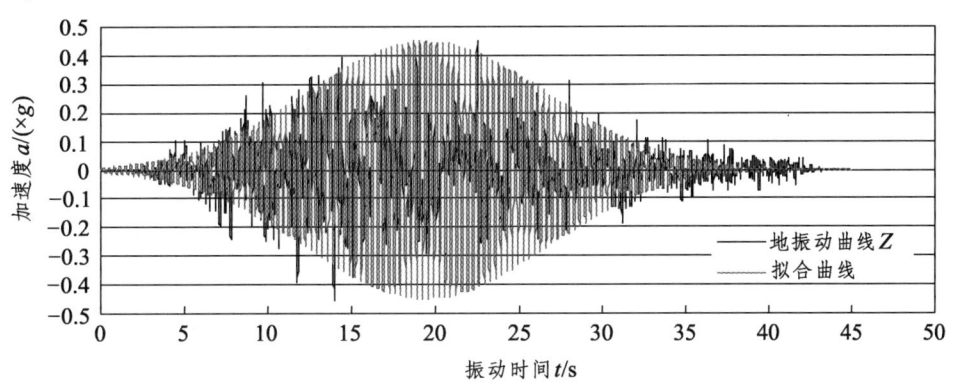

图 4.3-30 地震动拟合曲线（$f=3$ Hz）

1）计算方案

（1）填土厚度 H 为 10 m、40 m。

（2）跨度 L 为 6 m。

（3）地震动最大加速度值为 $0.23g$ 和 $0.40g$。

（4）跨越方式为平板跨越。

2）边界条件

（1）模型四周采用黏性边界，即"Free filed+Quiet boundary"。

（2）底部为刚性较大基础，施加"地震动荷载"。

3）计算参数

根据国内外众多学者的研究结果，当弹性模量值较低（如<1.0 GPa）时，动弹模要低于静弹模；当弹性模量较高时，动弹模大大高于静弹模；当弹模值很大时，两者较为接近。据林英松（1998）等人的试验资料，动、静弹性模型间有式（4.3-4）所示关系，而动、静泊松比基本接近；根据周兰玉（1974）等的资料，岩石的动弹模为（1～7）倍静弹模。参照上述资料，本次计算中基岩动弹模取值为 2～3 倍静弹模，填土层动弹模与静弹模基本接近，动泊松比与静泊松比基本一致（表 4.3-6）。

$$E_d = 1.554 E_s - 0.6831 \quad (4.3\text{-}4)$$

式中：E_s——静弹性模量（MPa）；

E_d——动弹性模量（MPa）。

表 4.3-6 动力计算材料参数

代号	地层	动模量 E_d/MPa	泊松比 μ	内聚力 C/MPa	内摩擦角 φ/（°）	抗拉强度 σ_t/MPa
Rock	基岩	75 000.0	0.25	—	—	—
Soil	填土	28.0	0.28	0.03	25	0.0
Struct	跨板	75 000.0	0.25	—	—	—

4）计算结果

最大加速度为 0.23g 的计算结果如图 4.3-31～图 4.3-36 所示。当填土厚度为 10～40 m 时，土层对加速度的放大作用明显，土层顶部加速度的放大倍数为 1.5～3 倍，由地震动引起的沉降量为 1～7 cm。

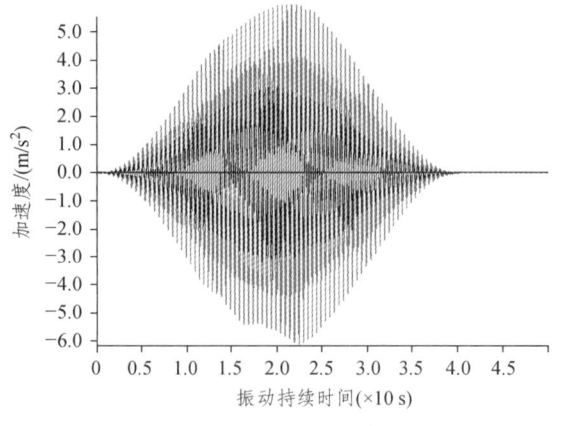

图 4.3-31　土体顶面加速度
（H=10 m，L=6 m，a_{max}=0.2g）

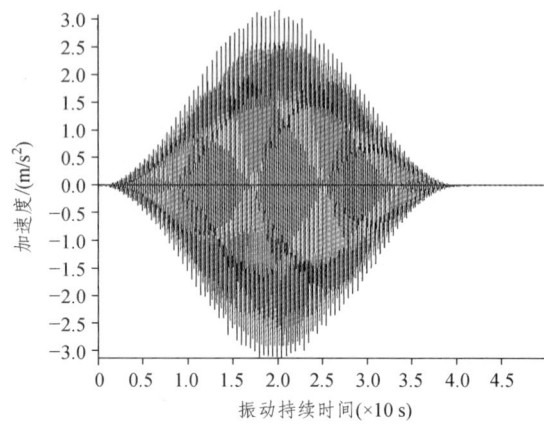

图 4.3-32　土体顶面加速度
（H=40 m，L=6 m，a_{max}=0.2g）

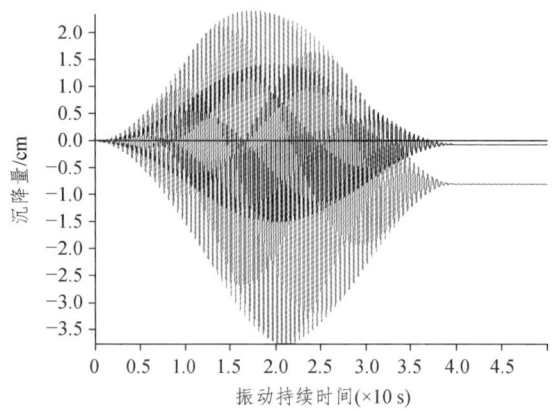

图 4.3-33　土体顶面沉降时程曲线
（H=10 m，L=6 m，a_{max}=0.2g）

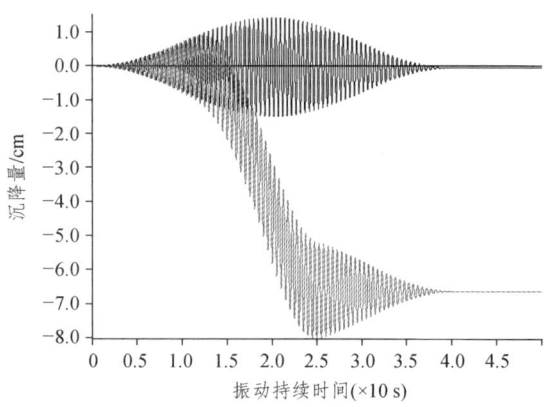

图 4.3-34　土体顶面沉降时程曲线
（H=40 m，L=6 m，a_{max}=0.2g）

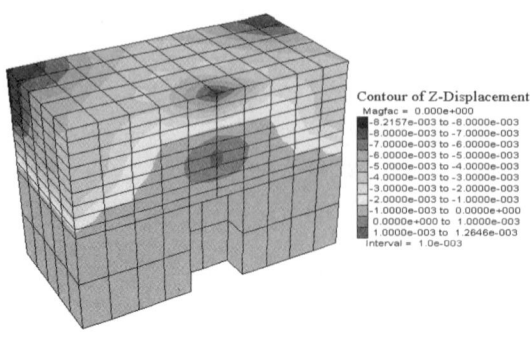

图 4.3-35　地震后沉降等值线
（H=10 m，L=6 m，a_{max}=0.2g）

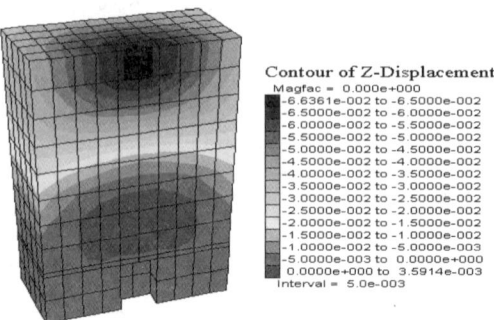

图 4.3-36　地震后沉降等值线
（H=40 m，L=6 m，a_{max}=0.2g）

最大加速度为 0.4g 的计算结果如图 4.3-37～图 4.3-42 所示。当填土厚度为 10～40 m 时，土层对加速度的放大作用明显，土层顶部加速度的放大倍数为 1.5～2.5 倍，由地震动引起的沉降量为 3～50 cm。

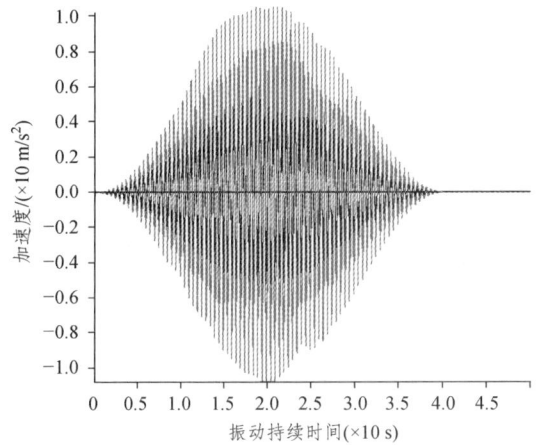

图 4.3-37　土体顶面加速度
（H=10 m，L=6 m，a_{max}=0.4g）

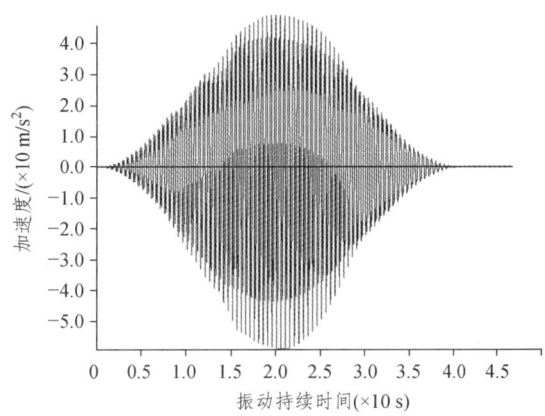

图 4.3-38　土体顶面加速度
（H=40 m，L=6 m，a_{max}=0.4g）

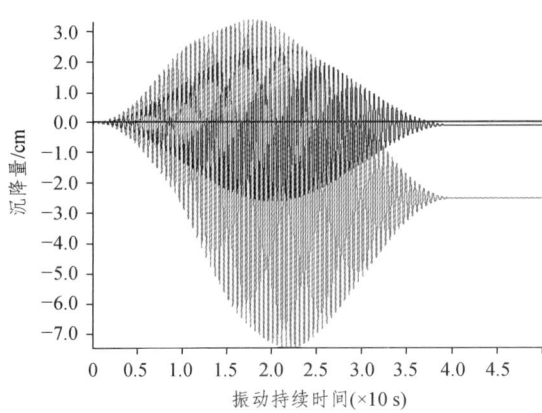

图 4.3-39　土体顶面沉降时程曲线
（H=10 m，L=6 m，a_{max}=0.4g）

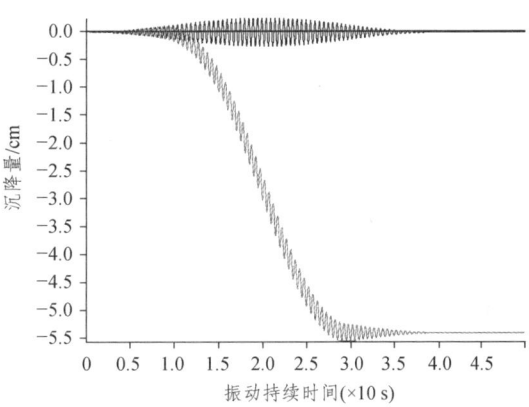

图 4.3-40　土体顶面沉降时程曲线
（H=40 m，L=6 m，a_{max}=0.4g）

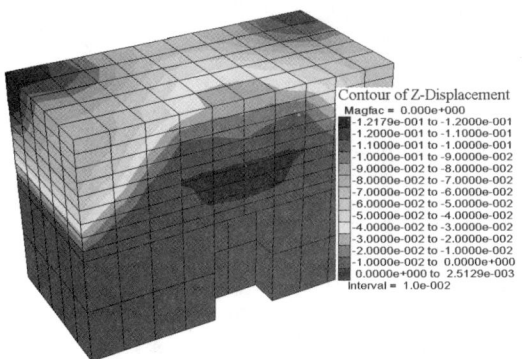

图 4.3-41　地震后沉降等值线
（H=10 m，L=6 m，a_{max}=0.4g）

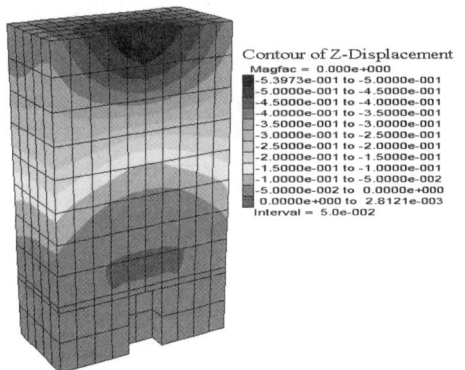

图 4.3-42　地震后沉降等值线
（H=40 m，L=6 m，a_{max}=0.4g）

4.3.2 压力注浆

在昆明新机场,为了研究压力注浆对溶洞的处理效果,分别在东试验区和西试验区选择了代表性的 GR1 溶洞和 ER3 溶洞进行压力注浆处理试验。

1. GR1 溶洞

1)GR1 溶洞的基本特征

为了查清 GR1 溶洞的空间分布,在平面位置上布置了 53 个勘探孔,其中有 17 个钻孔揭露到溶洞,单层溶洞 13 个、双层溶洞 4 个,溶洞揭露率为 32%。溶洞内充填红黏土,其中仅 1 个钻孔揭露溶洞无充填物。

钻孔布置如图 4.3-43 所示,地质剖面图如图 4.3-44~图 4.3-45 所示。

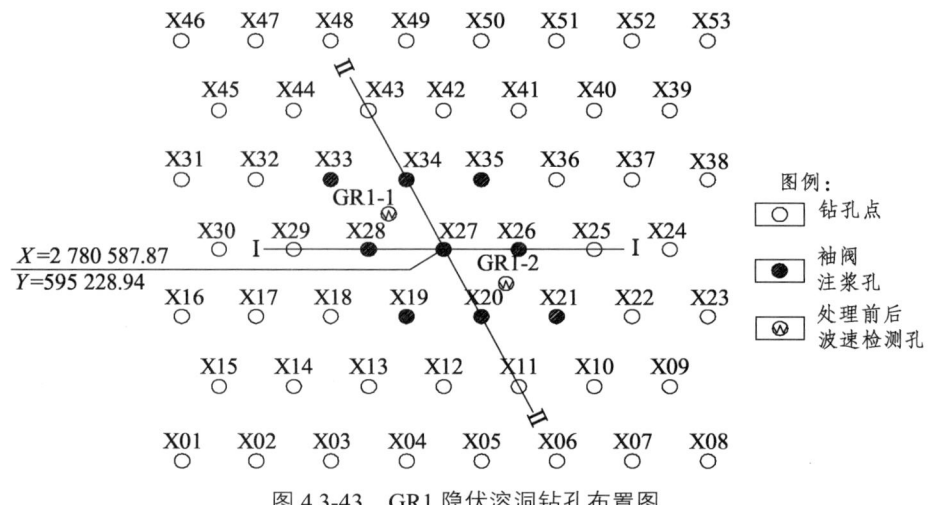

图 4.3-43　GR1 隐伏溶洞钻孔布置图

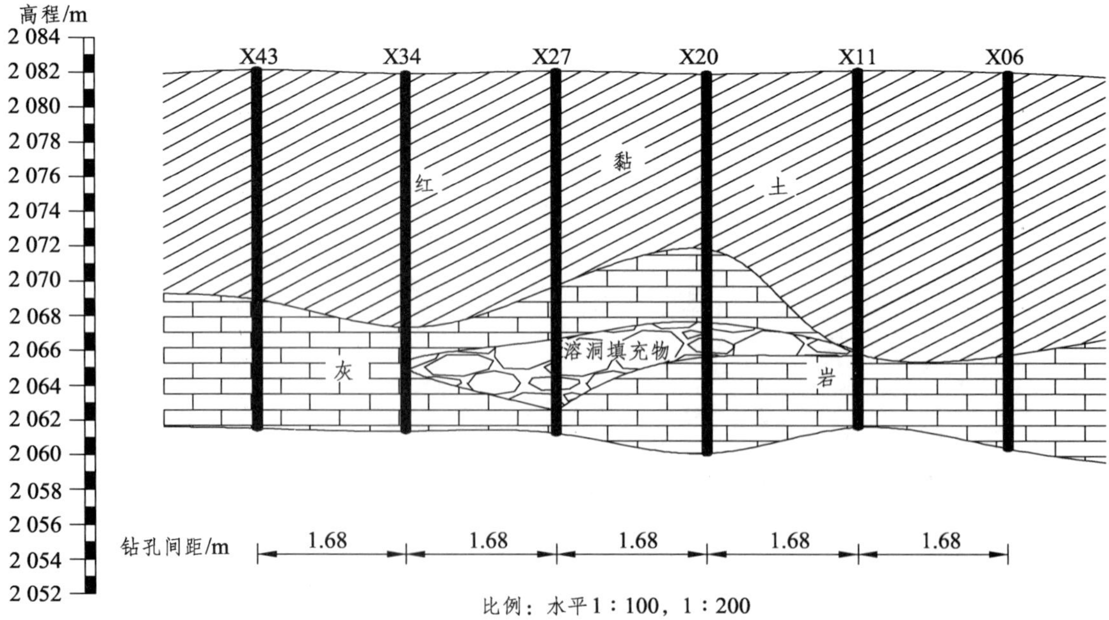

图 4.3-44　GR1 隐伏溶洞 Ⅰ—Ⅰ 剖面地质剖面图

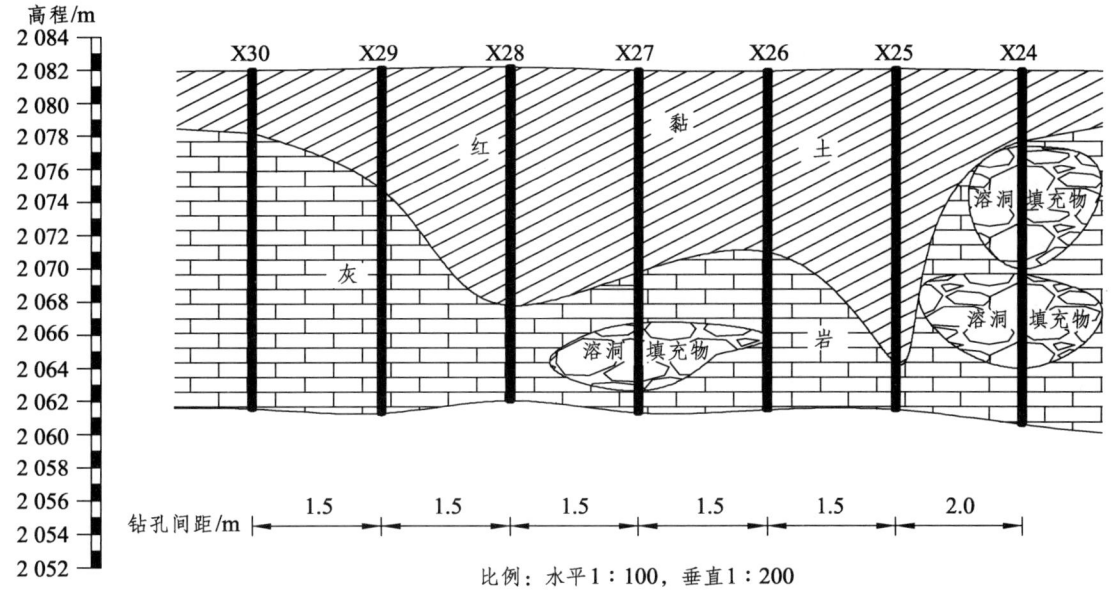

图 4.3-45　GR1 隐伏溶洞 Ⅱ—Ⅱ 剖面地质剖面图

2）压力注浆施工

在实际施工中仅进行了 9 个孔的袖阀注浆处理试验，注浆孔平面布置和处理范围的剖面图见图 4.3-43～图 4.3-45。从图中可以看出，在 9 个袖阀注浆钻孔中，仅 X27 分布有一溶洞，溶洞顶板厚度为 4.8 m，洞高 4.8 m。

在灌注套壳料施工中发现，其套壳料灌注方量非常大且孔口未见返浆，经指挥部、监理、施工和设计单位共同讨论决定，在孔口上部 1～2 m 范围内采用 C20 混凝土封孔。

袖阀注浆累计灌注 9 个孔，实际采用施工参数为孔距 1.5 m、排距 1.5 m、孔径 100 mm。套壳料的配合比（水泥：土：水）为 1：1.5：1.88；固管止浆材料采用 1：1.5（水：灰）的纯水泥浆；注浆段分段长度为 1.5 m；浆液配合比为 1：1。注浆压力采用 0.2～0.8 MPa。在注浆压力下，吸浆量<1～2 L/min 稳压 15 min 终注。

3）注浆效果检测

隐伏溶洞试验检测主要包括处理前后的波速测试钻探、钻探孔中的波速测试和处理后钻探取芯试验等。

（1）处理前的波速测试。

GR1 区进行处理前（原地基）的波速测试 2 孔，累计进尺 40 m，检测点布置如图 4.3-43 所示，波速测试成果如图 4.3-46、图 4.3-47 所示。

GR1 区处理前 G1-1 孔的波速测试成果图显示，剪切波速随着深度的增加相应地增加，土层的等效剪切波速为 242 m/s。

GR1 区处理前 G1-2 孔的波速测试成果图显示，剪切波速随着深度的增加相应地增加，土层的等效剪切波速为 237 m/s。

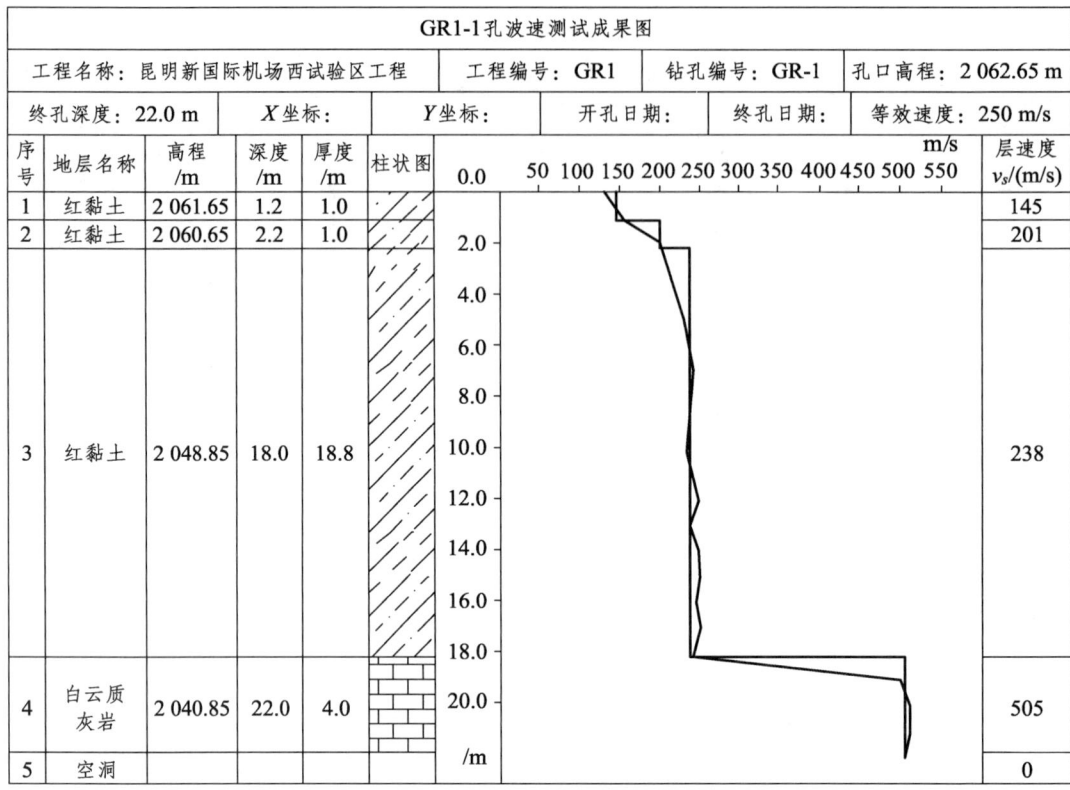

图 4.3-46　GR1-1 隐伏溶洞波速测试成果图（处理前）

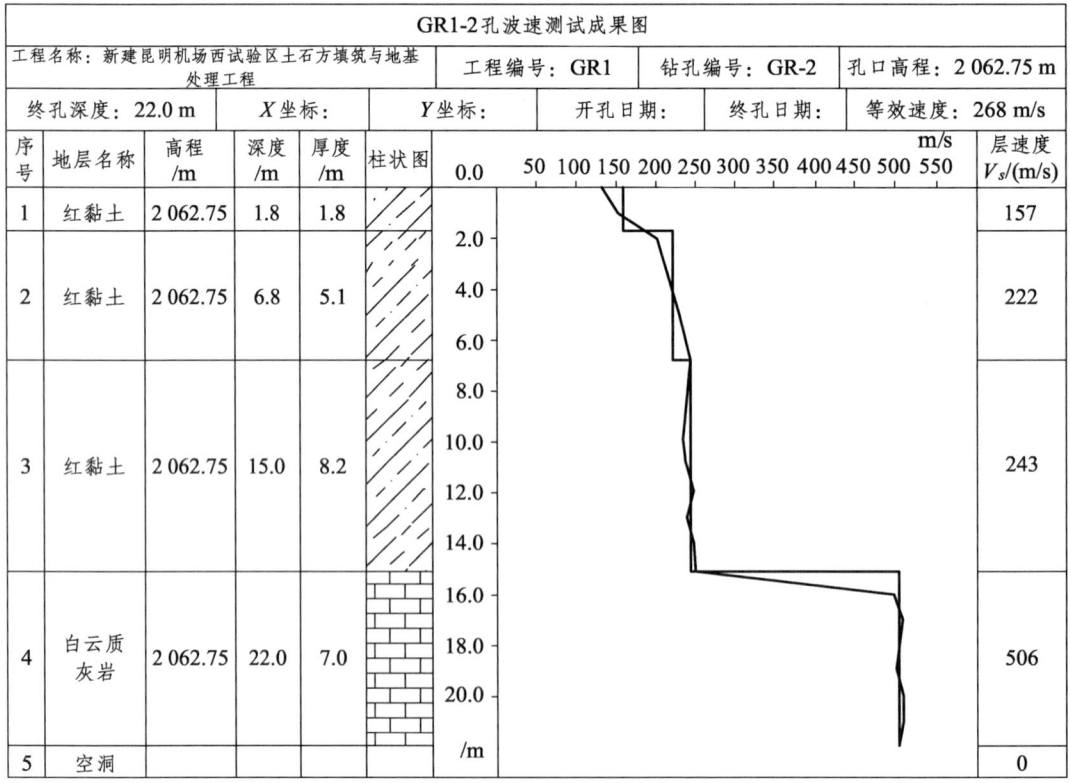

图 4.3-47　GR1-2 隐伏溶洞波速测试成果图（处理前）

（2）处理后的波速测试。

GR1 区进行处理后波速测试 2 孔，累计进尺 44 延米，检测点布置如图 4.3-43 所示，波速测试成果如图 4.3-48、图 4.3-49 所示。

						GR1-01孔波速测试成果图		
工程名称：新建昆明机场西试验区土石方填筑与地基处理工程						工程编号：GR1	钻孔编号：GR-1	孔口高程：2 063.25 m
终孔深度：20.0 m			X坐标：		Y坐标：	开孔日期：	终孔日期：	
序号	地层名称	高程/m	深度/m	厚度/m	柱状图	0.0 50 100 150 200 250 300 350 400 450 500 550 m/s		层速度 v_s/(m/s)
1	红黏土	2 057.25	6.0	6.0				197
2	红黏土	2 055.75	7.5	1.5				240
3	红黏土	2 054.65	8.6	1.1				239
4	红黏土	2 050.75	12.5	3.9				241
5	红黏土	2 045.25	18.0	5.5				261
6	白云质灰岩	2 043.25	20.0	2.0				510
7	空洞					/m		0

图 4.3-48　GR1-01 隐伏溶洞波速测试成果图（处理后）

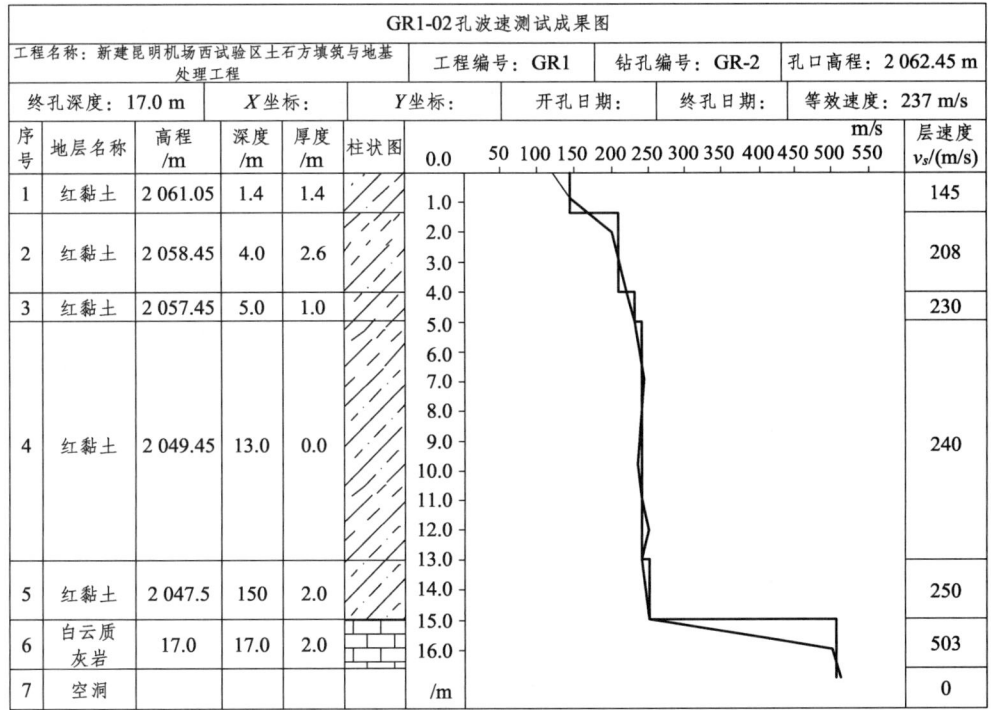

						GR1-02孔波速测试成果图		
工程名称：新建昆明机场西试验区土石方填筑与地基处理工程						工程编号：GR1	钻孔编号：GR-2	孔口高程：2 062.45 m
终孔深度：17.0 m			X坐标：		Y坐标：	开孔日期：	终孔日期：	等效速度：237 m/s
序号	地层名称	高程/m	深度/m	厚度/m	柱状图	0.0 50 100 150 200 250 300 350 400 450 500 550 m/s		层速度 v_s/(m/s)
1	红黏土	2 061.05	1.4	1.4				145
2	红黏土	2 058.45	4.0	2.6				208
3	红黏土	2 057.45	5.0	1.0				230
4	红黏土	2 049.45	13.0	0.0				240
5	红黏土	2 047.5	150	2.0				250
6	白云质灰岩		17.0	17.0	2.0			503
7	空洞					/m		0

图 4.3-49　GR1-02 隐伏溶洞波速测试成果图（处理后）

GR1 区处理后 G1-01 孔的波速测试成果图显示，剪切波速随着深度的增加相应地增加，土层的等效剪切波速为 251 m/s。

GR1 区处理后 G1-02 孔的波速测试成果图显示，剪切波速随着深度的增加相应地增加，土层的等效剪切波速为 268 m/s。

按照剪切波速划分场地土类型的划分标准，注浆处理前后场地土层的等效剪切波速及场地土类型如表 4.3-7 所示。

表 4.3-7　隐伏溶洞区处理前后波速测试成果表

处理区域		土层	注浆处理前		注浆处理后	
			等效剪切波速/（m/s）	场地土类型	等效剪切波速/（m/s）	场地土类型
GR1	G1-1	上部土层	229	中软场地土	226	中软场地土
		下部岩石	510	坚硬场地土	505	坚硬场地土
	G1-2	上部土层	221	中软场地土	221	中软场地土
		下部岩石	503	坚硬场地土	506	坚硬场地土

表 4.3-7 表明，GR1 区溶洞注浆处理后上部土层和下部岩石的剪切波速与处理前的剪切波速相差不大。由于注浆处理后下部溶洞被填，相当于岩石的厚度增大，该区整体土层的等效剪切波速比处理前提高较大。整个地基土层的等效剪切波速有所提高，但提高幅度不大，说明袖阀注浆作用不明显。

（3）处理后钻探取芯检测。

区注浆处理后分别进行了钻探取芯 2 孔，钻孔位置和深度与波速测试孔同。处理后钻探芯样描述如下：

GR1-01 孔：0.0～2.2 m 为褐红色黏土，可塑，基本未见水泥浆；2.2～18.0 m 为褐红混灰色粉质黏土，可塑～硬塑，可见少许水泥浆和水泥块；18.0～19.5 m 为灰白色岩体；19.5～22.0 m 为褐灰色砾石混水泥浆。

GR1-02 孔：0～6.8 m 为红黏土，可塑，基本未见水泥浆；6.8～15.0 m 为褐灰红色粉质黏土，可塑～硬塑，可见少许水泥浆痕迹；15～22.0 m 为灰色岩石，除 16.5～17.0 m 处岩石破碎外其余芯样完整，也是仅见少许水泥浆痕迹。

通过对 GR1 溶洞进行袖阀注浆法处理后的检测成果表明，处理后各土层的剪切波速比处理前的剪切波速有所提高，整个地基土层的等效剪切波速有所提高，地基土由处理前的中软场地土变为处理后的中硬场地土；但是，在实际施工中灌注套壳料方量非常大且孔口未见返浆。此外，钻探取芯检测仅仅在钻孔处 2.2～18.0 m 土层发现少许水泥浆，说明袖阀注浆法处理 GR1 溶洞的效果不是很理想。

2．ER3 溶洞

1）ER3 溶洞的主要特征

图 4.3-50 是 ER3 溶洞附近几条物探线的物探解译剖面图。物探解译 ER3 溶洞为全充填型溶洞。ER3 溶洞钻孔平面布置见图 4.3-51，工程地质剖面见图 4.3-52、图 4.3-53。钻孔资料表明：ER3 溶洞为一全充填型溶洞（与物探成果一致），溶洞顶板厚度多为 1～2 m，局部无顶板

而直接与上部红黏土相连通，溶洞埋深 5～15 m，溶洞内多充填软塑状红黏土及粉质黏土等；该溶洞还具有多层溶洞、溶隙发育的特点。

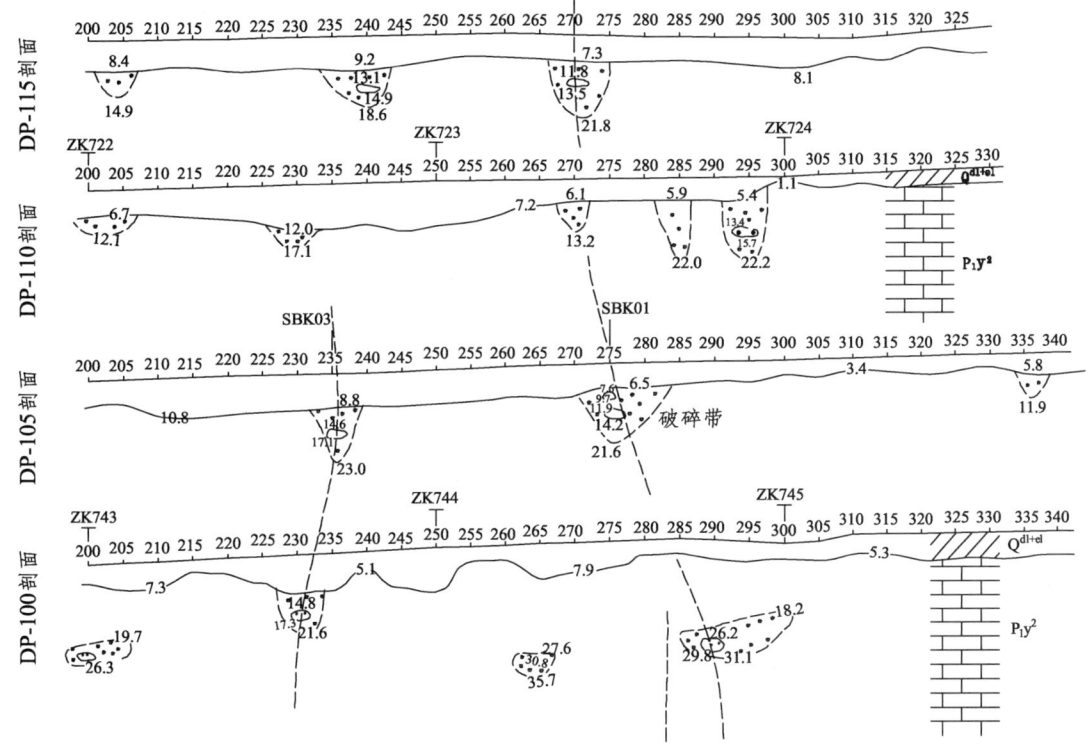

图 4.3-50　ER3 溶洞物探解译剖面图

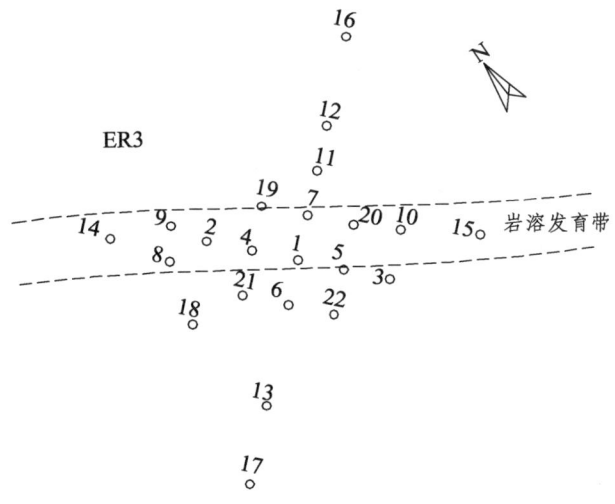

图 4.3-51　溶洞钻孔布置示意图

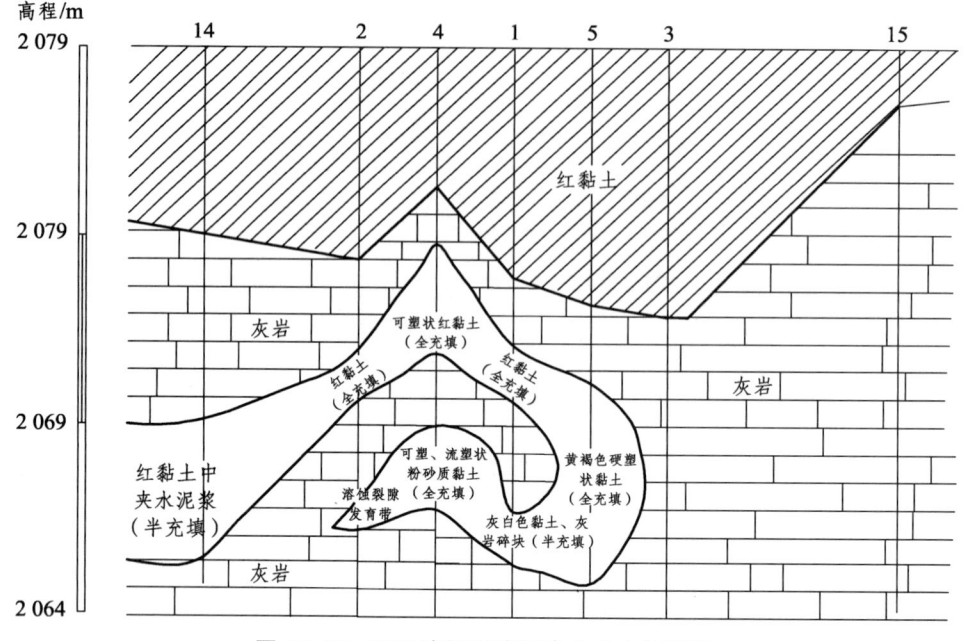

图 4.3-52　ER3 溶洞沿溶洞走向方向剖面图

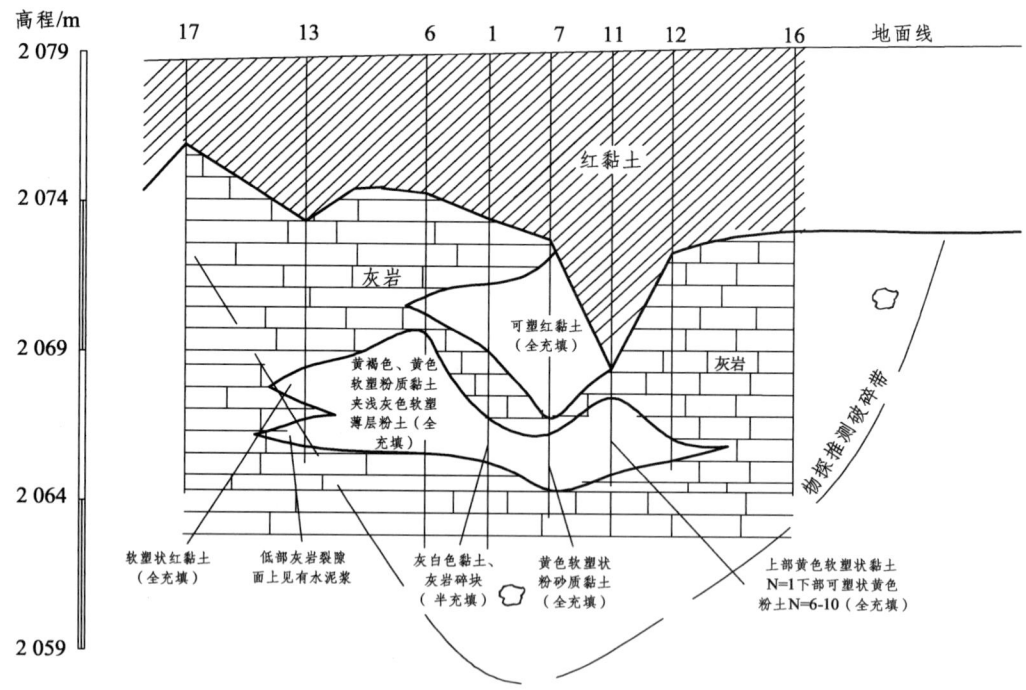

图 4.3-53　ER3 溶洞垂直溶洞走向方向剖面图

2）压力注浆施工

初期袖阀管注浆结果表明，由于基岩裂隙发育，单独采用袖阀管注浆很难达到加固效果。根据试验施工情况，对注浆方法进行了调整。以 1#孔为中心，在其周围相邻注浆孔进行集中式注浆。注浆方法仍采用间歇式注浆，共增加注浆 60 m³，除一个孔没有达到要求的注浆压力外，其余 8 个孔均达到要求的注浆压力。注浆施工见图 4.3-54。

图 4.3-54　ER3 溶洞压力注浆

3）ER3 溶洞处理试验检测

注浆 1 个月后，在 1#孔周围共布置了 5 个标贯取土孔进行试验检测。室内土工试验主要成果见表 4.3-8。充填物的饱和度较高，空隙比较大，基本都大于 1。有 3 个试样的液性指数 $0.25<I_L≤0.75$，土的状态为可塑；有 1 个钻孔的液性指数为 1，土的状态为软塑。有 3 个钻孔的压缩系数大于 $0.5\ \text{MPa}^{-1}$，为高压缩性土；有 1 个钻孔的压缩系数 $0.1\ \text{MPa}^{-1}<a_{1-2}≤0.5\ \text{MPa}^{-1}$，为中压缩性土。

表 4.3-8　溶洞充填物注浆加固后的室内试验成果

钻孔编号	取土深度/m	饱和度 S_r/%	孔隙比 e	含水率 w/%	比重 G_s	压缩系数 a_{1-2}/MPa^{-1}	压缩模量 E_{s1-2}/MPa	黏聚力 C/kPa	摩擦角 φ/(°)	含水比 Q_w	分类
BG01	12.2～12.4	97	0.77	28	2.65	0.26	6.6				粉质黏土
BG04-1	12.0～12.2	96	1.33	47	2.73	0.64	3.7			0.81	黏土
BG04-2	13.5～13.7	94	1	35	2.66	0.64	3.1				粉质黏土
BG05-1	10.3～10.5	95	1.6	55	2.75	0.74	3.5	18.2	3.5	0.89	黏土

处理前后溶洞充填物中的标贯击数见表 4.3-9。从表中可知：处理前标贯击数在 1.0～9.7 击，平均为 4.5 击；处理后的标贯击数在 1～10 击，平均为 6.0 击；处理后的标贯击数有所提高。从表中还可看出，无论是处理前还是处理后，溶洞充填物中标贯击数的离散性都比较大。

表 4.3-9　处理前后溶洞充填物中的标贯击数

孔　号	深　度/m	击　数	备　注
ER3-11	12.15～12.45	1.00	注浆前
	13.50～13.80	5.40	

续表

孔 号	深 度/m	击 数	备 注
ER3-12	13.30~13.60	1.00	注浆前
ER3-13	13.25~13.55	9.70	
ER3-14	12.75~13.05	4.00	
	13.05~13.35	6.00	
ER3-BG01	12.20~12.40	1.00	注浆后
	12.55~12.85	9.00	
ER3-BG04	12.35~12.65	4.00	
	13.85~14.15	10.00	

4.3.3 清爆换填

在东试验区的破碎带采用清爆换填法进行处理：首先采用爆破将破碎带清除，然后进行分层回填，整平回填面后采用强夯法进行填筑。破碎带处理强夯施工参数如表 4.3-10 和表 4.3-11 所示。清爆换填法的剖面图见图 4.3-55 和图 4.3-56，强夯点的布置见图 4.3-57。

表 4.3-10 破碎带清爆换填强夯施工参数

处理内容	夯击方式	夯击能/(kN·m)	夯点间距/m	单点夯击数	实际处理面积/m²	夯锤直径/m	锤质量/t	夯锤落距/m	单点夯累计夯沉量/cm	强夯面平均夯沉量/cm
破碎带	第一遍点夯	3 000	5.0	8~12	2 760	2.5	20.3	14.8	143	30
	第二遍点夯	3 000	5.0	8~12	2 760	2.5	20.3	14.8	35	
	满夯	1 000	d/4 搭接	3	2 760	2.5	17.81	5.62		

注：d 为夯锤直径（m）。

表 4.3-11 清爆换填法强夯处理设计参数

所在区域	洞顶埋深 H/m	夯型	单击夯击能/(kN·m)	夯点间距	夯点布置	夯击遍数	单点击数	最后两击平均夯沉量/cm	块碎石堆填虚铺厚度/m	备注
飞行区道槽区（包括道面影响区）、规划道面区及边坡稳定影响区	$H\leqslant 2$	点夯	3 000	4.5 m	正方形	2 遍	10~12	≤5	≤4.0	锤底静压力 25~40 kPa
		满夯	1 000	d/4 搭接	搭接型	3~5	≤5			

注：d 为夯锤直径（m）。

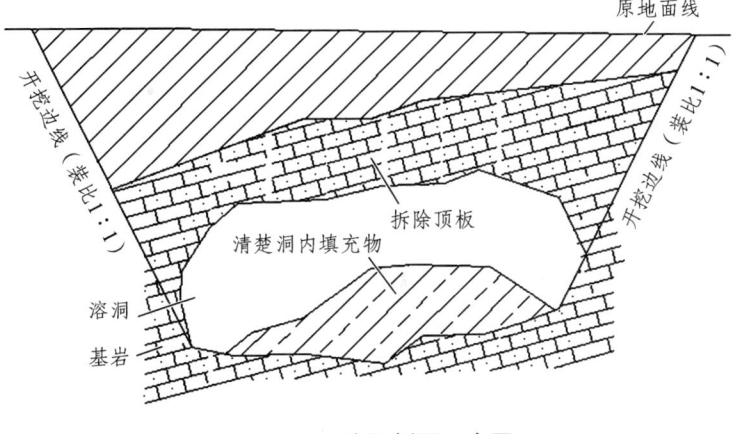

图 4.3-55 溶洞剖面示意图

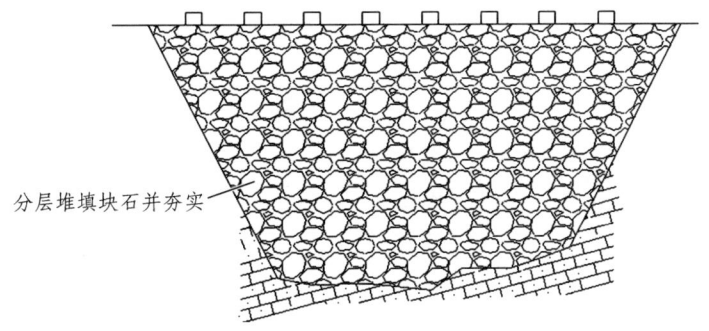

图 4.3-56 溶洞清爆换填后剖面示意图

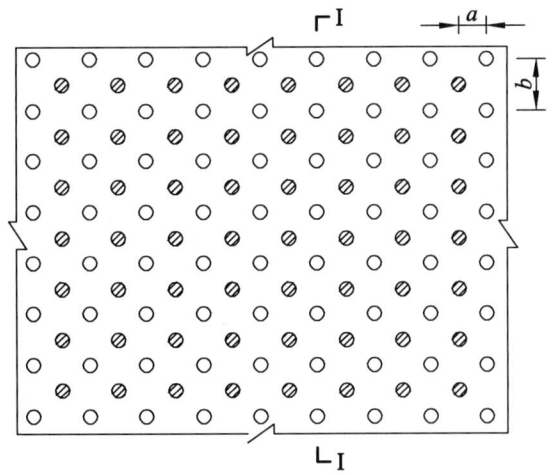

图 4.3-57 强夯点平面布置图

块碎石采用场区开采的碳酸盐类岩石，粒径要求不大于 80 cm，不均匀系数 $C_u \geqslant 5$，曲率系数 $C_c = 1 \sim 3$，含泥量不大于 7%。

边坡地基强夯处理强夯面平均夯沉量为 30 cm 左右，强夯施工部分夯点夯沉量曲线如图 4.3-58 所示。

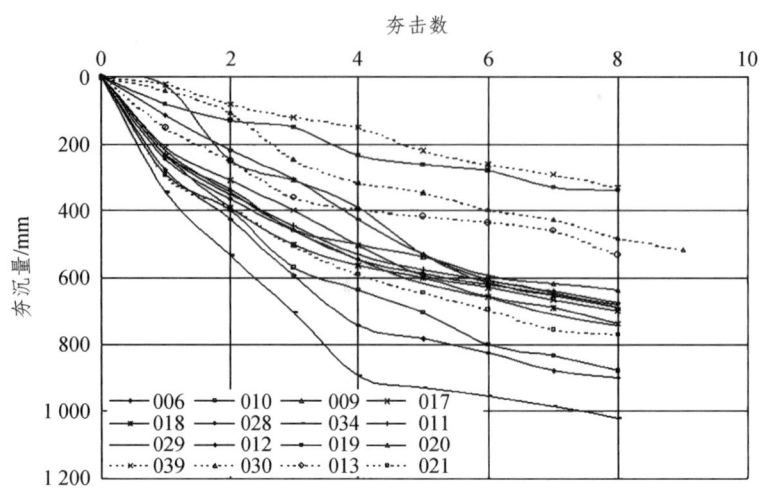

图 4.3-58 破碎带清爆换填处理单点击数与夯沉量关系图

破碎带清爆换填法处理施工完成后进行 1 点载荷试验。载荷试验成果如表 4.3-12 所示，载荷试验的 P-S 曲线图和 S-$\lg P$ 曲线如图 4.3-59、图 4.3-60 所示。

表 4.3-12　验证试验小区强夯处理破碎带试验成果

试验点编号	承载力特征值 /kPa	极限荷载 /kPa	比例界限相应沉降量 /mm	极限荷载相应沉降量 /mm	变形模量 E_0/MPa
1#	400	800	18.7	18.7	11.51

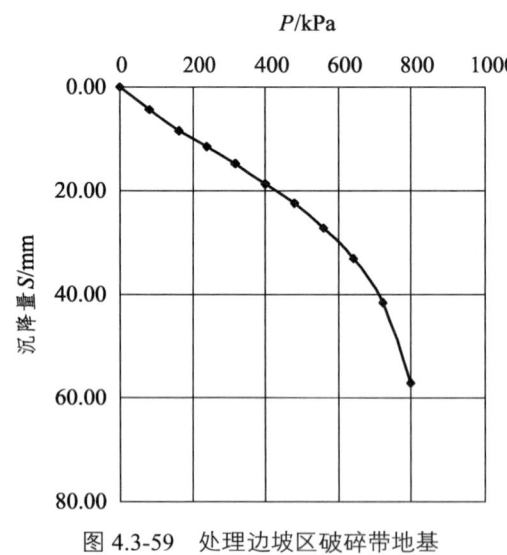

图 4.3-59　处理边坡区破碎带地基载荷试验 P-S 曲线图

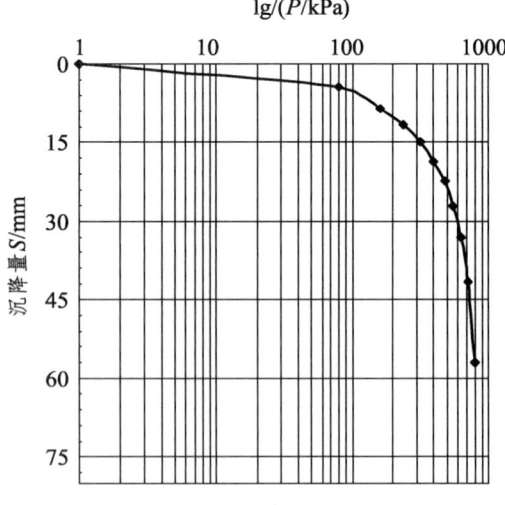

图 4.3-60　处理边坡区破碎带地基载荷试验 S-$\lg P$ 曲线图

破碎带清爆换填区采用强夯处理后的地基承载力基本值达到 400 kPa，说明处理效果良好。

4.3.4 灌注混凝土

1. 高压灌注低强度混凝土

1）高压灌注低强度混凝土的设计和施工

地面搅拌后高压灌注低强度混凝土处理未充填或半充填洞体的设计要求如下：

利用大型综合高压混凝土泵站在地面将混合料（水泥、粉煤灰、砂、细石等）预先搅拌成低强度混凝土，然后利用高压混凝土泵由钻孔直接注入地下洞体中。由于高压泵的压力驱动，充填扩散范围较大，较易充填密实。

设计参数：

① 孔距为 3.0 m，正方形布置。

② 孔径为 168 mm。

③ 孔深至洞体底板。

④ 注入混合料的配合比。应在保证混合料有一定的强度（注入混合料的 7 d 抗压强度不低于 3 MPa）及和易性、易于泵送的情况下，尽可能降低水泥用量，增加粉煤灰及砂、石等其他材料的用量。配合比应通过试验确定[注：参考配合比（质量比）可按水泥：粉煤灰：砂：细石（粒径 5~10 mm）：水=1：0.55：4.05：4.14：1.09 考虑]。必要时，可增加泵送剂。

⑤ 灌注压力应通过试验确定。

⑥ 注入量。在试验确定的压力下，以注不进为止。充填料应按照试验确定的配合比，经计量后用搅拌机充分搅拌均匀。材料要求：采用 32.5 级普通硅酸盐水泥或矿渣水泥，受潮结块水泥不得使用。水泥等材料的各项技术指标应符合现行国家标准要求，并应附有出厂试验单。

要求均匀分段灌注，各灌注段必须控制好灌注量和灌注速度。灌注前应进行有效封孔。

施工时，应在地表设置水准观测点进行监测，不允许地面产生裂缝和有抬升情况。一旦发现地面有产生裂缝和有抬升倾向，必须及时调整灌注压力和灌注量（图 4.3-61）。

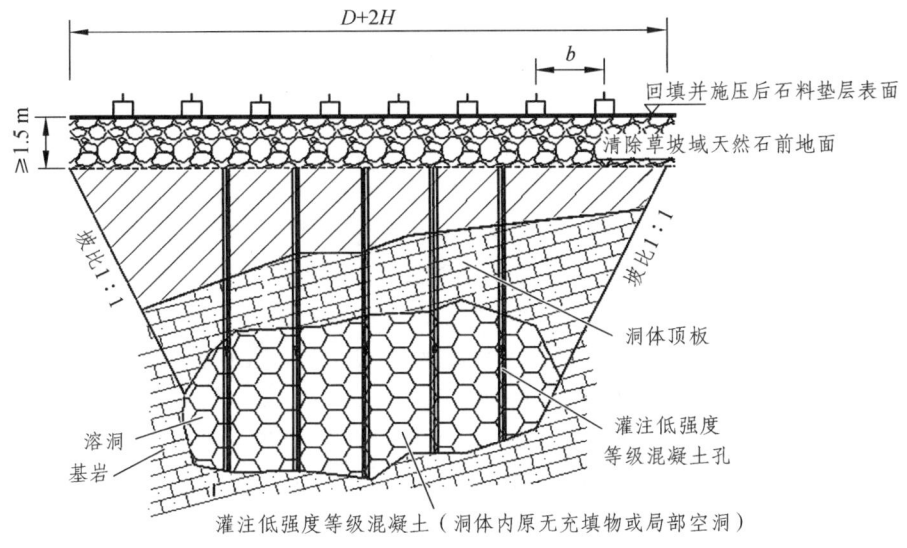

图 4.3-61 高压灌注低强度混凝土示意图

2）处理效果检测

波速检测结果如图 4.3-62、图 4.3-63 所示。

层底深度 /m	波速 V_n /(m/s)
1.19	257.1
2.94	411.0
4.94	417.9
6.70	762.0
11.06	895.2

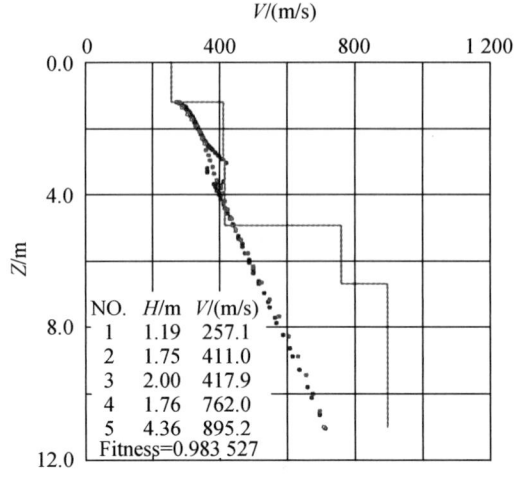

图 4.3-62　波速曲线图

层底深度 /m	波速 V_n /(m/s)
1.25	299.2
2.81	396.1
4.77	398.1
7.06	738.7
10.66	894.8

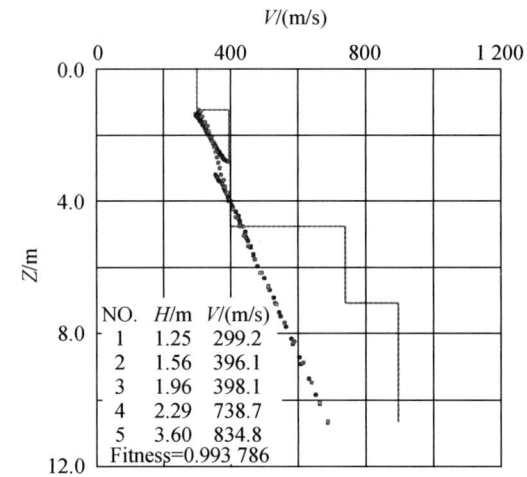

图 4.3-63　波速曲线图

2. 高压灌注低强度混凝土+袖阀注浆法处理试验

在东试验区，在选择对 GR1 进行压力注浆处理溶洞的同时，选择了对 GR2 溶洞进行高压灌注低强度混凝土和袖阀注浆法相结合的处理方法。在试验时先灌注低强度混凝土，再压力灌注水泥浆。低强度混凝土为 C15 混凝土，孔距为 4.0 m，孔径为 168 mm，泵注压力为 8.0~15.0 MPa，处理范围不顶板至洞底；灌注水泥浆为袖阀注浆，孔距为 2.0 m，孔径不 100 mm，泵压为 0.2~0.8 MPa，处理范围不顶板至洞底。

1）GR2 溶洞的主要特征

为了查清 GR2 溶洞的特征，我们在场地内进行了细致的勘察工作，布置了 19 个钻孔，15 个钻孔中有溶洞揭露，其中单层溶洞 10 个，双层溶洞 5 个，溶洞揭露率为 79%。大部分溶洞内充填红黏土及次生红黏土，其中仅 6 个钻孔揭露溶洞无充填物。钻孔布置如图 4.3-64 所示，地质剖面图如图 4.3-65~图 4.3-69 所示。

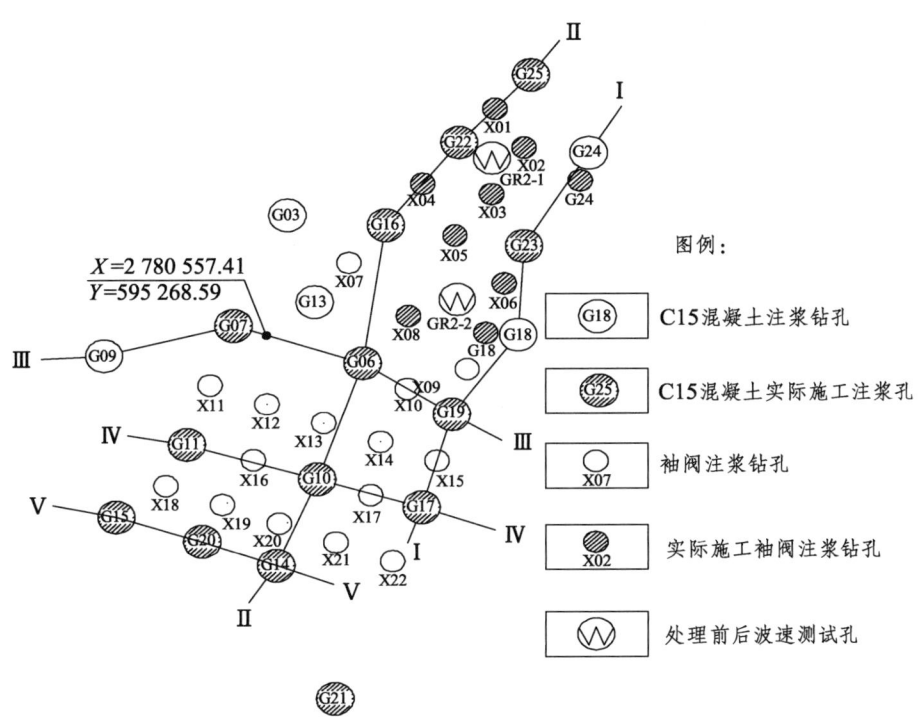

图 4.3-64　GR2 隐伏溶洞勘察测试点布置图

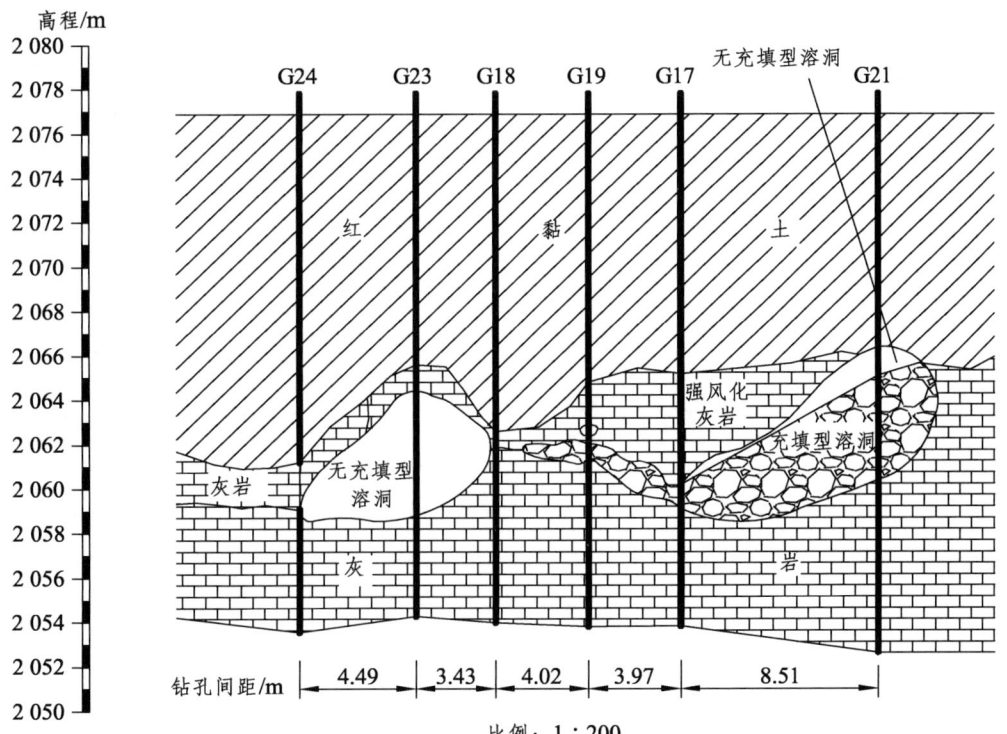

图 4.3-65　GR2 隐伏溶洞Ⅰ—Ⅰ剖面地质剖面图

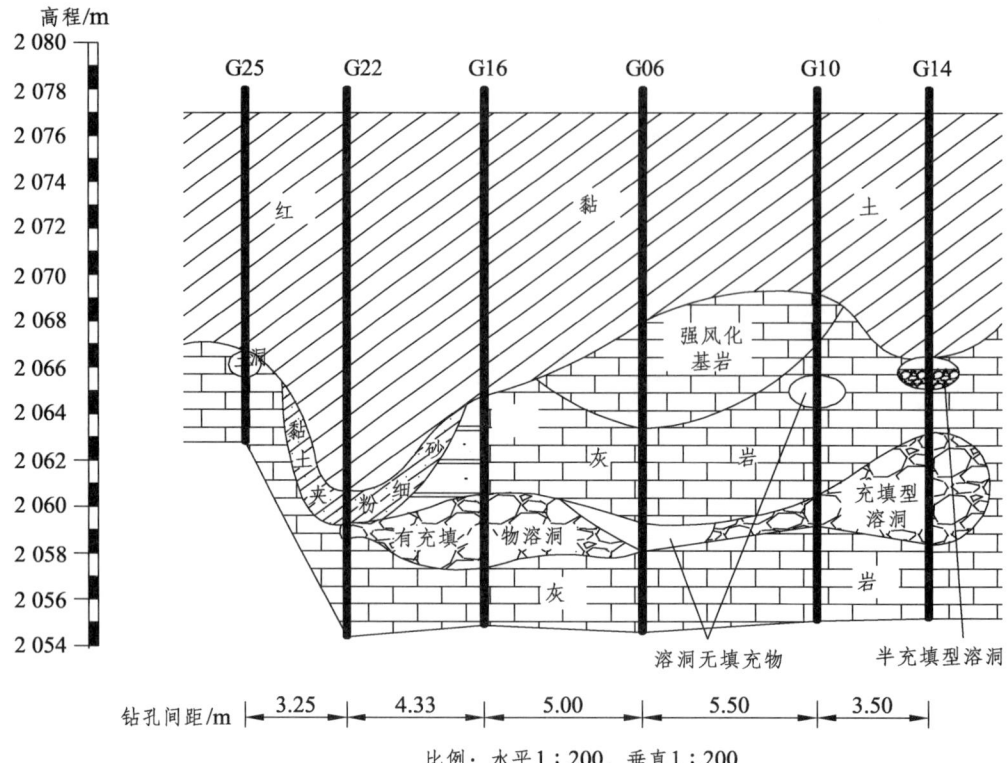

图 4.3-66　GR2 隐伏溶洞 Ⅱ—Ⅱ 剖面地质剖面图

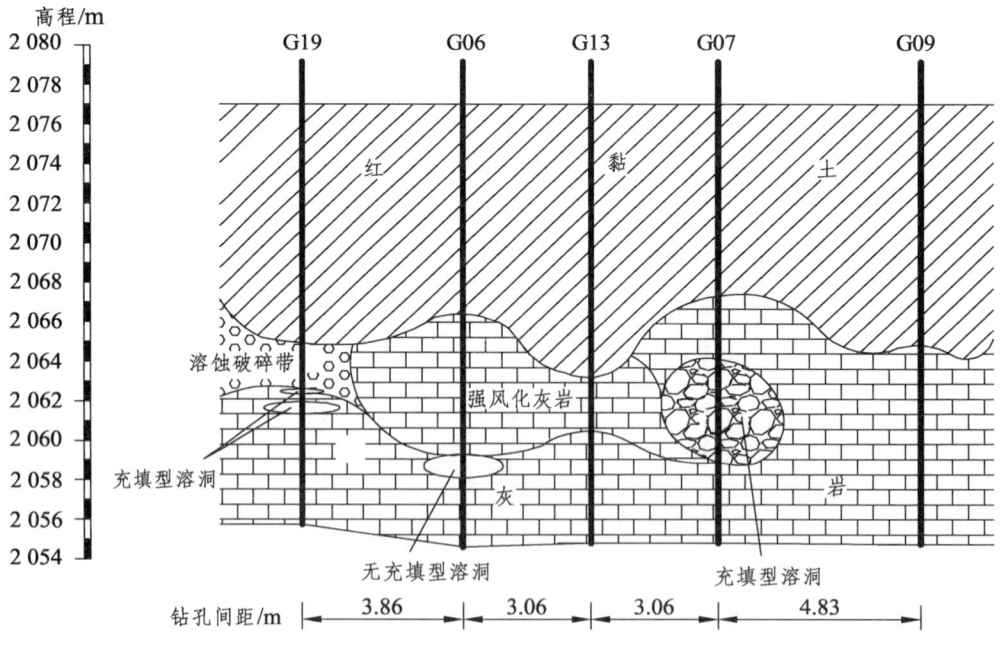

图 4.3-67　GR2 隐伏溶洞 Ⅲ—Ⅲ 剖面地质剖面图

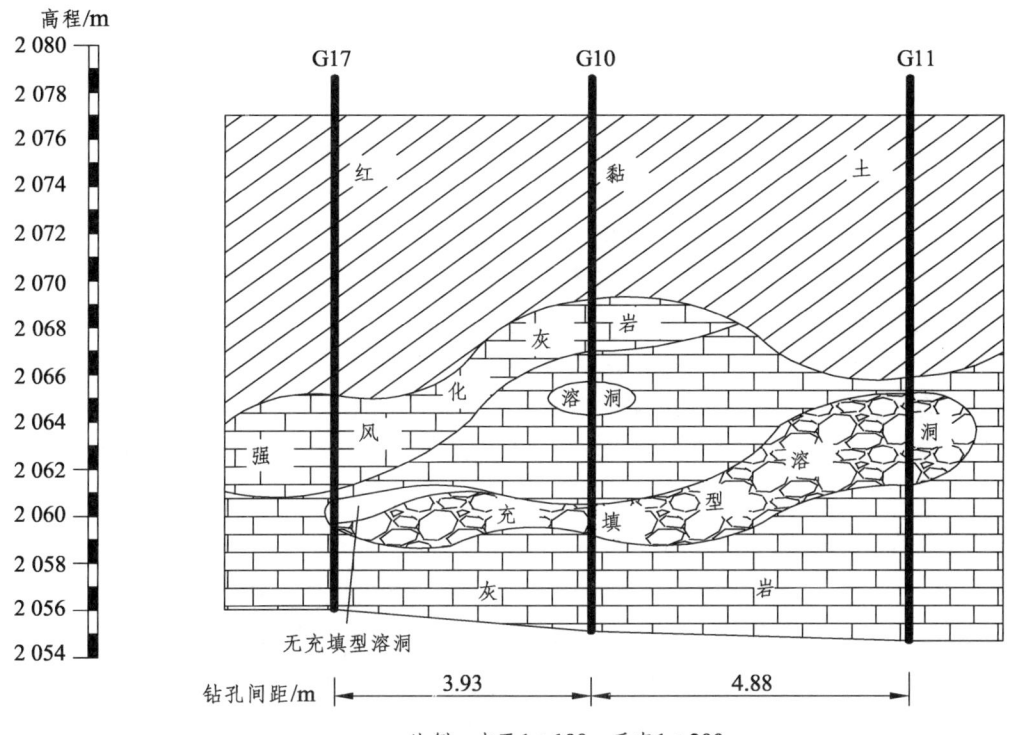

图 4.3-68　GR2 隐伏溶洞Ⅳ—Ⅳ剖面地质剖面图

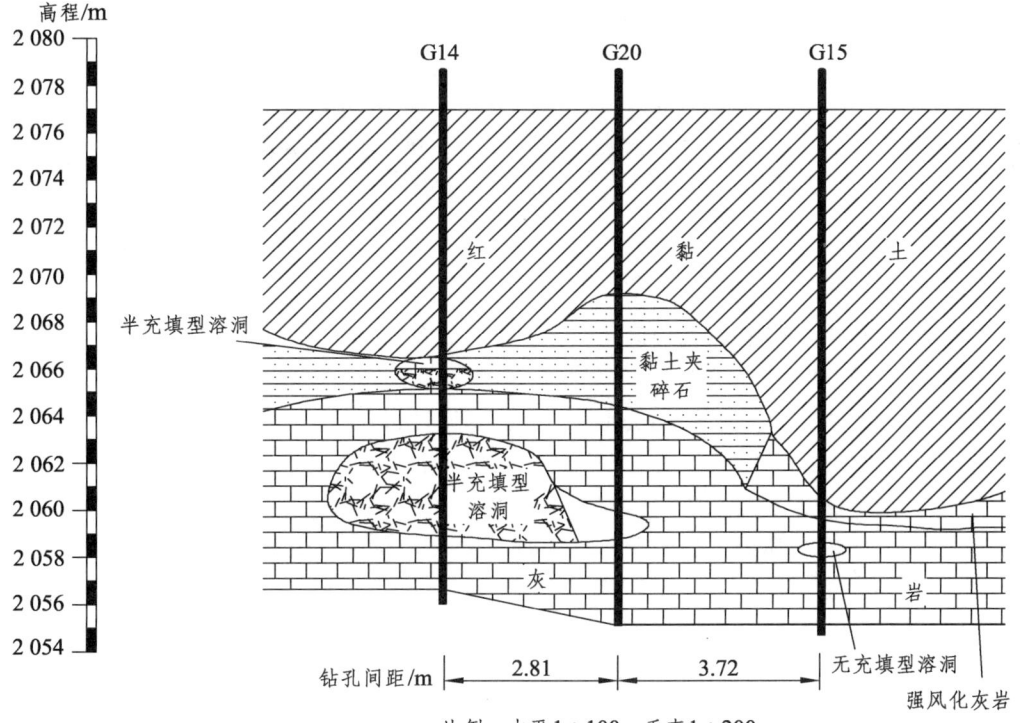

图 4.3-69　GR2 隐伏溶洞Ⅴ—Ⅴ剖面地质剖面图

2）溶洞处理施工

① 钻孔。灌注混凝土的钻孔采用 150 型钻机和 200 型钻机,钻头直径为 168 mm,共钻孔 19 孔,累计进尺 407.7 m。袖阀注浆孔钻孔 22 孔,累计进尺 489.3 m。

② 灌注。采用混凝土泵注料管高压泵灌注 C15 混凝土。泵注压力为 15 MPa,流量为 200～300 L/min。当混凝土灌注泵(主油泵)油压表为 15 MPa 时,混凝土的灌注量为零,而且保持 2～3 min 为终灌;双层灌注,当同一灌注孔有两层溶洞时,注浆管底部伸入下层溶洞顶部以下 30 cm,同时在上层溶洞的有效空间部位的注浆管,开凿 80 mm×200 mm 的长条孔,间距为 200 mm,交错两面开设。

③ 注浆。袖阀注浆施工 9 个孔,孔距为 2.0 m。套壳料的配合比(水泥:土:水)为 1:1.5:1.88;固管止浆材料采用 1:1.5(水:灰)的纯水泥浆;注浆段分段长度为 1.5 m;浆液配合比为 1:1。注浆压力采用 0.2～0.8 MPa。在注浆压力下,吸浆量<1～2 L/min 稳压 15 min 终注。

溶洞处理施工见图 4.3-70。

图 4.3-70　GR2 溶洞处理施工现场

3）处理效果检测

主要检测项目包括处理前后波速测试、处理后钻探、钻探取芯、芯样压缩试验等。

(1) 处理前波速测试。

GR2 区进行处理前(原地基)波速测试 2 孔,累计进尺 44 m,检测点布置如图 4.3-64 所示,波速测试成果图 4.3-71、图 4.3-72 所示。

GR2 区处理前 G07 孔的波速测试成果图显示,剪切波速随深度的增加而增加,土层的等效剪切波速为 280 m/s,其中 9.7 m 以下白云质灰岩层的等效剪切波速为 354 m/s。

GR2 区处理前 G10 孔的波速测试成果图显示,在 11.3～12.7 m 之间层有一个 1.4 m 高的溶洞。剪切波速随深度的增加而增加,土层的等效剪切波速为 340 m/s,其中 7.8～11.3 m 白云质灰岩层以下土层的等效剪切波速为 468 m/s。

(2) 溶洞处理后波速测试。

GR2 区进行处理后波速测试 2 孔,累计进尺 44 延米,检测点布置如图 4.3-64 所示,波速测试成果如图 4.3-73、图 4.3-74 所示。

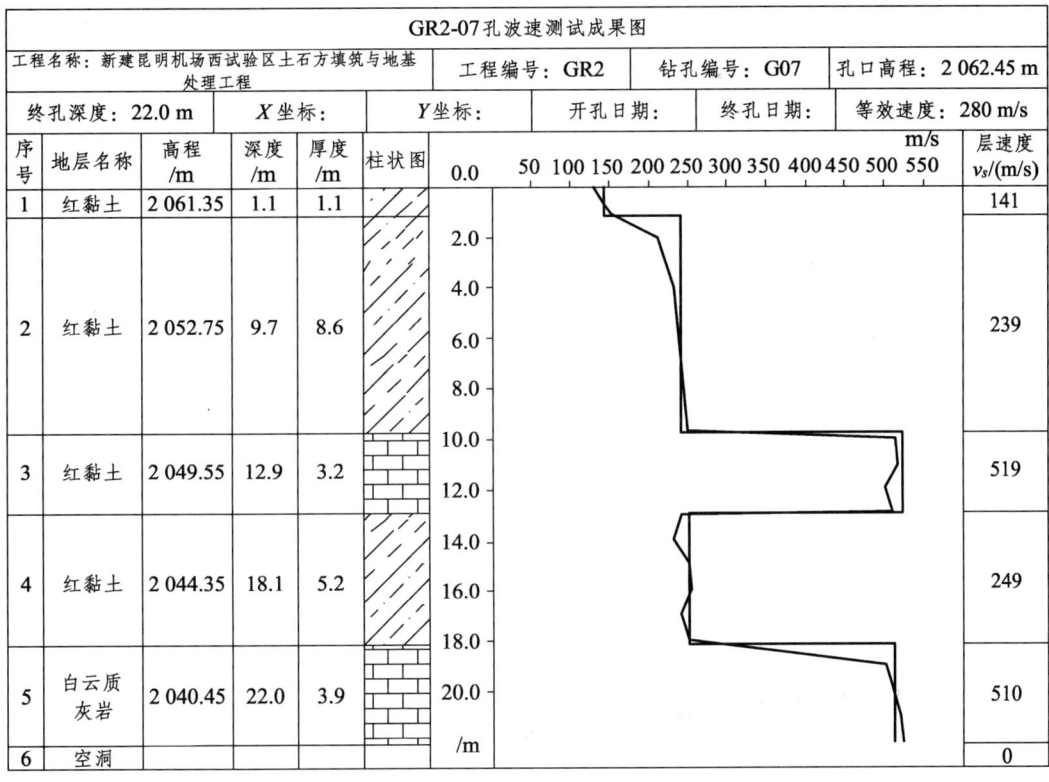

图 4.3-71　GR2-07 隐伏溶洞波速测试成果图（处理前）

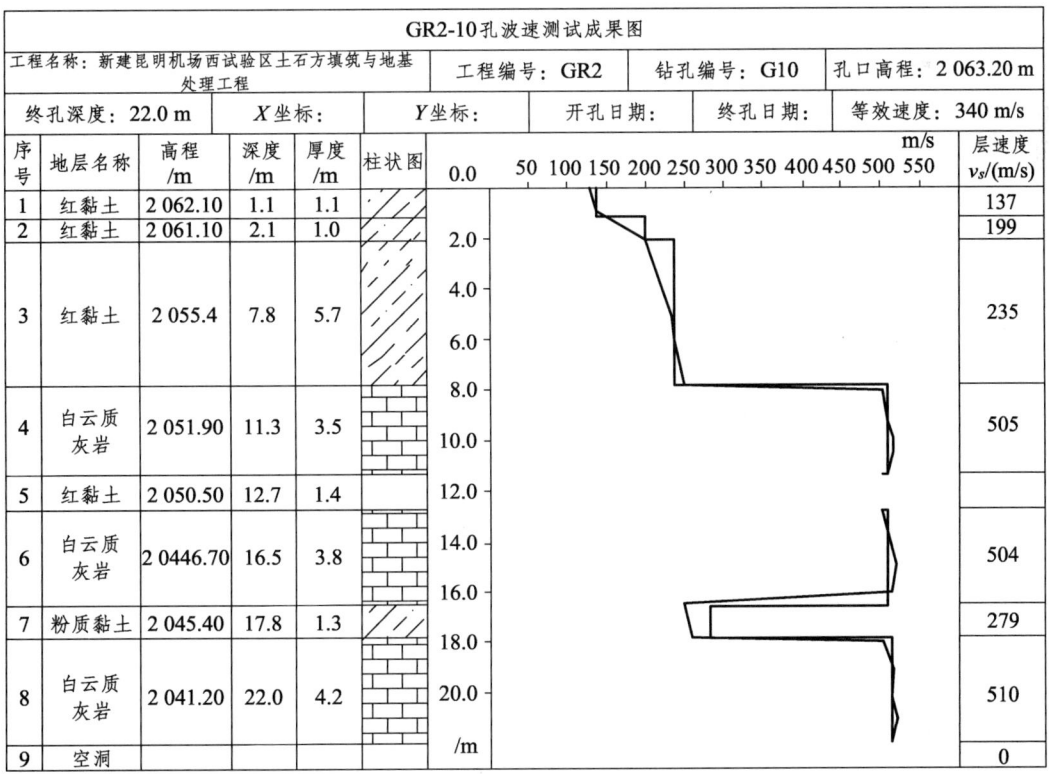

图 4.3-72　GR2-10 隐伏溶洞波速测试成果图（处理前）

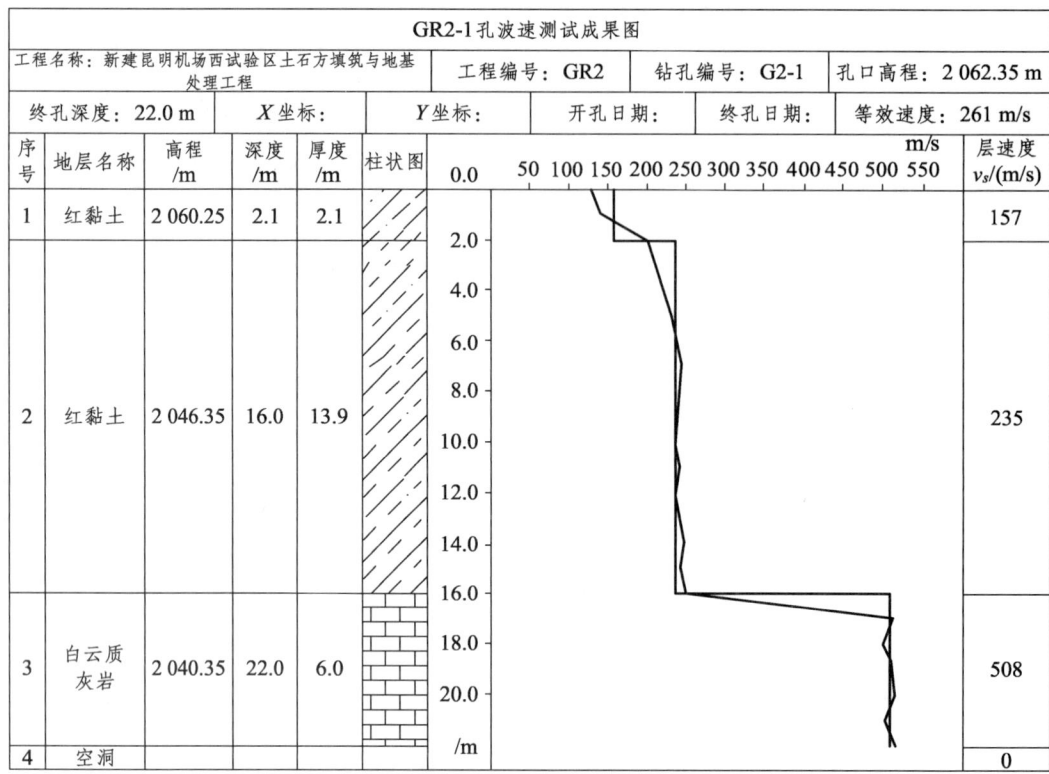

图 4.3-73　GR2-1 隐伏溶洞波速测试成果图（处理后）

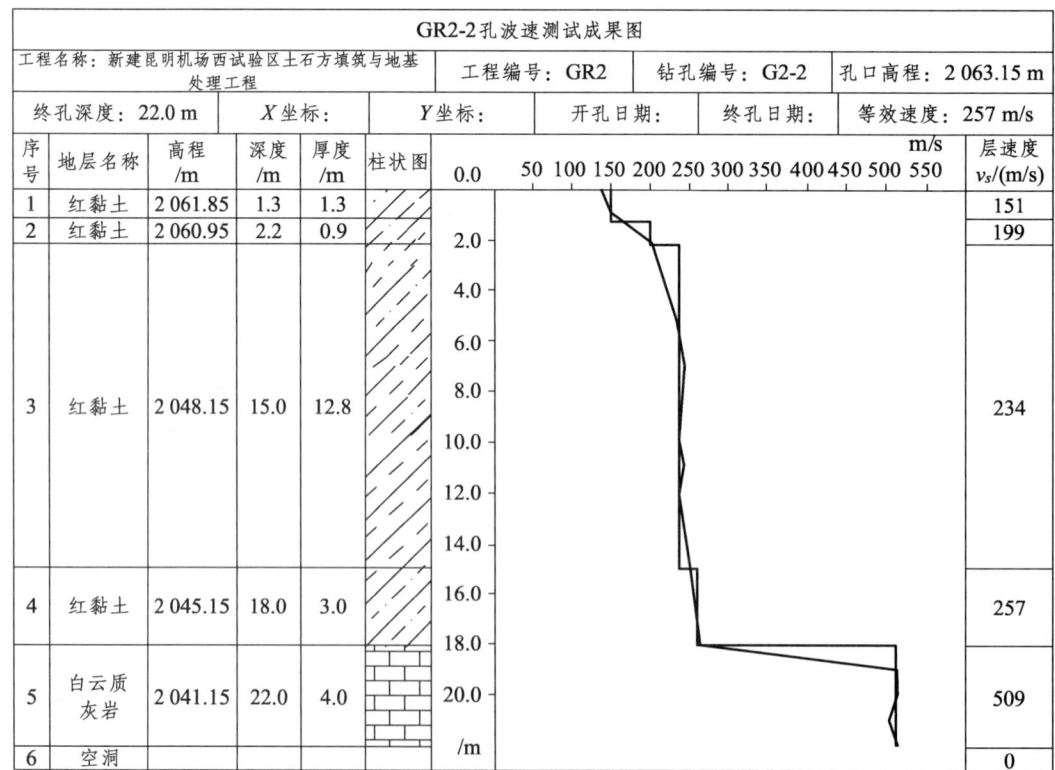

图 4.3-74　GR2-2 隐伏溶洞波速测试成果图（处理后）

GR2 区处理后 GR2-1 的波速测试成果图显示，剪切波速随着深度的增加相应地增加，土层的等效剪切波速为 261 m/s，而 16.0～22.0 m 注浆处理层的等效波速为 508 m/s。

GR2 区处理后 GR2-2 的波速测试成果图显示，剪切波速随着深度的增加相应地增加，注浆加固层的等效剪切波速为 509 m/s。

根据剪切波速划分，GR2 溶洞注浆处理前后场地土层的等效剪切波速及场地土类型如表 4.3-13 所示。

表 4.3-13 隐伏溶洞区处理前后波速测试成果表

处理区域		土层	注浆处理前		注浆处理后	
			等效剪切波速/(m/s)	场地土类型	等效剪切波速/(m/s)	场地土类型
GR2	G2-1	上部土层	249	中软场地土	220	中软场地土
		下部岩石	510	坚硬场地土	508	坚硬场地土
	G2-2	上部土层	308	中硬场地土	226	中软场地土
		下部岩石	510	坚硬场地土	509	坚硬场地土

GR2 区溶洞注浆处理后上部土层的等效剪切波速比处理前有所降低，下部岩石处理后的等效波速与处理前相比变化不大，整体土层的等效波速也有所降低。分析原因为处理前后的钻孔位置有偏差，导致测试存在误差。

（3）处理后钻探取芯检测。

GR2-01 孔：0.0～2.1 m 为红色黏土，可塑，基本未见水泥浆；2.1～16.0 m 为褐红夹灰黄色粉质黏土，可塑～硬塑，可见少许水泥浆；16.0～22.0 m 为褐灰色块状芯样，局部为完整岩体。取芯样 5 组，室内抗压强度试验 5 组。

GR2-02 孔：0.0～2.2 m 为褐红色黏土，可塑，基本未见水泥浆；2.2～18.0 m 为褐黄夹灰色粉质黏土，可塑～硬塑，可见少许水泥浆；18.0～22.0 m 为褐灰黄色砾石夹水泥浆和水泥块，局部有少量完整灰岩。

通过对 GR2 溶洞的进行高压灌注低强度混凝土+袖阀注浆法处理后的检测成果表明，仅注浆加固层的剪切波速比处理前有较明显的提高（该层土类也由处理前的中硬场地土转为坚硬场地土），其他各层的剪切波速比处理前均有所降低，说明采取高压灌注低强度混凝土+袖阀注浆法处理溶洞段有一定效果。

4.4 本章小结

（1）位于道槽、道槽影响区、重要建（构）筑物及边坡稳定影响区内隐伏的土洞和溶洞，经稳定性分析与评价，判别为对地基有影响时，应进行土洞和溶洞处理设计。

（2）对位于其他区域的土洞和溶洞，当对工程有影响时，应参照本章要求，经专门研究后，进行针对性的土洞和溶洞处理设计；对地表出现塌陷的位置，应予以特别的注意。

由上述结果可得各种工况下石芽稳定的临界直径见表 4.2-19 和图 4.2-21。从中可知，影响石芽稳定的因素除上部荷载外，还有岩层倾角。当上部荷载为 50 000 kN、岩层缓倾时，石芽稳定的临界直径为 5.5 m，对应的高度为 7.5 m；当上部荷载较小时，石芽稳定的临界高度为 1.5 m，对应的石芽高度为 2 m；即当石芽高度为 3 m 时，在小荷载作用下，从上往下清方爆破的石芽高度不小于 1 m，以使石芽有较大的直径而保持稳定。

表 4.2-19　石芽稳定的临界直径 D

上部荷载 N/kN	$\alpha=12°$		$\alpha=16°$	
	$\beta=40°$	$\beta=30°$	$\beta=40°$	$\beta=30°$
5 000	≥1.5	≥1.3	≥2.2	≥1.9
10 000	≥2.2	≥1.9	≥2.9	≥2.7
25 000	≥2.9	≥2.4	≥4.4	≥3.8
50 000	≥3.6	≥3.2	≥5.5	≥4.8

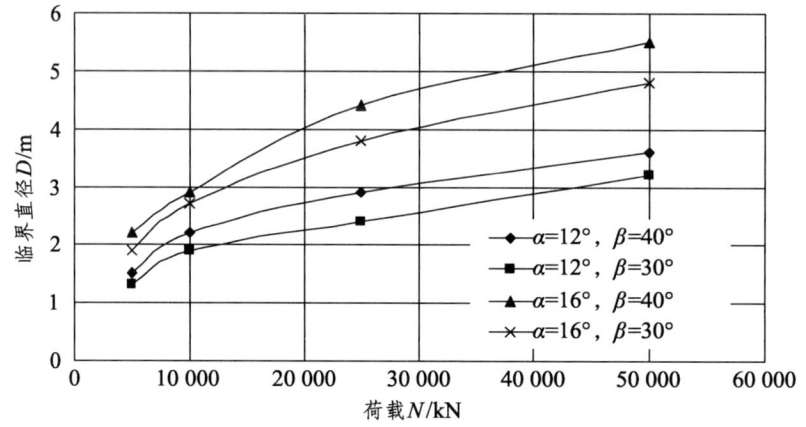

图 4.2-21　石芽稳定的临界直径与上部荷载关系曲线

4.2.2　岩溶漏斗、溶沟、溶槽分层回填

昆明新机场的岩溶漏斗、溶沟、溶槽处理方法根据其所在机场功能区的位置确定。位于土面区的岩溶漏斗、溶沟、溶槽，填料一般选择黏性土，采用冲击碾压和振动碾压的方法进行压实；在跑道、滑行道和停机坪处的漏斗、溶沟、溶槽，填料一般选择碎石土，采用强夯的方法进行夯实。

岩溶漏斗处理试验首先清除表层耕植土，铺设 2.0 m 碎石垫层，垫层料采用取土区开挖揭露的孤石经解爆后的级配石料。由于岩溶漏斗相对高差较大，在施工中先开挖 3 级台阶后强夯。

1. 岩溶漏斗处理的设计

在昆明新机场东试验区，我们选择了 Kh081、Kh097、Kh084 和 Kh096 四个岩溶漏斗进行强夯处理试验，根据岩溶漏斗的红黏土不同覆盖厚度，采用不同能级强夯进行处理（图 4.2-22）。试验区各岩溶基本特征见表 4.2-20。强夯后间隔 3~4 周进行试验检测，主要检测项目有干密度、固体体积率、波速测试、动探、标贯、载荷试验（Kh084）等。

第 5 章
红黏土地基处理方法研究

CHAPTER 5

5.1 一般规定

红黏土是指碳酸盐类岩石（石灰岩、白云岩、泥质泥岩等），在亚热带温湿气候条件下，经风化而成的残积、坡积或残-坡积的褐红色、棕红色或黄褐色的高塑性黏土。

红黏土主要分布在北纬 30°与南纬 30°之间的热带、亚热带地区。亚洲、欧洲、南美洲，特别是非洲都有大面积的红黏土分布。我国地域辽阔，红黏土分布广泛，其主要分布区在我国南方云贵高原、广东、广西等地区，总出露面积达 20 余万平方千米。

红黏土矿物组成以石英和高岭石为主，大部分矿物在酸性环境中形成。红黏土的矿物主要有 3 大类：黏土矿物、游离氧化物和碎屑物质。其中以黏土矿物为主，占 60%～70%，种类以绿泥石、伊利石、高岭石为主，部分样品含少量蒙脱石（5%～15%）；游离氧化物和碎屑物质各占 15%左右，还有少量不定型物质。红黏土中的化学成分主要为硅、铁、铝、锰等氧化物，在土中所起集聚胶结作用。

学界一般认为红黏土化的过程基本上是一个化学、物理化学的变化或母岩中矿物的迁移、过渡、交代、沉淀的过程，并归纳为下列三个发展阶段：

（1）第一阶段：（最初风化）原始矿物部分地或完全地物理或化学风化，基本元素、倍半氧化物胶体的"释放"。

（2）第二阶段：（次生风化或红黏土化）母岩部分地或完全地淋滤。一些矿物分解、迁移，矿物间部分重新组合。第二阶段的风化程度与原始矿物的化学风化程度及本质有关。

（3）第三阶段：部分的或完全的水合胶体，氧化铁、铝的脱水。

红黏土比表面积大，颗粒间相互吸附能力强，且红黏土中的倍半氧化物在土中起到颗粒的集聚胶结作用，天然状态下呈牢固的团粒状态，这是红黏土孔隙比大、强度高的重要原因。在不同的风化阶段，红黏土的工程性质具有不同特点。在第一阶段，风化程度越高，其强度越低；而在第二和第三阶段，红黏土的强度随风化程度的增高亦不断增加。

红黏土既不同于典型膨胀土，也不同于一般黏性土。不同母岩、不同环境下红黏土的工程特性略有差异。总的来说红黏土具有高天然含水率，高塑性及黏粒高分散性，高饱和度、低液限指数，高孔隙比、低密度，高比重，高强度、低压缩性，干缩湿胀等典型特性。对于工程地基来说其主要表现为表面宜收缩、上硬下软、裂隙发育的宏观特征，同时，随着向深部发展逐渐呈现出松软的特征。由此可见，红黏土松软程度与地基的纵深指标成正比例。红黏土地区基岩通常起伏不平，易引起地基的不均匀沉降。坚硬的地表在大气的影响下容易产生地表裂痕，导致地基整体破坏性较大。高含水率导致地基的抗压性差，以及在地表遇水后对地基的结构性带来较大伤害，以至于地基的强度受到一定影响。

同时，红黏土由于存在土洞，因此对建筑物地基安全存在潜在的危险与不利因素，这就要求在勘察工作中需要尽可能地查清土洞的分布情况，掌握岩溶发育状况与地下水的活动特点。在机场工程中，红黏土的胀缩等特性会产生不均匀变形，导致机场跑道出现起伏，严重的将导致道板结构发生断裂，从而破坏跑道安全，造成机场工程安全隐患。

现有的红黏土地基处理方法主要包括有：晾晒法、换填垫层法、深层搅拌法、强夯法、土工合成材料加固法等。

1. 晾晒法

经过晾晒，降低红黏土的天然含水率，有益于红黏土的压实。这种方法仅能够对小部分低塑限、低液限与天然含水率不高的红黏土进行有效处理，满足工期要求，但对大部分红黏土处理而言，并不能达到理想的处理效果。并且，这种方法依赖于天气的好坏，对于多雨天气的我国南方地区来说，这种方法较难应用，工程中的运用效果并不理想。

2. 换填垫层法

该法是采用压实性好的级配碎石、石渣、灰土、矿渣或土工合成材料加筋垫层等，将红黏土换掉，再进行碾压密实。这种方法对于地基处理面积不大的工程来说较为合理，但对于大面积的回填或换填工程，则造价较高，工期也相对较长。

3. 深层搅拌法

深层搅拌法是利用深层搅拌机械在软弱地基内，边钻进边往软土中喷射固化剂，通过搅拌机械的搅拌，使固化剂与软土结合，形成具有整体性、水稳性和足够强度的地基土。根据上部结构的要求，可对软土地基进行柱状、壁状和块状等不同形式的加固。主要固化材料有石灰、粉煤灰、水泥及化学材料等。主要处理方法有石灰稳定处理、粉煤灰稳定处理、掺二灰处理、水泥稳定处理几种。

4. 强夯法

强夯法是为提高软弱地基的承载力，用重锤自一定高度下落夯击土层使地基迅速固结的方法。强夯法适用于处理碎石土、砂土、低饱和度的粉土与黏性土、湿陷性黄土、杂填土和素填土等地基。对高饱和度的红黏土地基，则应在夯坑内回填块石、碎石或其他粗颗粒材料进行强夯置换，并应通过现场试验确定其适用性。此方法适用于远离市区且季节降水量较少的地区。

5. 挤密桩法

挤密桩法是用冲击或振动方法，把圆柱形钢质桩管打入原地基，拔出后形成桩孔，然后进行素土、灰土、石灰土、水泥土等物料的回填和夯实，从而形成增大直径的桩体，并同原地基一起形成复合地基。挤密桩法在红黏土区域应用较多，效果良好，但施工工期较长。

6. 梁板结构法

对于红黏土层较厚或高回填工程，上部附加荷载较大时，承重地面可采用现浇钢筋混凝土梁板式结构。此方法施工速度快，可以有效防止不均匀沉降，但造价相对较高。

7. 分层回填红黏土、碎石碾压法

红黏土通常采用与碎石等分层回填压实，分层厚度应通过现场试验确定。碎石分层回填法对于石料丰富的地区应用效果较好，且受天气等因素影响较小，但对施工质量有较高要求。

8. 土工合成材料加固法

土工合成材料加固法是受加筋土技术解决土体稳定、加固路基边坡的启示，近年来开始采用的一种新方法。该法通过在红黏土地基中分层铺设土工格栅(网),充分利用土工格栅(网)与红黏土填料间的摩擦力和咬合力,增大红黏土的抗压强度,约束其变形,隔断外界因素影响,以达到稳定地基的目的。但对红黏土用于路床与路堤存在水稳性及强度不足问题,土工合成材料加固法无法解决。

在本工程的道槽、道槽影响区及边坡稳定影响区范围内,高填方下原地基土存在厚度不均的红黏土、黏性土。根据场地的地质条件和填土厚度,通过沉降计算与承载力分析确定需要处理的区段,考虑采用下面的方法进行处理:

① 铺碎石垫层强夯。当土层处于硬塑状态时,根据土层厚度的不同,进行不同能级的强夯置换(或填石强夯)处理。当土层厚度为0～4.5 m时,采用2 000 kN·m级单击夯击能量进行强夯;当土层厚度为4.5～6.0 m时,采用3 000 kN·m级单击夯击能量进行强夯;当土层厚度大于6.0 m时,采用4 000 kN·m级单击夯击能量进行强夯。强夯单点夯击次数不小于10击,夯点间距为4～4.5 m,正方形布置。块碎石垫层厚度为1.5 m。

② 碎石桩处理软弱地基。当土层为可塑、软塑状态,且土层厚度大于10 m,无厚的硬塑状硬壳层时,可采用碎石桩进行处理,桩距为1.8 m,桩径为500 mm,梅花形布置。

5.2 地表处理

5.2.1 垫层强夯加固设计和施工

垫层强夯法施工采用杭州重型机械厂生产的W200型夯机,夯机自身质量为95 t,最大落距为19 m,最大夯击能可达4 500 kN·m,配龙门架最大夯击能可达8 000 kN·m。强夯法处理红黏土地基施工参数如表5.2-1所示。

表5.2-1 垫层强夯法处理红黏土地基施工参数

处理内容	试验小区编号	红黏土厚度/m	夯击方式	夯击能/(kN·m)	夯点间距/m	单点夯击数	垫层厚度/m	实际处理面积/m²	夯锤直径/m	锤质量/t	夯锤落距/m
红黏土	QH1	9～12	第一遍点夯	4 000	5.0	8～14	2.0	1 012.5	2.6	32	12.5
			第二遍点夯	4 000	5.0	8～14	2.0	1 012.5	2.6	32	12.5
			满夯	1 000	d/4搭接	3	推平夯坑	1 012.5	2.5	17.81	5.62
	QH2	8～10	第一遍点夯	3 000	5.0	8～14	2.0	900	2.5	17.81	16.85
			第二遍点夯	3 000	5.0	8～14	2.0	900	2.45	20.29	14.8
			满夯	1 000	d/4搭接	3	推平夯坑	900	2.5	17.81	5.62
	QH3	6～8	第一遍点夯	2 000	5.0	9～13	2.0	1 012.5	2.5	17.81	11.3
			第二遍点夯	2 000	5.0	9～12	2.0	1 012.5	2.45	20.29	9.85
			满夯	1 000	d/4搭接	3	推平夯坑	1 012.5	2.5	17.81	5.62

注:d为夯锤直径(m)。

5.2.2 垫层强夯加固检测

垫层强夯法处理红黏土地基试验检测分为处理前和处理后。试验内容包括钻探、标准贯入试验、载荷试验、波速测试和密度试验等。完成主要试验检测工程量如下：

在垫层强夯处理前进行地基参数检测，钻探 3 孔，累计进尺 62 延米；标准贯入试验 23 点；波速测试 3 孔，累计进尺 61 延米；载荷试验 3 点。在垫层强夯处理完成后进行地基参数检测，钻探 3 孔，累计进尺 60.5 延米；标准贯入试验 19 点；波速测试 3 孔，累计进尺 61 延米；载荷试验 3 点；强夯垫层料密度试验 2 组。

垫层强夯法处理红黏土地基检测点布置如图 5.2-1 所示。

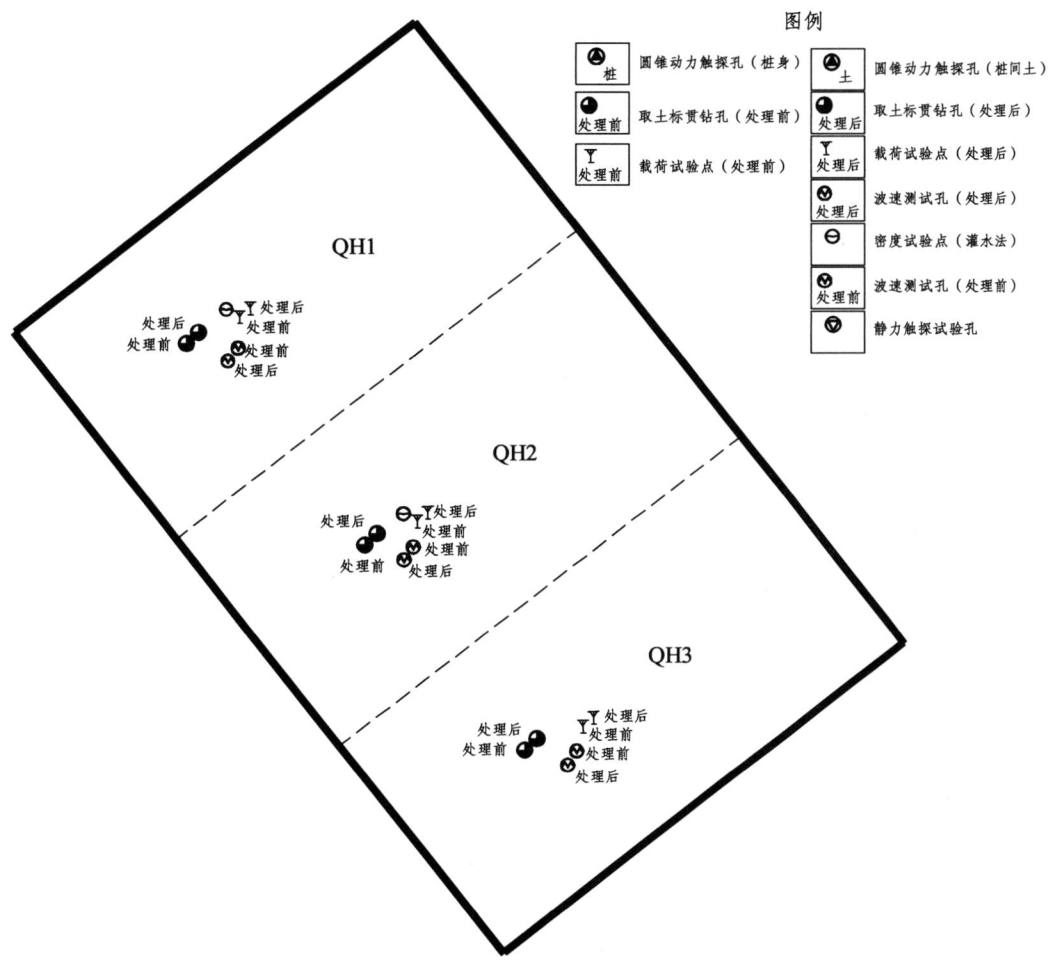

图 5.2-1　垫层强夯法处理红黏土地基试验检测点布置图

1. 强夯夯沉量观测

强夯施工 QH1 区单点夯平均累计夯沉量为 203.9 cm，QH2 区单点夯平均累计夯沉量为 128.5 cm，QH3 区单点夯平均累计夯沉量为 98.4 cm。强夯施工 QH1 区强夯面平均夯沉量为 140 cm，QH2 区强夯面平均夯沉量为 130 cm，QH3 区强夯面平均夯沉量为 100 cm。

强夯施工夯沉量沉降观测结果如表 5.2-2 所示。

表 5.2-2　强夯处理红黏土地基夯沉量统计

序号	施工区域	夯击能/(kN·m)	点夯夯击数	垫层厚度/m	点夯平均累计夯沉量/cm	强夯面平均夯沉量/cm
1	QH1	4 000	8～14	2	203.9	140
2	QH2	3 000	8～14	2	128.5	130
3	QH3	2 000	9～13	2	98.4	100
4	满夯	1 000	2～3	推平夯坑	15.0	

注：强夯面平均夯沉量为满夯完成后的夯沉量。

QH1 区强夯单点夯击数与夯沉量的关系曲线如图 5.2-2 所示。

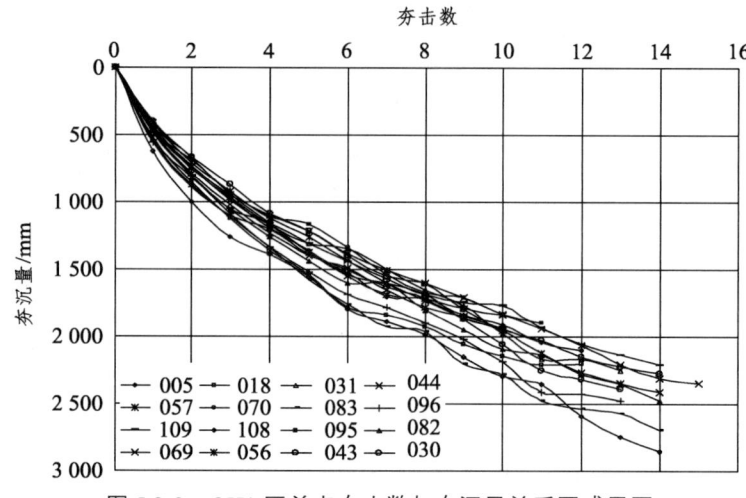

图 5.2-2　QH1 区单点夯击数与夯沉量关系图成果图

图 5.2-2 和表 5.2-2 表明，QH1 区（4 000 kN·m）夯沉量较大，单点夯平均累计夯沉量为 203.9 cm，锤击数达到 10～12 击时，最后两击平均夯沉量小于 10 cm。强夯面平均夯沉量为 140 cm。因此对于本试验来说，4 000 kN·m 能级强夯的单点夯最佳锤击数为 10～12 击。

QH2 区强夯夯击数与夯沉量的关系曲线如图 5.2-3 所示。

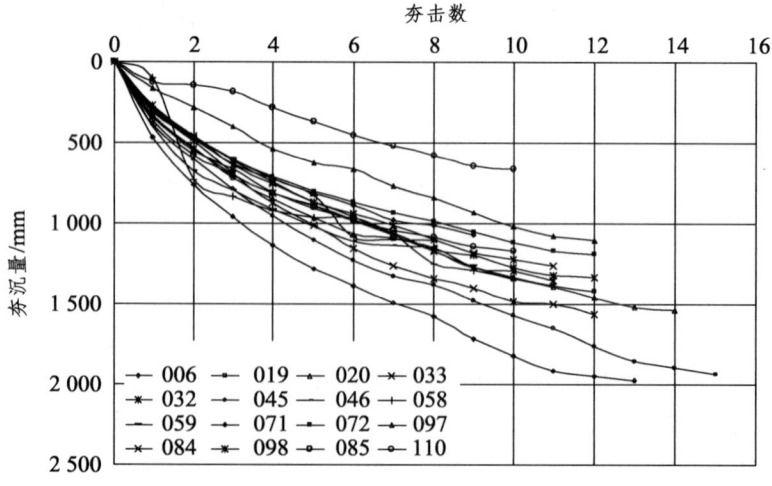

图 5.2-3　QH2 区单点夯击数与夯沉量关系图成果图

图 5.2-3 和表 5.2-2 表明，QH2 区（3 000 kN·m）夯沉量较大，单点夯平均累计夯沉量为 128.5 cm，锤击数达到 9~11 击时，最后两击平均夯沉量小于 5 cm。强夯面平均夯沉量为 130 cm。因此对于本试验来说，3 000 kN·m 能级强夯的单点夯最佳锤击数为 9~11 击。

QH3 区强夯夯击数与夯沉量的关系曲线如图 5.2-4 所示。

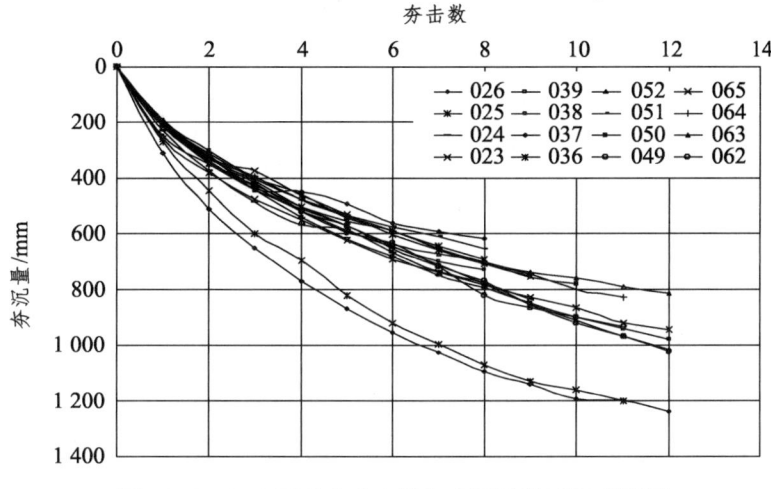

图 5.2-4　QH3 区单点夯击数与夯沉量关系图成果图

图 5.2-4 和表 5.2-2 表明，QH3 区（2 000 kN·m）夯沉量较小，平均累计夯沉量为 98.4 cm，锤击数达到 8~10 击时，最后两击平均夯沉量小于 5 cm。强夯面平均夯沉量为 100 cm。因此对于本试验来说，2 000 kN·m 能级强夯的单点夯最佳锤击数为 8~10 击。

2. 处理前后钻探检测

强夯法处理红黏土地基试验检测进行处理前钻探检测 3 孔，进行处理后钻探检测 3 孔。钻探进行芯样描述和处理前后的标准贯入试验。

钻探标准贯入试验成果如表 5.2-3 和图 5.2-5~图 5.2-7 所示。

表 5.2-3　强夯法处理红黏土地基处理前后标准贯入试验成果表

试验位置	试验阶段	试验点数/点	标贯总击数	标贯击数平均值	标贯击数标准差	变异系数
QH1	处理前	10	52	5.20	1.62	0.31
	处理后	7	47	6.71	1.80	0.27
QH2	处理前	8	37	4.63	2.67	0.58
	处理后	6	40	6.67	1.63	0.24
QH3	处理前	5	17	3.40	1.02	0.30
	处理后	6	31	6.20	1.48	0.24

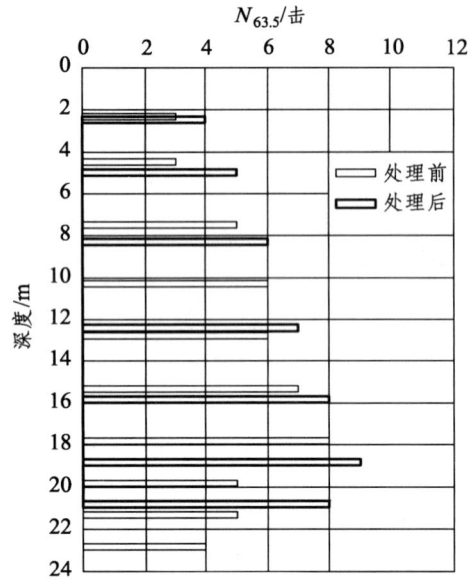
图 5.2-5　QH1 处理前后标准贯入试验成果图

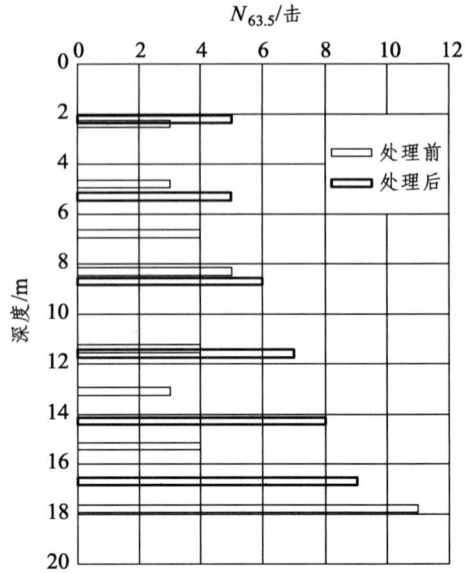
图 5.2-6　QH1 处理前后标准贯入试验成果图

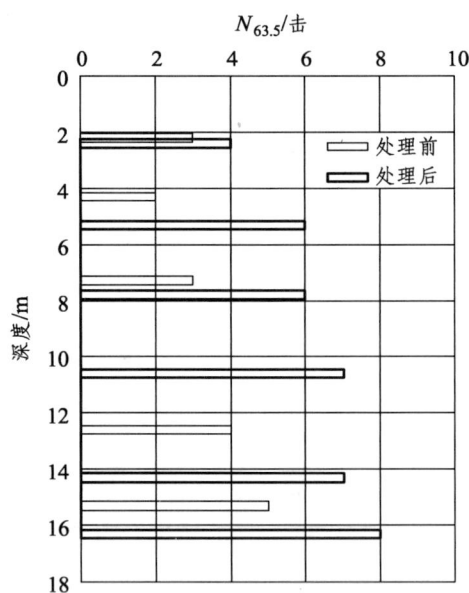
图 5.2-7　QH3 处理前后标准贯入试验成果图

表 5.2-3 和图 5.2-5～图 5.2-7 表明：

（1）红黏土地基的标准贯入击数随着深度的增加相应地增加。

（2）处理后的红黏土地基地标准贯入击数较处理前有较大幅度的增加。QH1 区处理前标贯击数平均值为 5.20 击，处理后为 6.71 击；QH2 区处理前标贯击数平均值为 4.63 击，处理后为 6.67 击；QH3 区处理前标贯击数平均值为 3.40 击，处理后为 6.20 击。

3．处理前后波速测试

《建筑抗震设计规范》（GB 50011—2001）规定，采用土层的等效剪切波速划分场地类别。

土层的等效剪切波速，按式（5.2-1）和式（5.2-2）计算：

$$v_{se}=d_0/t \tag{5.2-1}$$

$$t=\sum_{i=1}^{n}(d_i/v_{si}) \tag{5.2-2}$$

式中：v_{se}——土层等效剪切波速（m/s）；

d_0——计算深度（m），取覆盖层厚度和 20.0 m 二者的较小者；

t——剪切波在地面至计算深度之间的传播时间（s）；

d_i——计算深度范围内第 i 土层的厚度（m）；

v_{si}——计算深度范围内第 i 土层的剪切波速（m/s）；

n——计算深度范围内土层的分层数。

根据规范，场地土类型宜根据表 5.2-4 划分。

表 5.2-4　根据剪切波速划分场地土类型

场地土类型	土层剪切波速/（m/s）
坚硬场地土	$v_s>500$
中硬场地土	$500\geqslant v_s>250$
中软场地土	$250\geqslant v_s>140$
软弱场地土	$v_s<140$

垫层强夯法处理红黏土地基进行处理前（原地基）波速测试 3 孔，累计进尺 61 m，波速测试成果如图 5.2-8 ~ 图 5.2-10 所示。

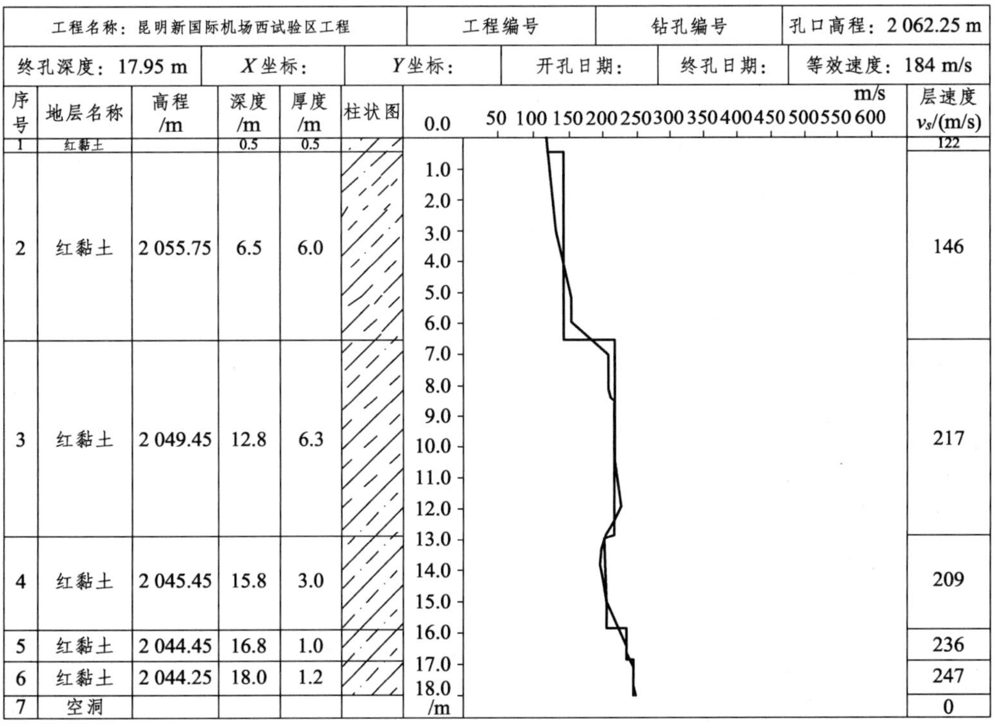
工程名称：昆明新国际机场西试验区工程
工程编号
钻孔编号
孔口高程：2 062.25 m
终孔深度：17.95 m
X 坐标：
Y 坐标：
开孔日期：
终孔日期：
等效速度：184 m/s
序号
地层名称
高程 /m
深度 /m
厚度 /m
柱状图
层速度 v_s/(m/s)
m/s
0.0 50 100 150 200 250 300 350 400 450 500 550 600
1 红黏土 0.5 0.5 122
2 红黏土 2 055.75 6.5 6.0 146
3 红黏土 2 049.45 12.8 6.3 217
4 红黏土 2 045.45 15.8 3.0 209
5 红黏土 2 044.45 16.8 1.0 236
6 红黏土 2 044.25 18.0 1.2 247
7 空洞 0
1.0 2.0 3.0 4.0 5.0 6.0 7.0 8.0 9.0 10.0 11.0 12.0 13.0 14.0 15.0 16.0 17.0 18.0
/m

图 5.2-8　QH1 处理前波速测试成果图

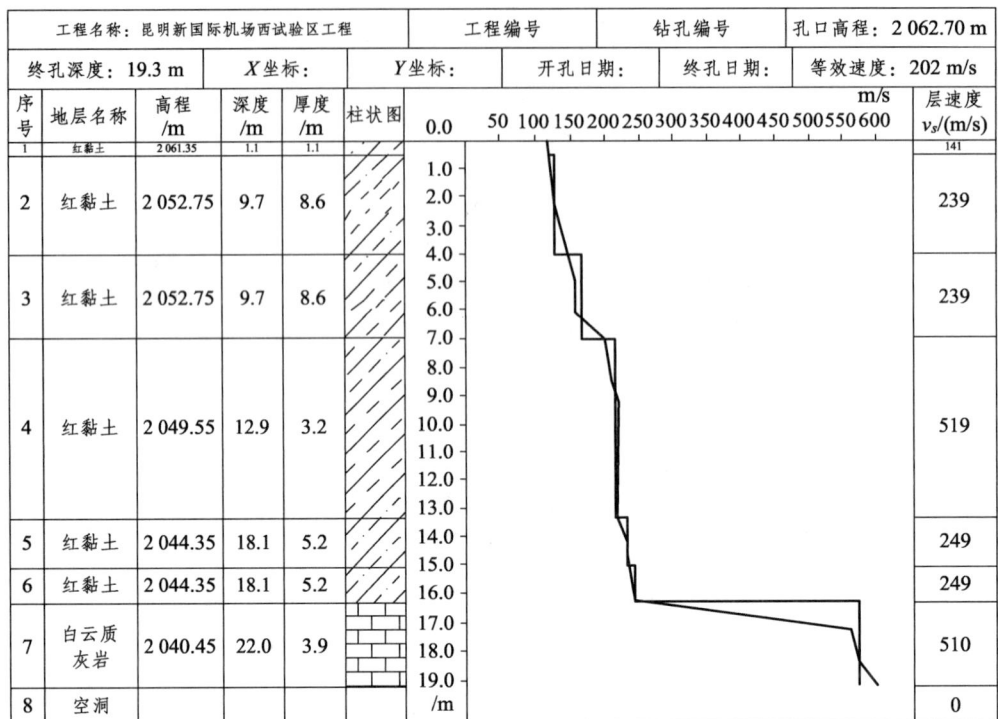

图 5.2-9 QH2 处理前波速测试成果图

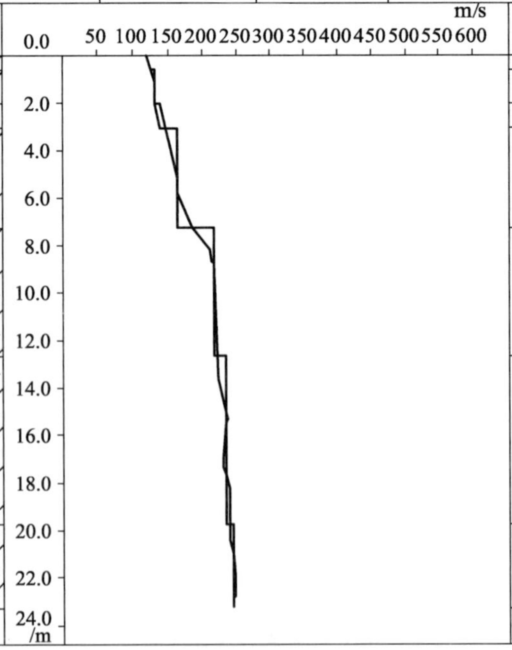

图 5.2-10 QH3 处理前波速测试成果图

QH1 区处理前土层的等效剪切波速为 202 m/s，据表 5.2-4 标准，判定该土层为中软场地土。
QH2 区处理前土层的等效剪切波速为 179 m/s，为中软场地土。

QH3 区处理前土层的等效剪切波速为 184 m/s，为中软场地土。

垫层强夯法处理红黏土地基进行处理后波速测试 3 孔，累计进尺 61 m，波速测试成果如图 5.2-11 ~ 图 5.2-13 所示。

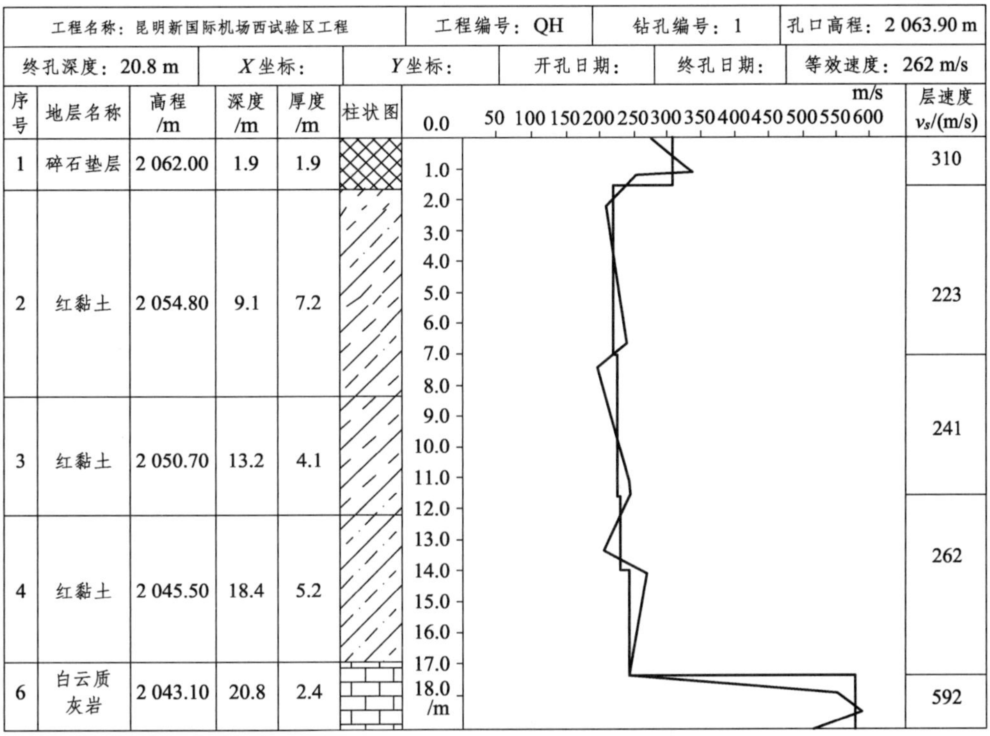
工程名称：昆明新国际机场西试验区工程
工程编号：QH
钻孔编号：1
孔口高程：2 063.90 m
终孔深度：20.8 m
X 坐标：
Y 坐标：
开孔日期：
终孔日期：
等效速度：262 m/s
序号
地层名称
高程/m
深度/m
厚度/m
柱状图
m/s
0.0 50 100 150 200 250 300 350 400 450 500 550 600
层速度 v_s/(m/s)
1 碎石垫层 2 062.00 1.9 1.9 310
2 红黏土 2 054.80 9.1 7.2 223
3 红黏土 2 050.70 13.2 4.1 241
4 红黏土 2 045.50 18.4 5.2 262
6 白云质灰岩 2 043.10 20.8 2.4 592
1.0 2.0 3.0 4.0 5.0 6.0 7.0 8.0 9.0 10.0 11.0 12.0 13.0 14.0 15.0 16.0 17.0 18.0
/m
图 5.2-11 QH1 处理后波速测试成果图

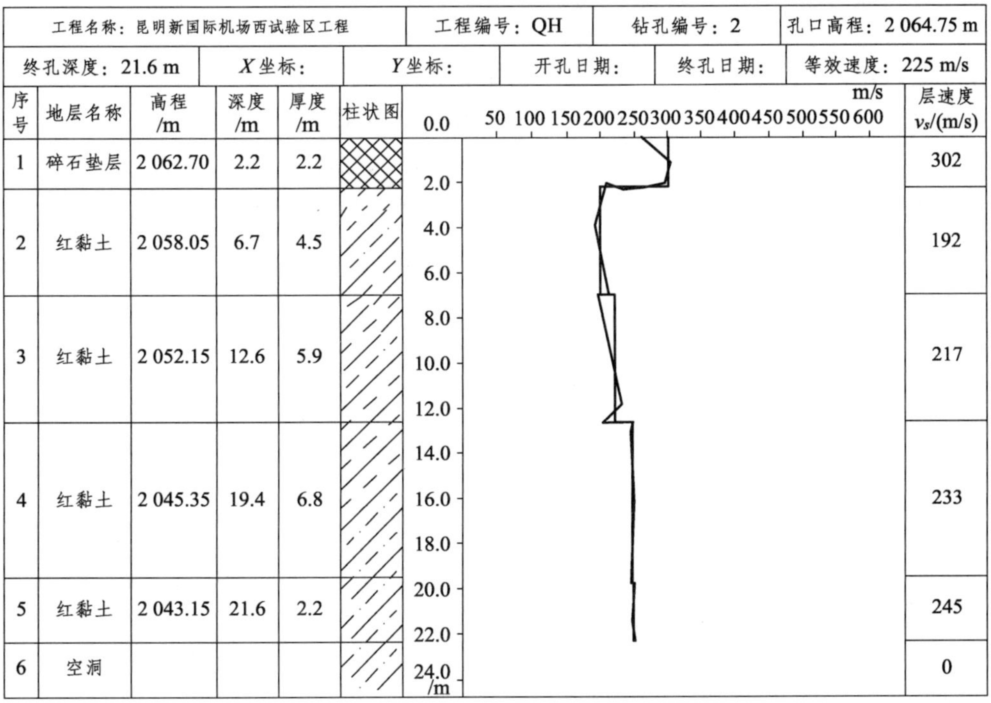
工程名称：昆明新国际机场西试验区工程
工程编号：QH
钻孔编号：2
孔口高程：2 064.75 m
终孔深度：21.6 m
X 坐标：
Y 坐标：
开孔日期：
终孔日期：
等效速度：225 m/s
序号
地层名称
高程/m
深度/m
厚度/m
柱状图
m/s
0.0 50 100 150 200 250 300 350 400 450 500 550 600
层速度 v_s/(m/s)
1 碎石垫层 2 062.70 2.2 2.2 302
2 红黏土 2 058.05 6.7 4.5 192
3 红黏土 2 052.15 12.6 5.9 217
4 红黏土 2 045.35 19.4 6.8 233
5 红黏土 2 043.15 21.6 2.2 245
6 空洞 0
2.0 4.0 6.0 8.0 10.0 12.0 14.0 16.0 18.0 20.0 22.0 24.0
/m
图 5.2-12 QH2 处理后波速测试成果图

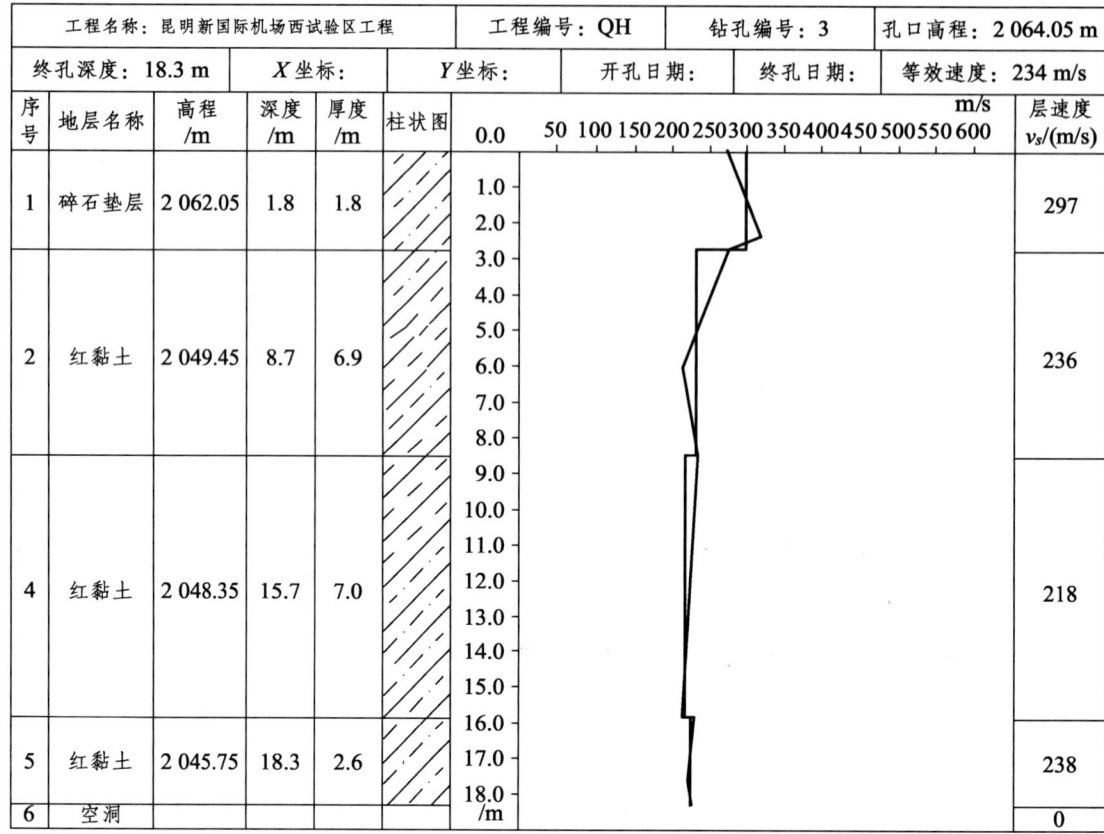

图 5.2-13　QH3 处理后波速测试成果图

QH1 区处理后土层的等效剪切波速为 262 m/s，为中硬场地土。
QH2 区处理后土层的等效剪切波速为 225 m/s，为中软场地土。
QH3 区处理后土层的等效剪切波速为 234 m/s，为中软场地土。
垫层强夯法红黏土地基处理前后的土层等效剪切波速成果如表 5.2-5 所示。

表 5.2-5　强夯复合地基处理前后波速测试成果表

处理区域	强夯处理前		强夯处理后	
	等效剪切波速/(m/s)	场地土类型	等效剪切波速/(m/s)	场地土类型
QH1	202	中软场地土	262	中硬场地土
QH2	179	中软场地土	225	中软场地土
QH3	184	中软场地土	234	中软场地土

表 5.2-5 表明，垫层强夯法处理后的 3 个小区的剪切波速比处理前均有明显的提高，处理后地基土的软硬程度比处理前也有明显的提高，尤其是 QH1 区，地基土由处理前的中软场地土变为处理后的中硬场地土。

4. 处理前后载荷试验

垫层强夯法处理红黏土地基进行处理前载荷试验 3 点，强夯法处理红黏土地基进行处理后载荷试验 3 点。平板载荷试验成果如表 5.2-6 所示。

表 5.2-6 垫层强夯法处理红黏土地基处理前后载荷试验成果

载荷试验点编号	承载力特征值/kPa	极限荷载/kPa	比例界限相应沉降量/mm	极限荷载相应沉降量/mm	变形模量 E_0/MPa
QH1 区处理前	140	240	7.9	31.7	10.23
QH2 区处理前	151	240	8.2	42.9	10.75
QH3 区处理前	169	340	8.8	42.4	11.94
QH1 区处理后	471	800	16.1	17.0	15.94
QH2 区处理后	440	800	22.1	23.6	11.83
QH3 区处理后	386	720	21.0	22.73	10.88

表 5.2-6 表明，强夯法处理区处理前（原地基）的极限荷载在 240～340 kPa，平均为 273 kPa；地基承载力特征值在 140～169 kPa，平均为 153 kPa；变形模量在 6.96～12.46 MPa，平均为 11.0 MPa。

强夯法处理区处理后的极限荷载在 720～800 kPa，平均为 773 kPa；地基承载力特征值在 386～471 kPa，平均为 432 kPa；变形模量在 10.88～15.94 MPa，平均为 12.9 MPa。

表 5.2-6 表明，地基承载力特征值提高幅度为 182%。说明采用垫层强夯法处理红黏土地基的效果是明显的，三种夯击能的强夯处理，地基承载力均能满足设计要求。

5. 处理后密度检测

密度检测，强夯施工完成后分别在 QH1 和 QH2 各进行了一点的密度检测。密度检测采用灌水法进行，钢环直径 2 m，试坑直径 1.5 m，试坑深度 1.3～1.4 m，钢环内水位采用水位测针测量。其中：QH1 的干密度为 2.162 g/cm^3，含水率为 6.75%，固体容积体积率为 0.82；QH2 的干密度为 2.158 g/cm^3，含水率为 7.1%，固体容积体积率为 0.81。垫层料的密度检测满足设计文件要求。

6. 垫层强夯法处理红黏土地基处理效果评价

从夯沉曲线、密度检测和载荷试验成果分析，QH1 区强夯处理效果最好，处理后的填筑体固体容积体积率为 0.82，地基承载力特征值为 471 kPa，变形模量为 15.94 MPa。QH2 区强夯处理效果次之，处理后的填筑体固体容积体积率为 0.81，地基承载力特征值为 440 kPa，变形模量为 11.83 MPa。QH3 区强夯处理效果较 QH1 和 QH2 而言较差，处理后的填筑体地基承载力特征值为 386 kPa，变形模量为 10.88 MPa。

综合分析得到：强夯 QH1 区和强夯 QH2 区的处理效果较好。考虑到造价和工期因素，我们认为：对于红黏土分布厚度在 8.0～10.0 m 范围时，上部填土厚度为 30.0 m 的红黏土地基，采用 3 000 kN·m（两遍点夯，一遍满夯）强夯进行处理是可行的；对于红黏土分布厚度在 8.0 m 以内，上部填土厚度为 30.0 m 的红黏土地基，采用 2 000 kN·m（两遍点夯，一遍满夯）强夯进行处理是可行的。

5.3 地下处理

5.3.1 碎石桩的设计与施工

在试验场地选择 3 块场地处理深部红黏土软弱地基，处理方法为碎石桩法。碎石桩施工采用振动沉管法成桩，振动沉管打桩机采用平底型活瓣桩靴，施工参数如表 5.3-1 所示。

表 5.3-1 碎石桩处理红黏土地基施工参数

处理内容	试验小区编号	红黏土厚度/m	平均桩长/m	桩径/m	桩间距/m	布桩方式	置换率/%	实际处理面积/m²
红黏土地基	SS1	20~23	21.3	0.5	1.5	梅花形	10.1	20×50
	SS2	20~23	20.5	0.5	1.8	梅花形	7.0	20×50
	SS3	16~19	16.7	0.5	2.0	梅花形	5.7	20×50

5.3.2 碎石桩的检测

碎石桩处理红黏土地基试验检测分为处理前检测和处理后检测。试验内容包括钻探、标准贯入试验、室内土工试验、载荷试验和桩身、桩间土重型动力触探等。处理前试验工作量：钻探 3 孔；标准贯入试验 26 点；取芯样 12 组；室内土工试验（含水率、界限含水率、密度、压缩试验和剪切试验）12 组；载荷试验 3 点。处理后检测钻探 3 孔；标准贯入试验 20 点；取芯样 12 组，室内土工试验（含水率、界限含水率、密度、压缩试验和剪切试验）12 组；载荷试验 6 点，其中桩身载荷试验 3 点，桩间土载荷试验 3 点；重型动力触探 25 孔，其中桩身重型动力触探 21 孔，桩间土重型动力触探 4 孔。

碎石桩处理红黏土地基检测试验检测点布置图如 5.3-1 和图 5.3-2 所示。

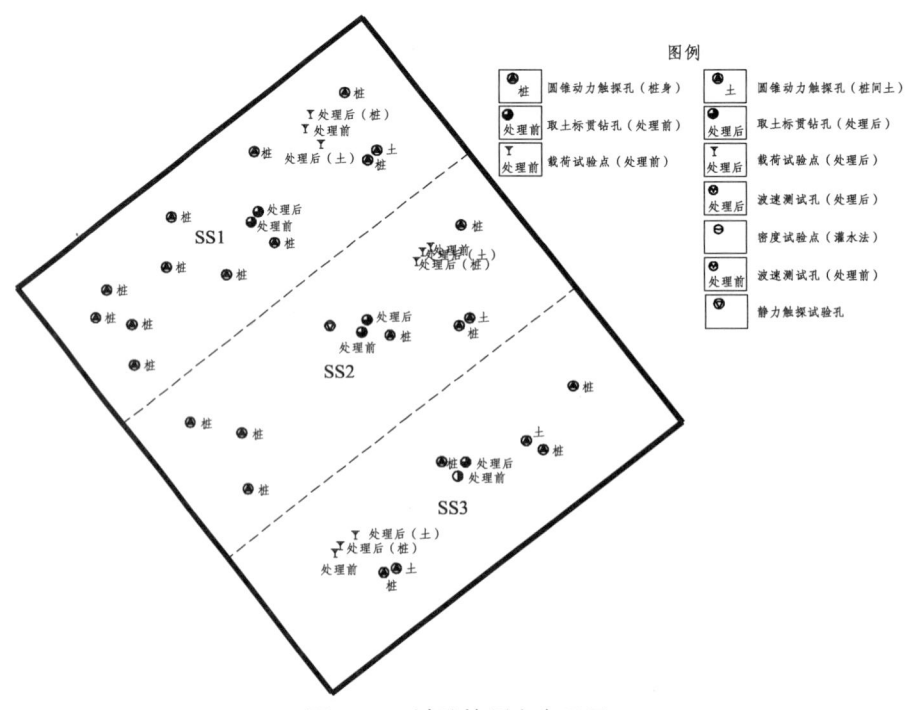

图 5.3-1 试验检测点布置图

图 5.3-2 碎石桩施工现场

1. 标准贯入试验

碎石桩处理红黏土地基处理前标准贯入试验成果如表 5.3-2 和图 5.3-3～图 5.3-5 所示。

表 5.3-2 碎石桩处理红黏土地基处理前后标准贯入试验成果

试验位置	试验阶段	试验点数/点	标贯总击数	标贯击数平均值	标贯击数标准差	变异系数
SS1	处理前	11	52	4.63	1.49	0.32
	处理后	8	45	5.63	1.27	0.23
SS2	处理前	9	43	4.77	1.72	0.36
	处理后	6	35	5.83	1.47	0.25
SS3	处理前	6	22	3.67	0.82	0.22
	处理后	6	30	5.00	0.89	0.18

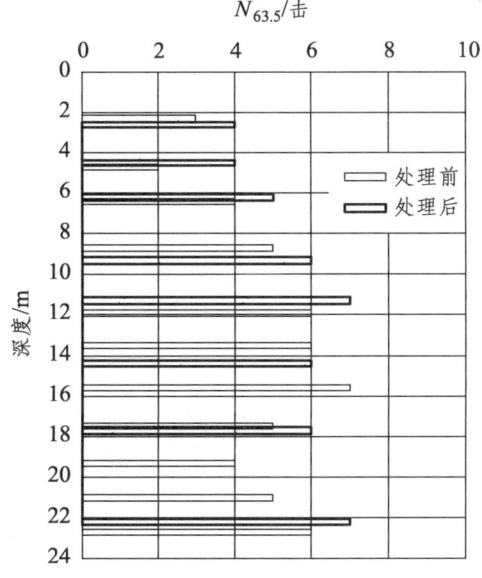

图 5.3-3 SS1 区处理前后标准贯入试验成果图

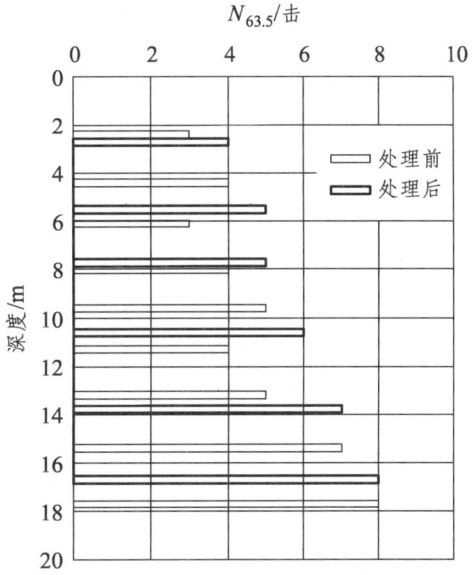

图 5.3-4 SS2 区处理前后标准贯入试验成果图

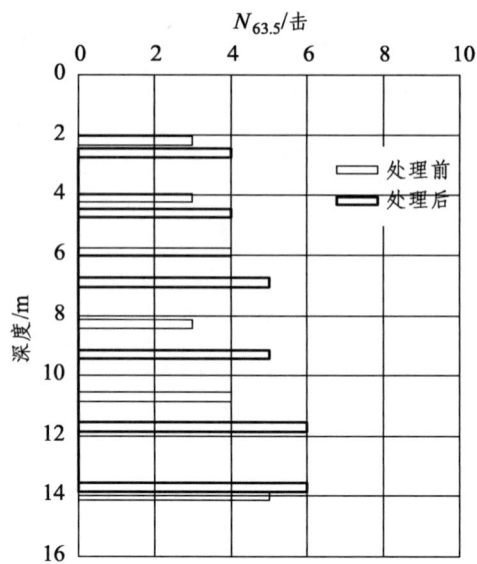

图 5.3-5 SS3 区处理前后标准贯入试验成果图

表 5.3-2 和图 5.3-3 ~ 图 5.3-5 表明：

（1）红黏土地基的标准贯入击数随着深度的增加相应地增加。

（2）处理后红黏土地基的标准贯入击数较处理前有较大幅度的增加。SS1 区处理前标准击数平均值为 4.63 击，处理后标准击数平均值为 5.63 击；SS2 区处理前标准击数平均值为 4.77 击，处理后标准击数平均值为 5.83 击；SS3 区处理前标准击数平均值为 3.67 击，处理后标准击数平均值为 5.00 击；说明碎石桩处理红黏土地基处理效果比较明显。

2. 室内土工试验

碎石桩处理红黏土地基处理前后红黏土物理性质试验成果如表 5.3-3 所示。

表 5.3-3 碎石桩处理红黏土地基处理前红黏土物理性质指标

试验阶段	项目	含水率 $w/\%$	比重 G_s	湿密度/ (g/cm^3)	干密度/ (g/cm^3)	孔隙比 e	饱和度 S_r	流限 w_{L17}	塑限 w_P	塑性指数 I_{L17}
处理前	范围值	21.0~40.0	2.71~2.74	1.83~2.04	1.31~1.69	0.66~1.09	93.7~100	29~44	17~27	12~18.2
	平均值	29.9	2.72	1.94	1.50	0.83	98.5	34.4	20.4	14.0
	标准差	5.255	0.010	0.065	0.110	0.139	1.821	4.613	3.005	2.089
	变异系数	0.176	0.004	0.033	0.074	0.169	0.018	0.134	0.147	0.149
处理后	范围值	26.0~29.0	2.71~2.75	1.89~1.98	1.44~1.56	0.75~0.89	93~98	31~43	19~26	12~17
	平均值	28.0	2.73	1.94	1.52	0.80	0.96	36.7	21.7	14.7
	标准差	1.633	0.013	0.029	0.040	0.050	0.019	4.112	2.812	1.704
	变异系数	0.058	0.005	0.015	0.026	0.062	0.020	0.112	0.129	0.116

表 5.3-3 表明，处理前后红黏土的物理指标有所改变，但不明显。这与试验检测时成桩仅 28 d，且上部还未进行填筑施工，排水缓慢有关。但在施工现场，碎石桩施工完成以后 2～3 d，桩顶即有水排出，说明碎石桩的排水效果还是比较明显的。

碎石桩地基处理前后红黏土的颗粒级配曲线如图 5.3-6 和图 5.3-7 所示。

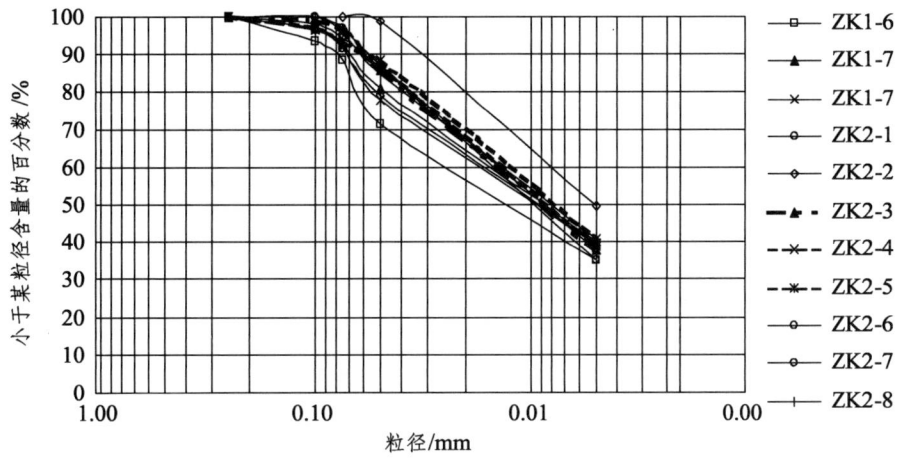

图 5.3-6　碎石桩处理区处理前红黏土级配曲线

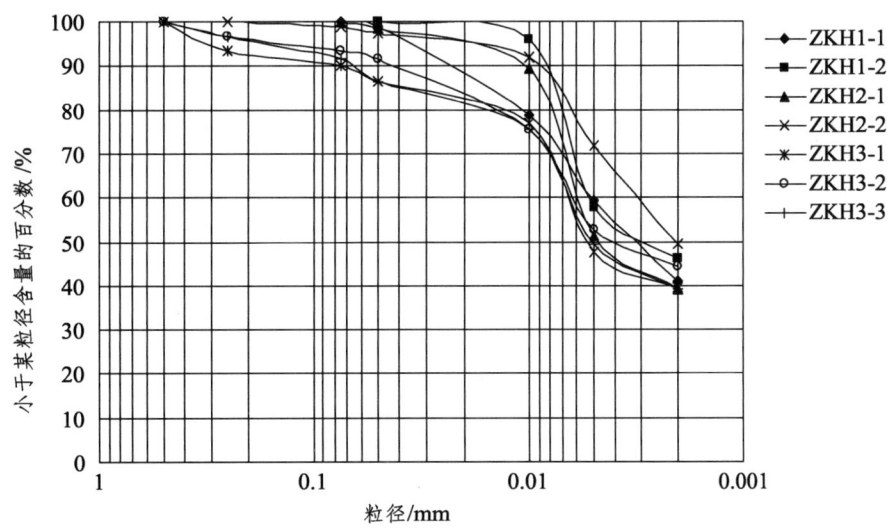

图 5.3-7　碎石桩处理区处理后红黏土级配曲线

图 5.3-6 和图 5.3-7 表明，红黏土的颗粒级配基本一致，黏粒含量在 40% 以上。碎石桩地基处理前红黏土的固结压缩及快剪试验成果如表 5.3-4 所示。

表 5.3-4　碎石桩处理红黏土地基处理前红黏土固结压缩及剪切试验成果

统计指标	压缩系数/MPa^{-1}					压缩模量/MPa					剪切试验	
	100~200 kPa	200~300 kPa	300~400 kPa	400~600 kPa	600~800 kPa	100~200 kPa	200~300 kPa	300~400 kPa	400~600 kPa	600~800 kPa	内聚力 C/kPa	摩擦角 φ/(°)
范围值	0.2~0.56	0.14~0.34	0.2~0.34	0.07~0.24	0.09~0.22	3.75~8.00	6.22~11.38	6.22~8.85	8.59~28.57	8.8~19.76	8.1~21.9	8.3~21.2
平均值	0.37	0.23				5.35	8.44				14.1	13.8
标准差	0.114	0.062				1.513	1.938				4.699	4.800
变异系数	0.308	0.270				0.283	0.230				0.333	0.347
标准值	0.43	0.26				4.51	7.37				10.9	10.6

碎石桩处理红黏土地基处理后红黏土的固结压缩以及快剪试验成果如表 5.3-5 所示。

表 5.3-5　碎石桩处理红黏土地基处理后红黏土固结压缩及剪切试验成果

统计指标	压缩系数/MPa^{-1}		压缩模量/MPa		固结系数 C_v （×10^{-3} cm^2/s）				剪切试验		
	100~200 kPa	200~300 kPa	100~200 kPa	200~300 kPa	垂直荷重 100 kPa	垂直荷重 200 kPa	垂直荷重 300 kPa	垂直荷重 400 kPa	试验方法	内聚力 C/kPa	摩擦角 φ/(°)
范围值	0.26~0.44	0.15~0.32	4.34~10.93	5.97~12.08	0.9~4.22	0.51~4.74	0.48~4.39	0.31~2.91		15.7~22.2	17.4~24.8
平均值	0.32	0.22	6.49	9.72	2.50	1.77	1.68	1.37	Cq	20.79	19.27
标准差	0.093	0.069	2.217	2.714	1.411	1.422	1.319	0.905		5.314	3.280
变异系数	0.287	0.322	0.341	0.279	0.564	0.805	0.785	0.658		0.256	0.170
标准值	0.39	0.27	4.85	7.72	1.46	0.72	0.71	0.71		16.9	16.8

表 5.3-4 和表 5.3-5 表明，碎石桩处理后的红黏土地基土体的强度指标有所提高，100~200 kPa 时的压缩模量标准值从 4.51 MPa 提高至 4.85 MPa，200~300 kPa 时的压缩模量标准值从 7.37 MPa 提高至 7.72 MPa，内聚力（C）标准值从 10.9 kPa 提高至 16.9 kPa，摩擦角（φ）标准值从 10.6°提高至 16.8°。

同时，在室内进行红黏土击实样的胀缩性试验各 3 组，试验成果如表 5.3-6 所示。

表 5.3-6　红黏土胀缩性试验成果

土样编号	击实特性		制样压实度/%	收缩				膨胀力 F_e/kPa
	最优含水率 w_{op}/%	最大干密度 ρ_{dmax}/(g/cm^3)		塑限含水率 w_s/%	收缩系数 λ_s	线缩率 δ_{si}/%	体缩率 δ_v/%	
土样1	20.7	1.71	90	16.0	0.050	1.010	5.5	120.4
			93	16.0	0.050	0.930	5.6	135.7
			95	15.2	0.060	1.080	5.6	167.0
土样2	20.3	1.65	90	5.8	0.160	1.000	5.8	59.4
			93	6.0	0.159	0.980	2.2	107.2
			95	6.2	0.159	0.950	2.0	147.5

土样 1 的塑限含水率 w_s 平均值为 15.73%>12.0%，线收缩率 δ_{si} 平均值为 1.01%<5%，土样 1 不具有胀缩性。土样 2 的塑限含水率 w_s 平均值为 6.0%<12.0%，线收缩率 δ_{si} 平均值为 0.98%<5.0%，土样 2 具有弱胀缩性。

3. 载荷试验

碎石桩法处理红黏土地基处理前进行载荷试验 3 点，处理完成 28 d 后进行载荷试验 6 点，其中桩身 3 点，桩间土 3 点。载荷试验成果如表 5.3-7 所示。

表 5.3-7 碎石桩处理红黏土地基处理前后载荷试验成果

试验区域	试验阶段	地基承载力特征值/kPa	极限荷载/kPa	比例界限相应沉降量/mm	极限荷载相应沉降量/mm	变形模量 E_0/MPa
SS1	处理前地基	182	300	8.7	38.2	12.46
	处理后桩身	480	880	16.1	65.0	13.93
	处理后桩间土	400	800	17.1	41.5	10.33
	处理后复合地基	404				
SS2	处理前地基	200	320	9.1	38.0	11.19
	处理后桩身	525	960	21.9	85.7	12.44
	处理后桩间土	382	720	9.5	29.9	17.78
	处理后复合地基	368				
SS3	处理前地基	180	320	13.8	38.9	6.96
	处理后桩身	540	960	20.5	65.7	12.65
	处理后桩间土	550	880	13.9	38.58	15.15
	处理后复合地基	442				

表 5.3-7 表明，碎石桩处理红黏土地基处理前的极限荷载在 300～320 kPa，平均为 313 kPa；地基承载力特征值在 180～200 kPa，平均为 187 kPa；变形模量在 6.96～12.46 MPa，平均为 10.2 MPa。

碎石桩处理红黏土地基处理后桩身的极限荷载在 880～960 kPa，平均为 933 kPa；地基承载力特征值在 480～540 kPa，平均为 515 kPa；变形模量在 12.44～13.93 MPa，平均为 13.0 MPa。

碎石桩处理红黏土地基处理后桩间土的极限荷载在 720～880 kPa，平均为 800 kPa；地基承载力特征值在 382～550 kPa，平均为 444 kPa；变形模量在 12.44～13.93 MPa，平均为 13.0 MPa。

根据复合地基原理，计算得到碎石桩复合地基的承载力。采用碎石桩处理后的地基承载力比处理前有较大幅度的增加，原地基承载力特征值为 180～200 kPa，平均为 187 kPa，处理后的复合地基承载力特征值为 368～442 kPa，平均为 405 kPa，地基承载力特征值提高幅度为 116%。这说明采用碎石桩处理红黏土地基其效果是明显的，三种置换率的碎石桩复合地基均能满足设计要求。

用 1.5 m、1.8 m 及 2.0 m 三个桩间距的碎石桩处理红黏土地基，其处理后的地基承载力特征值均能满足设计要求。2.0 m 桩间距处理后的地基承载力特征值比 1.5 m 还大的主要原因是：

该处地基软土层的表层硬壳层较厚，对碎石桩桩体的约束效果明显，从而表现出较大的桩身承载力。

4. 重型动力触探检测

红黏土地基碎石桩处理后共完成 25 孔重型动力触探检测，碎石桩动力触探击数统计表如表 5.3-8 所示。其中：桩身检测 22 孔，累计进尺 384.5 m；桩间土检测 3 孔，累计进尺 53.6 m。

表 5.3-8 红黏土地基碎石桩处理后重型动力触探成果统计

试验位置	编号	孔口高程/m	阵击数	总击次	阵击击次平均值	阵击标准差	变异系数
SS1	1-129	2 063.2	166	1 379	8.31	2.09	0.25
	1-141	2 062.6	207	1 199	5.79	1.27	0.22
	1-362	2 062.6	178	1 584	0.91	5.15	0.58
	1-364	2 062.6	176	1 890	10.74	4.08	0.38
	1-406	2 062.2	173	1 085	6.27	2.88	0.46
	1-408	2 062.6	170	1 149	6.76	2.40	0.19
	1-410	2 062.1	182	1 349	7.41	2.06	0.16
SS1	1-412	2 063.2	183	1 149	6.28	1.83	0.29
	1-414	2 061.9	176	1 982	11.26	3.96	0.35
	1-416	2 062.1	184	1 774	9.64	3.81	0.39
	1-418	2 062.4	177	1 703	9.62	3.85	0.40
	桩间土	2 062.7	215	1 462	6.80	2.57	0.38
SS2	2-255	2 062.4	215	1 186	5.52	1.75	0.32
	2-258	2 062.7	216	1 259	5.83	1.31	0.23
	2-301	2 062.4	181	2 112	11.67	3.17	0.27
	2-303	2 062.6	178	2 543	14.29	3.44	0.24
	2-305	2 062.4	183	1 877	10.26	2.55	0.25
	2-307	2 062.2	182	1 796	9.87	2.27	0.23
	桩间土	2 062.4	215	974	4.53	2.16	0.48
SS3	3-119	2 061.5	385	89	4.33	1.67	0.39
	3-139	2 062.0	115	774	6.73	1.29	0.19
	3-200	2 061.3	153	958	6.26	2.57	0.41
	3-244	2 062.4	182	1 739	9.56	2.54	0.27
	3-246	2 062.2	180	1 899	10.43	3.19	0.31
	桩间土	2 062.8	106	494	4.66	2.31	0.50

统计表明：

（1）动力触探击数随着深度的增加相应增加，说明碎石桩上部比较松散，随着深度的增加，碎石桩桩身密实程度逐渐增加。

（2）动力触探击数比较连续，未发生动力触探击数突变的情况，说明桩身连续性较好，未发生断桩、缩径等现象。

（3）桩身的动力触探击数比桩间土的动力触探击数明显高，碎石桩作用比较明显。

根据载荷试验和圆锥重型动力触探检测结果，三种置换率和桩长的碎石桩处理红黏土地基的处理效果比较明显，其承载力均能满足设计要求。

经过现场沉降观测表明，SS1 区、SS2 区和 SS3 区累计沉降分别为 33.1 cm、26.3 cm 和 7.5 cm，其沉降速率范围分别在 2.0～11.5 mm/d、0.4～8.0 mm/d 和 0.0～6.0 mm/d。说明置换率越大，其沉降速率越大，软土固结速度越快，工后沉降越小。

碎石桩 SS1 区的工后沉降在 58.0～115.0 mm，平均工后沉降为 86.5 mm；碎石桩 SS2 区的工后沉降在 102.0～193.0 mm，平均工后沉降为 150.7 mm；碎石桩 SS3 区的工后沉降在 215.0～249.0 mm，平均工后沉降为 231.0 mm。沉降计算表明碎石桩 SS1 区和碎石桩 SS2 区的处理效果较好，其工后沉降和差异沉降可以满足设计要求，碎石桩 SS3 区因桩间距较大，导致其工后沉降较大，工后沉降不能满足设计。

综合分析得到：碎石桩 SS1 区和碎石桩 SS2 区的处理效果较好。考虑到造价和工期因素，我们认为：对于红黏土分布厚度在 20.0 m 以内，上部填土厚度在 30.0 m 的红黏土地基，采用桩间距（梅花形布桩）1.8 m，桩径 500 mm 的碎石桩进行处理是可行的。

5.4 本章小结

（1）对于分布厚度在 8.0～10.0 m、上部填土厚度为 30.0 m 的红黏土地基，采用 3 000 kN·m（两遍点夯，一遍满夯）强夯进行处理是可行的；对于分布厚度在 8.0 m 以内、上部填土厚度为 30.0 m 的红黏土地基，采用 2 000 kN·m（两遍点夯，一遍满夯）强夯进行处理是可行的。

（2）对于分布厚度在 20.0 m 以内、上部填土厚度为 30.0 m 的红黏土地基，采用桩间距（梅花形布桩）1.8 m、桩径 500 mm 的碎石桩进行处理是可行的。

第 6 章
填土地基处理试验研究

CHAPTER 6

6.1 红黏土碾压试验

在昆明新机场东试验区，为了获得红黏土原地面冲击碾压试验效果，在场地内专门选择红黏土场地进行红黏土原地面冲击碾压试验效果试验。

6.1.1 试验概况

在土方填筑试验区选取了 121.5 m×50 m 的地面，推掉表层 30 cm 耕植土，在红黏土上冲击碾压，进行红黏土地基冲击碾压试验。冲击压实机的设备型号见表 6.1-1。现场碾压见图 6.1-1。

为了准确测定碾压效果，在碾压前做了红黏土干密度试验、原状土的物理力学性质试验和原位试验。在碾压 5 遍、10 遍、15 遍、30 遍时分别进行了相同的试验，便于对比分析。碾压测试种类包括沉降量、压实度、轻型圆锥动力触探试验、静力触探试验、连续冲压反应测试（CIR）。试验点的布置见图 6.1-2。

表 6.1-1 冲击压实机型号参数

型号	压实轮形状	牵引能量/kW	设备总质量/t	设备总长/m	设备总宽/m	设备总高/m	压实组件质量/t	作业速度/（km/h）
LICP-3	三角形	260	27	8.6	3.0	3.34	12	12～15

图 6.1-1 红黏土冲击碾压

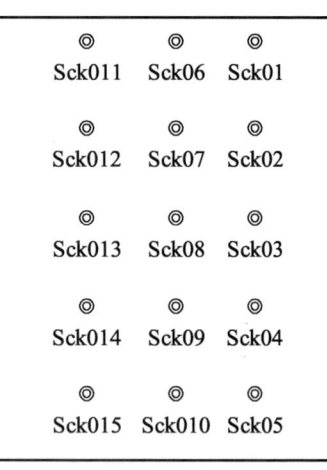

图 6.1-2 试验场地平面示意图

6.1.2 试验结果分析

1. 地基沉降量

沉降观测共施测 5 次，分别于 0 遍、5 遍、10 遍、15 遍、30 遍结束时进行。观测网格沿边长 40 m 方向为 7 个点，沿边长 120 m 方向为 17 个点。每次测 17×7=119 个点，共测 595 个点，归纳结果如表 6.1-2 所示。

表 6.1-2　沉降量均值　　　　　　　　　　　　　　　单位：cm

冲碾遍数	0~5	5~10	10~15	15~30	合计
沉降量均值	1.78	2.85	0.87	2.21	7.71

注：冲碾15遍以后采取了洒水措施，静置一夜后，第二天进行15~30遍的冲压。

由原始数据分析，冲压30遍后，平均沉降量为7.71 cm，最大沉降量为19.2 cm，最小沉降量为0.3 cm，由此计算差异沉降量为18.9 cm。由沉降计算结果可以看出：一方面原状红黏土结构强度较高，尤其是表层由于含水率低，强度更高，不易碾压；但另一方面说明红黏土土层厚相差大，容易发生差异沉降。

2．压实度测试

压实度测试分别在0遍、5遍、10遍、15遍、30遍碾压后进行。在试验场地平面上共布置15个点，每个点取5次试样，共取样75件。各遍测试数据最大、最小、平均值见表6.1-3。

表 6.1-3　压实度测试统计

分析统计项目		碾压0遍	碾压5遍	碾压10遍	碾压15遍	碾压30遍
干密度/ (g/cm³)	最小值	1.13	1.25	1.29	1.35	1.43
	最大值	1.47	1.46	1.50	1.52	1.52
	平均值	1.30	1.36	1.42	1.46	1.49
压实度/ %	最小值	73	81	84	88	93
	最大值	95	95	98	99	99
	平均值	84	88	92	95	97

冲压遍数与压实度及干密度的关系见图6.1-3、图6.1-4。

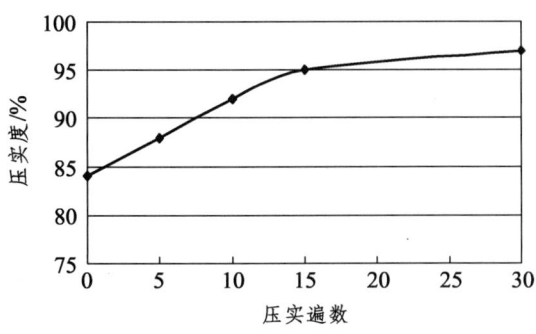

图 6.1-3　压实度与冲击压实遍数关系

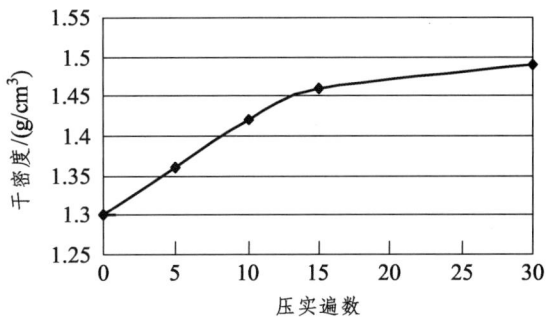

图 6.1-4　干密度与冲击压实遍数关系

以上各点测试深度均在0.3 m左右，用灌砂法试验。

3．轻型圆锥动力触探

轻型圆锥动力触探试验的锤质量为10 kg。分别在冲击碾压进行0遍、5遍、10遍、15

遍、30 遍后进行 5 次试验，每个点触探深度为 3.6 m，每个测试单元深度为 30 cm，应得测试结果 5×15×12=900 组数据，但有些测点遇到大块石或基岩未能达到 3.6 m。根据试验分析如下：

1）不同深度的触探结果分析

为了考察冲击压实在深度方向的影响，特绘出经过不同遍数冲压由 60 cm 起每锤下 30 cm 所需要的击数，即各深度轻型动力触探（击数）随冲压遍数的变化，如图 6.1-5 ~ 图 6.1-15 所示。所谓各深度，实际上是指在这个深度上的一步，例如 210 cm，就是指由 180 cm 到 210 cm 这一步需要的击数。在这个深度上随着冲压遍数的增加，如果土的密度与强度确实在增加，则这个击数应该增加。如果击数不再增加了，则说明在这个深度上、在这个遍数上再进行冲压已经不起作用了。图 6.1-5 ~ 图 6.1-15 中应用的击数是测点的平均值。

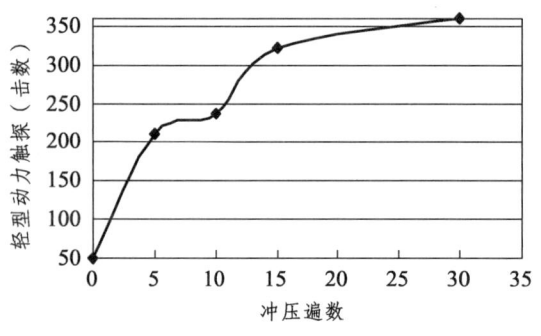

图 6.1-5 深度 60 cm 处锤击数与碾压遍数的变化图

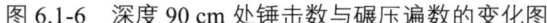

图 6.1-6 深度 90 cm 处锤击数与碾压遍数的变化图

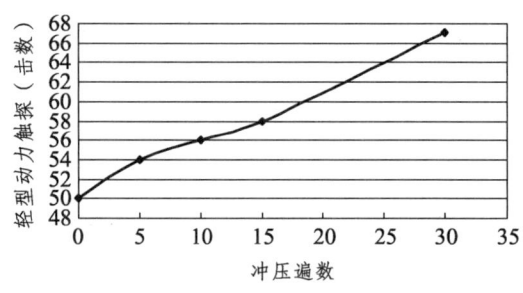

图 6.1-7 深度 120 cm 处锤击数与碾压遍数的变化图

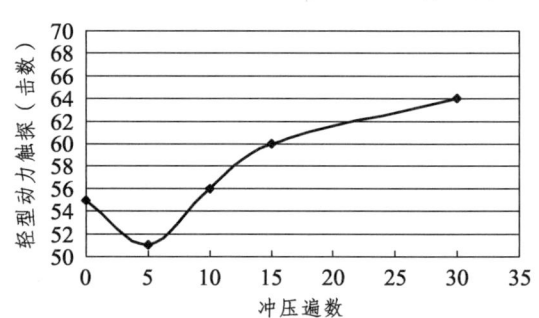

图 6.1-8 深度 150 cm 处锤击数与碾压遍数的变化图

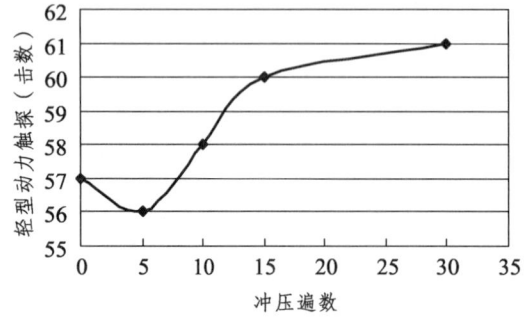

图 6.1-9 深度 180 cm 处锤击数与碾压遍数的变化图

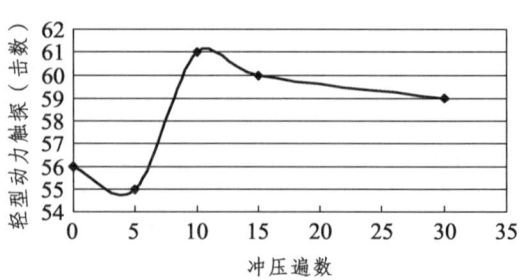

图 6.1-10 深度 210 cm 处锤击数与碾压遍数的变化图

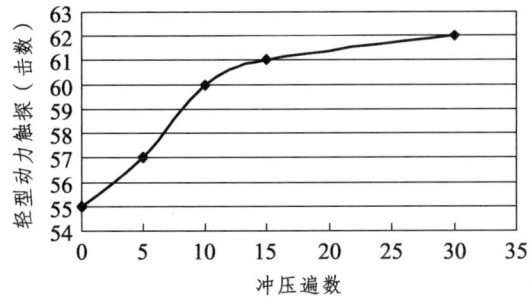
图 6.1-11 深度 240 cm 处锤击数与碾压遍数的变化图

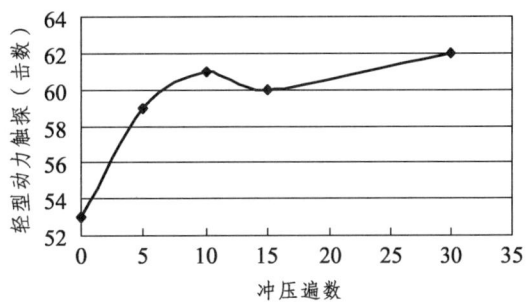
图 6.1-12 深度 270 cm 处锤击数与碾压遍数的变化图

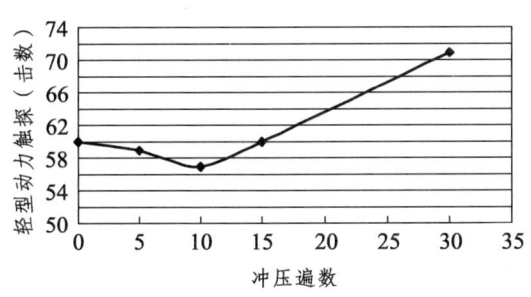
图 6.1-13 深度 300 cm 处锤击数与碾压遍数的变化图

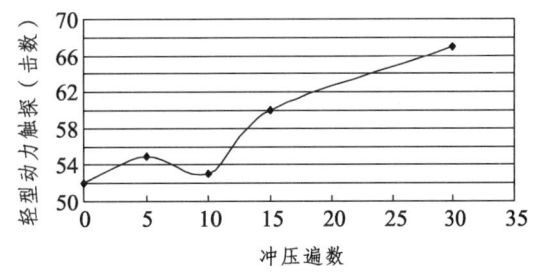
图 6.1-14 深度 330 cm 处锤击数与碾压遍数的变化图

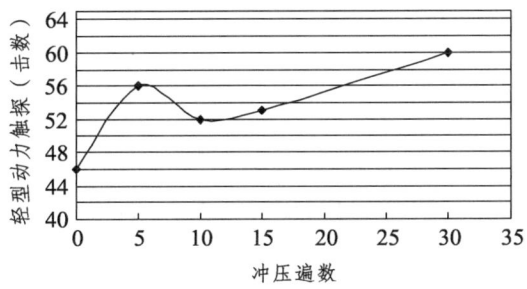
图 6.1-15 深度 360 cm 处锤击数与碾压遍数的变化图

从图 6.1-5～图 6.1-15 可以看出，在所示的所有深度内，冲压遍数增加，锤击次数均呈上升趋势。当深度达到 3.0 m、3.3 m、3.6 m 时，增加 15 遍冲压，锤击次数仍能增加 7～11 击，说明此时冲压仍能起相当大作用。本次试验说明对昆明新机场原地基的红黏土来说，冲击压实的影响深度可以达到 3.6 m。

当然，并不是所有的测试数据都是这样，图 6.1-5～图 6.1-6 中仍有平缓甚至下降的点，这是红黏土中含水率、孔隙比有局部增大现象的反映，自然土层的各种性质是随时随地变化的，出现这些点也不奇怪。

2）单位贯入量的触探结果分析

为了考察冲击压实对昆明新机场红黏土的作用，通过对每个测点触探结果的分析，可以看出在不同冲压遍数时冲压对土的作用，这可以用单位贯入量所需的锤击次数来表示（图 6.1-16）。

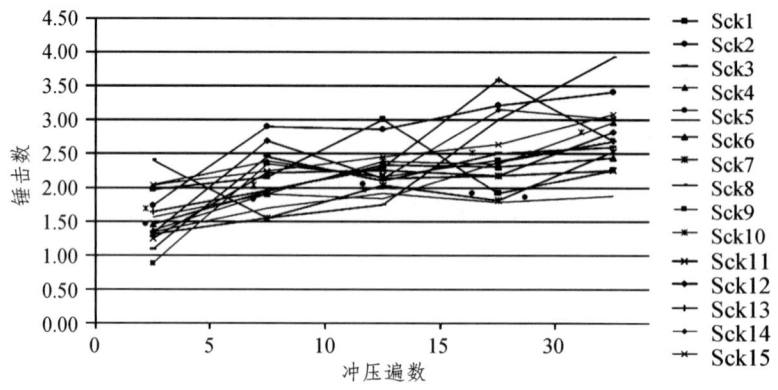

图 6.1-16 碾压遍数与锤击数的关系曲线

以上分析清楚地表明在所测试的触探范围内，土体一直处于增加密度和强度的过程中。

4. 静力触探试验

在试验区，分别在冲击碾压 0 遍、5 遍、10 遍、15 遍、30 遍后进行静力触探测试，每次触探 15 个点，共 75 个点，每点深度 6 m，沿深度每 10 cm 测一组数据。在静力触探测试所得的数据中，锥尖阻力 q_c 是评价地基承载力的主要参数，所以重点对 q_c 进行分析。图 6.1-17 ~ 图 6.1-25 所示是 9 个触探点孔不同深度的 q_c 值。

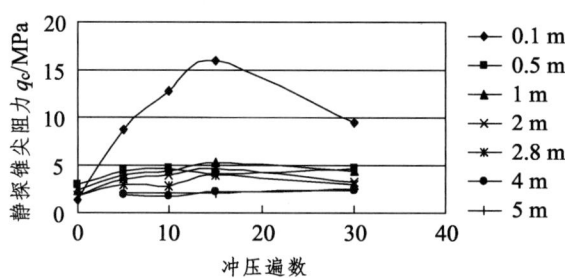

图 6.1-17 Sck2 点不同深度锥尖阻力 q_c 与碾压遍数的关系曲线

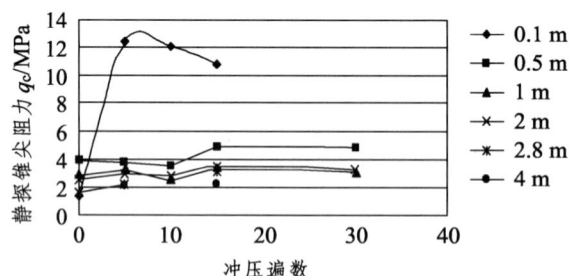

图 6.1-18 Sck4 点不同深度锥尖阻力 q_c 与碾压遍数的关系曲线

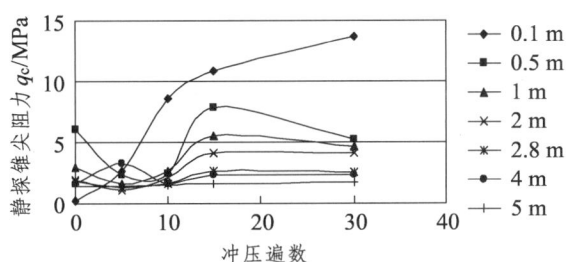

图 6.1-19　Sck6 点不同深度锥尖阻力 q_c 与碾压遍数的关系曲线

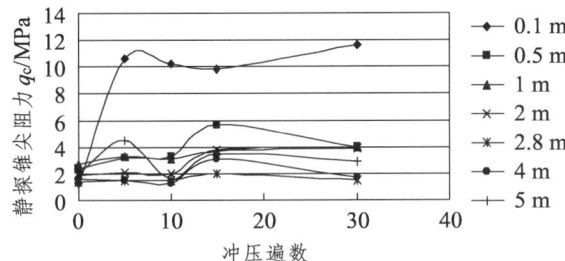

图 6.1-20　Sck7 点不同深度锥尖阻力 q_c 与碾压遍数的关系曲线

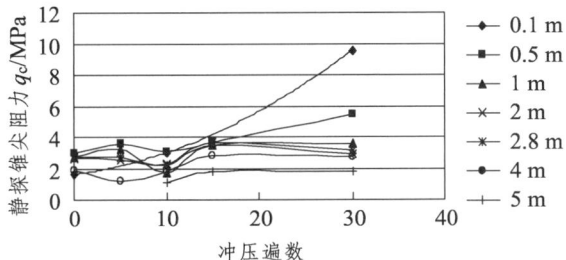

图 6.1-21　Sck8 点不同深度锥尖阻力 q_c 与碾压遍数的关系曲线

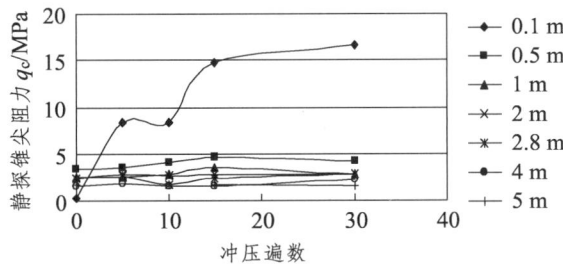

图 6.1-22　Sck10 点不同深度锥尖阻力 q_c 与碾压遍数的关系曲线

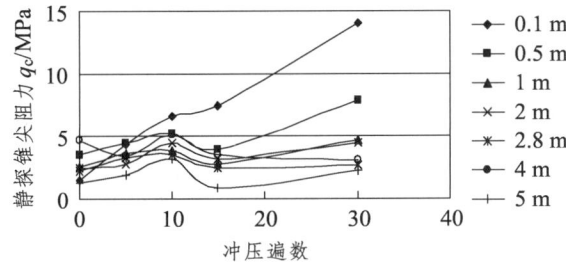

图 6.1-23　Sck11 不同深度锥尖阻力 q_c 与碾压遍数的关系曲线

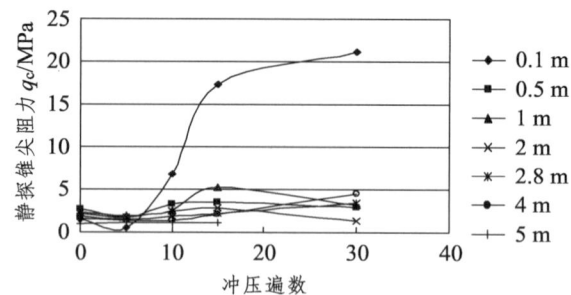

图 6.1-24　Sck12 不同深度锥尖阻力 q_c 与碾压遍数的关系曲线

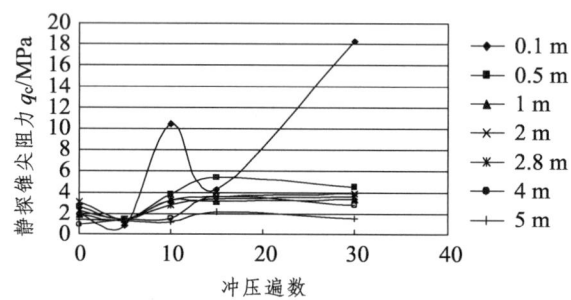

图 6.1-25　Sck15 不同深度锥尖阻力 q_c 与碾压遍数的关系曲线

从图 6.1-17~图 6.1-25 可以看出,随着冲击遍数的增加,各深度的 q_c 值总的呈上升趋势,特别是在 1~2 m 范围比较明显,说明在 1~2 m 范围内地基承载力是可以通过冲击压实而提高的。但是本次分析只画出了 9 个孔的情况,其他 6 个孔的数据比较分散,没有归纳分析。可认为,静力触探方法对土层的各种软硬不同的反应极其敏感,而天然地层的干湿及三相情况的变化又很复杂,很难在一个 4 800 m² 的范围内得出完全规律性的曲线,对土基的地基承载力分析应当主要依靠加权平均的方法进行。

5. 连续冲压反应测试系统（CIR）

为了实现非破坏性的、即时的、大面积的连续测试,蓝派公司研制了冲压连续反应测试系统（Continuous Impact Response system）,简称 CIR 系统。该技术是在压实轮轴组件上安装传感器,采集冲压作业中每一次冲击减速度的峰值,利用的是土的动力刚度是土密度的函数的原理。不同减速度峰值对应不同的强度值,配合全球定位系统 GPS,可以在电脑屏幕上依据原先设定好的不同强度值反映出的红、黄、绿等多种颜色判断作业面的承载能力状况,判断填筑体是否达到最佳的压实效果。使用该方法,能够对整个工作面进行全方位的施工过程控制,从而确定最合理的冲击压实遍数,并发现施工过程中的薄弱环节。本次试验使用 CIR 系统对冲压 1 遍、5 遍、10 遍、15 遍、30 遍后的场地进行了测试。CIR 系统直接测得的是减速度值,单位是 g。对本试验必须建立减速度值与轻型动力触探击数及压实度之间的关系,才能按照我国的技术标准分析地基。根据计算测得各遍后的 CIR 平均值,与压实度数据进行分析后可得到如下关系（表 6.1-4）。

表 6.1-4　CIR 与锤击数及压实度的关系

冲压遍数	0	5	10	15	30
1 cm 贯入值所需锤击的平均值	1.56	2.13	2.24	2.49	2.75
平均压实度/%	84	88	92	95	97
CIR 平均值/（×g）	2.8	2.88	2.96	3.93	4.185

为了清楚地表示上述关系，用图 6.1-26 表示 CIR 与轻型触探击数的关系，用图 6.1-27 表示 CIR 与压实度之间的关系。

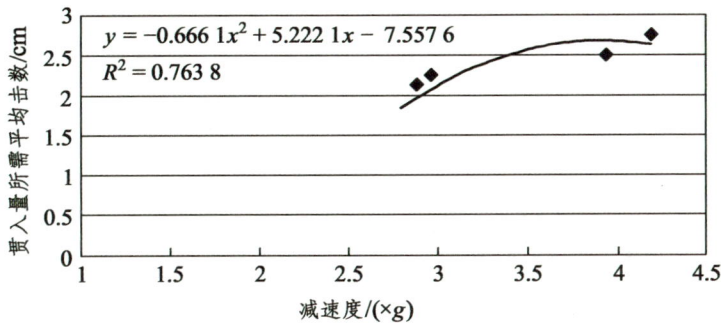

图 6.1-26　1 cm 锤击数与 CIR 值的关系

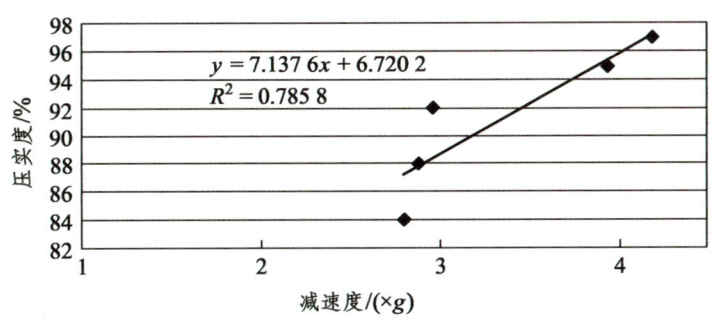

图 6.1-27　CIR 值与压实度的对应关系

实测的 1 遍、5 遍、10 遍、15 高、30 遍后的 CIR 值见图 6.1-28 ~ 图 6.1-32。表 6.1-5 是 CIR 图例说明。

表 6.1-5　CIR 图例说明

颜色	减速度/（×g）	贯入 1 cm 所需的等效锤击数	等效压实度/%
🟧	<2.8	<1.84	<87
🟨	2.8～3.9	1.84～2.68	87～95
🟩	>3.9	>2.68	>95

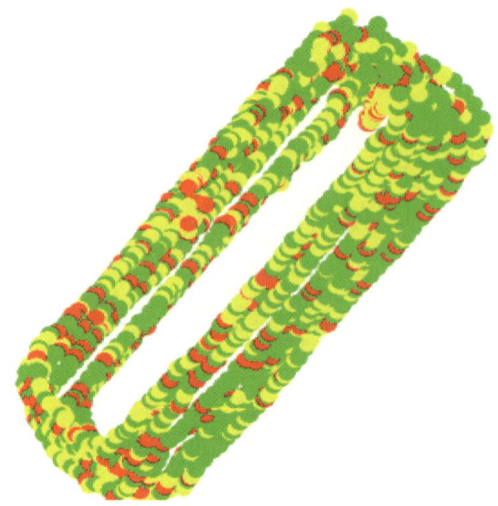

图 6.1-28　碾压 1 遍 CIR 值平面分布

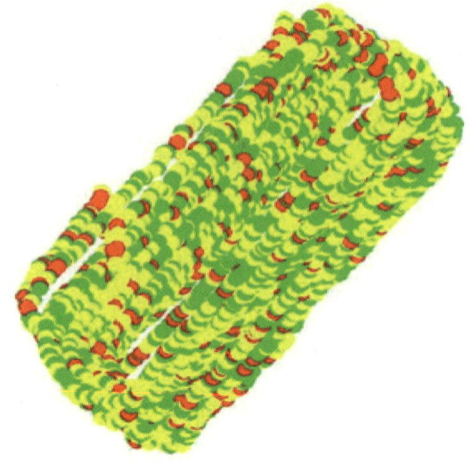

图 6.1-29　碾压 5 遍 CIR 值平面分布

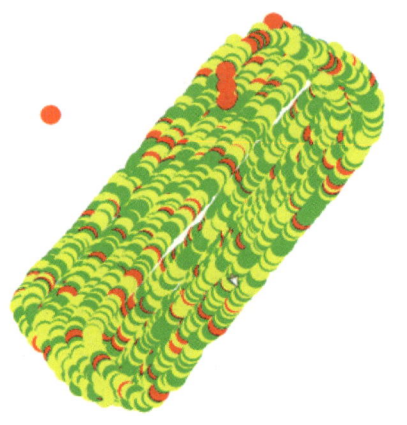

图 6.1-30　碾压 10 遍 CIR 值平面分布

图 6.1-31　碾压 15 遍 CIR 值平面分布

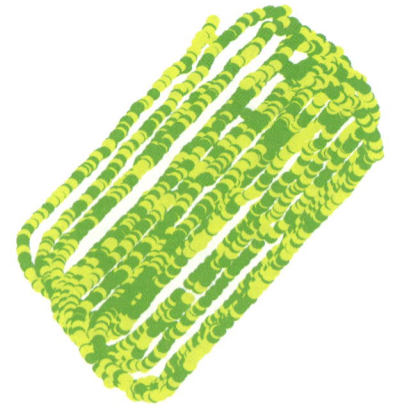

图 6.1-32　碾压 30 遍 CIR 值平面分布

通过分析以上 5 张 CIR 图，总的趋势是红色减少，黄绿增加，黄色减少，绿色增加，反映了土基通过冲压密度加密，强度提高的过程。冲压 10 遍、15 遍与 30 遍 CIR 图的左上角有一处出现红圈与黄圈，集中表现为薄弱部位（图 6.1-33）。这个位置是场地西北角一处填土地段中冲压不够的薄弱位置。30 遍冲压发现此点后曾进行轻型触探，确实发现深 1.5 m 以下击数明显下降。这说明通过 CIR 系统能够发现原地基中的浅层薄弱部位，起到了一定的辅助勘察作用。

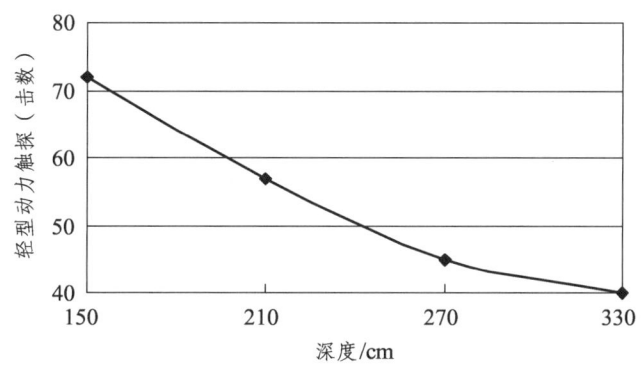

图 6.1-33　薄弱点 30 遍后轻型触探击数

6.2　陡坡寺组强风化料碾压试验

陡坡寺组强风化料的碾压试验在土方填筑区进行，基层直接采用上方填筑工作面，平整后的不平整度小于+5 cm，并用振动平碾碾压。

碾压试验施工采用自卸汽车运土，进占法铺料，推土机整平。振动平碾碾压试验和振动凸块碾碾压试验均采用进退错距法进行碾压，行车速度为 2～3 km/h，相邻碾迹的搭接宽度不小于碾宽的 1/10。陡坡寺组强风化料碾压试验共进行：25 t 振动平碾 4 场，其中碾压试验 3 场，复核试验 1 场；16 t 振动凸块碾 4 场，其中碾压试验 3 场，复核试验 1 场。陡坡寺组强风化料振动平碾碾压试验在 2007 年 4 月 17—25 日进行，复核试验在 2007 年 7 月 15—16 日进行；陡坡寺组强风化料振动凸块碾碾压试验在 2007 年 7 月 1—6 日进行，复核试验在 2007 年 7 月 17—18 日进行。

完成主要试验检测工程量如下：

（1）陡坡寺组强风化料重型击实试验 17 组。

（2）陡坡寺组强风化料振动平碾碾压试验：密度及含水率检测 28 组，颗粒分析 36 组，沉降观测 210 点次。

（3）陡坡寺组强风化料振动凸块碾碾压试验：密度及含水率检测 84 组，颗粒分析 24 组，沉降观测 210 点次。

6.2.1　陡坡寺组强风化料击实试验

陡坡寺组强风化料击实试验采用取土区料场和碾压试验施工现场摊铺料进行试验，共进行 17 组击实试验。试样采用干土法和湿土法两种击实方法，其中干土法 5 组，湿土法 12 组。陡坡寺组强风化料击实试验成果如表 6.2-1 和表 6.2-2 所示。典型击实试验曲线如图 6.2-1、图 6.2-2 所示。

表 6.2-1　陡坡寺组强风化料击实试验（干土法）成果

编号	取土位置	试样简单描述	备样方法	最优含水率/%	最大干密度/(g/cm³)	试验时间
1	借土区	灰白混褐黄色，强风化	干土法	10.6	1.84	2007-03-14
2	借土区	灰白混褐黄色，强风化	干土法	16.0	1.75	2007-04-02—2007-04-20
3	借土区	灰白混褐黄色，强风化	干土法	17.8	1.77	2007-04-02—2007-04-20
4	借土区	灰白混褐黄色，强风化	干土法	20.4	1.69	2007-04-02—2007-04-20
5	借土区	灰白混褐黄色，强风化	干土法	14.5	1.71	2007-04-02—2007-04-20
平均值				15.9	1.75	
标准差				3.671	0.058	
变异系数				0.231	0.033	

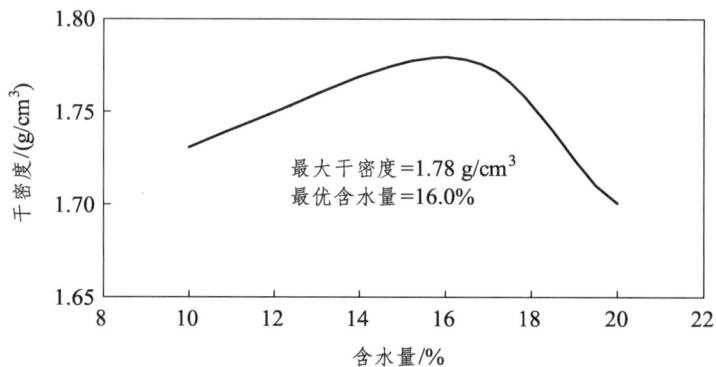

图 6.2-1　陡坡寺组强风化料典型击实试验成果（干土法）

表 6.2-2　陡坡寺组强风化料击实试验（湿土法）成果

编号	取土位置	试样简单描述	备样方法	最优含水率/%	最大干密度/(g/cm³)	试验时间
6	借土区	灰白混褐黄色，强风化	湿土法	12.5	1.85	2007-05-30
7	借土区	灰白混褐黄色，强风化	湿土法	18.6	1.68	2007-04-12
8	借土区	灰白混褐黄色，强风化	湿土法	17.8	1.67	2007-04-13
9	借土区	灰白混褐黄色，强风化	湿土法	19.3	1.60	2007-04-14
10	借土区	灰白混褐黄色，强风化	湿土法	15.6	1.64	2007-04-14
11	验证区	灰白混褐黄色，强风化	湿土法	18.0	1.65	2007-04-14
12	验证区	灰白混褐黄色，强风化	湿土法	19.0	1.72	2007-05-31
13	碾压试验区	灰白混褐黄色，强风化	湿土法	17.2	1.68	2007-07-1
14	碾压试验区	灰白混褐黄色，强风化	湿土法	18.6	1.69	2007-07-1

续表

编号	取土位置	试样简单描述	备样方法	最优含水率/%	最大干密度/(g/cm³)	试验时间
15	碾压试验区	灰白混褐黄色，强风化	湿土法	14.6	1.74	2007-07-2
16	碾压试验区	灰白混褐黄色，强风化	湿土法	17.5	1.68	2007-07-15
17	碾压试验区	灰白混褐黄色，强风化	湿土法	18.5	1.70	2007-07-17
	平均值			17.3	1.69	
	标准差			1.492	0.040	
	变异系数			0.086	0.024	
	标准值				1.71	

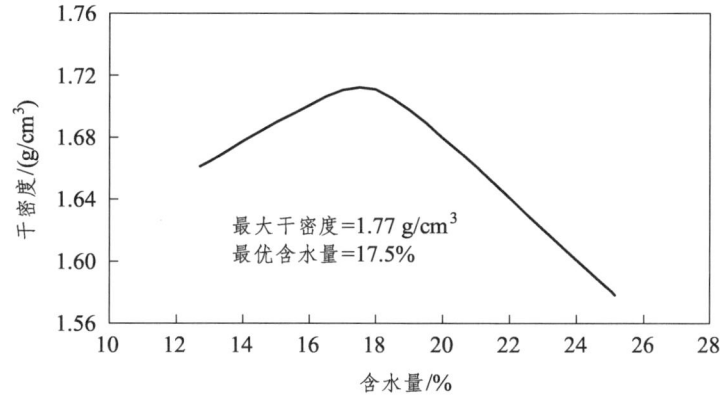

图 6.2-2　陡坡寺组强风化料典型击实试验成果（湿土法）

表 6.2-1 表明：陡坡寺组强风化料干土法击实试验的最大干密度为 1.69~1.85 g/cm³，平均为 1.77 g/cm³，标准差为 0.058，变异系数 C_v 为 0.033，变异性很小；最优含水率在 10.6%~20.4%，平均为 15.9%，标准差为 3.671，变异系数 C_v 为 0.231，变异性中等。

表 6.2-2 表明：陡坡寺组强风化料湿土法击实试验的最大干密度为 1.60~1.85 g/cm³，平均为 1.69 g/cm³，标准差为 0.040，变异系数 C_v 为 0.024，变异性很小，标准值为 1.71 g/cm³；最优含水率在 12.5%~19.3%，平均为 17.3%，标准差为 1.492，变异系数 C_v 为 0.086，变异性很小。

表 6.2-1 和表 6.2-2 说明击实试验备样方法不同，得到的陡坡寺组强风化料的最大干密度差别较大。

综合分析可知：采用干土法备样试验得到的陡坡寺组强风化料最大干密度较湿土法大，最佳含水率较湿土法小。同时根据室内试验成果，陡坡寺组强风化料粉粒（粒径为 0.075~0.005 mm）含量为 41.8%，黏粒（粒径为 0.005~0.002 mm）含量为 51.1%，胶粒（粒径小于 0.002 mm）含量为 19.1%；粒径小于 0.075 mm 的颗粒累计含量为 92.9%，从颗粒角度分析，其颗粒组成与黏土接近。根据现场施工的检测情况，按照干土法得到的最大干密度检测得到的陡坡寺组强风化料压实度相对较小，虽然采取了相应的如增加碾压遍数、循环施工等施工措施，但要得到较高的压实度是比较困难的，因此建议陡坡寺组强风化料最大干密度试验的测定采用湿土法。

陡坡寺组强风化料最大干密度和最优含水率的测定宜根据现场施工土料取样进行室内击

实试验或三点击实试验，在缺少现场土料的击实试验成果时，可采用表6.2-3的建议值取定。

表6.2-3 陡坡寺组强风化料最大干密度、最优含水率建议值

填筑材料类型	最优含水率/%	最大干密度/(g/cm³)	备注
陡坡寺组强风化料	17.3	1.71	湿土法备样

6.2.2 陡坡寺组强风化料振动平碾碾压试验

1. 试验场次划分

陡坡寺组强风化料的振动平碾碾压试验共进行4场，其中：碾压试验3场，铺土厚度分别为40 cm、50 cm和60 cm；复核试验1场，铺土厚度为50 cm。试验土料取自烟堆山。陡坡寺组强风化料振动试验场次划分如表6.2-4所示。

表6.2-4 陡坡寺组强风化料振动平碾碾压试验场次划分

场次编号	铺土厚度/cm	检测碾压遍数	含水率/%	土料来源
D1	40	1~12	天然	西试验小区借土区
D2	50	1~12		
D3	60	1~12		
D4	50（复核）	2~12		

2. 沉降观测

沉降观测的成果如表6.2-5和图6.2-3所示。

表6.2-5 陡坡寺组强风化料振动平碾不同碾压遍数时的沉降值　　　　单位：mm

层厚/cm	碾压遍数												
	0	1	2	3	4	5	6	7	8	9	10	11	12
40	0.0	13.0	14.0	14.0	14.0	17.0	17.0	19.0	17.0	18.0	19.0	19.0	19.0
50	0.0	6.0	11.0	13.0	16.0	18.0	20.0	23.0	24.0	25.0	26.0	26.0	28.0
60	0.0	12.0	23.0	29.0	32.0	36.0	37.0	42.0	43.0	44.0	45.0	48.0	48.0
50（复核）	0.0		17.0		27.0		34.0		37.0		40.0		40.0

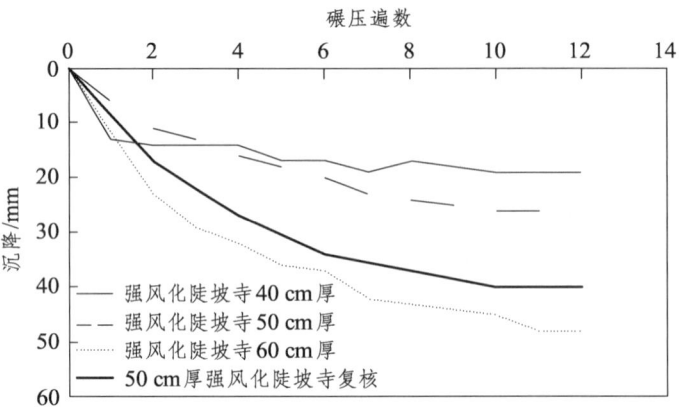

图6.2-3 陡坡寺组强风化料振动平碾碾压遍数与沉降关系曲线

表 6.2-5 和图 6.2-3 表明：

（1）在相同铺料厚度的条件下，沉降量随着碾压遍数的增加相应增加。

层厚为 40 cm 的陡坡寺组强风化料在碾压 1 遍时的沉降达到 13.0 mm；碾压 2～12 遍时，随碾压遍数的增加其沉降速率呈现下降的趋势，沉降速率为 0.6 mm/遍，碾压至 12 遍时的累计沉降为 19.0 mm。

层厚为 50 cm 的陡坡寺组强风化料在碾压 1～7 遍时，沉降速率为 3.3 mm/遍，碾压 7 遍时的累计沉降为 23.0 mm；碾压 7～12 遍时，沉降速率为 1.0 mm/遍，碾压至 12 遍时的累计沉降为 28.0 mm。这说明碾压 7 遍以后沉降基本稳定。

层厚为 60 cm 的陡坡寺组强风化料在碾压 1～7 遍时，沉降速率为 6.0 mm/遍，碾压至 7 遍时累计沉降达到 42.0 mm；碾压 7～12 遍时，沉降速率为 1.2 mm/遍，碾压至 12 遍时的累计沉降为 48.0 mm。图 6.2-3 表明，沉降在碾压第 12 遍时基本稳定。

（2）在相同碾压遍数的条件下，总体上沉降随着铺料厚度的增加而相应增加。

碾压 1 遍时，40 cm 层厚的沉降最大，沉降为 13 mm；60 cm 层厚沉降次之，沉降为 12.0 mm；50 cm 层厚沉降最小，沉降为 6.0 mm。

碾压 2～3 遍时，60 cm 层厚沉降最大，沉降速率为 8.5 mm/遍，碾压 3 遍时的累计沉降为 29.0 mm；40 cm 层厚沉降次之，沉降速率为 0.5 mm/遍，碾压 3 遍时的累计沉降为 14.0 mm；50 cm 层厚沉降最小，沉降速率为 3.5 mm/遍，碾压 3 遍时的累计沉降为 13.0 mm。

碾压 4～12 遍时，60 cm 层厚沉降最大，沉降速率为 2.1 mm/遍，碾压 12 遍时的累计沉降为 48.0 mm；50 cm 层厚沉降次之，沉降速率为 1.7 mm/遍，碾压 12 遍时的累计沉降为 28.0 mm；40 cm 层厚沉降最小，沉降速率为 2.1 mm/遍，碾压 12 遍时的累计沉降为 19.0 mm。

（3）复核试验（层厚 50 cm）中，陡坡寺组强风化料的沉降与碾压遍数的关系曲线是一较为光滑的曲线，碾压至 10 遍时，沉降已经基本稳定，累计沉降为 40.0 mm。这与相同层厚碾压试验的累计沉降变化趋势基本相同，说明复核试验和相同层厚的碾压试验的一致性和重复性较好。

3. 压实度检测

陡坡寺组强风化料的压实度检测采用环刀法，不同铺料厚度的取样深度同前。碾压试验在碾压 3～12 遍时每遍分别进行了压实度检测，复核试验在碾压 8～12 遍时进行压实度检测，其成果如表 6.2-6 和图 6.2-4 所示。

表 6.2-6　陡坡寺组强风化料振动平碾不同碾压遍数时的压实度

碾压遍数	压实度/%				
	40 cm 厚	50 cm 厚	60 cm 厚上	60 cm 厚下	50 cm 厚复核
3	88.2	85.3	92.4	82.5	
4	90.0	85.3	92.1	84.6	
5	90.7	86.0	93.5	87.3	
6	91.5	86.9	94.4	86.1	
7	91.5	88.1	92.8	86.8	

续表

碾压遍数	压实度/%				
	40 cm 厚	50 cm 厚	60 cm 厚上	60 cm 厚下	50 cm 厚复核
8	91.8	88.6	92.3	88.3	92.8
9	92.4	90.1	92.0	87.3	93.7
10	93.3	88.4	93.2	86.7	94.4
11	91.2	88.7	94.5	85.0	93.9
12	89.8	88.4	93.2	85.1	93.5

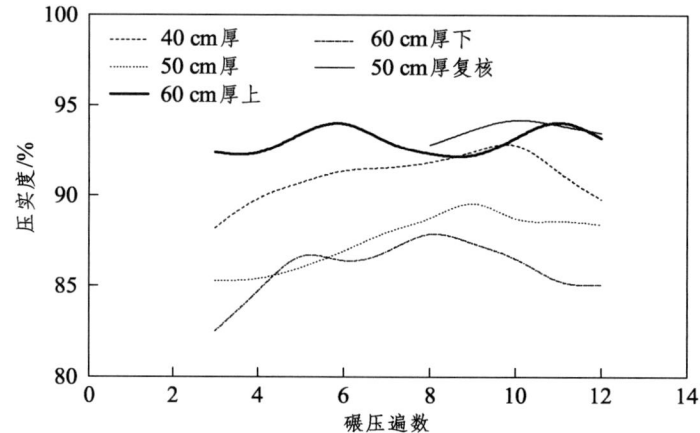

图 6.2-4　陡坡寺组强风化料振动平碾碾压遍数与压实度关系曲线

表 6.2-6 和图 6.2-4 表明：

（1）陡坡寺组强风化料的压实度随碾压遍数呈现起伏变化，变化幅度在 85%~95%，这主要与土性和含水率差异较大有关。

层厚为 40 cm 的压实度随碾压遍数逐渐上升，碾压至 10 遍时，压实度达到最大，为 93.3%；后逐渐减小，碾压到 12 遍时，压实度为 89.8%。

层厚为 50 cm 的整体压实度明显小于 40 cm 层厚的条块，碾压到第 9 遍时达到最大，为 90.1%；从第 10 遍碾压时起，压实度随碾压遍数的增加而变化不大，基本稳定在 88.4% 左右。

层厚为 60 cm 的上层压实度在 92%~94% 波动，碾压至 6 遍时，上层压实度达到最大，为 94.4%，而下层压实度不足 90%；碾压至 8 遍时，下层压实度达到最大，为 88.3%。

（2）复核试验（层厚 50 cm）中，陡坡寺组强风化料的压实度随碾压遍数的增加先增大后减小。碾压至 10 遍时压实度达到最大，为 94.4%；碾压至 12 遍时，压实度降至 93.5%，与相同层厚的碾压试验有基本相同的变化趋势，说明复核试验与碾压试验一致性和重复性好。

根据环刀样的室内密度试验成果，不同铺料厚度的陡坡寺组强风化料含水率与干密度的关系如图 6.2-5 所示。

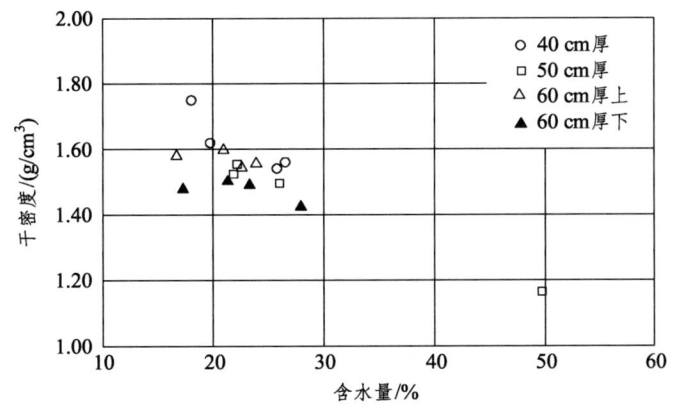

图 6.2-5　陡坡寺组强风化料含水率与干密度关系（碾压 10 遍）

图 6.2-5 表明，随着含水率的增加，相同碾压遍数和铺厚的陡坡寺组强风化料干密度随着含水率的增加而降低。含水率主要集中在 18.0%～28.0%，干密度主要集中在 1.49～1.60 g/cm³。根据击实试验成果，碾压试验土料的含水率大多在最优含水率以上，因此在相同铺料厚度和碾压遍数的条件下，随着土料含水率的增加，其干密度相应降低。所以，对于土料的填筑来说，控制含水率是施工的关键，在含水率较大时需要采取一定的施工措施如晾晒、循环施工等对含水率进行控制。

6.2.3　陡坡寺组强风化料振动凸块碾碾压试验

1. 试验条块划分

陡坡寺组强风化料的振动凸块碾碾压试验共进行 4 场，其中：碾压试验 3 场，铺土厚度分别为 40 cm、50 cm 和 60 cm；复核试验 1 场，铺土厚度为 50 cm。试验土料取自西试验区烟堆山。陡坡寺组强风化料振动凸块碾碾压试验的场次划分如表 6.2-7 所示。

表 6.2-7　陡坡寺组强风化料振动凸块碾碾压试验场次划分

场次编号	铺土厚度/cm	检测碾压遍数	含水率/%	土料来源
D1	40	2～12	天然	西试验小区借土区
D2	50	2～12		
D3	60	2～12		
D4	复核（50）	2～12		

2. 沉降观测

沉降观测的成果如表 6.2-8 和图 6.2-6 所示。

表 6.2-8　陡坡寺组强风化料振动凸块碾不同碾压遍数时的沉降值　　单位：mm

层厚/cm	碾压遍数						
	0	2	4	6	8	10	12
40	0.0	6.0	10.0	15.0	19.0	23.0	26.0
50	0.0	7.0	12.0	18.0	23.0	28.0	31.0
60	0.0	8.0	14.0	20.0	26.0	31.0	35.0
50 复核	0.0	8.0	16.0	19.0	24.0	29.0	33.0

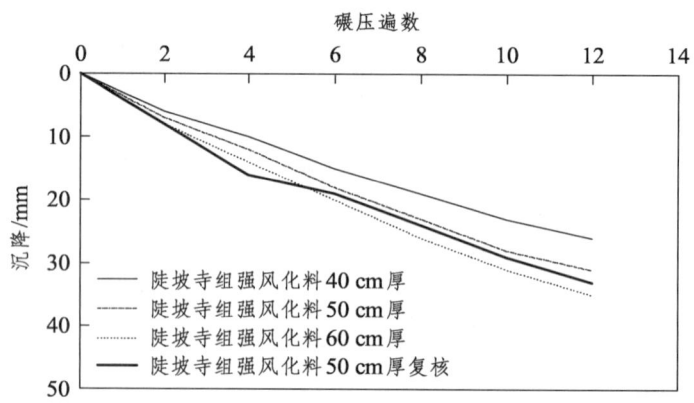

图 6.2-6　陡坡寺组强风化料振动凸块碾碾压遍数与沉降关系曲线

表 6.2-8 和图 6.2-6 表明：

（1）在相同铺料厚度的条件下，随着碾压遍数的增加，陡坡寺组强风化料的沉降相应增加。

层厚为 40 cm 的陡坡寺组强风化料碾压 1~2 遍时，沉降速率为 3.0 mm/遍，碾压 2 遍时的累计沉降为 6.0 mm；碾压 3~10 遍时，沉降速率为 2.0 mm/遍，碾压 10 遍时的累计沉降为 23.0 mm；碾压 11~12 遍时，沉降速率为 1.5 mm/遍，碾压 12 时遍的累计沉降为 26.0 mm。这说明沉降逐步稳定。

层厚为 50 cm 的陡坡寺组强风化料碾压 1~2 遍时，沉降速率为 3.50 mm/遍，碾压 2 遍时的累计沉降为 7.0 mm；碾压 3~10 遍时，沉降速率为 2.6 mm/遍，碾压 10 遍时的累计沉降为 28.0 mm，沉降开始出现减缓趋势；碾压 11~12 遍时，沉降速率为 1.5 mm/遍，碾压 12 遍时的累计沉降为 31.0 mm。这说明沉降逐步稳定。

层厚为 60 cm 的陡坡寺组强风化料碾压 1~2 遍时，沉降速率为 4.0 mm/遍，碾压 2 遍时的累计沉降为 8.0 mm；碾压 3~10 遍时，沉降速率为 2.9 mm/遍，碾压 10 遍时的累计沉降为 31.0 mm；碾压 11~12 遍时，沉降速率为 2.0 mm/遍，碾压 12 遍时的累计沉降为 35.0 mm。

（2）在相同碾压遍数的条件下，随着铺料厚度的增加沉降量相应增加。

碾压 1~3 遍时，各层厚的陡坡寺组强风化料的沉降基本相同，各层之间的沉降差较小；随着碾压遍数的增加，层厚对陡坡寺组强风化料累计沉降量的影响表现明显。碾压至 12 遍时，层厚为 40 cm、50 cm 和 60 cm 陡坡寺组强风化料的累计沉降量分别为 26.0 mm、31.0 mm 和 35.0 mm。

（3）复核试验（层厚 50 cm）中，碾压 1~2 遍时，沉降速率为 4.0 mm/遍，碾压 2 遍时的累计沉降为 8.0 mm；碾压 3~6 遍时，沉降速率为 2.6 mm/遍，碾压 6 遍时的累计沉降为 19.0 mm；碾压 7~12 遍时，沉降速率为 2.3 mm/遍，碾压 12 遍时的累计沉降为 33.0 mm，沉降逐渐减缓。复核试验与相同层厚碾压试验的沉降趋势基本相同，说明碾压试验和复核试验的一致性和重复性较好。

3. 压实度检测

压实度检测采用环刀法，不同铺料厚度的取样深度同前。碾压试验在碾压 6~12 遍时每遍分别进行压实度检测，复核试验在 10~14 遍时进行压实度检测，其成果如表 6.2-9 和图 6.2-7 所示。

表 6.2-9 陡坡寺组强风化料振动凸块碾不同碾压遍数时的压实度

碾压遍数	压实度/%				
	40 cm 厚	50 cm 厚	60 cm 厚上	60 cm 厚下	50 cm 厚复核
6	89.6	89.5	86.6	84.6	
8	91.9	91.7	90.4	90.2	
10	92.5	92.7	92.9	92.4	92.0
12	92.9	93.2	92.8	91.3	93.2
14					93.2

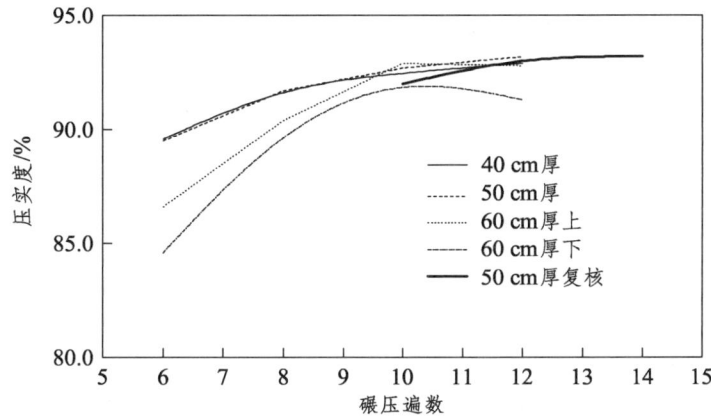

图 6.2-7 陡坡寺组强风化料振动凸块碾碾压遍数与压实度关系曲线

表 6.2-9 和图 6.2-7 表明：

（1）不同层厚的陡坡寺组强风化料的压实度随碾压遍数的增加而增加。对于 60 cm 层厚的陡坡寺组强风化料取上下两层土样进行压实度检测，下层的压实度要小于上层。

层厚为 40 cm 的陡坡寺组强风化料的压实度随碾压遍数的增加而增加，碾压至 12 遍时，压实度达到最大，为 92.9%。

层厚为 50 cm 的陡坡寺组强风化料的压实度随碾压遍数的增加而增加，碾压至 12 遍时，压实度达到最大，为 93.2%。

层厚为 60 cm 的陡坡寺组强风化料碾压至 10 遍时，上层压实度达到最大，为 92.9%，之后随着碾压遍数的增加而减小；下层取样深度基本在 20～40 cm，碾压至 10 遍时，下层压实度达到最大，为 92.4%，之后随着碾压遍数的增加，压实度减小，当碾压至 12 遍时，下层压实度为 91.3%。

（2）复核试验（层厚 50 cm）中，陡坡寺组强风化料的压实度随碾压遍数的增加逐渐增大，碾压 1～10 遍时，压实度逐渐增加，碾压至 10 遍时达到最大值，为 93.2%；碾压 12～14 遍时，压实度基本保持不变，陡坡寺组强风化料的压实度和碾压遍数的关系与相同层厚的碾压试验基本一致，说明碾压试验和复核试验的一致性和重复性较好。

根据环刀样的室内密度试验成果，不同铺料厚度的陡坡寺组强风化料含水率与干密度的关系如图 6.2-8 所示。

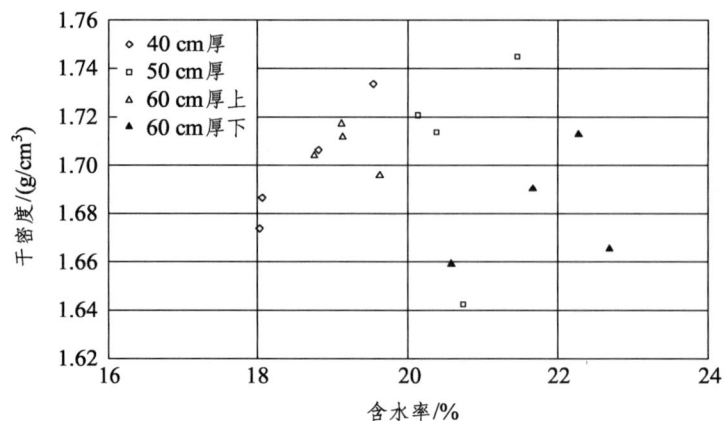

图 6.2-8　陡坡寺组强风化料含水率与干密度关系图 （碾压 10 遍）

图 6.2-8 表明：随着含水率的增加，相同碾压遍数和铺料厚度的陡坡寺组强风化料干密度随着含水率的增加而降低。含水率主要集中在 18.0% ~ 22.0%，干密度主要集中在 1.68 ~ 1.73 g/cm³。根据击实试验成果，碾压试验土料的含水率大多在最优含水率以上，因此在相同铺料厚度和碾压遍数的条件下，随着土料含水率的增加，其干密度相应降低。

6.2.4　陡坡寺组强风化料填筑碾压试验成果分析和填筑施工建议

陡坡寺组强风化料最大干密度和最优含水率测定可采用重型击实试验进行，土样制备可采用湿土法进行，最大干密度可按 1.71 g/cm³ 控制，最优含水率可按 17.3% 控制。

陡坡寺组强风化料共进行振动平碾和振动凸块碾两种工法的碾压试验，通过对沉降量、压实度和含水率三个指标的检测成果分析发现，对于相同铺厚、相同碾压遍数的陡坡寺组强风化料，振动平碾的压实度和沉降量均大于振动凸块碾的压实度和沉降量。因此建议陡坡寺组强风化料的填筑压实采用振动平碾进行。

陡坡寺组强风化料填筑压实建议施工参数如表 6.2-10 所示。

表 6.2-10　陡坡寺组强风化料填筑施工参数建议值

压实工法	铺料厚度/cm	铺料方式	含水率/%	碾压机具	碾压遍数	行车速度/（km/h）	行车方式
振动平碾	40 ~ 50	进占法	$w_{op} \pm 2\%$	22 ~ 25 t 振动平碾	10 ~ 12	2 ~ 3	进退错距法，相邻碾迹的搭接宽度不小于碾宽的 1/10

6.3　陡坡寺组中微风化料碾压试验

陡坡寺组中微风化料冲击碾压试验在西试验区Ⅱ标段（空军十总队施工）进行，复核试验在土方填筑施工区进行。陡坡寺组中微风化料振动平碾碾压试验和复核试验在土方填筑施工区进行。

陡坡寺组中微风化料冲击碾压复核试验、陡坡寺组中微风化料振动平碾碾压试验的基层直接采用土方填筑工作面，平整场地，不平整度小于±5 cm，并用振动平碾碾压 8 遍。

碾压试验施工采用自卸汽车运土，进占法铺料，推土机整平。冲击碾压试验和复核试验采用厦门厦工公司生产的 3YCT32 型冲击式压实机进行，现场施工采用回转法进行碾压，行车速度为 12~14 km/h，冲击能量大于 32 kJ。振动平碾碾压试验和振动凸块碾压试验均采用进退错距法进行碾压，行车速度为 2~3 km/h，相邻碾迹的搭接宽度不小于碾宽的 1/10。

陡坡寺组中微风化料冲击碾压试验在 2007 年 5 月 31—6 月 5 日进行，复核试验在 2007 年 7 月 11 日进行。陡坡寺组中微风化料振动平碾碾压试验在 2007 年 7 月 7—9 日进行，复核试验在 2007 年 7 月 17 日进行。

完成主要试验检测工程量如下：

（1）陡坡寺组中微风化料重型击实试验 12 组。

（2）陡坡寺组中微风化料振动平碾碾压试验：密度及含水率检测 52 组，颗粒分析 52 组，沉降观测 168 点次。

（3）陡坡寺组中微风化料冲击碾压试验：密度及含水率检测 48 组，颗粒分析 48 组，沉降观测 132 点次，载荷试验 4 点，回弹模量测试 2 点，反应模量测试 2 点。

6.3.1 陡坡寺组中微风化料击实试验

陡坡寺组中微风化料击实试验采用取土区料场和碾压试验施工现场摊铺料进行，采用湿土法制样，共进行 12 组试验。

陡坡寺组中微风化料击实试验成果如表 6.3-1 和图 6.3-1 所示。

表 6.3-1　陡坡寺组中微风化料击实试验（湿土法制样）成果

编号	取土位置	试样简单描述	备样方法	最优含水率/%	最大干密度/（g/cm³）	试验时间
1	验证区	青灰色，微风化	湿土法	14.8	1.92	2007-06-01
2	验证区	灰夹褐黄色，中风化	湿土法	16.8	1.77	2007-06-11
3	验证区	褐黄色，中风化	湿土法	16.4	1.78	2007-06-01
4	地震动试验区	黄夹褐红色，中风化	湿土法	15.2	1.81	2007-06-05
5	地震动试验区	褐红色，中风化	湿土法	18.5	1.73	2007-06-05
6	地震动试验区	褐黄色，中风化	湿土法	17.5	1.74	2007-06-05
7	碾压试验区	青灰色，微风化	湿土法	15.2	1.84	2007-07-05
8	碾压试验区	褐黄色，中风化	湿土法	16.9	1.74	2007-07-07
9	碾压试验区	灰夹褐黄色，中风化	湿土法	15.4	1.82	2007-07-07
10	碾压试验区	褐红色，中风化	湿土法	15.9	1.81	2007-07-07
11	碾压试验区	褐红色，中风化	湿土法	18.3	1.76	2007-07-11
12	碾压试验区	黄夹褐红色，中风化	湿土法	16.5	1.82	2007-07-17
平均值				16.6	1.78	
标准差				1.155	0.038	
变异系数				0.070	0.021	
标准值					1.80	

注：统计分析中，因编号 1 的试验土料与其余试验差异较大，在数据处理时予以剔除。

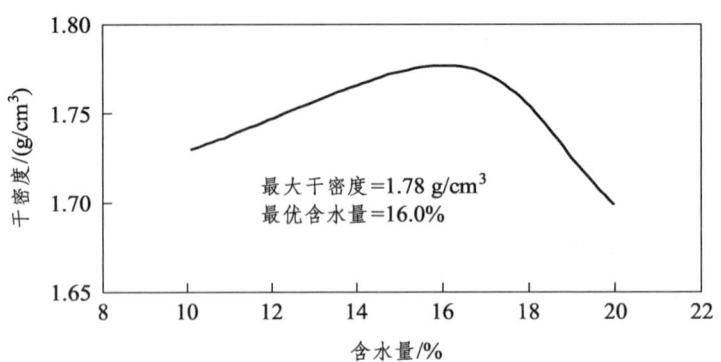

图 6.3-1　坡寺组中风化料典型击实试验成果（湿土法）

表 6.3-1 表明：陡坡寺组中微风化料湿土法击实试验的最大干密度为 1.73～1.84 g/cm³，平均为 1.78 g/cm³，标准差为 0.038，变异系数 C_v 为 0.021，变异性很小；最优含水率在 15.2%～18.5%，平均为 16.6%，标准差为 1.155，变异系数 C_v 为 0.070，变异性很小。

陡坡寺组中微风化料最大干密度和最优含水率的测定宜根据现场施工土料取样进行室内击实试验或三点击实试验，在缺少现场土料的击实试验成果时，可采用表 6.3-2 的建议值取定。

表 6.3-2　陡坡寺组中微风化料最大干密度、最优含水率建议值

填筑材料类型	最优含水率/%	最大干密度/(g/cm³)	备注
陡坡寺组中微风化料	16.0	1.80	湿土法备样

6.3.2　陡坡寺组中微风化料振动平碾碾压试验

1. 试验条块划分

陡坡寺组中微风化料的振动平碾碾压试验共进行 4 场，其中：碾压试验 3 场，铺土厚度分别为 100 cm、80 cm 和 60 cm；复核试验 1 场，铺土厚度为 60 cm。试验土料取自西试验区取土区。陡坡寺组中微风化料振动平碾碾压试验的场次划分如表 6.3-3 所示。

表 6.3-3　陡坡寺组中微风化料振动平碾碾压试验场次划分

场次编号	铺土厚度/cm	检测碾压遍数	含水率/%	土料来源
B5	100	2～12	天然	西试验小区借土区
B6	80	2～12		
B7	60	2～12		
B8	复核（60）	2～12		

2. 沉降观测

沉降观测的成果如表 6.3-4 和图 6.3-2 所示。

表 6.3-4 陡坡寺组中微风化料振动平碾不同碾压遍数时的沉降值　　　单位：mm

层厚/cm	碾压遍数						
	0	2	4	6	8	10	12
60	0.0	13.0	17.0	22.0	25.0	28.0	30.0
80	0.0	13.0	19.0	24.0	28.0	31.0	33.0
100	0.0	14.0	20.0	25.0	30.0	34.0	36.0
60 复核	0.0	14.0	19.0	26.0	29.0	32.0	33.0

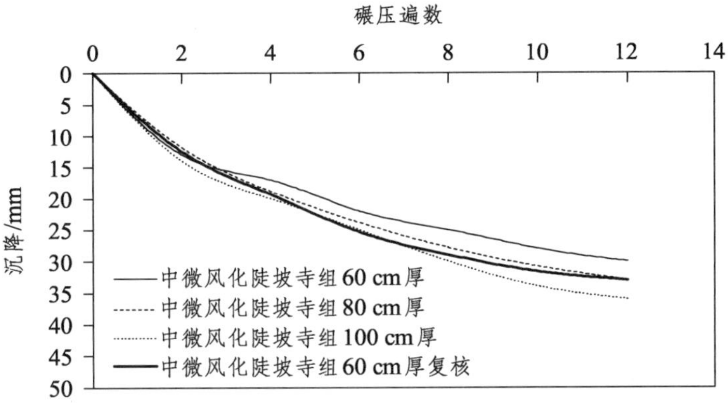

图 6.3-2　陡坡寺组中微风化料振动平碾碾压遍数与沉降关系曲线

表 6.3-4 和图 6.3-2 表明：

（1）在相同铺料厚度的条件下，陡坡寺组中微风化料的沉降量随着碾压遍数的增加而相应增加。

层厚为 60 cm 的陡坡寺组中微风化料碾压至 2 遍时，沉降速率为 6.5 mm/遍，碾压 2 遍时的累计沉降为 13.0 mm；碾压 2～4 遍时，沉降速率为 2.0 mm/遍，碾压 4 遍时的累计沉降为 17.0 mm；碾压 4～10 遍时，沉降速率为 1.8 mm/遍，碾压 10 遍时的累计沉降为 28.0 mm；碾压 10～12 遍时，沉降速率为 1 mm/遍，碾压 12 遍时的累计沉降为 30.0 mm。这说明从第 10 遍开始，沉降逐渐趋于稳定。

层厚 80 cm 的陡坡寺组中微风化料，碾压至 2 遍时，沉降速率为 6.5 mm/遍，碾压 2 遍时的累计沉降为 13.0 mm；碾压 2～10 遍时，沉降速率为 2.0 mm/遍，碾压 10 遍时的累计沉降为 31.0 mm；碾压 10～12 遍时，沉降速率为 1.0 mm/遍，碾压 12 遍时的累计沉降为 33.0 mm。这说明从第 10 遍开始，沉降逐渐趋于稳定。

层厚为 100 cm 的陡坡寺组中微风化料，碾压至 2 遍时，沉降速率为 7.0 mm/遍，碾压 2 遍时的累计沉降为 14.0 mm；碾压 2～10 遍时，沉降速率为 2.2 mm/遍，碾压 10 遍时的累计沉降为 31.0 mm；碾压 10～12 遍时，沉降速率为 1 mm/遍，碾压 12 遍时的累计沉降 36.0 mm。

（2）在相同碾压遍数的条件下，随着铺料厚度的增加累计沉降量相应增加。

碾压 1～2 遍时，不同层厚的陡坡寺组中微风化料的累计沉降差在 0.0～1.0 mm。各层厚沉降由大到小的顺序依次为：100 cm 层厚最大，80 cm 层厚和 60 cm 层厚次之。

碾压 2~8 遍时，不同层厚的陡坡寺组中微风化料的累计沉降差在 1.0~3.0 mm。各层厚沉降由大到小的顺序依次为：100 cm 层厚最大，80 cm 层厚次之，60 cm 层厚最小。

碾压 8~12 遍时，不同层厚的陡坡寺组中微风化料的累计沉降差稳定在 3.0 mm 左右，各层厚沉降由大到小的顺序依次为：100 cm 层厚最大，80 cm 层厚次之，60 cm 层厚最小。

（3）复核试验（层厚 60 cm）中，碾压至 2 遍时，陡坡寺组中微风化料的沉降速率为 7.0 mm/遍，累计沉降为 14.0 mm，累计沉降量较大；碾压 2~4 遍时，沉降速率为 2.5 mm/遍，碾压 4 遍时的累计沉降为 19.0 mm，与前期相比仅增长 5.0 mm；碾压 4~10 遍时，沉降速率为 2.2 mm/遍，碾压 10 遍时的累计沉降为 32.0 mm；碾压 10~12 遍时，沉降速率为 0.5 mm/遍，碾压 12 遍时的累计沉降为 33.0 mm。

复核试验的碾压遍数与累计沉降的关系和相同层厚碾压试验的变化趋势基本相同，说明碾压试验和复核试验的一致性和重复性较好。

3. 压实度检测

压实度检测采用灌水法和环刀法两种方法进行。灌水法试坑深度大于 50 cm。环刀法首先开挖试坑，铺厚 60 cm 的土料在试坑中部取样，取样深度在 30 cm 左右。铺厚 80 cm 和 100 cm 的土料在试坑上部和下部各取一组环刀样：铺厚 80 cm 上层取样深度在 30 cm 左右，下层取样深度在 55 cm 左右；铺厚 100 cm 上层取样深度在 30 cm 左右，下层取样深度在 70 cm 左右。碾压试验在碾压 6~12 遍时每遍分别进行了压实度检测，复核试验在 8~12 遍时进行压实度检测。压实度检测成果如表 6.3-5 和图 6.3-3 所示。

表 6.3-5　陡坡寺组中微风化料振动平碾不同碾压遍数时的压实度

碾压遍数	压实度/%					
	60 cm 厚	80 cm 厚上	80 cm 厚下	100 cm 厚上	100 cm 厚下	60 cm 厚复核
6	84.4	84.4	86.1	85.2	84.1	
8	86.1	87.4	85.9	86.0	83.9	88.6
10	90.3	89.8	86.2	87.1	85.3	90.5
12	89.7	88.3	86.6	89.3	86.3	90.1

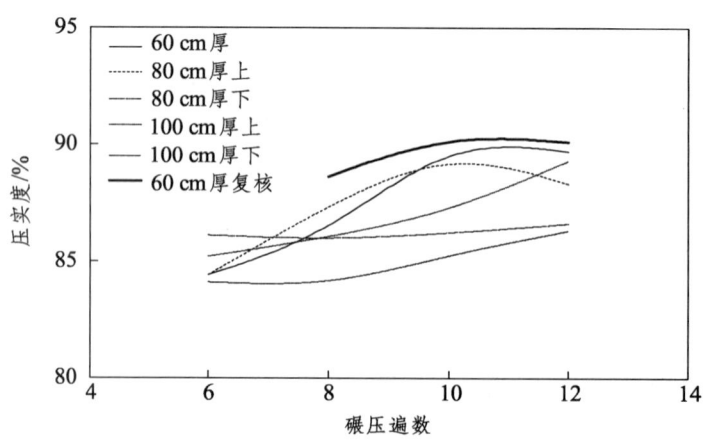

图 6.3-3　陡坡寺组中微风化料振动平碾碾压遍数与压实度关系曲线

表 6.3-5 和图 6.3-3 表明：

（1）总体上铺料厚度为 60 cm、80 cm 和 100 cm 的压实度偏低，碾压 12 遍后最大的压实度仅为 89.3%，均未达到 93% 的压实度。

（2）总体上陡坡寺组中微风化料的压实度随碾压遍数增加而相应增加。对于 80 cm 和 100 cm 层厚的陡坡寺组中微风化料取上下两层土样进行压实度检测，下层压实度要小于上层压实度。

层厚为 60 cm 的陡坡寺组中微风化料的压实度随碾压遍数增加逐渐上升，碾压至 10 遍时，压实度达到最大，为 90.3%，之后随碾压遍数的增加而减小。

层厚为 80 cm 的陡坡寺组中微风化料上层压实度随碾压遍数增加逐渐上升，碾压至 10 遍时，压实度达到最大，为 89.8%，之后随碾压遍数的增加而减小。

层厚为 100 cm 的陡坡寺组中微风化料上层压实度较下层压实度高，碾压到 12 遍时，上层压实度达到最大，为 89.3%；碾压至第 12 遍时，下层压实度达到最大，为 86.3%。

（3）复核试验中，陡坡寺组中微风化料的压实度随着碾压遍数的增加经历了逐渐增大然后再逐渐减小的过程。在碾压第 10 遍时，陡坡寺组中微风化料的压实度达到最大，为 90.5%；之后其压实度随着碾压遍数的继续增加反而略有减小，当碾压到第 12 遍时，压实度减小至 90.1%。

根据室内密度试验成果，不同铺料厚度的陡坡寺组中微风化料含水率与干密度的关系如图 6.3-4 所示。

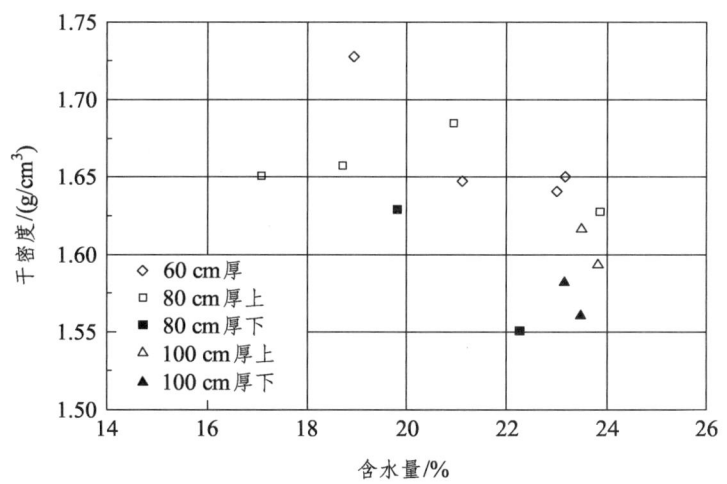

图 6.3-4　陡坡寺组中微风化料含水率与干密度关系图（碾压 10 遍）

图 6.3-4 表明：随着含水率的增加，相同碾压遍数和铺厚的陡坡寺组中微风化料压实度随着含水率的增加而降低。含水率主要集中在 21.1%~24.0%，干密度主要集中在 1.55~1.65 g/cm³。根据击实试验成果，碾压试验土料的含水率大多在最优含水率以上，因此在相同铺料厚度和碾压遍数的条件下，随着土料含水率的增加，其压实密度相应降低。

6.3.3　陡坡寺组中微风化料冲击碾压试验

1. 试验条块划分

陡坡寺组中微风化料的冲击碾压试验共进行 4 场，其中：碾压试验 3 场，铺土厚度分别为 120 cm、100 cm 和 80 cm；复核试验 1 场，铺土厚度为 100 cm。试验土料取自西试验区取土区。陡坡寺组中微风化料冲击碾压试验的场次划分见表 6.3-6。

表 6.3-6　陡坡寺组中微风化料冲击碾压试验场次划分

场次编号	铺土厚度/cm	检测碾压遍数	含水率/%	土料来源
B1	80	5~30	天然	西试验小区借土区
B2	100	5~30		
B3	120	5~30		
B4	复核（100）	5~25		

2. 沉降观测

沉降观测的成果如表 6.3-7 和图 6.3-5 所示。

表 6.3-7　陡坡寺组中微风化料冲击碾压不同碾压遍数时的沉降值　　单位：mm

层厚/cm	碾压遍数						
	0	5	10	15	20	25	30
80	0.0	48.0	78.0	96.0	111.0	127.0	144.0
100	0.0	55.0	84.0	110.0	138.0	156.0	162.0
120	0.0	60.0	92.0	118.0	152.0	165.0	173.0
100（复核）	0.0	44.0	71.0	97.0	119.0	139.0	

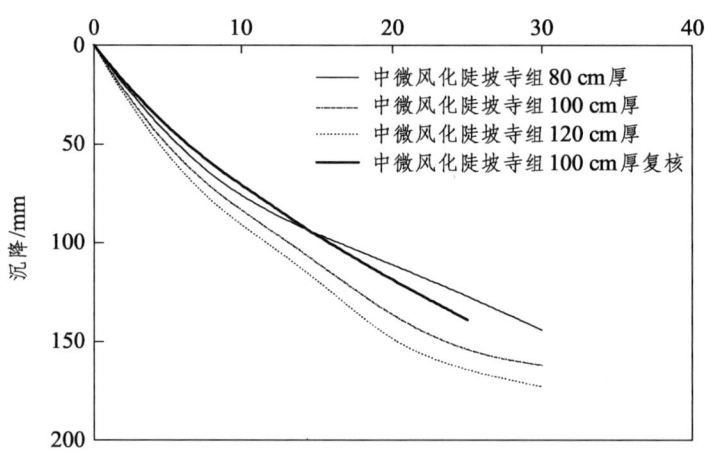

图 6.3-5　陡坡寺组中微风化料冲击碾压遍数与沉降关系曲线

表 6.3-7 和图 6.3-5 表明：

（1）在相同的碾压遍数条件下，陡坡寺组中微风化料的累计沉降随着铺料厚度的增加而增加。碾压至 30 遍时，层厚为 80 cm、100 cm 和 120 cm 的累计沉降分别为 144.0 mm、162.0 mm 和 173.0 mm。

（2）在相同铺料厚度条件下，陡坡寺组中微风化料的累计沉降随着碾压遍数的增加而增加。

层厚为 80 cm 的陡坡寺组中微风化料碾压 1~10 遍时，沉降速率为 7.8 mm/遍，碾压 10 遍时的累计沉降为 78.0 mm；10 遍以后，随着碾压遍数的增加累计沉降呈线性增长，碾压至 30 遍时累计沉降为 144.0 mm。

层厚为 100 cm 的陡坡寺组中微风化料碾压 1~20 遍时，沉降速率为 6.9 mm/遍，碾压 20

遍时的累计沉降为 138.0 mm；20 遍以后，随着碾压遍数的增加累计沉降的增长平缓。当碾压至 30 遍时，累计沉降为 162.0 mm，沉降基本趋于稳定。

层厚为 120 cm 的陡坡寺组中微风化料碾压 1~20 遍时，沉降速率为 7.6 mm/遍，碾压 20 遍的累计沉降为 152.0 mm；20 遍以后，随着碾压遍数的增加累计沉降的增长平缓。碾压至 30 遍时，累计沉降为 173.0 mm，沉降基本稳定。

（3）复核试验（层厚 100 cm）中，陡坡寺组中微风化料的沉降量随着碾压遍数的增加而增加。

碾压 1~5 遍时，沉降速率为 4.4 mm/遍，碾压 5 遍时的累计沉降为 44.0 mm，5 遍以后，随着碾压遍数的增加累计沉降同步增长，碾压至 25 遍时，累计沉降为 139.0 mm。

复核试验与相同层厚碾压试验的沉降趋势基本相同，说明碾压试验和复核试验的一致性和重复性较好。

3. 压实度检测

压实度检测采用挖坑灌水法和环刀法两种方法进行。挖坑灌水法试坑深度在 70 cm 左右。环刀法首先开挖试坑，分上下层取样：铺厚 80 cm 上层取样深度在 30 cm 左右，下层取样深度在 55 cm 左右；铺厚 100 cm 上层取样深度在 30 cm 左右，下层取样深度在 70 cm 左右；铺厚 120 cm 上层取样深度在 30 cm 左右，下层取样深度在 90 cm 左右。

碾压试验在碾压 5 遍、10 遍、20 遍和 30 遍时进行压实度检测，复核试验在 10 遍、20 遍和 30 遍时进行压实度检测。压实度检测成果如表 6.3-8 和图 6.3-6 所示。

表 6.3-8　陡坡寺组中微风化料冲击碾压不同碾压遍数时的压实度

碾压遍数	压实度/%						碾压遍数	压实度/%	
	80 cm 厚上	80 cm 厚下	100 cm 厚上	100 cm 厚下	120 cm 厚上	120 cm 厚下		100 cm 厚上复核	100 cm 厚下复核
5	95.0	92.2	93.2	88.1	91.0	86.0	15	93.8	89.1
10	95.7	91.2	93.1	88.	92.4	89.5	20	96.2	95.4
20	98.0	92.9	97.9	93.1	94.7	90.7	25	96.3	94.7
30	95.8	92.8	97.5	94.0	95.7	91.5			

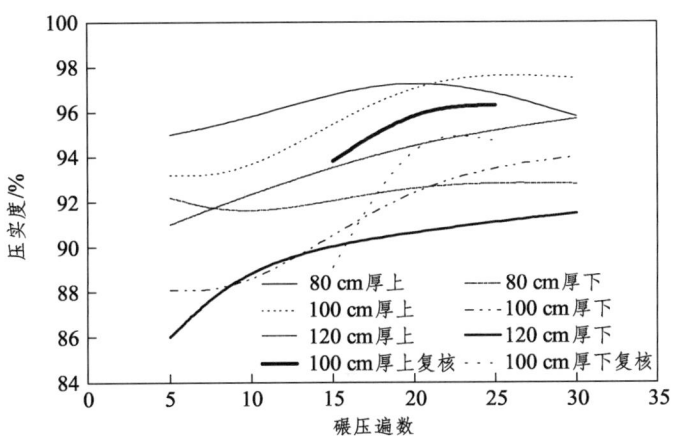

图 6.3-6　陡坡寺组中微风化料冲击碾压遍数与压实度关系曲线

表 6.3-8 和图 6.3-6 表明：

（1）陡坡寺组中微风化料的压实度在 20 遍之前随碾压遍数的增加而增加。在 20 遍之后随碾压遍数的增加而减小。

层厚为 80 cm 的陡坡寺组中微风化料上层压实度和下层压实度随碾压遍数的增加有基本相同的变化趋势，碾压至 20 遍时，压实度均达到最大，分别为 98%和 92.9%；20 遍以后，随着碾压遍数的增加，压实度增幅不大。

层厚为 100 cm 的陡坡寺组中微风化料的上层压实度碾压至 20 遍时达到最大，为 97.9%，20 遍以后，随着碾压遍数的继续增加，压实度略微减小；下层压实度碾压至 20 遍达到最大，为 93.1%，20 遍以后随碾压遍数的增加压实度变化平缓，碾压至 30 遍时达到最大，为 94%。

层厚为 120 cm 的陡坡寺组中微风化料上层压实度随碾压遍数的增加而持续增加；下层压实度在碾压 1～10 遍时，增幅较大，10 遍以后，随着碾压遍数的继续增加，压实度增加幅度变缓。

（2）80 cm、100 cm 和 120 cm 层厚的下层压实度均要小于上层。

（3）复核试验（层厚 100 cm）中，上层压实度在碾压到 20 遍时基本稳定在 96.2%左右；下层压实度在碾压到 20 遍时达到最大，为 95.4%，之后压实度稍有下降。复核试验与碾压试验结论基本一致。

根据室内密度试验成果，不同铺料厚度的陡坡寺组中微风化料含水率与干密度的关系如图 6.3-7 所示。

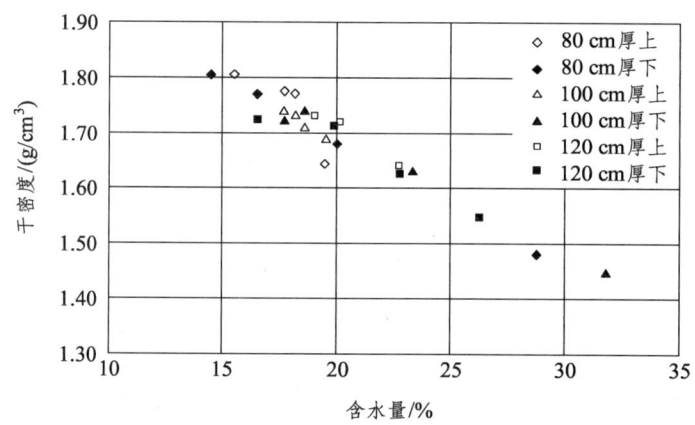

图 6.3-7　陡坡寺组中微风化料含水率与干密度关系（碾压 10 遍）

图 6.3-7 表明：随着含水率的增加，相同碾压遍数和铺厚的陡坡寺组中微风化料干密度随着含水率的增加而降低。含水率主要集中在 15.9%～23.4%，干密度主要集中在 1.62～1.80 g/cm³。根据击实试验成果，碾压试验土料的含水率大多在最优含水率以上，因此在相同铺料厚度和碾压遍数的条件下，随着土料含水率的增加，其压实密度相应降低。

4. 载荷试验

陡坡寺组中微风化料的冲击碾压试验进行 3 点载荷试验，冲击碾压复核试验进行 1 点载荷试验。平板载荷试验成果如表 6.3-9 所示，载荷试验的 P-S 曲线图和 S-$\lg P$ 曲线如图 6.3-8～图 6.3-15 所示。

表 6.3-9 陡坡寺组中微风化料冲击碾压试验载荷试验成果

载荷试验点编号	试验点位置	地基承载力特征值/kPa	极限荷载/kPa	比例界限相应沉降量/mm	极限荷载相应沉降量/mm	变形模量 E_0/MPa
1#	碾压试验，铺厚 80 cm	240	440	9.2	64.4	8.47
2#	碾压试验，铺厚 100 cm	260	480	17.0	57.0	7.06
3#	碾压试验，铺厚 120 cm	240	440	13.3	57.2	6.56
4#	复核试验，铺厚 100 cm	240	320	15.4	51.6	8.96

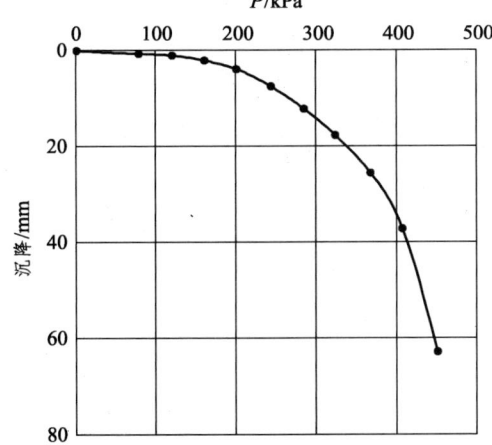

图 6.3-8 冲击碾压试验 1#点载荷试验 P-S 曲线图

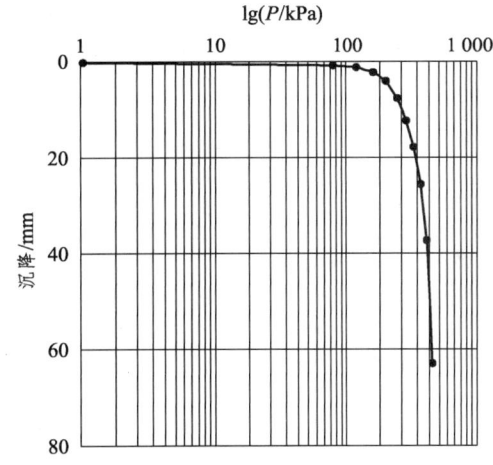

图 6.3-9 冲击碾压试验 1#点载荷试验 S-lgP 曲线图

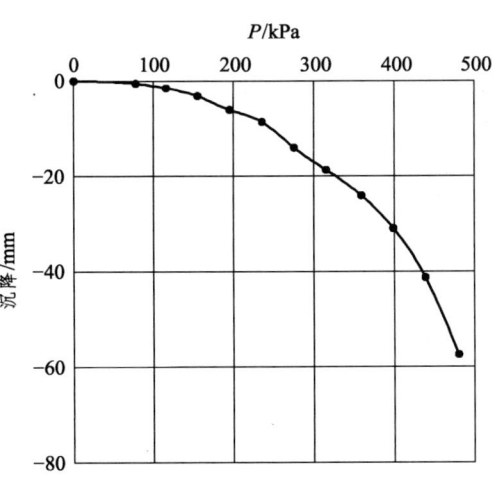

图 6.3-10 冲击碾压试验 2#点载荷试验 P-S 曲线图

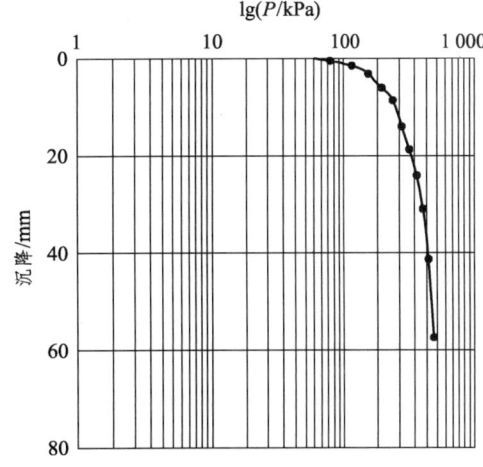

图 6.3-11 冲击碾压试验 2#点载荷试验 S-lgP 曲线图

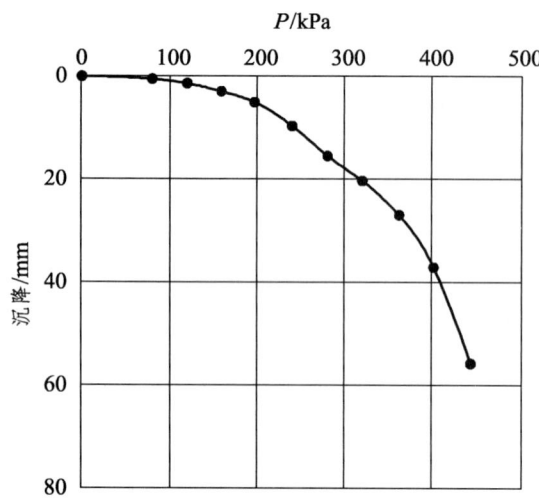

图 6.3-12 冲击碾压试验 3#点载荷试验 P-S 曲线图   图 6.3-13 冲击碾压试验 3#点载荷试验 S-lgP 曲线图

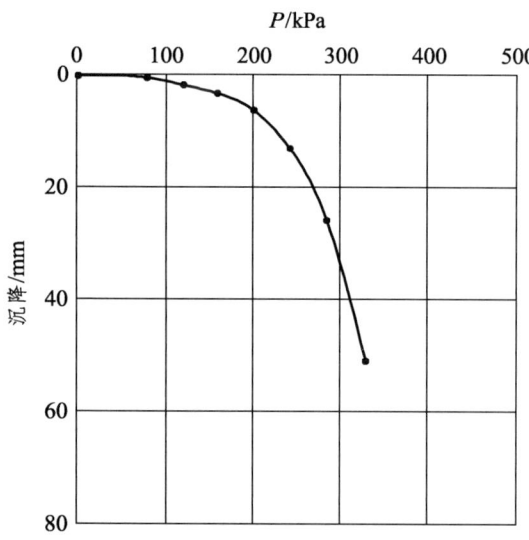 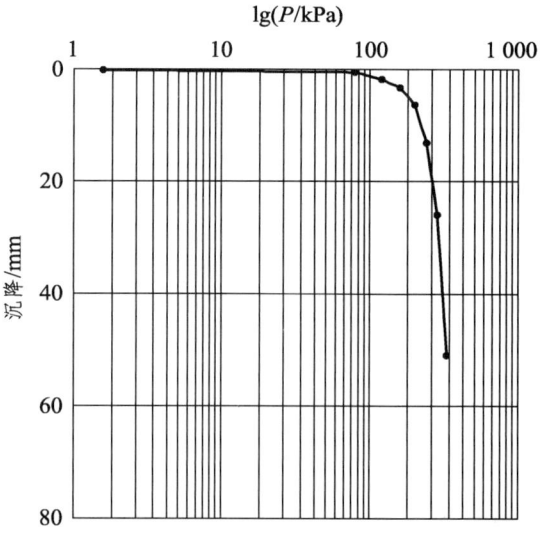

图 6.3-14 冲击碾压试验 4#点载荷试验 P-S 曲线图   图 6.3-15 冲击碾压试验 4#点载荷试验 S-lgP 曲线图

表 6.3-9 和图 6.3-8 ~ 图 6.3-15 表明:陡坡寺组中微风化料经冲击碾压后碾压面的极限荷载在 320 ~ 480 kPa,平均为 420 kPa;地基承载力特征值在 240 ~ 260 kPa,平均为 245 kPa;变形模量在 6.56 ~ 8.96 MPa,平均为 7.76 MPa。这说明冲击碾压压实效果较好。

陡坡寺组中微风化料的冲击碾压试验现场进行 2 点反应模量测试,反应模量试验成果如表 6.3-10 所示,反应模量试验的 P-S 曲线图如图 6.3-16、图 6.3-17 所示。

表 6.3-10 陡坡寺组中微风化料冲击碾压反应模量成果

试验点编号	试验点位置	P_B/MPa	L_B/cm	K_u/(MN/m³)	含水率/%
1#	冲碾复核试验	0.087	0.099 1	68.5	16.4
2#	冲碾复核试验	0.081	0.102 6	63.8	17.6

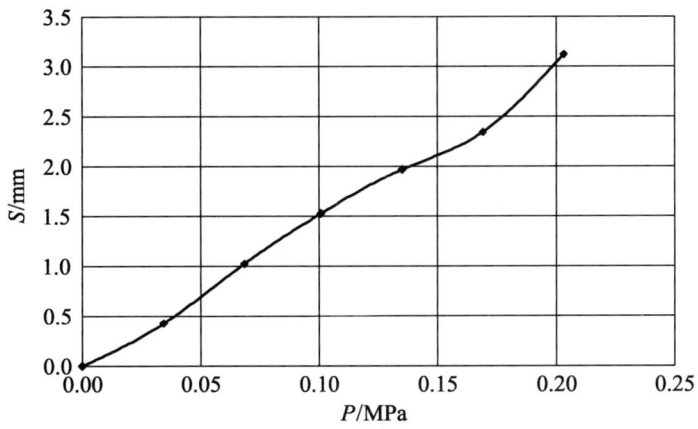

图 6.3-16 冲击碾压试验（复核）1#点反应模量 P-S 曲线图

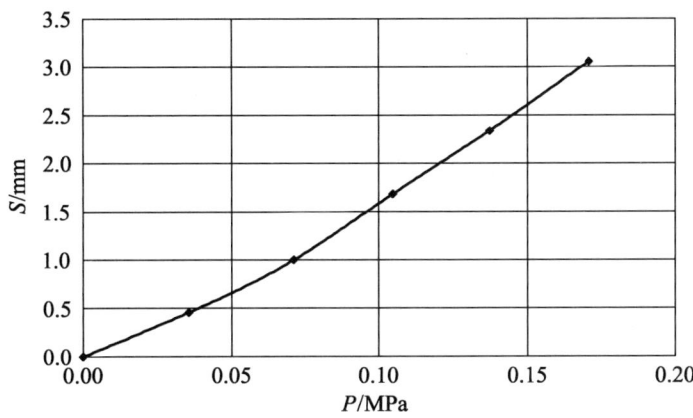

图 6.3-17 冲击碾压试验（复核）2#点反应模量 P-S 曲线图

表 6.3-10 和图 6.3-16、图 6.3-17 表明：陡坡寺组中微风化料经冲击碾压后碾压面的反应模量（K_u）在 63.8~68.5 MN/m³，平均为 66.2 MN/m³，说明冲击碾压压实效果较好。

陡坡寺组中微风化料的冲击碾压试验现场进行 2 点回弹模量测试，回弹模量试验成果如表 6.3-11 所示，回弹模量试验的 P-L 曲线图如图 6.3-18、图 6.3-19 所示。

表 6.3-11 陡坡寺组中微风化料冲击碾压回弹模量试验成果

试验点编号	试验点位置	含水率/%	干密度/（g/cm³）	E_0/MPa
1#	冲碾复核试验	16.4	1.74	50.5
2#	冲碾复核试验	17.6	1.72	49.9

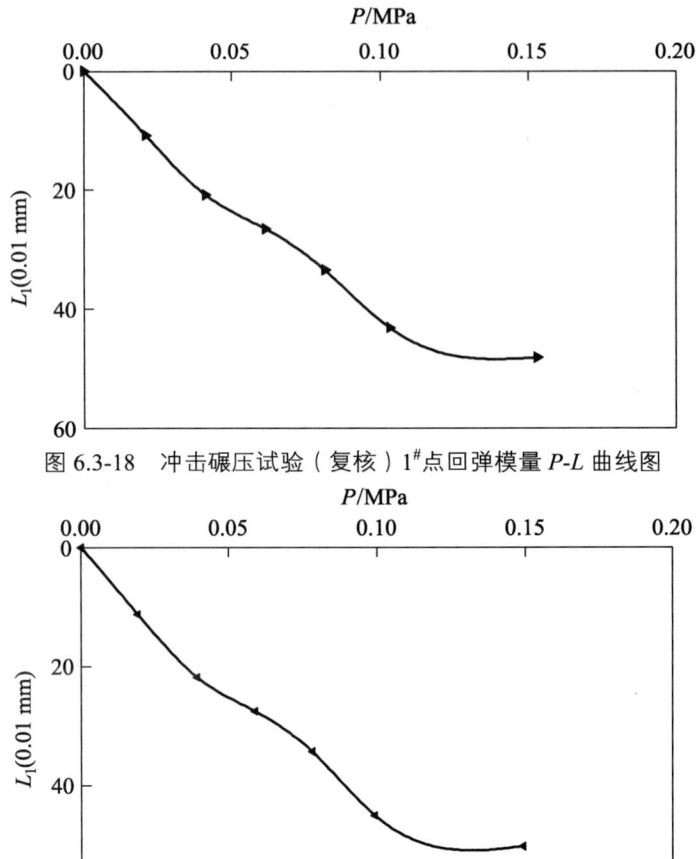

图 6.3-18　冲击碾压试验（复核）$1^\#$ 点回弹模量 $P\text{-}L$ 曲线图

图 6.3-19　冲击碾压试验（复核）$2^\#$ 点回弹模量 $P\text{-}L$ 曲线图

表 6.3-11 和图 6.3-18、图 6.3-19 表明：陡坡寺组中微风化料经冲击碾压后碾压面的回弹模量在 49.9 ~ 50.5 MPa，平均为 50.2 MPa，说明冲击碾压压实效果较好。

6.3.4　陡坡寺组中微风化料碾压试验成果分析和填筑施工参数建议

陡坡寺组中微风化料最大干密度和最优含水率测定可采用重型击实试验进行，土样制备可采用湿土法进行，最大干密度可按 1.80 g/cm³ 控制，最优含水率可按 16.6% 控制。

陡坡寺组中微风化料共进行振动平碾和振动凸块碾两种工法的碾压试验，通过对沉降量、压实度、含水率、载荷试验、反应模量和回弹模量等强度参数的测定，综合分析发现，对于相同铺厚、相同碾压遍数的陡坡寺组中微风化料，冲击碾压的压实度和沉降量均大于振动平碾的压实度和沉降量。因此，建议陡坡寺组中微风化料的填筑压实采用冲击碾压进行。

陡坡寺组中微风化料填筑施工参数如表 6.3-12 所示。

表 6.3-12　陡坡寺组中微风化料填筑施工参数建议

压实工法	铺料厚度/cm	铺料方式	含水率/%	碾压机具	碾压遍数	行车速度/(km/h)	行车方式
冲击碾压	80 ~ 100	进占法	$w_{op} \pm 2\%$	32 kJ 冲击式压路机	20 ~ 25	10 ~ 15	回转法施工

6.4 本章小结

本章分别对红黏土、陡坡寺组强风化料和陡坡寺组中微风化料进行了击实试验和不同碾压方式的试验研究。通过试验研究得到以下主要结论与建议：

1. 红黏土碾压试验研究

（1）通过试验，得知昆明新机场红黏土原土基可通过冲击碾压的方法进行压实。民航机场对原土基的要求为：

① 压实度大于 93%，本次试验说明可达 97%。

② 高填土原土基的地基承载力，如九寨沟机场（最大填土厚 96 m）要求 > 210 kPa，本次试验说明本机场可达 256 kPa。

（2）通过试验，得知冲击压实方法对提高地基承载力的深度为 1~2 m，对提高土密度的影响深度为 3~4 m。

（3）通过试验，得知 CIR 测试手段可以检验地基的密度与强度的增强情况，发现土基中的薄弱环节。但由于此次试验涉及两种坐标系统的转换，而实际中未能很好地解决这一问题，因此无法建立 CIR 数据与其他检测数据点对点的精确相关关系。

（4）本试验说明，昆明新机场现场红黏土大部分属于硬塑性，原承载力高达 180~200 kPa。深度 1~4 m 形成硬壳，受水后强度下降，较难压实。在进行原地基压实设计时，应当利用和保护这个硬壳层，仅对其加固，而不要砸碎。同时，设计原则要注意改善其透水性，减弱其滞水性。对比各种密实手段，冲击压实应是适合有效的方法，但也要排除下部土基中的水分，采取多种检测手段，切实保证土基压实满足设计要求。

2. 陡坡寺组强风化料碾压试验

（1）通过强风化料击实试验，得知采用干土法备样试验得到的陡坡寺组强风化料最大干密度较湿土法大，最佳含水率较湿土法小。根据现场施工的检测情况，按照干土法得到的最大干密度检测得到的陡坡寺组强风化料压实度相对较小，要得到较高的压实度是比较困难的。因此建议陡坡寺组强风化料最大干密度试验的测定采用湿土法。

（2）通过振动平碾碾压试验和振动凸块碾碾压试验综合分析得知，相同碾压遍数和铺厚的陡坡寺组强风化料干密度随着含水率的增加而降低。根据击实试验成果，碾压试验土料的含水率大多在最优含水率以上，因此在相同铺料厚度和碾压遍数的条件下，随着土料含水率的增加，其干密度相应降低。所以，对于土料的填筑来说，控制含水率是施工的关键，在含水率较大时需要采取一定的施工措施如晾晒、循环施工等对含水率进行控制。

（3）陡坡寺组强风化料最大干密度和最优含水率测定可采用重型击实试验进行，土样制备可采用湿土法进行，最大干密度可按 1.71 g/cm^3 控制，最优含水率可按 17.3% 控制。

陡坡寺组强风化料共进行振动平碾和振动凸块碾两种工法的碾压试验，通过对沉降量、压实度和含水率三个指标的检测成果分析发现，对于相同铺厚、相同碾压遍数的陡坡寺组强风化料，振动平碾的压实度和沉降量均大于振动凸块碾的压实度和沉降量。因此建议陡坡寺组强风化料的填筑压实采用振动平碾进行。

3. 陡坡寺组中微风化料碾压试验

（1）陡坡寺组中微风化料最大干密度和最优含水率的测定宜根据现场施工土料取样进行室内击实试验或三点击实试验，在缺少现场土料的击实试验成果时，最大干密度可按 1.80 g/cm^3 控制，最优含水率可按 16.0%控制。

（2）通过陡坡寺组中微风化料振动平碾碾压试验和冲击碾压试验结果综合分析可知，随着含水率的增加，相同碾压遍数和铺厚的陡坡寺组中微风化料压实度随着含水率的增加而降低。根据击实试验成果，碾压试验土料的含水率大多在最优含水率以上，因此在相同铺料厚度和碾压遍数的条件下，随着土料含水率的增加，其压实密度相应降低。

（3）陡坡寺组中微风化料最大干密度和最优含水率测定可采用重型击实试验进行，土样制备可采用湿土法进行，最大干密度可按 1.80 g/cm^3 控制，最优含水率可按 16.6%控制。

陡坡寺组中微风化料共进行振动平碾和振动凸块碾两种工法的碾压试验，通过对沉降量、压实度、含水率、载荷试验、反应模量和回弹模量等强度参数的测定，综合分析发现，对于相同铺厚、相同碾压遍数的陡坡寺组中微风化料，冲击碾压的压实度和沉降量均大于振动平碾的压实度和沉降量。因此，建议陡坡寺组中微风化料的填筑压实采用冲击碾压进行。

第 7 章
F_{10} 断层破碎带碎裂岩地基处理研究

CHAPTER 7

7.1 F_{10} 断裂及其相关断裂区域特征

F_{10} 断层即羊桃箐—苏家坟断裂，空间展布上被白邑—横冲断裂带 F_7 分割为分布在白邑盆地东、西两侧的北西向两段断裂，全长 29 km。其中，F_{10} 白邑盆地东侧断裂通过机场区，且与邻区及场区周边的断裂发生联系，是研究的重点。

7.1.1 F_{10} 周缘相关断裂

从空间展布上看，工程邻区上 F_{10} 位于全新世活动的小江西支中段断裂 F_{1-1} 的西侧，未与其交切；在白邑盆地与中更新世活动的近南北向白邑—横冲断裂带 F_7 斜交并被其错断为东西两段；南部晚更新世活动的一朵云断裂 F_9 未与 F_{10} 发生交切。

在工程场区周边断裂中，白汉场—西冲断裂 F_{12}、长坡—金竹沟断裂 F_{18} 和严家庄—花箐断裂 F_{19} 均展布于 F_{10} 的北东侧，F_{12}、F_{19} 与之交切且它们南西向延展终止于 F_{10}，而老沙凹—杨方凹断裂 F_{13} 则展布在 F_{10} 两侧（图 7.1-1）。

据云南省地震工程研究院对工程场区断裂活动性鉴定报告知：工程邻区上 F_{10} 没与 F_1 和 F_9 发生构造方面的联系，仅与 F_7 以斜交和断错的方式产生相关性。工程场区周边 F_{10} 既阻断了 F_{12} 向南西方向的发展，又断错 F_{13}；同时，受 F_{10} 后期右旋走滑活动的影响，在接近该断裂处 F_{12} 断裂发生弧形弯曲；F_{19} 属于 F_{10} 的次级配套断裂。

1. 白邑—横冲断裂 F_7

白邑—横冲断裂 F_7 由数条不连续的断裂组成，排列不规则，北起嵩明白邑盆地西缘，往南经旧关、乌龙、高坡村、果林水库、新册村、郎家营，止于横冲以南，全长约 60 km。其总体走向近南北，倾向东或西，倾角较陡，断层破碎带宽数十米至数百米。

该断裂形成于华力西期及其之前，二叠系和中生代为该断裂的强烈活动期，晚新生代以断陷活动为主，形成了白邑断陷盆地，晚更新世以来断裂活动趋于平稳，为滇中南北向地震活动条带的组成部分之一，与普渡河断裂具有类似的特点。

白邑—横冲断裂在白邑盆地西缘，断面向东倾，泉水呈带状分带，跨断层水系具明显左旋扭动特征，错距达 600 m，由此推测中更新世以来的平均左旋走滑位移速率为 0.8 mm/a；在盆地北端，断错的最新地层为中更新世，未见上覆晚更新世—全新世变形痕迹；在白邑盆地南端，所见断裂破碎带宽近 50 m，发育有多条断层，其中之一产状是 0°/E∠80°，破碎带由断层泥、角砾岩和劈理带组成，断层泥电子自旋共振测年结果为 22 万年左右（双龙村）；在昆明盆地东缘，断裂发育在早更新世河湖相沉积层和下覆的二叠纪灰岩中。所见早更新世厚度大于 15 m，由紫红色、黄绿色黏土夹少量砾石组成，下覆的二叠系灰岩，破碎强烈，具碎裂结构，推测断裂破碎带的宽度大于 20 m，而上覆的早更新世地层产状在出露的破碎带两侧不连续：东盘倾向山体（东倾），倾角约 15°，为下更新世紫红色与黄绿色中厚层状互层黏土，具牵引形变痕迹，褶曲发育，岩层倾角约 40°；西盘为含铁壳的黄绿色黏土夹少量砾石层，岩层陡立，断裂挤压带宽约 1.5 m，片理化强烈。据史料记载，该断裂附近 1937 年曾发生过一次 5 级地震。

第7章 F₁₀断层破碎带碎裂岩地基处理研究

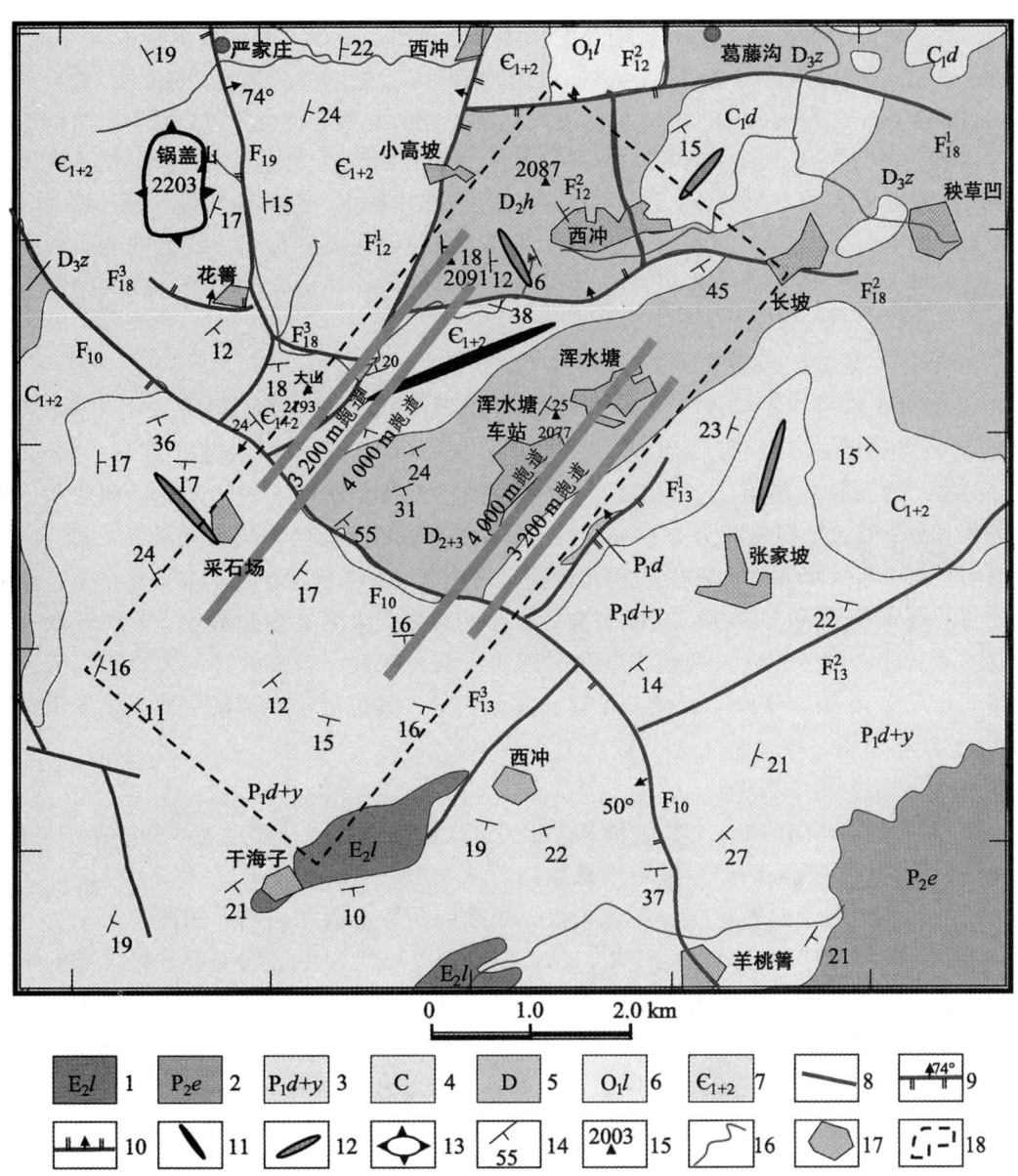

图 7.1-1 昆明新机场工程区 F_{10} 周边断裂构造纲要图

1—始新统路美邑组砂砾岩；2—上二叠统峨眉山组玄武岩；3—下二叠统阳新组与倒石头组灰岩及碎屑岩；4—石炭系（C_{1+2}中、上石炭统灰岩，C_1d下石炭统大塘组灰岩夹碎屑岩）；5—泥盆系（D_{2+3}中、上泥盆统白云岩，D_2h中泥盆统海口组灰岩，D_3z上泥盆统宰格组白云岩）；6—下奥陶统汤池组碎屑岩；7—下、中寒武统碎屑岩；8—性质不明断裂；9—逆断层（数值为倾角）；10—正断层；11—背斜轴；12—向斜轴；13—穹窿；14—地层产状（数值为倾角）；15—高程控制点（数值为海拔，单位为米）；16—河流；17—村庄；18—工程场地界线；F_{10}—羊桃箐—苏家坟断裂；F_{12}—白汉场—西冲断裂（F_{12}^1西冲断裂和F_{12}^2白汉场断裂）；F_{13}—老沙凹—杨方凹断裂（F_{13}^1瓦窑沟断裂、F_{13}^2老沙凹断裂和F_{13}^3螺丝湾断裂）；F_{18}—长坡—金竹沟断裂（F_{18}^1金竹沟断裂、F_{18}^2长坡断裂和F_{18}^3李白冲—花箐断裂）；F_{19}—严家庄—花箐断裂。

2. 工程场区 F_{10} 周边断裂

1）白汉场—西冲断裂 F_{12}

F_{12}西南始自石将军采石场，向北经李白冲、胡包地、小高坡、西冲，东北端终止于白汉场一带，由 2 条近似平行的北东—近南北向小规模断层 F_{121} 和 F_{122} 组成，相距 1～2 km，全长仅 11.4 km。F_{121} 的区内长度为 5.1 km，通过西跑道；F_{122} 的区内长度为 2.4 km，被近东西向断裂切割成 3 段（含场区外围）。F_{12} 总体走向北东，倾向北西，倾角在 75°以上。两盘地层为古生界，西盘主要为寒武系、奥陶系，东盘为寒武系、奥陶系、泥盆系，地层学总体表现为逆冲断层。断裂构造岩不甚发育，以碎裂岩为主，局部片理化，破碎带宽度一般不超过 10 m，以碎裂岩为主，局部片理化，两侧地层褶曲强烈。在各处地质露头上，所见的地质剖面均未见到上覆的晚更新世堆积物或残积物有后期构造变形痕迹；构造岩的电子自旋共振测年结果集中在距今 18 万～89 万年左右。

2）老沙凹—杨方凹断裂 F_{13}

F_{13} 是邻近东跑道的一组北东向断裂，是 F_{10} 场区周边断裂中规模最大的，由 3 条长度 2～8 km 的断层（F_{131}、F_{132} 和 F_{133}）组成。其中：F_{132} 规模最大，其破碎带宽度为 5～20 m，由角砾岩、碎裂岩和片理化带组成，局部发育有断层泥，上覆全新世堆积物未见后期变动，区内长度为 4.4 km；F_{131} 断裂长度为 2.15 km。断裂的西南端始于螺丝湾与水井梁子之间，向北东方向经由瓦窑、石矶场和老沙凹，止于团山附近，全长 10.4 km，走向北东—北东东，倾向南东或北西，倾角大于 60°，并被 F_{10} 断裂破坏。该断裂主要发育在古生界中，是场区及邻近地区重要的地层和岩性分界线，两盘岩层褶曲和次级断裂发育，岩石破碎，完整程度低。于该组断裂上共采集 3 块测年样品，经电子自旋共振测定，其最近一期活动主要集中发生在距今 21 万～45 万年。

3）长坡—金竹沟断裂 F_{18}

F_{18} 由 3 条近东西向的 F_{181}、F_{182} 和 F_{183} 断裂组成，构成场区及邻近地区的一组横向断裂。断裂东始金竹沟，向西分别经由长坡、葛藤沟、承龙水厂、石乾寺、乌撒庄、李白冲，止于花箐以西的冲沟中，走向不稳定，变化较大，由东向西依次为北西西—东西—北东东—北西西，倾向北，倾角大于 70°，全长约 8.2 km（亦为区内长度）。F_{181} 分布在场区北隅的金竹沟与小高坡之间，走向近东西，倾向北，倾角在 70°以上，呈略向北凸的缓弧形展布，全长约 5.1 km，逆断层，上盘地层是泥盆系—寒武系，下盘为泥盆系—石炭系，破碎带较窄，不超过 5 m，主要由碎裂岩和角砾岩组成，断裂两侧劈理、褶皱和揉皱等构造形迹不甚发育。F_{182} 以近东西走向呈蛇曲状展布在场区北部的李白冲与小坡小高坡之间，全长约 4.8 km，倾向北，倾角在 50°以上，正断层，上盘为泥盆系，下盘是泥盆系和寒武系。F_{183} 展布在场区西部的花箐与李白冲之间，全长 2.6 km，断裂走向北西西—近东西，在 F_{19} 和 F_{121} 之间近于直立，在花箐一带倾向北西，两盘地层均为寒武系。断裂的构造形迹主要表现为两套不同岩性地层或同岩性地层的不同形变。于 F_{18} 共获得 4 个电子自旋共振测年数据，年龄在距今 16 万～65 万年，均落在中更新世中。

4）严家庄—花箐断裂 F_{19}

F_{19} 分布在西跑道的西侧，南始于采石场弹药库，向北西方向经由花箐、严家庄，止于熊洞，全长约 5 km，区内长度为 4.3 km，总体走向北北西，倾向北东，倾角大于 70°，逆断层。断裂的构造岩不甚发育。在该断裂上共采集 3 块测年样品，经电子自旋共振测年，年龄在 13 万～31 万年。

7.1.2 F$_{10}$断裂（羊桃箐—苏家坟断裂）

1. F$_{10}$白邑盆地西侧断裂

F$_{10}$白邑盆地西侧断裂位于昆明新机场工程场区外，东南起于白邑盆地南端苏家坟一带，北西向延伸，经野鸭塘、长岭干、金钟山，止于大尖山，走向北西，倾向北东，倾角在60°左右，全长约9 km，距最近西跑道的距离是5.5 km。在地貌上，沿断层主要表现为断层沟槽。于者纳坡西的断层剖面上，可见数条断层发育在二叠系玄武岩和二叠系灰岩之间，断裂带宽约20余米，其间破碎带发育，由断层泥和角砾岩等组成（图7.1-2）。

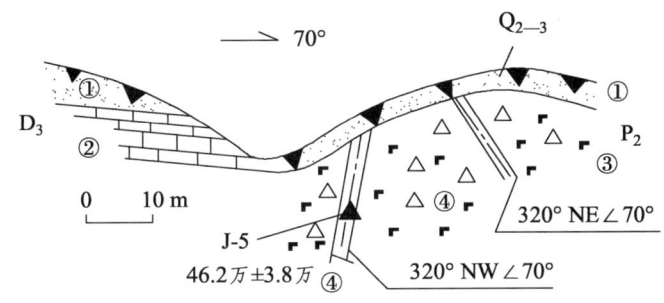

①—残积层；②—灰岩；③—玄武岩；④—断层及片理化带；▲—采样点。

图 7.1-2　者纳坡西 F$_{10}$ 断层地质剖面

2. F$_{10}$白邑盆地东侧断裂

1）空间展布

F$_{10}$白邑盆地东侧断裂，西北起于白邑盆地南端，往南东方向经庄房、汗冲、下麻种、石将军以东、横山东麓，止于羊桃箐，全长约20 km，机场工程场区内长度约11 km。断裂的连续性较好，切断了区内近东西向构造，发生右行平移，向北延伸在小营幅内。断裂呈北西向舒缓波状展布，总体走向为320°～340°，断面主要倾向南西，局部为北东，倾角在50°以上。断裂破坏了华力西期的褶皱构造，阻断或断错北东向断裂。

2）断层特性

断裂两盘地层为二叠系—寒武系，南西盘主要由ϵ_1q—ϵ_2s、D_2h^1、D_3z、C_1d、C_2w、P_1d、P_2y、P_2e组成，北东盘由Z_by^{2+3}、$Z\epsilon_1y^4$、ϵ_1y^5、ϵ_1q—ϵ_2s、D_2h^{1+2}、D_3z、C_1d、C_2w、P_1d、P_1y、P_2e组成。

该断裂地层学总体显示出正断层的性质。在白邑盆地的南端，该断裂由两条逐渐汇聚的断层组成，横向上具有地堑构造的特征，但地层学显示为反地堑构造，具有逆断层的性质。特别地，场区段断裂倾向南西，上盘地层为二叠系，下盘为二叠系—寒武系，具有正断层的特征。

沿断裂带构造岩发育，破碎带宽度为20～40 m，以构造角砾岩为主，角砾多具透镜状和磨圆现象，并具定向平行排列，断层旁侧构造不甚发育，局部见牵引褶皱。断距以中段最大，地层断距在500 m左右，水平断距最大可达3 km，向两端逐渐变小。以二叠系为参照物，地层的右旋走滑位错约4.5 km。

3）断裂地貌

断裂在地貌上有清晰的表现，在宏观方面为机场及附近地区的地貌分界线。断裂的北东侧为一系列切头山，为Ⅰ~Ⅱ级剥蚀面；南西侧为负地形，为Ⅱ级剥蚀面。微地貌方面，沿断裂发育有坡度平缓的线形侵蚀沟谷或较陡峭的溶蚀宽谷，谷内发育串珠状的溶蚀漏斗和洼地。在同级剥蚀面（Ⅱ级）地段，排除向昆明盆地倾斜的地势背景影响，两侧同级剥蚀面的高度无明显的反差，同级剥蚀面上的残积层厚度亦无明显差异。沿断裂未见断层三角面等断错地貌或水系的同步扭动，断裂经过之处的溶蚀漏斗形态完整，无位错痕迹。地貌的总体形态反映出该断裂为晚更新世之前的第四纪活动断裂。

4）区域典型露头

（1）在浑水塘通往大板桥的公路与铁路交叉口附近，断层产于二叠系灰岩与泥岩和页岩之间，断层面上发育有缓倾覆的擦痕和断层泥，地貌上处于Ⅰ级剥蚀面，其两侧高度无明显变化（图7.1-3）。

（2）石将军采石场至炸药库一带，地貌上处于Ⅰ~Ⅱ级剥蚀面的分界，沿线落水洞和溶蚀洼地发育，基岩中断裂构造十分发育，在擦痕镜面上可见清晰的近水平擦痕，发育有宽约2~5cm的片理化带，但上覆晚更新世残坡积堆积物未见构造变动（图7.1-4）。

（3）在浑水塘油库的地质剖面上，于寒武系灰岩中发育有两条断层，角砾岩带宽近百米，岩石产状紊乱，劈理极为发育，断层面上见有滑动镜面和清晰的水平擦痕，倾伏角为10°，断层泥石英颗粒表面结构鉴定结果为最近活动时代为中—早更新世（图7.1-5）。

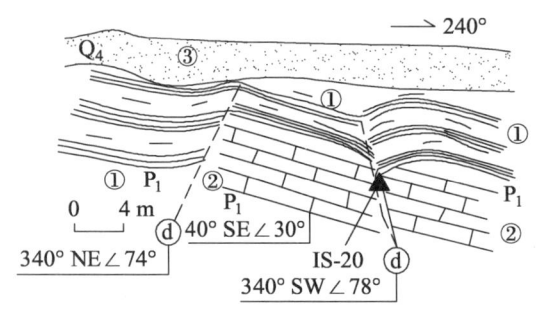

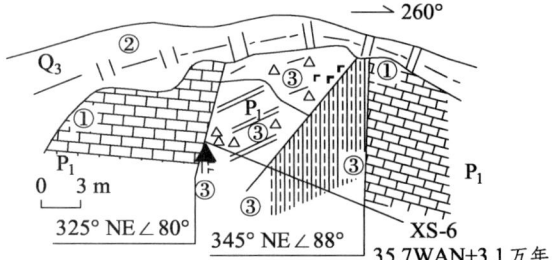

图7.1-3 金殿—大板桥岔路口新铁路 F_{10} 地质剖面　　图7.1-4 石将军炸药库—采石场 F_{10} 地质剖面

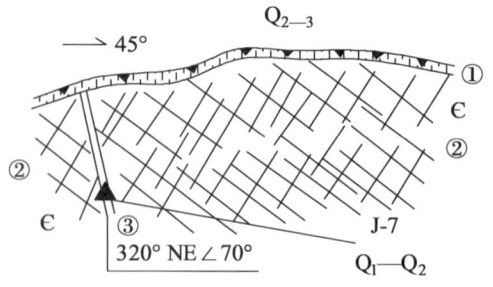

①—残积层；②—劈理发育的灰岩；③—断层及片理化带；▲—采样点。

图7.1-5 浑水塘油库 F_{10} 地质剖面

3. F_{10} 断层活动期次

小江断裂带以西地区属于特提斯—喜马拉雅断裂体系。特提斯—喜马拉雅断裂体系大多经历了错综复杂的演化构造，具有多期活动特征，并分别形成于不同时代。

根据 F_{10} 断裂的产状、擦痕、阶步、牵引褶皱等运动学资料可知，该断裂至少有三期、多性质的运动学特征：

（1）根据断裂倾向南西、上盘地层为上石炭统—中二叠统、岩层与断层走向近于一致、断层倾角大于岩层倾角和上盘地层较下盘地层新的地层结构特征及断层效应，可知其总体显示出南西盘下降、北东盘上升的正断层性质。

（2）根据岩层与断层走向大角度斜交、断裂破坏了华力西期的近 EW 向褶皱构造、派生近东西向浑水塘褶皱群的特征可知，断层显示出右行（顺扭）平移运动性质。

（3）从断裂带中构造变形性质来看，则显示为以挤压为主的逆断层。

因此，该断裂是一条具有多期活动、多性质运动的复杂构造。

4. F_{10} 断层活动性

查明断裂的活动特性，确定工作区是否有活动断裂存在，是确保工程建筑安全的重要措施之一。根据国家标准《工程场地地震安全性评价》（GB 17741—2005），在断裂活动性鉴定中，最新活动时代是一项重要的指标，也是判断是否属于活动断裂的唯一依据。对断裂物质，包括断层泥、碎裂岩和方解石等进行测年，同时辅以野外断裂活动性鉴定、断裂活动性的对比研究等方法对该断裂活动性进行综合评价。

（1）断裂物质测年。

前人在 F_{10} 断裂上采集了 5 块电子自旋共振测年（ESR）样品，其测年结果集中在距今 26 万～46 万年（据云南地震工程研究院，2005）。成都空军勘察设计院在做昆明新机场飞行区、货运区及海关监管区岩土工程初勘时，对工程区取有代表 3 个时段断层角砾岩的样品，采用石英形貌法（SEM）再次对断层的活动性进行验证，测试结果与前者基本一致。

（2）野外断裂活动性鉴定。

在 F_{10} 断裂已发现的所有地质露头上，发育全新世Ⅰ级冲积阶地堆积和残坡积、晚更新世Ⅱ级冲积阶地堆积和残坡积、中更新世残积堆积物，均未见断裂上覆的第四纪堆积物或残积物发生后期断错或扰动的构造变形痕迹。

（3）断裂活动性的对比研究。

通过对断裂所在地区活动构造环境的研究，结合被鉴定断裂与已知第四纪活动断裂的关系，初步确定断裂第四纪活动的可能性。

① F_{10} 断裂既没有与邻区的小江西支断裂、普渡河断裂发生构造联系，也没有与全新世活动的万寿山断裂 F_8 和晚更新世活动的一朵云断裂 F_9 发生构造联系。与 F_{10} 存在构造联系的 F_7 断裂，和 F_{10} 共同控制着早—中更新世活动的白邑盆地，并与之斜交，但 F_7 为中更新世强烈活动断裂，晚更新世活动不明显。另外，除白邑盆地外，沿 F_{10} 第四纪盆地不发育。

② F_{10} 工程场区周边断裂无一属于晚更新世以来活动断裂，其最新活动主要发生在中更新世，未与小江西支断裂发生构造联系，并无新生性断裂存在。

（4）借助断层及其两侧节理裂隙量测，经赤平投影解析得到的断层错动机制解与已知区域构造应力场对比，从地质角度对断层的活动性认识进行验证。具体详见第 4 章。

经以上综合评价得出，羊桃箐—苏家坟断裂 F_{10} 主要活动时期为中新世—中更新世，其中以早更新世前后的一次活动最为剧烈，晚更新世以来基本不具活动性。

7.1.3 沾昆废弃铁路路堑边坡剖面 F_{10} 断层特征

F_{10} 断层在废弃的沾昆铁路路堑边坡上有较好的露头。F_{10} 断层错动带东侧主要为褶皱群，西侧为裂隙密集带。为了详细研究断层带的岩土体组成、错动面特征、断层影响带特征等，本次对该剖面进行了现场实测。

实测剖面位于拟建航站楼前区与中指廊交界处东南边约 300 m 的废弃沾昆铁路路堑处（图 7.1-6）。断层带在路堑南侧边坡上有较好露头，而北侧边坡由于在该处开挖高度较小以及覆盖等出露不明显。因此，对于断层带以及断层上盘影响带顺南侧边坡测量，而对于下盘的影响带（牵引褶皱群）则选择露头较好的北侧边坡测量。

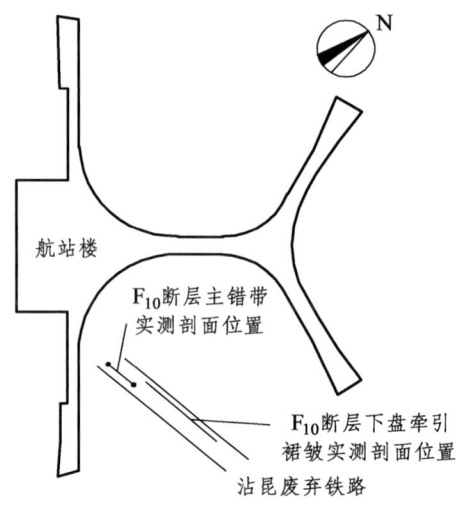

图 7.1-6　实测剖面位置示意图

1. F_{10} 断层带实测剖面特征

该实测剖面以坡面上的排水沟作为起始点，剖面方向为 261°，即顺边坡走向测量。实测剖面图见图 7.1-7。

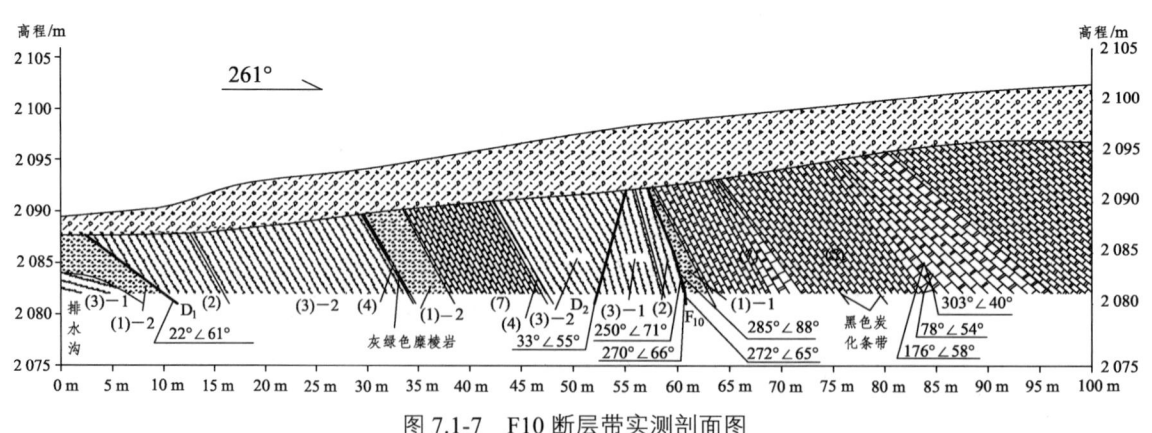

图 7.1-7　F10 断层带实测剖面图

从实测结果可以获得该剖面特征如下：

（1）0～8.0 m（以 2 080 m 高程为准，以下同）：红色断层角砾岩。有挤压、揉皱迹象，定向排列（方向为 80°），风化后破碎，微裂隙发育，泥质胶结，强风化。

（2）8.0～11.3 m：灰黑色碎粒岩。原岩为灰黑色白云岩，断口可见压碎粉末和颗粒，粒径 0.2～1 cm。

（3）11.3 m：错动面 D_1。该面平直，产状为 22°∠61°，由黑色、白色、灰红色集合成的角砾岩（简称"花斑状角砾岩"）和厚 5～30 cm 的夹泥接触构成，有角砾岩构成的面局部具有镜面特征，局部凹凸不平处被泥充填，夹泥挤压紧密，敲开后可见光面，局部可见擦痕，擦痕侧伏向为 295°，侧伏角约为 10°。

（4）11.3～16.5 m：花斑状角砾岩。花斑为黑、白、红色混杂，其中灰色和红色主要为白云岩，白色为方解石，坚硬，抗风化能力比碎粒岩强，局部集中分布且色彩鲜亮，局部被黑色炭化物浸染。

（5）16.5～34.5 m：紫红、紫灰色断层角砾岩。密实，抗风化能力较强，表面溶蚀，见擦痕，擦痕侧伏向为 265°，侧伏角为 11°，尾部逆时针转动。

（6）34.5～34.8 m：灰绿色糜棱岩。剖面上可见发育的糜棱岩呈断续分布，并不连续，局部较发育，呈窝状。多数情况下则成宽 5～10 cm 的条带状，局部断失。糜棱岩本身多数呈片状，少部分呈粒状，呈片状时可见揉皱卷曲现象。其周边岩体破碎，碎裂—块状结构。该处发育溶洞。溶洞中充填有次生泥及角砾岩。

（7）34.8～38.7 m：灰白—青灰色碎粒岩。暴露地表后易风化松弛，剖面部位可见表面风化成土状，新鲜岩石则挤压紧密，但仍可见岩石由于隐微裂隙及其发育后构成的碎粒结构特征，粒径 1～5 cm。在废弃路基上有该层位的载荷试验点。

（8）38.7～48.0 m：深灰色白云岩。上部岩体被红黏土覆盖，溶蚀严重，局部可见出露的岩体破碎，呈碎块状，强风化，发育方解石脉。

（9）48.0～48.1 m：灰绿色糜棱岩。片状，厚度在 5 cm 左右。

（10）48.1～52.0 m：灰白色、紫红色断层角砾岩，强风化，黏土覆盖。局部出露岩体破碎，溶蚀严重。

（11）52.0 m：错动面 D_2。错动面起伏粗糙，强风化，溶蚀严重，可见小溶孔发育。下部可见镜面，擦痕近水平。

（12）52.0～59.0 m：肉红、紫红色断层角砾岩，局部灰白色。可见擦痕，擦痕侧伏向 300°，侧伏角 10°，尾部上翘。

（13）59.0～60.8 m：花斑状角砾岩。肉红—白—黑色断层角砾岩，表观上与上述第（4）段岩体类似。位于 F_{10} 断层主错动面的下盘。剖面上可见其强风化，裂隙发育。

（14）60.8 m：F_{10} 断层主错动面，多处见擦痕，呈弯曲状，局部见镜面，结构面起伏，整体向北东方向偏离，局部方解石脉结合于由花斑状角砾岩构成的断层面上，剖面部位未见断层层面上有加泥存在，但局部可见黑色薄膜。该剖面部位显示该断层面为硬性结构面。

（15）60.8～63.8 m：碎粒岩。肉红色、土黄色，全—强风化，此处比较杂乱，局部被表土覆盖。

（16）63.8～76.5 m：白云质灰岩。青灰色，含方解石脉，碎裂结构，全—强风化。其中：64.9～70.0 m 处，岩体破碎，开挖扰动，大部分被土覆盖。有溶蚀，岩面见小溶孔。

（17）76.5～80.3 m：含黑色炭化带的白云质灰岩。岩体中多处见擦痕，侧伏向 28°，侧伏角 1°。白云质灰岩以紫黑、紫红色为主，岩体破碎，呈碎裂状，强风化，裂隙填泥。

（18）80.3～100 m：砂屑白云质灰岩。紫黑色，质密，薄—中厚层状结构，节理裂隙发育，间距1～2 cm，中—强风化，含方解石脉。

从以上测量结果可以看出：F_{10} 断层主错动面上的擦痕侧伏角较缓，次级错动面 D_1 上的擦痕侧伏角亦较缓，错动面 D_2 上的擦痕近水平，因此 F_{10} 断层的性质以平移错动为主，兼有走滑断层、正断层和逆断层的性质，具有多期活动的特征。主错面弯曲起伏，产状陡倾—直立，擦痕明显，断层带岩性以碎粒岩—角砾岩为主，局部见糜棱岩。断层走向为 300°～310°。断层上界为主错面（花斑状角砾岩）向西侧 2～5 m，下界为错动面 D_1 向东侧 5 m，即错动面 D_1 与主错动面各外延一定距离（依断层岩特征可取 5～10 m）定为断层带。因此，F_{10} 断层错动带沿沾昆铁路废弃复线边坡出露宽度约为 70 m，F_{10} 断层在沾昆铁路废弃复线边坡处的实际宽度约 50 m。

从上述可知，F_{10} 断层带的界限主要以错动面出现的位置向外沿 2～5 m 作为断层上下盘边界。上盘断层岩较薄，主要为裂隙密集带，岩体呈碎裂—碎块结构，并有宽约 1 m 的黑色炭化条带出现。断层岩主要分布于下盘，并发育 D_1、D_2 两条次级小断层，断层面倾向均与主错面相反，倾角变缓，按其错动迹象判断仍为平移断层。断层面均见明显擦痕，其中在 D_1 错动面上见炭化现象明显，岩性主要为断层角砾岩，在 F_{10} 断层带实测剖面中还见到原岩透镜体，虽无明显错动迹象，但仍位于断层带内，属于 F_{10} 断层破碎带。因此如果场区中有两边的钻孔揭露出断层角砾岩，而其中有些钻孔中揭露有断层岩中间夹一段原岩，甚至全为原岩，也并非不是断层带。

2. F_{10} 断层错动面特征

从实测剖面可以得出，F_{10} 断层主错面位于排水沟西侧约 61 m 处（图 7.1-7），在断层带内除大家公认的主错动面外，在本次调查中还发现了次级错动面 D_1 以及剖面已经揭露出的次级错动面 D_2 等。它们均具有明显的错动迹象。因此在前述剖面测量论述的基础上，配合照片再对各错动面特征进行详细论述。这对确定断层带的宽度以及断层带的物质组成具有重要意义。

1）F_{10} 断层主错面

F_{10} 断层主错面位于排水沟西侧约 60.8 m 处，产状为 NE2°～3°/NW∠65°～75°，结构面起伏，呈弯曲状，整体向北东方向偏转。错动面上附黑色薄膜，黑色薄膜下局部见厚约 2 mm 方解石晶膜，错动迹象明显，错动面上擦痕普遍分布，擦痕将方解石晶膜刻画出深约 0.5 mm 的凹槽，擦痕的侧伏向及侧伏角可分为 4 组：0°～2°∠6°～10°；180°∠35°；195°∠5°；340°∠20°。局部见镜面。以错动面为界上盘为肉红色、土黄色碎粒岩，厚度约 2 m。下盘为"花斑状角砾岩"，以黑色、白色、肉红色集合而成。该剖面上显示强风化特征，中厚层状结构，节理裂隙发育，较密集，闭合—微闭，角砾质以白云岩为主（图 7.1-8）。

2）错动面 D_1

定名为 D_1 的错动面为此次调查阶段新发现的错动面。错动面在路堑边坡的坡顶位于排水沟处，坡底位于排水沟西侧约 10 m 处（图 7.1-7）。断层面产状为 22°∠61°，"花斑状角砾岩"上见镜面，局部凹凸不平，充填泥，泥面结合紧密，敲开后为光面，局部可见擦痕，侧伏向为 295°，侧伏角为 10°。上盘为深灰色碎粒岩，原岩为深灰色白云岩，断口可见压碎粉末和颗粒，粒径为 0.2～0.5 cm。下盘为"花斑状角砾岩"，花斑为黑、白、红、灰色混杂，其中灰色和红色主要为灰质白云岩，白色为方解石，黑色为炭化现象。坚硬，抗风化能力比碎粒岩强（图 7.1-9）。

图 7.1-8 F_{10} 断层主错面

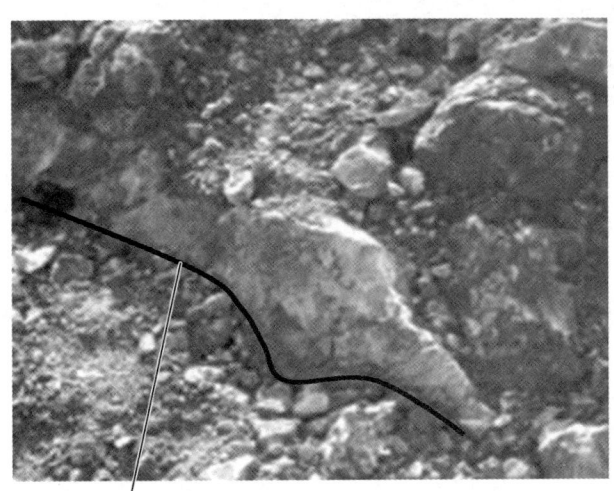

(a) 中高程部位开挖出的断层面　　　　(b) 坡顶部位揭露出的断层

(c) 坡顶部位断层面特征

图 7.1-9 错动面 D_1 特征

3）错动面 D_2

D_2 错动面位于排水沟西侧约 53 m 处（图 7.1-10），断层面产状为 33°∠55°，错动面起伏光滑，强风化，溶蚀严重，可见小溶孔发育，断层面上可见擦痕，侧伏向 300°，侧伏角 10°，尾部上翘，下部可见近水平镜面。D_2 断层面的上下盘都为肉红、紫红色断层角砾岩，碎裂结构，局部为灰白色。岩体破碎，呈碎块结构，强风化，溶蚀严重。

图 7.1-10　错动面 D_2 特征

F_{10} 断层性质以平移错动为主，兼有走滑断层、正断层和逆断层的性质，属多期活动的结果。主错面弯曲起伏，产状陡倾—直立，擦痕明显，断层带岩性以碎粒岩-角砾岩为主，局部见糜棱岩。上盘断层岩较薄，主要为裂隙密集带，岩体呈碎裂—碎块结构，并有宽约 1 m 的黑色炭化条带出现。断层岩主要分布于下盘，并发育 D_1、D_2 两条次级小断层，断层面倾向均与主错面相反，倾角变缓，按其错动迹象判断仍为平移断层。断层面均见明显擦痕，其中在 D_1 错动面上炭化现象明显，岩性主要为断层角砾岩。在 F_{10} 断层带实测剖面中还见到原岩透镜体，虽无明显错动迹象，但仍位于断层带内，属于 F_{10} 断层破碎带。因此多数钻孔中也揭露有断层岩中间夹一段原岩，也应将其划入断层带内。F_{10} 断层带的界限主要以炭化现象出现的位置向外延 2~5 m 作为断层上下盘边界。实测剖面为确定场区钻孔揭露断层位置起到了重要参考作用。

3. F_{10} 断层带分层特征

从实测剖面可以得出，F_{10} 断层在沾昆铁路废弃复线边坡处出露的地层具有明显的分层性，由于断层错动程度的不同形成了以下 6 种岩石：

（1）碎粒岩：为原岩受挤压错碎后重新胶结成岩，断面可见压碎粉末和碎粒，粒径为 2~5 mm，新鲜岩石呈块状—次块状结构，风化松弛后呈粒状集块状特征。钙质胶结，坚硬致密，见方解石条带，新鲜岩石强度较高，局部见溶孔。该层从沾昆铁路开挖剖面上可见灰红色碎粒岩[编号（1）-1]和深灰色碎粒岩[编号（1）-2]两种。

（1）-1：肉红—紫红色碎粒岩（图 7.1-11），原岩为灰岩或白云质灰岩，在 F_{10} 主断面南西盘可见。

（1）-2：灰—深灰色碎粒岩（图 7.1-12），原岩为深灰色白云岩或砂质白云岩，在 D_1 断层面北东盘可见。

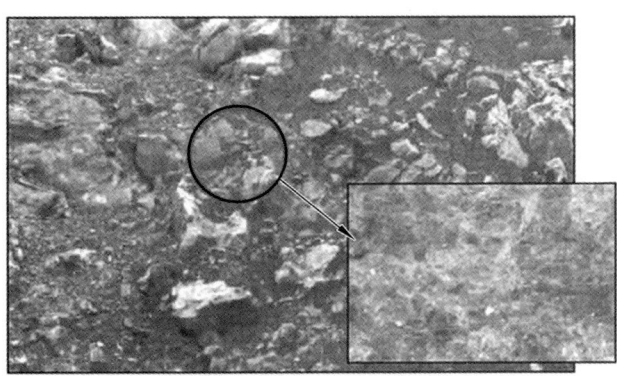

图 7.1-11 紫红色碎粒岩

图 7.1-12 深灰色碎粒岩

（2）"花斑状角砾岩"[剖面图中编号（2）]（图 7.1-13）：花斑为灰、黑、白、红色混杂，其中，白色为方解石，红色和灰色为白云岩、灰质白云岩，黑色为炭化现象。角砾粒径为 1～3 cm，块状结构，坚硬，抗风化能力比碎粒岩强。主要位于：D_1 断层南西盘，出露厚度约 3 m；F_{10} 主断面北东盘，出露厚度为 1.5～2 m。

图 7.1-13 花斑状角砾岩

（3）断层角砾岩：为原岩受挤压破碎后重新胶结成岩，角砾粒径一般为 0.5～3 cm，较大的达 5 cm，块状—次块状结构，钙质胶结，密实，裂隙发育，裂面多充填红色、紫红色泥膜，锈染较严重。沿裂隙溶蚀较严重，见溶孔，孔径为 0.1～2 cm。抗风化能力较强。该层从沾昆铁路开挖剖面上可见肉红、紫红两种。

编号（3）-1：肉红—红色断层角砾岩（图 7.1-14），原岩为灰岩或白云质灰岩。D_2 断层下盘有出露，厚约 5 m；D_1 断层上盘，排水沟底部也可见。

编号（3）-2：紫红—紫灰色断层角砾岩（图 7.1-15），原岩为砂屑灰岩或灰质白云岩，D_1 断层面下盘约 6 m 处可见，出露宽度约 15 m。D_2 断层上盘也有出露，厚约 5 m。

图 7.1-14　红色断层角砾岩　　　　　图 7.1-15　紫红色断层角砾岩

（4）糜棱岩[编号（4）]：灰绿色，薄层状，强风化成片状，厚约 40 cm，具蚀变特征。该层位于 D_2 断层上盘 5 m 和 20 m 处（图 7.1-16）。

图 7.1-16　糜棱岩

（5）黑色炭化条带[编号（5）]：厚约 50 cm，位于 F_{10} 断层带与上盘原岩分界处，距 F_{10} 断层主错面约 15 m（图 7.1-17）。

（6）透镜体[编号（6）]：灰岩、白云质灰岩、灰质白云岩、白云岩、砂质灰岩、砂质白云岩、角砾状灰岩等原岩。隐微裂隙发育，具优势方向，部分充填方解石细脉，锈染较严重，溶蚀沿裂隙较严重，透镜体一般位于两错动带之间，如 D_2 上盘 5～15 m 处为灰岩，F_{10} 断层上盘 5～15 m 处为白云质灰岩（图 7.1-18）。

图 7.1-17 黑色炭化条带

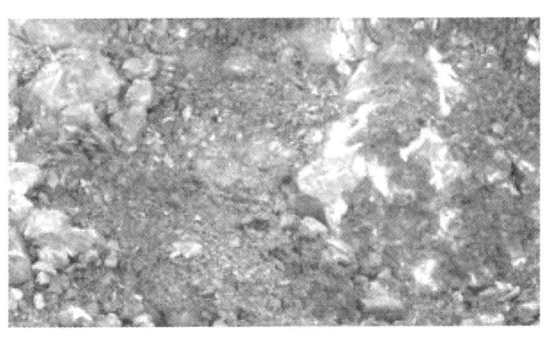
图 7.1-18 灰岩透镜体

沾昆铁路实测剖面显示，F_{10} 断层带内断层岩主要为断层角砾岩和碎粒岩，局部见糜棱岩，主要分布于断层错动面附近，同时存在较多的原岩透镜体，分布于离错动面稍远的地方。以上断层面、断层岩特征及其在空间位置上的相对关系对于航站楼场区从勘探钻孔中揭露情况确定 F_{10} 断层的位置具有重要参考价值。

同时，上述 6 种岩石因受断层挤压破碎程度、后期胶结成岩程度的不同，因此其物理力学性质应该会有较大差别。

4. F_{10} 断层两侧影响带特征

1）上盘影响带特征

F_{10} 断层上盘影响带岩性以青灰色灰岩、灰白色生物碎屑灰岩为主（C_2w），受构造变动影响，岩体破碎，呈碎裂—镶嵌结构。主要发育三组优势结构面（图 7.1-19），产状分别为 300°~320°∠40°、170°~200°∠58~72°、60°~80°∠54°，它们将岩体分割成菱形碎块。结构面一般平直粗糙，沿结构面溶蚀严重，强风化，夹泥，张开 2~5 mm。

（a）

（b）

图 7.1-19 不同位置 F_{10} 断层上盘影响带特征

2）下盘影响带特征

F_{10} 断层下影响带主要分布于排水沟东侧 200 m 左右范围内，属于晚泥盆统宰格组（D_3z）白云岩，带深灰、褐红色。影响带褶皱发育，沿沾昆铁路复线边坡自东向西岩层产状从正常变化为直立、褶皱。以路堑北坡东侧基岩明显出露处为零点，在 0~40 m 岩层产状正常，40~70 m 岩层近直立，70~95 m 岩层产状接近正常，95~210 m 为褶皱群，背斜向斜连续出露。实测剖面见图 7.1-20。

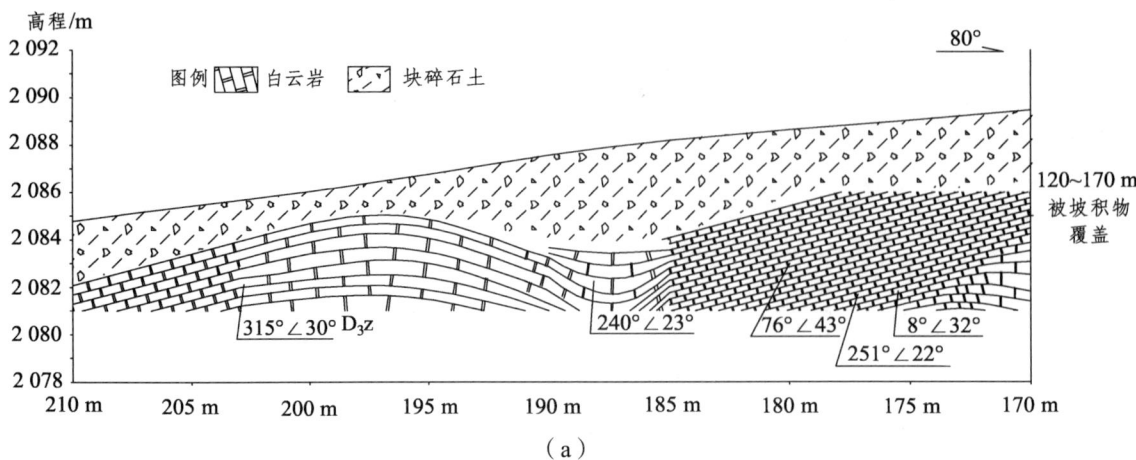

(a)

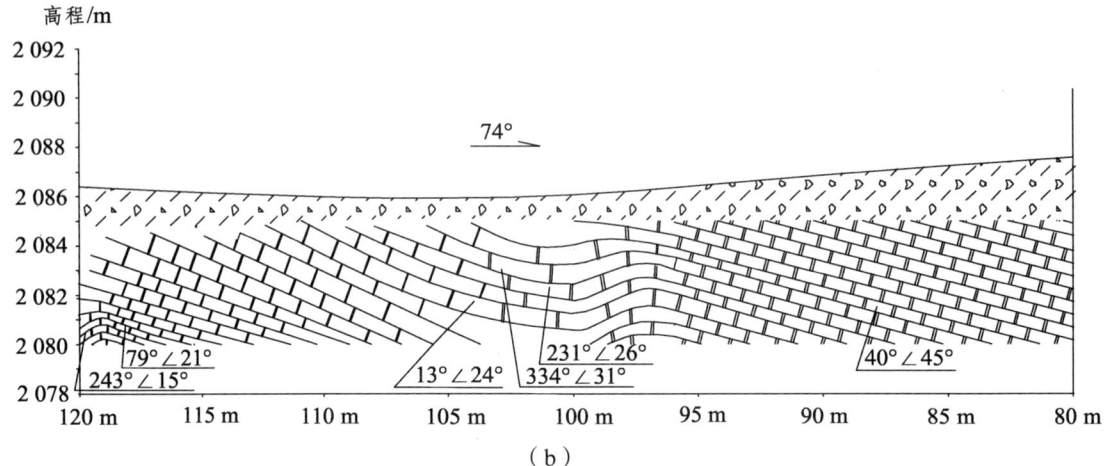

(b)

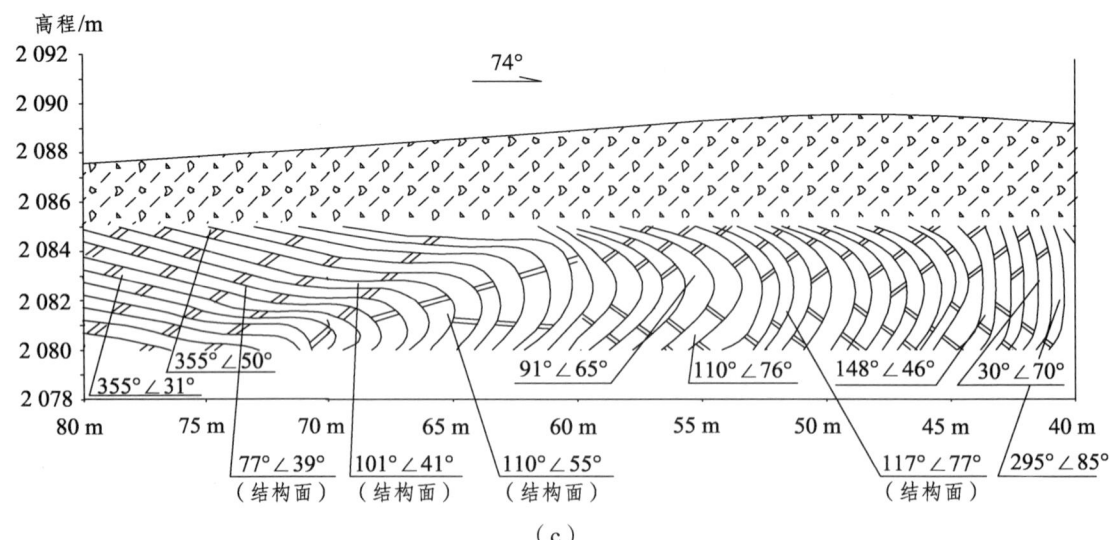

(c)

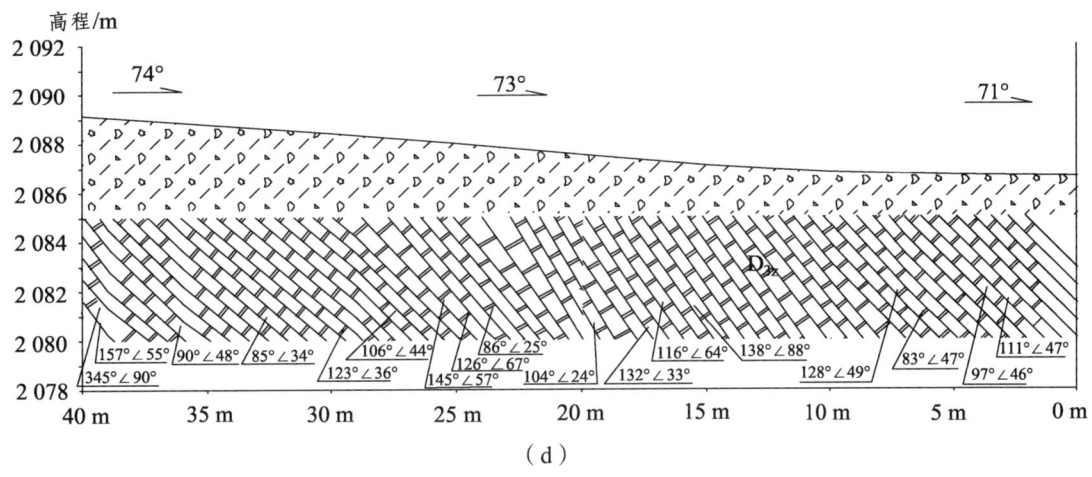

图 7.1-20 F$_{10}$断层下盘影响带实测剖面示意图

实测资料显示：

0～40 m 为深灰色白云岩，夹薄层砂岩，碎裂结构，裂隙发育，结构面锈染，起伏粗糙，泥质充填，多处见擦痕。表面岩石呈碎块状，强风化，上部覆盖红黏土，厚1～2 m（图 7.1-21）。

图 7.1-21 正常产状岩层

40～70 m 为浅灰—深灰色白云岩，碎裂—块裂结构，岩体破碎，溶蚀严重，岩层近直立（图 7.1-22），褶皱斜卧，核部位于约 63 m 处，倾伏向约 36°，倾伏角约 37°（图 7.1-23）。结构面起伏粗糙，严重锈染，裂隙张开 3～5 mm，充填泥夹碎石，钙质胶结，强风化。

图 7.1-22 直立岩层

图 7.1-23 斜卧褶皱

70~95 m 为浅灰—灰黑色白云质灰岩，岩体呈块状结构，强风化，结构面起伏粗糙，严重锈染，裂隙填充泥质，岩层产状接近正常（图 7.1-24）。

图 7.1-24 接近正常产状岩层

95~210 m 为深灰色白云岩，块状结构，强风化，发育方解石，有层间错动，背向斜连续重复出现，属平缓—开阔褶皱（图 7.1-25）。其中：120~170 m 被坡积物覆盖；119 m 处背斜倾伏向 165°，倾伏角 25°；198 m 处背斜倾伏向 356°，倾伏角 26°。

图 7.1-25 褶皱群

综上所述，F_{10} 断层上盘主要为中石炭统威宁组（C_2w）灰岩，受断层影响，岩石破碎呈碎块状。裂隙密集带岩石被三组优势结构面分割成菱形碎块，与钻孔中揭露的威宁组灰岩对应。下盘为晚泥盆统宰格组（D_3z）白云岩，岩石较破碎，主要形成小型牵引褶皱。褶皱离断层错动带由远到近逐渐由斜卧变为直立倾伏，倾伏角 25°~35°。垂直于岩层层面节理发育，背斜顶部主要为张节理，翼部为剪节理，层间错动过程中还产生层间破碎带和层面擦痕。这些现象对后期分析判断断层活动期次和断层性质提供了重要的线索。

5. F_{10} 断层带及影响带回弹值特征

在沾昆铁路复线开挖路堑边坡测剖面的同时，分别在主错带、褶皱群以及上盘的影响带都进行了回弹测试。回弹值随水平距离变化关系见图 7.1-26。其中：0~200 m 为 F_{10} 断层下盘褶皱带，主要分布于排水沟东侧 200 m 左右范围内，测点间距为 1 m；200~250 m 位于排水沟西侧,由于岩体表面被土覆盖,所以没有进行回弹测试;250~304 m 为主错带附近,由于岩体比较凌乱,不易进行回弹测试,故回弹测点的间距增为 2~3 m。从测试结果可以看出:0~120 m 属于断层下盘褶皱带,岩体的回弹值大部分在 40~50 MPa;170~200 m 是距断层主错带较近的褶皱带,岩体的回弹值大部分在 35~45 MPa;250~280 m 属于断层破碎带,岩体的回弹值大部分在 35~45 MPa;280~304 m 属于断层上盘影响带,岩体的回弹值大部分在 35~45 MPa。总体上看,断层破碎带和影响带的岩体回弹值有一定的分带性。

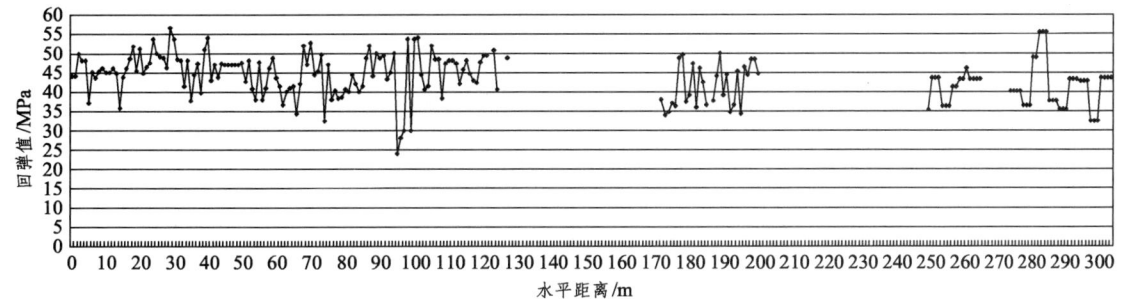

图 7.1-26　沾昆铁路路堑剖面回弹曲线

根据回弹测试曲线,可以初步得出以下认识:

(1)回弹值随水平位置变化趋势基本反映了断层影响带及破碎带岩体强度的变化规律,即断层破碎带岩体总体上回弹值较低,向下盘方向,离断层破碎带越远,受断层影响越小,回弹值相应增高。

(2)测试结果的波动性说明了岩体结构的复杂性和岩体强度的不均一性。

(3)由于回弹测试是在沾昆铁路复线开挖路堑边坡表面进行的,岩体都处于强—中风化状态,所以,所测得的回弹值只能作为断层带及其影响带力学性能的参考。

7.1.4　航站区 F_{10} 断层发育分布特征

前述通过对沾昆废弃铁路路堑边坡上出露的 F_{10} 断层特征的研究,获得了较为详细的断层带的物质组成特征、主错动面及次级错动面特征,为航站区 F_{10} 断层的识别和判定奠定了基础。本节主要根据航站区各阶段钻孔所揭露的地层情况,对照沾昆废弃铁路路堑边坡上 F_{10} 断层实测剖面的断层岩特征,尤其是断层边界附近标志层位特征,对 F_{10} 断层在航站区的展布情况进行确切定位,对该区断层岩的特征进行分析,从而全面把握 F_{10} 断层在三维空间上的展布特征、断层构造岩的分层及标志层特征。

1. 航站区 F_{10} 断层带确定依据

从沾昆废弃铁路边坡揭露的 F_{10} 断层主错带情况可以获得如下认识:

(1)主错面及 D_1 错动面附近均有特征明显的花斑状角砾岩。而主错面及 D_1 错动面外延不远即是断层边界,所以花斑状断层角砾岩及擦痕可以作为断层定位的依据之一。

(2)灰绿色的糜棱岩是断层强烈错动蚀变的产物,发现有该类岩,一定是断层带。

(3)断层角砾岩、碎粒岩是岩体遭受构造作用较为强烈的产物,具有挤压破碎、定向等特征,该类岩可作为断层带的依据。同时,该区岩溶角砾岩较为发育,注意加以区分。

(4)断层带中有原岩透镜体发育,遇到钻孔中有揭露出原岩,注意与周围岩层进行全面对比分析加以确定。亦即，断层带中的原岩并不一定就不是断层带岩体。

在上述原则的指导下，根据 F_{10} 断层在沾昆废弃铁路边出露位置、区域上断层展布方向资料，对 F_{10} 断层在航站区可能通过部位的所有钻孔进行全面对比分析研究，共通过 20 个剖面（图 7.1-27）对其发育分布特征进行研究。以下是各剖面岩性情况及确定断层位置的依据：

1 号剖面仅 hwt34 见碎粒岩，按浑水塘油库定点位置和 2 号剖面边界顺延。

2 号剖面仅 hzk98 见断层岩，hxk32 中见炭化现象，将 hxk32 左侧定为该剖面的上边界，将 hzk98 底部定为下界。

3 号剖面 hwt15、hwt13、hwt16 均见断层角砾岩，将上下边界分别定于 hwt15 的黑色炭化带处和 hwt16 的下部。

4 号剖面 hxk53 见炭化和糜棱岩化现象，将上界定于其左侧，下界因无钻孔，按 3 号和 5 号剖面顺延。

5 号剖面 hxk67 为断层角砾岩，hwt18 中局部见碎粒岩。

6 号剖面仅 hxk82 见断层岩，边界由上下剖面顺延。

7 号剖面 hxk104、hxzk16 均见断层角砾岩。

8 号剖面 hxk105、hxzk19 均为断层角砾岩，hxzk14 中见炭化现象，投影到该剖面确定其上界。

9 号剖面 hxk120、hxk121 全孔为断层角砾岩，hxzk23 上部见断层角砾岩，将上界定于其左侧。

10 号剖面 hxzk25、hxzk26、hxk126 均见断层岩，hxk125 局部见断层角砾岩，将上界定于该孔上部。

11 号剖面 hxzk29、hxk136 全孔为断层岩，hxzk28、hwt26 局部见断层岩，将上下边界定于其两侧。

12 号剖面 hxzk32、hxk150 均见断层岩，将 hxzk37 投影到该剖面确定其上界。

13 号剖面 hxzk37、hxk152、hxzk38 均见断层岩，上界同 12 号剖面，下界定于 hxk153 上部。

14 号剖面 hxk167、hxzk42、hxk168 均见断层岩，上界定于 hxk167 上部，下界同 13 号剖面。

15 号剖面 hwt36 为全孔断层角砾岩，hxzk43、hxk175、hwt37 均局部见断层岩，将上下界分别定于 hxzk43、hwt37 顶部。

16 号剖面 hzk115 全孔为断层岩，下界同 15 号剖面。

17 号剖面 hwt43、hxk203 均为断层岩，将 hwt45 投影到该剖面确定其上界，下界定于 hxk204 孔底。

18 号剖面 hxk217 全孔为断层角砾岩，

19 号剖面钻孔较少，未见断层岩。

20 号剖面 hxk253 见断层岩，因该处钻孔整体较少，边界根据断层总体宽度和沾昆铁路开挖边坡的出露点顺延。

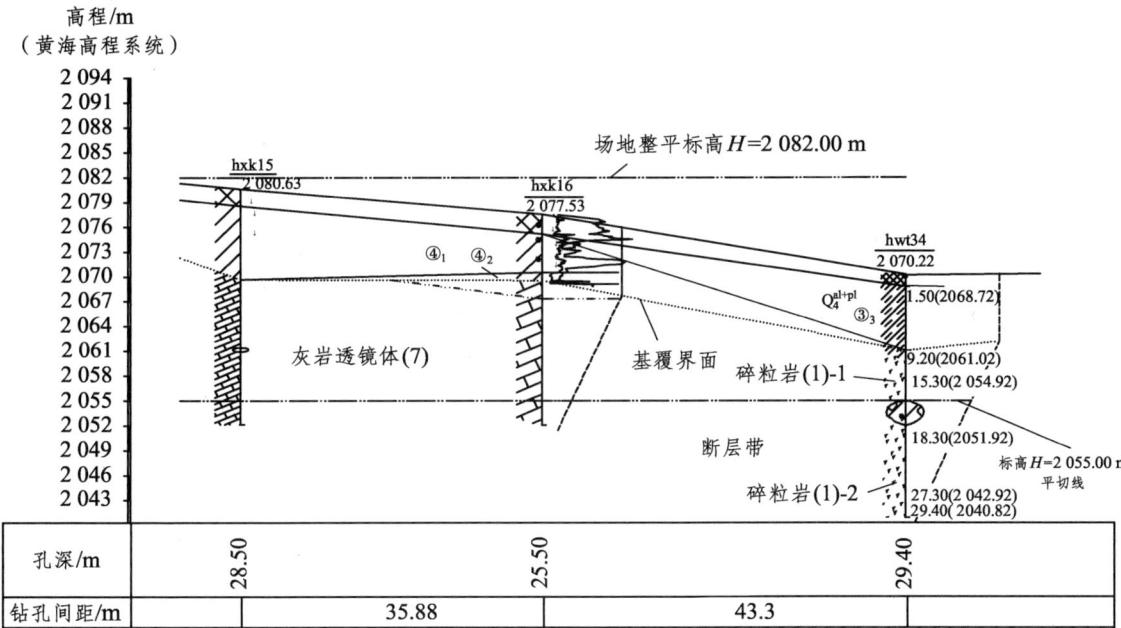

(a)

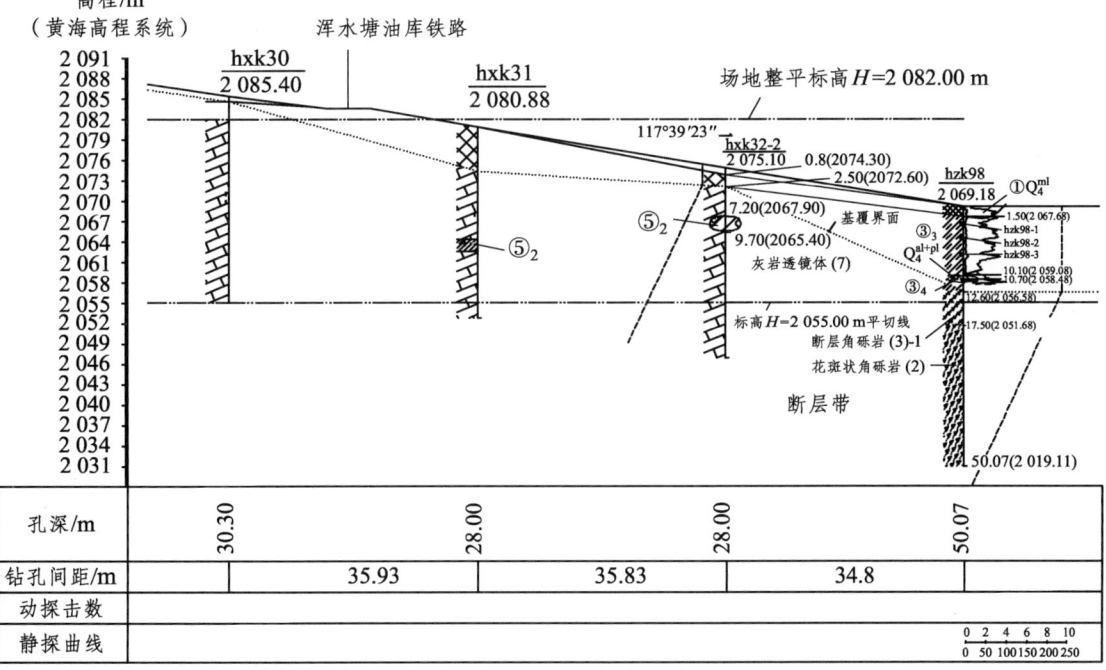

(b)

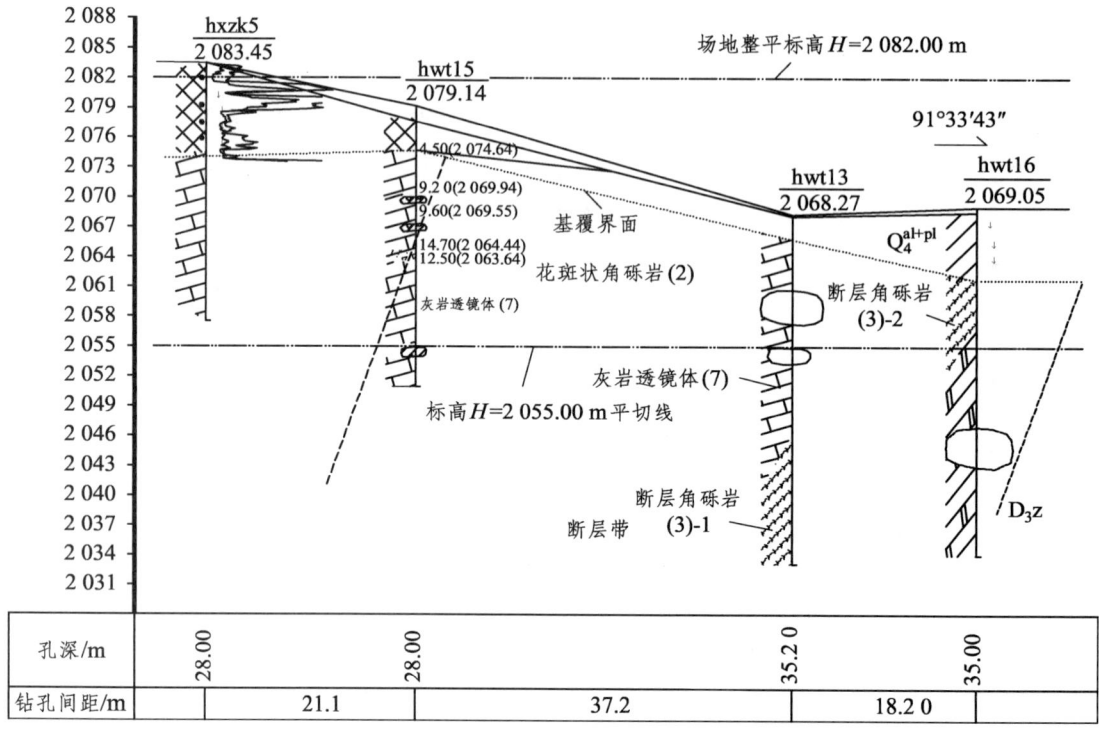

(c)

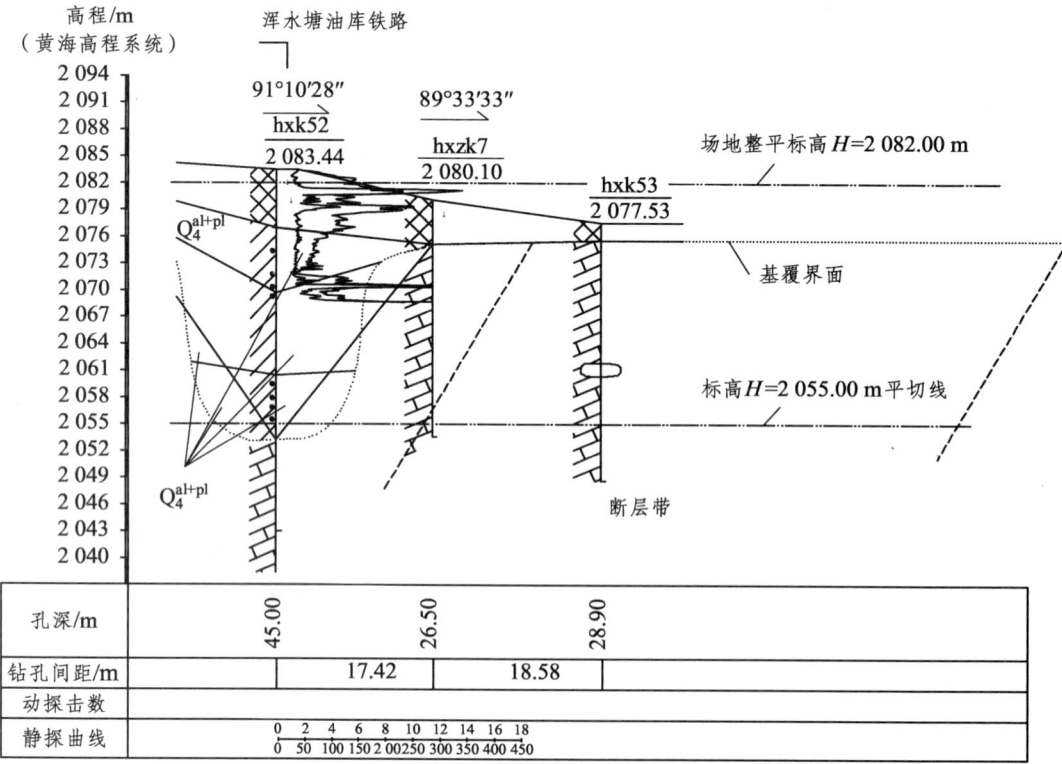

(d)

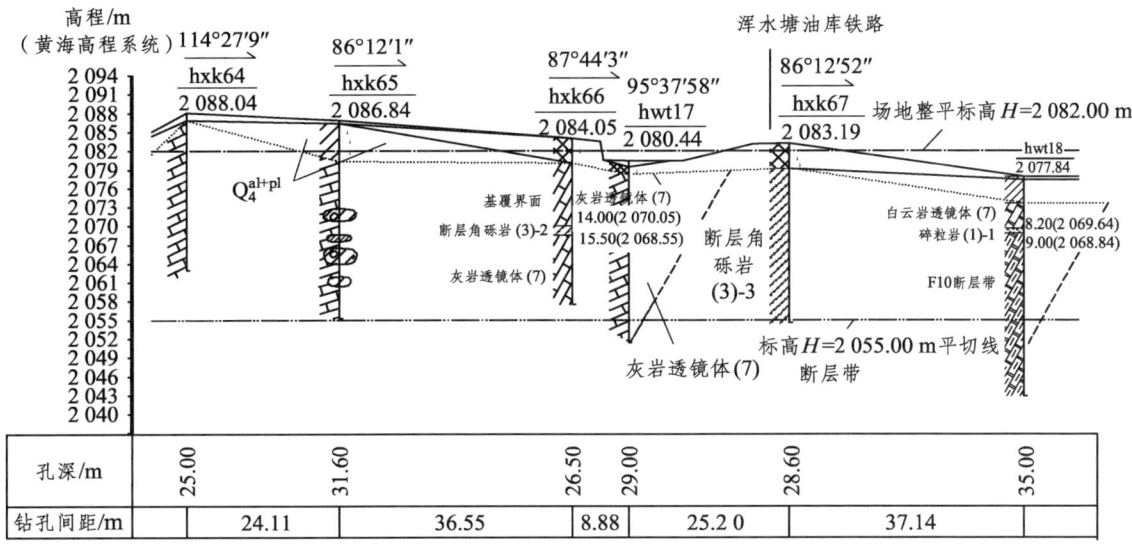

(e)

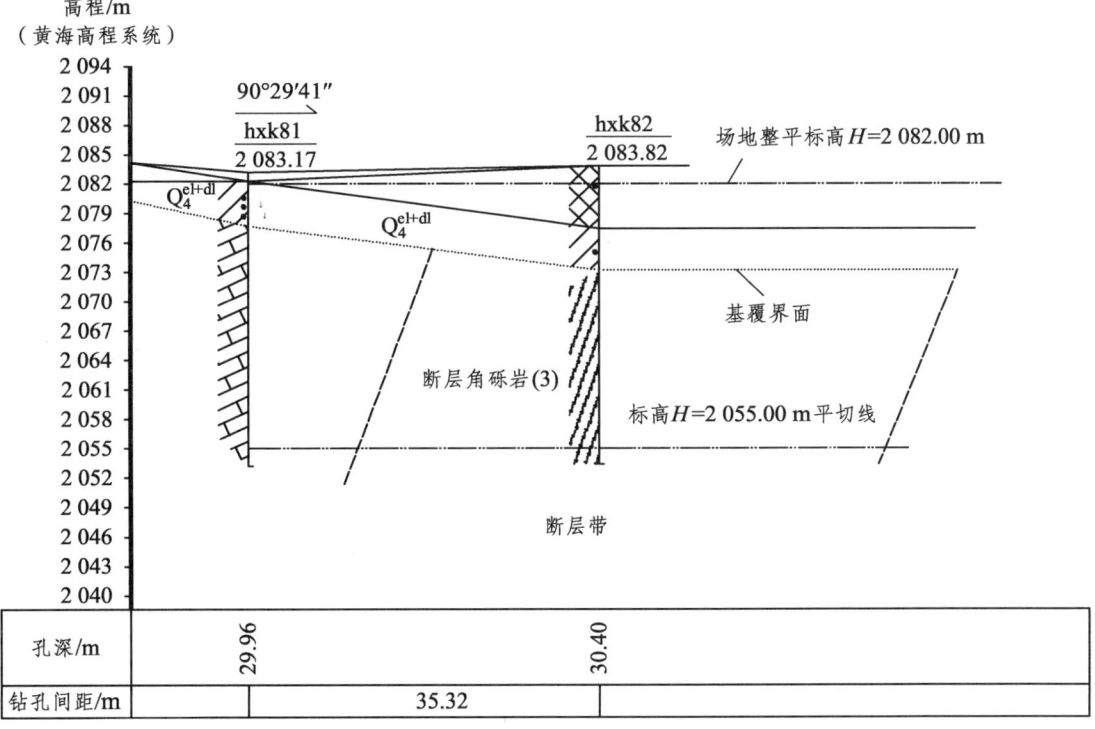

(f)

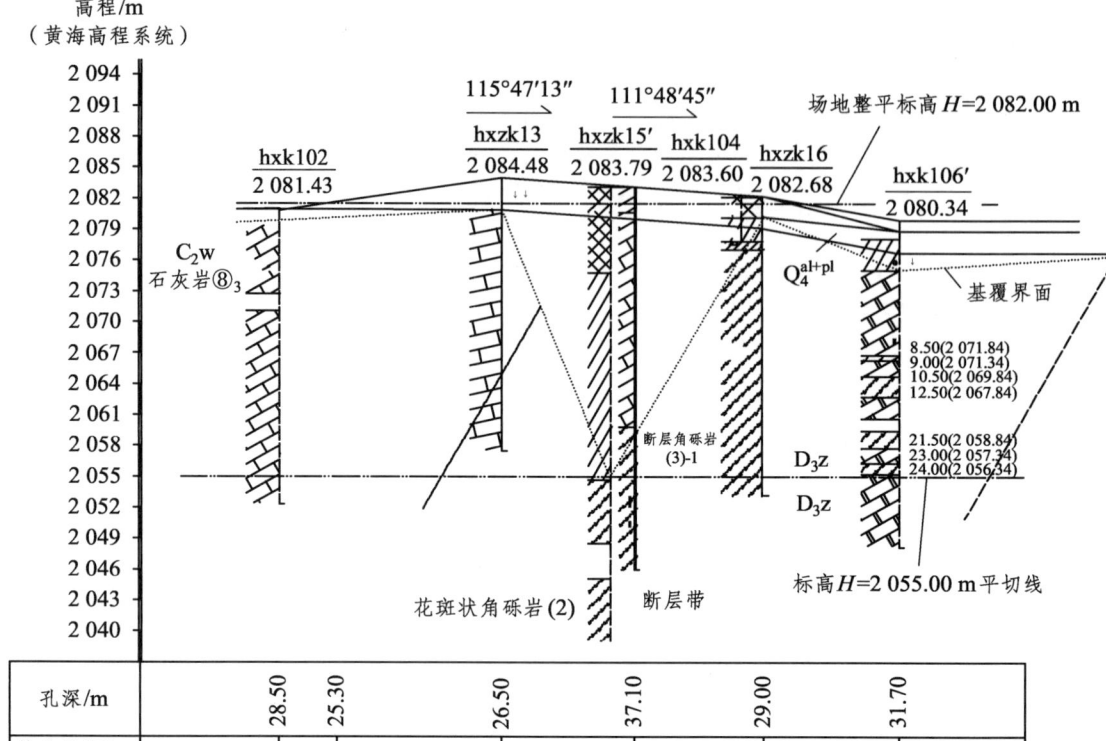

(g)

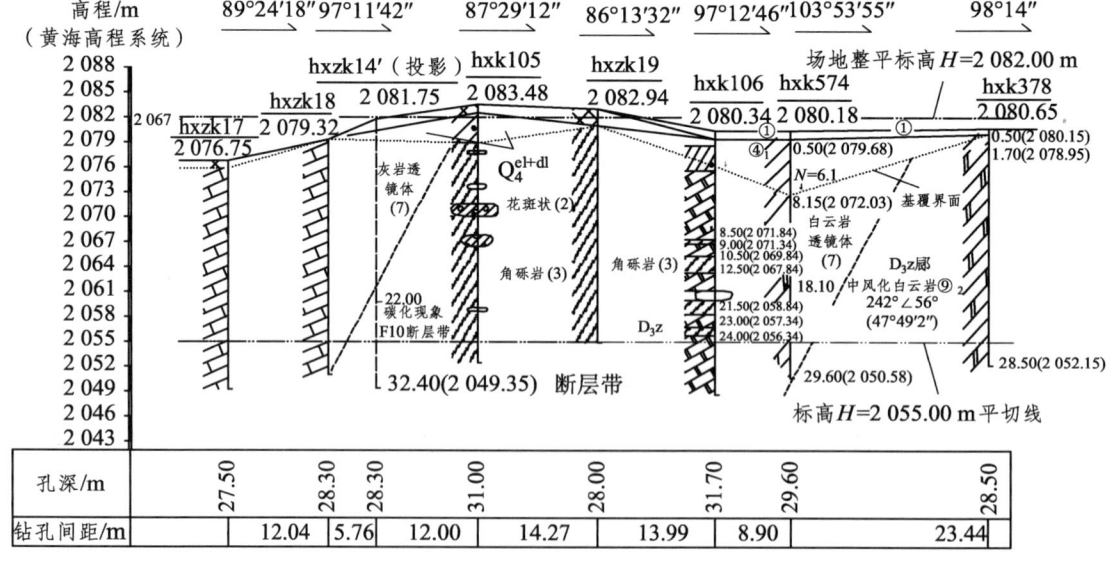

(h)

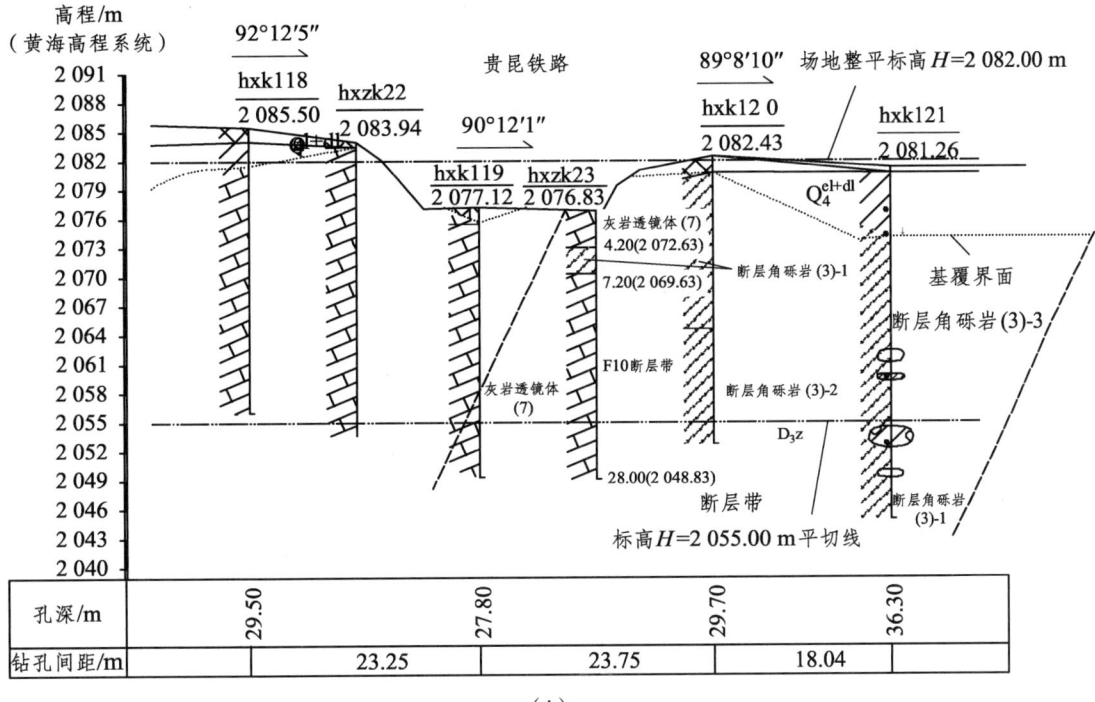

(i)

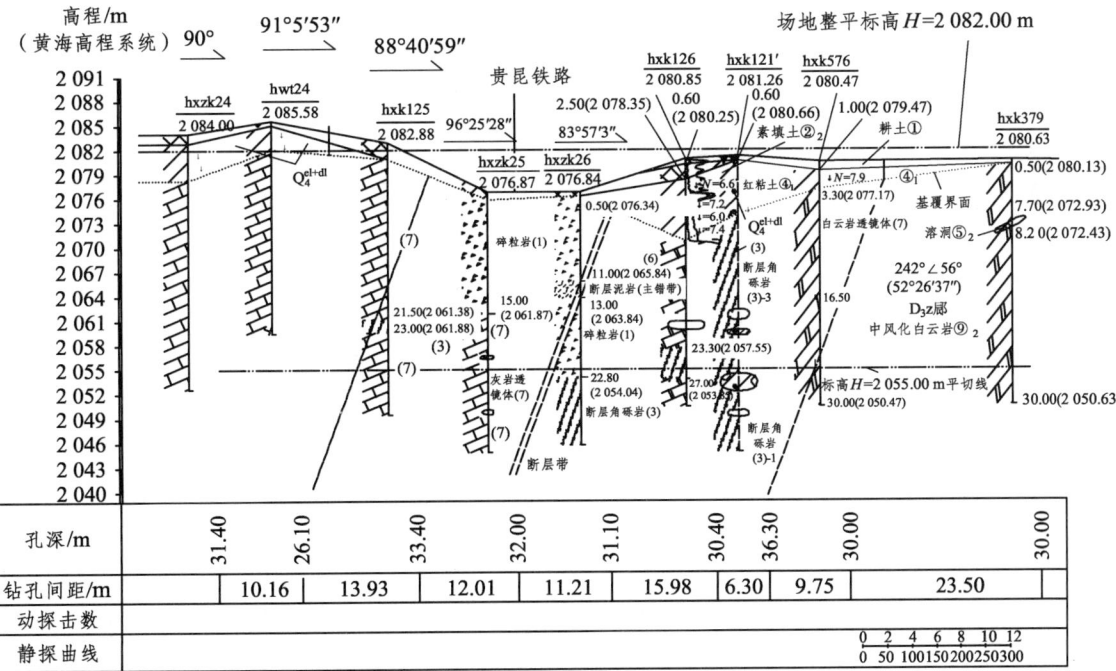

(j)

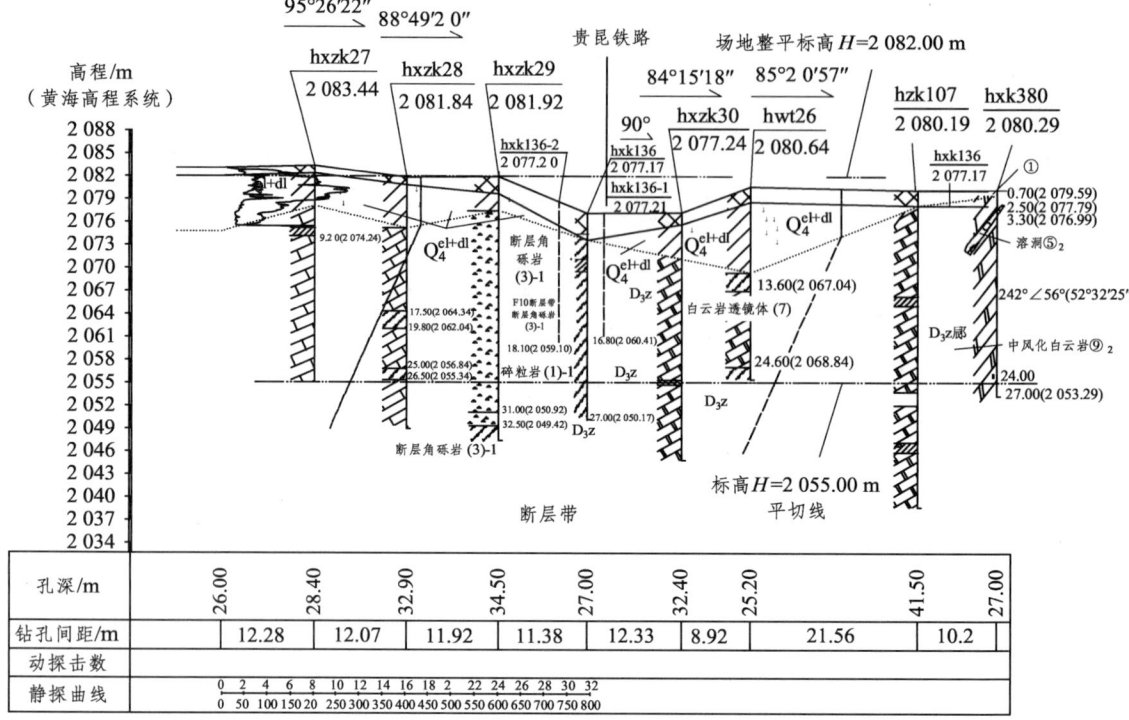

(k)

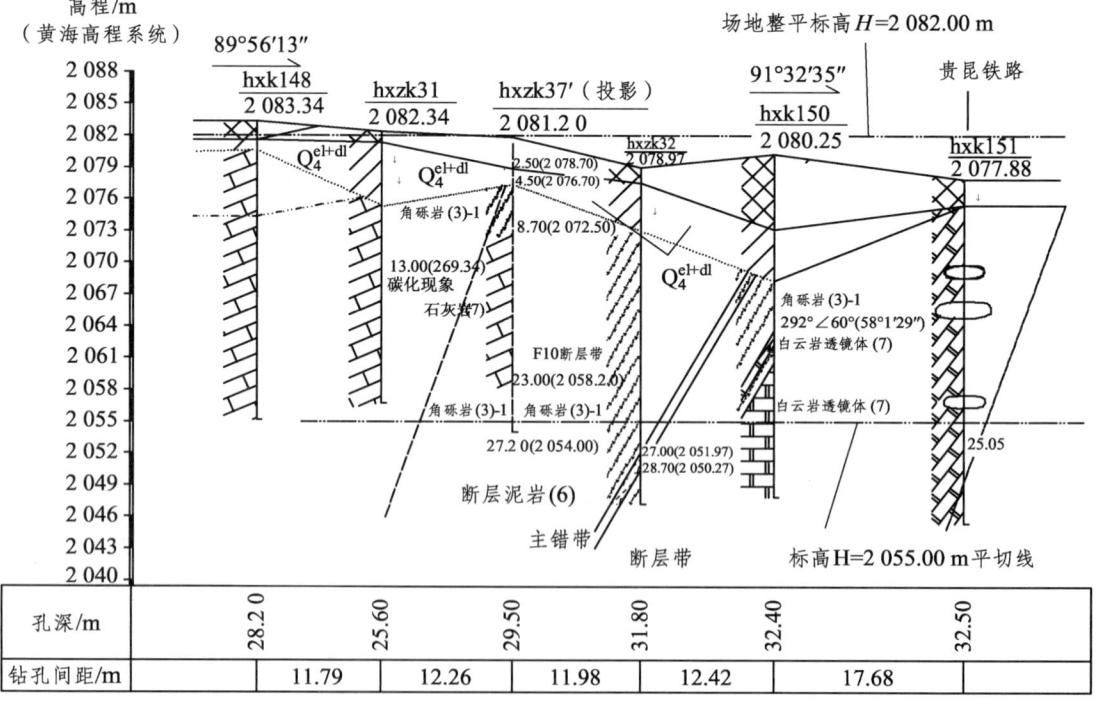

(l)

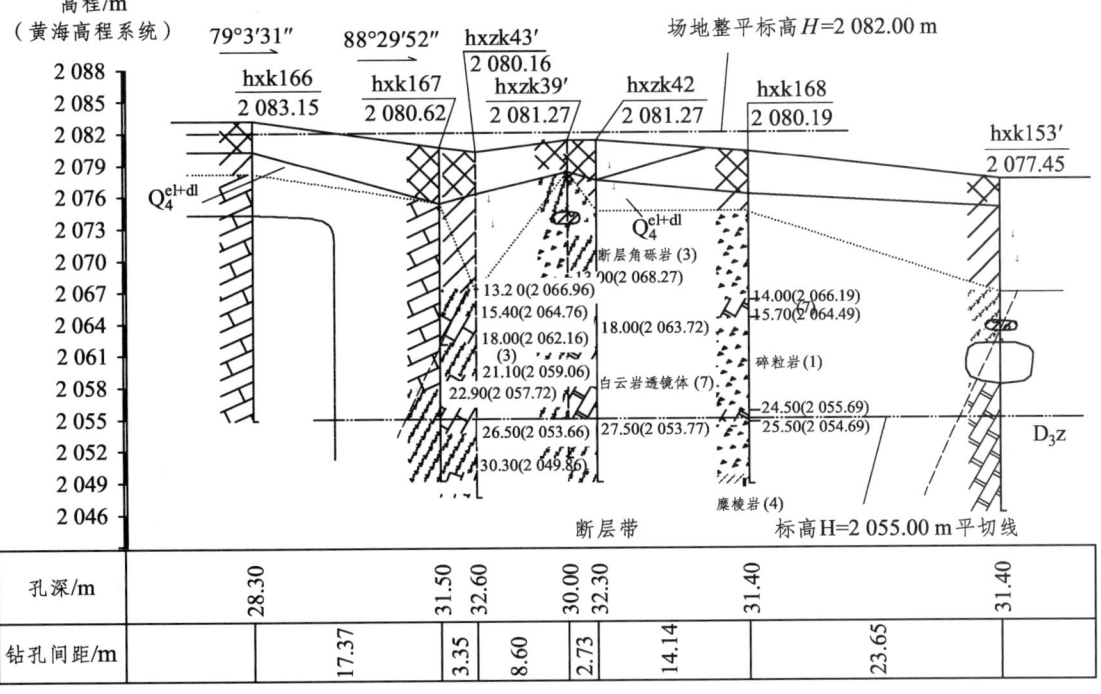

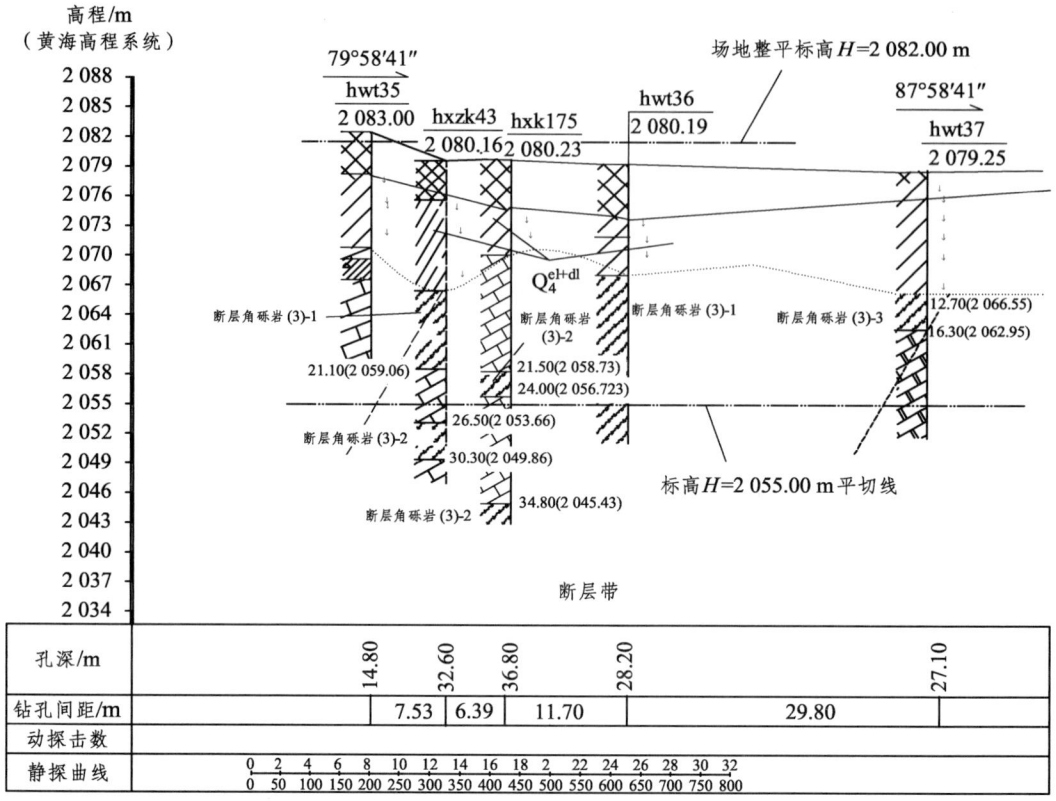

(o)

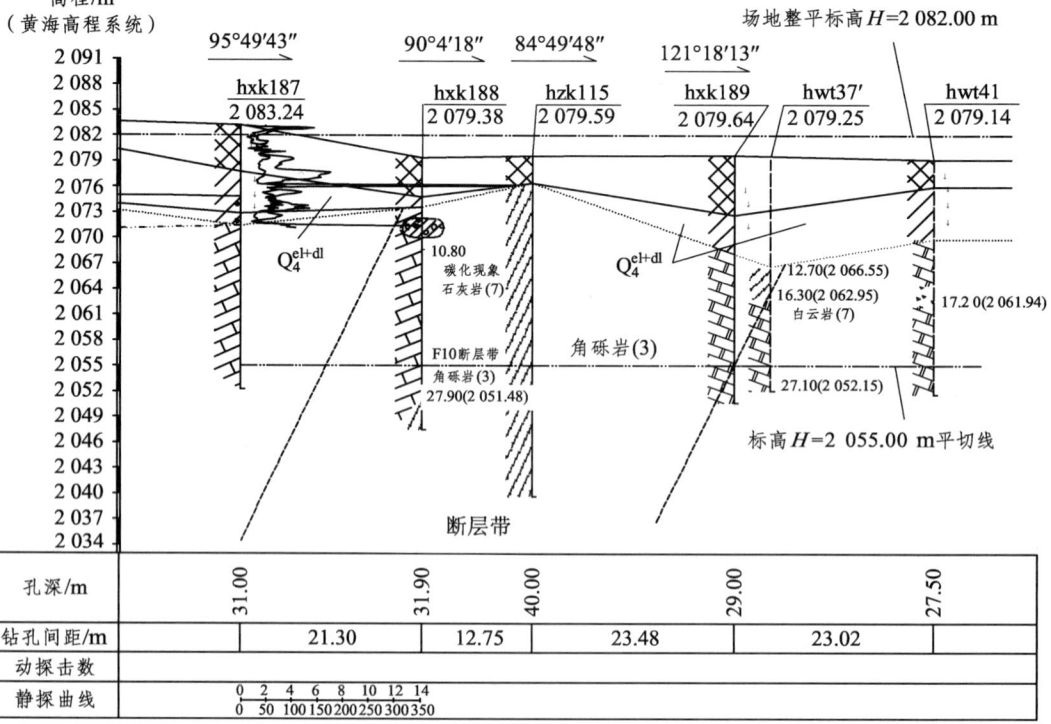

(p)

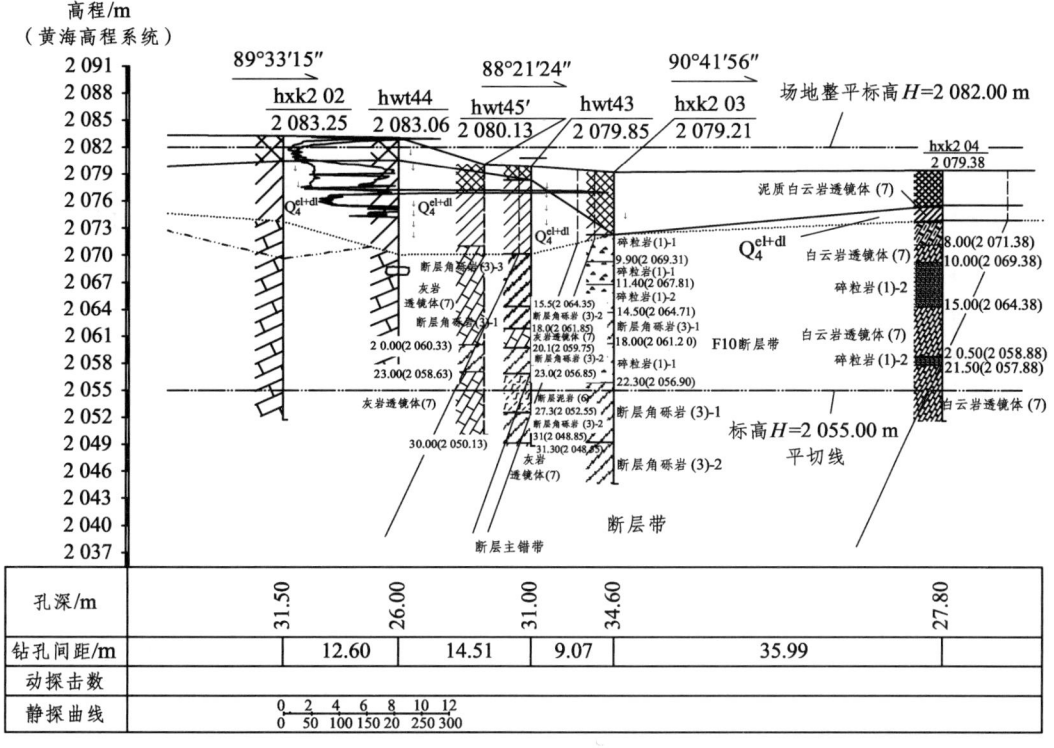

(q)

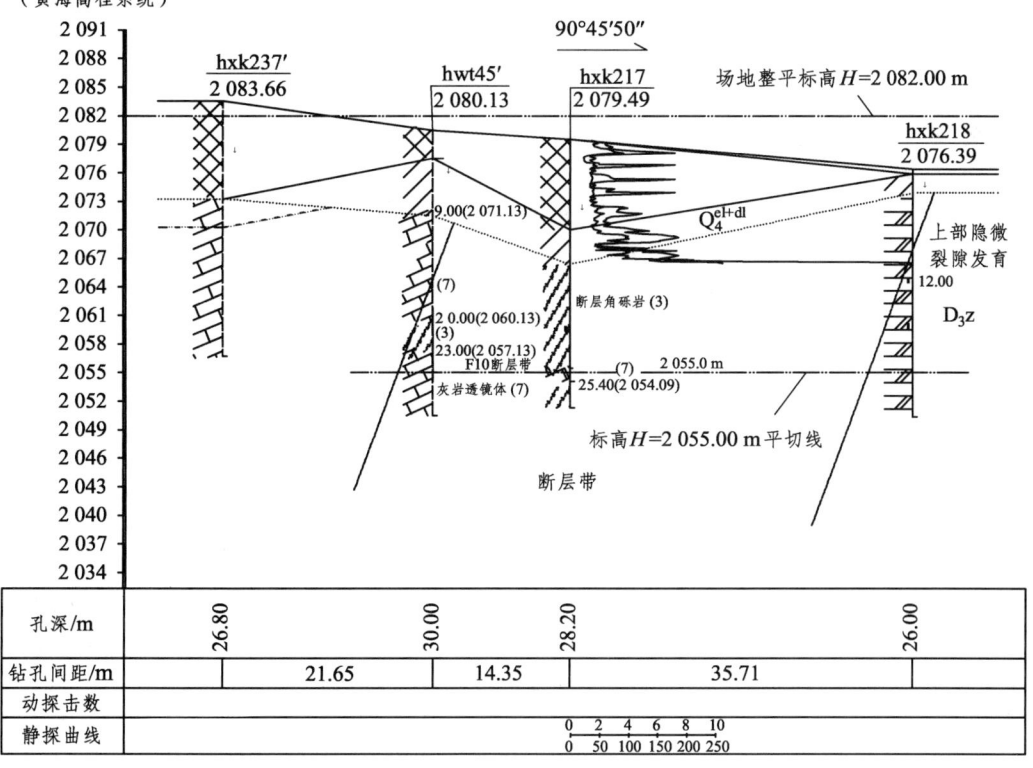

(r)

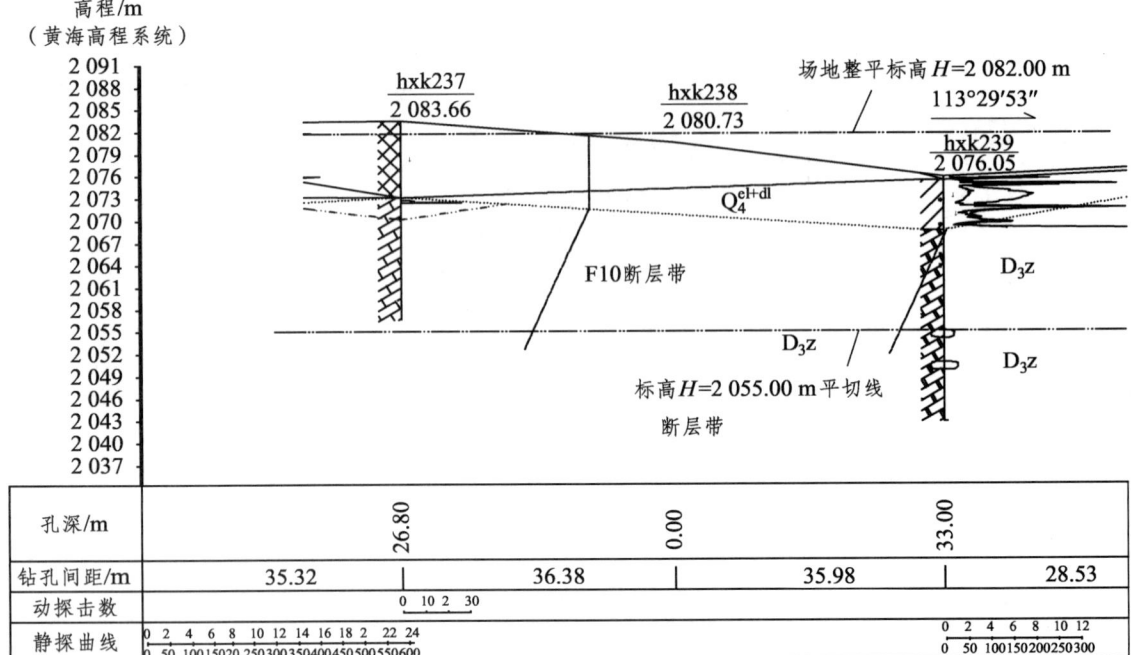

(s)

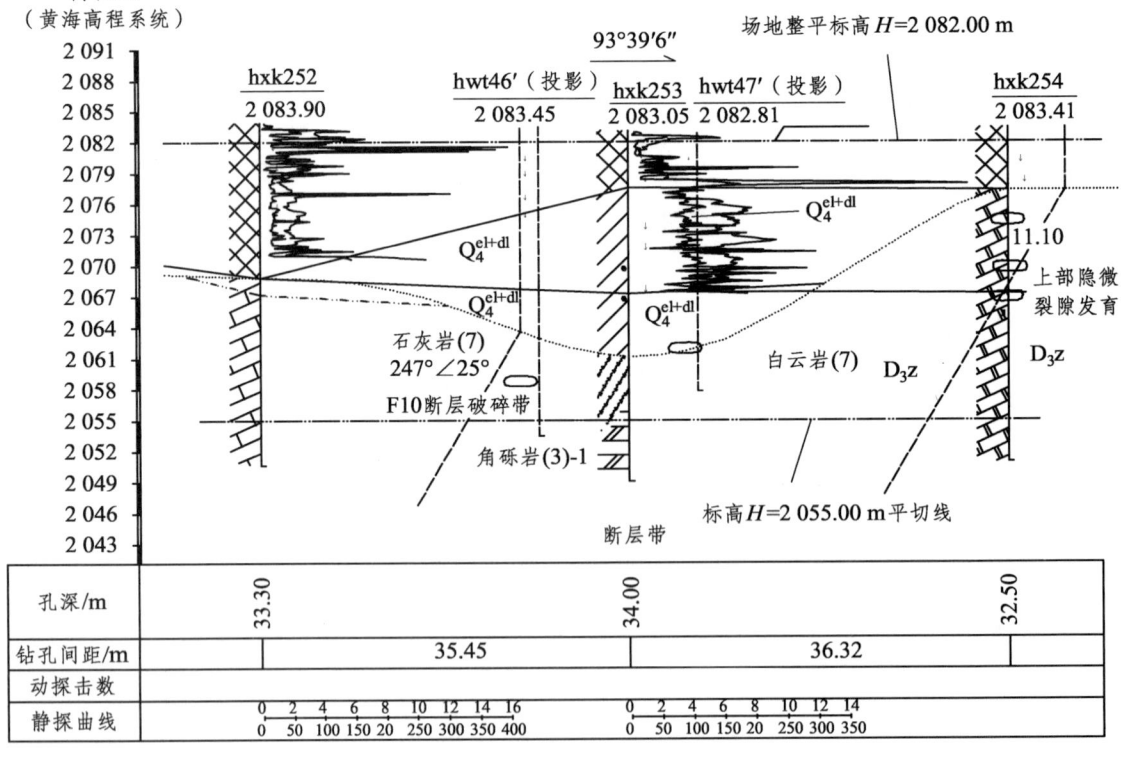

(t)

图 7.1-27 剖面图汇总

具体各剖面确定的断层空间特征及边界依据见表 7.1-1～表 7.1-20。

表 7.1-1 1 号剖面

主要钻孔编号	断层基本特征	上盘边界确定依据	下盘边界确定依据	备注
hxk15、hxk16、hwt34	倾向 229°，倾角 65°，地表投影宽度约 45 m，高程 2 055 m 处宽度约 49 m	hxk15、hxk16 全孔灰岩，孔底岩芯极破碎，但未见炭化现象，将上边界暂定于孔底	hwt34 全孔为碎粒岩，右侧无钻孔资料，因此暂将下界定于 hwt34 孔底	上部断层位置按浑水塘油库定点位置延伸

表 7.1-2 2 号剖面

主要钻孔编号	断层基本特征	上盘边界确定依据	下盘边界确定依据
hxk30、hxk31、hxk32、hzk98	倾向 229°，倾角 65°，地表投影宽度约 48 m，高程 2 055 m 处宽度约 56 m	hxk30、hxk31 全孔灰岩，hxk32 见炭化现象，将上界定于该孔孔口处	hzk98 全孔为断层角砾岩，因其右侧无钻孔，故将下界暂定于孔底

表 7.1-3 3 号剖面

主要钻孔编号	断层基本特征	上盘边界确定依据	下盘边界确定依据
hxzk5、hwt15、hwt13、hwt16	倾向 229°，倾角 70°，地表投影宽度约 58 m，高程 2 055 m 处宽度约 63 m	hxzk5 全孔为灰岩，hwt15 见断层角砾岩及糜棱岩化，将上界定于其中部	hwt16 上部见断层角砾岩，将下边界定于该孔底部

表 7.1-4 4 号剖面

主要钻孔编号	断层基本特征	上盘边界确定依据	下盘边界确定依据
hxk52、hxzk7、hxk53	倾向 229°，倾角 60°，地表投影宽度约 62 m，高程 2 055 m 处宽度约 65 m	hxk52、hxzk7 全孔为灰岩，hxzk7 孔底见明显炭化现象，上边界定于该孔底部	hxk53 中 2.5 m 处见炭化，约 3.5 m 处见纯碳酸岩节理面中糜棱岩化，下界由上下剖面顺延

表 7.1-5 5 号剖面

主要钻孔编号	断层基本特征	上盘边界确定依据	下盘边界确定依据
hwt17、hxk67、hwt18	倾向 229°，倾角 60°，地表投影宽度约 58 m，高程 2 055 m 处宽度约 60 m	hwt17 全孔为灰岩，岩芯极破碎，上边界暂时定于该孔孔底	hxk67 全孔为断层角砾岩，hwt18 局部见碎粒岩，岩芯完整，将下边界定在 hwt18 下部

表 7.1-6 6号剖面

主要钻孔编号	断层基本特征	上盘边界确定依据	下盘边界确定依据
hxk81、hxk82	倾向 229°，倾角 70°，地表投影宽度约 56 m，高程 2 055 m 处宽度约 56 m	hxk81 全孔为灰岩，该剖面钻孔资料较少，由上下剖面延伸确定边界	hxk82 揭露范围内基覆面以下均为断层角砾岩，下边界由上下剖面延伸确定

表 7.1-7 7号剖面

主要钻孔编号	断层基本特征	上盘边界确定依据	下盘边界确定依据
hxk102、hxzk13、hxk104、hxzk16、hxk106'	倾向 229°，倾角 60°，地表投影宽度约 60 m，高程 2 055 m 处宽度约 54 m	hxk102、hxzk13 全孔为灰岩，hxk 将上界暂定于 hxzk13 中下部	hxk104 整孔为断层角砾岩，其右侧 hxk106'在 23～24 m 及其以上也间断有紫红色断层角砾岩出现，故将下限定于 hxk106'的孔底

表 7.1-8 8号剖面

主要钻孔编号	断层基本特征	上盘边界确定依据	下盘边界确定依据
hxzk18、hxzk14'、hxk105、hxk106、hxzk19、hxk574	倾向 229°，倾角 62°，地表投影宽度约 57 m，高程 2 055 m 处宽度约 54 m	hxzk18 整孔为石灰岩，hxk105 全孔为断层角砾岩，hxzk14'位于 hxzk18 与 hxk105 之间，22 m 处见轻微炭化现象，将上限定于该处上部	hxzk19 全孔为断层角砾岩，hxk106 孔间隔出现断层角砾岩，hxk574 见糜棱岩化现象。下盘边界定在 hxk574 孔底

表 7.1-9 9号剖面

主要钻孔编号	断层基本特征	上盘边界确定依据	下盘边界确定依据
hxk119、hxzk23、hxk120、hxk121	倾向229°，倾角65°，地表投影宽度约 56 m，高程 2 055 m 处宽度约 55m	hxk119 为灰岩，hxzk23 中 4.2～7.2 m 为"花斑状角砾岩"，岩芯极破碎，上界定于 hxk119 的中部	hxk120 全孔为断层角砾岩，hxk121 岩芯不在，按照片暂定为全孔断层角砾岩，下界定于 hxk121 孔底右侧

表 7.1-10 10号剖面

主要钻孔编号	断层基本特征	上盘边界确定依据	下盘边界确定依据
hxk125、hxzk25、hxzk26、hxk126、hxk576	倾向 229°，倾角 70°，地表投影宽度约 56 m，高程 2 055 m 处宽度约 53 m	hxk125 见炭化现象和断层角砾岩，将上界定于该孔上部	hxzk25、hxzk26、hxk126 均见断层岩，hxk576 见劈理化，根据上下剖面将下界定于该孔底部

第7章 F₁₀断层破碎带碎裂岩地基处理研究

表 7.1-11　11 号剖面

主要钻孔编号	断层基本特征	上盘边界确定依据	下盘边界确定依据
hxzk27、hxzk28、hxzk29、hxk136、hxzk30、hwt26	倾向218°，倾角66°，地表投影宽度约54 m，高程 2 055 m 处宽度约 52 m	hxzk27 为灰岩，hxzk28 局部见断层角砾岩，将上界定于该孔上部	hxzk29、hxk136 全孔为断层岩，hwt26 局部见断层岩，将下界定于该孔底部

表 7.1-12　12 号剖面

主要钻孔编号	断层基本特征	上盘边界确定依据	下盘边界确定依据
hxk148、hxzk31、hxzk37'、hxzk32、hxk150、hxk151	倾向218°，倾角70°，地表投影宽度约48 m，高程 2 055 m 处宽度约 50 m	hxk148、hxzk31 整孔均未见断层岩，参考 hxzk37'孔，上界同 13 号剖面	hxk150 孔 19.7 m 以上为肉红色角砾岩。hxk151 孔上部岩芯隐微裂隙发育，且在约 25.1 m 以上存在多层溶洞，下部为岩溶角砾岩。下界暂定于 hxk151 孔底

表 7.1-13　13 号剖面

主要钻孔编号	断层基本特征	上盘边界确定依据	下盘边界确定依据
hxzk36、hxzk37、hxk152、hxzk40'、hxzk38、hxk153	倾向218°，倾角65°，地表投影宽度约 48 m，高程 2 055 m 处宽度约 49 m	hxzk37 顶部为断层角砾岩，hxzk36 未见明显角砾岩，但全孔岩芯较破碎，尤其孔底极破碎，上界定于 hxzk36 底部至 hxzk37 顶部	hxk152 岩芯不在，依据西勘定的和照片，全孔定为断层角砾岩；hxzk38 的 23.5 m 以上为断层角砾岩，底部为灰质白云岩，隐微裂隙发育，定为透镜体；hxk153 岩芯不在，依据照片，将 15.5 m 以上定为断层角砾岩。下界暂定于 hxk153 的 15.5 m 处

表 7.1-14　14 号剖面

主要钻孔编号	断层基本特征	上盘边界确定依据	下盘边界确定依据
hxk167、hxzk43'、hxzk42、hxk168、hxk153'	倾向218°，倾角65°，地表投影宽度约 50 m，高程 2 055 m 处宽度约 49 m	hxk166 全孔没揭露有断层岩，hxk167 孔 22.9 m 以下为断层角砾岩，上部隐微裂隙发育，岩芯破碎，属断层与影响带的过渡带。暂将上界定于 hxk167 上部	hxk168 整孔为断层岩。右侧的 hxk153'为 hxk153 投影到该剖面上的孔，全孔原岩隐微裂隙较发育，局部接近断层岩。下界暂定于 hxk153 的 15.5 m 处

表 7.1-15　15 号剖面

主要钻孔编号	断层基本特征	上盘边界确定依据	下盘边界确定依据
hwt35、hxzk43、hxk175、hwt36、hwt37	倾向 218°，倾角 60°，地表投影宽度约 47 m，高程 2 055 m 处宽度约 49 m	hwt35 全孔无断层岩，hxzk43 投影到该剖面上，记为 hxzk43'，hxzk43'位于 hwt35 和 hxk175 之间，全孔为断层角砾岩。hxk175 在 21.5～24 m 和孔底处见断层角砾岩，因此上边界通过 hxzk43 孔口及 hwt35 的孔底	hwt37 揭露范围内仅在 17.4 m 以上有断层角砾岩，右侧近距离内没有相邻钻孔，故将下界定于 17.4 m 处

表 7.1-16　16 号剖面

主要钻孔编号	断层基本特征	上盘边界确定依据	下盘边界确定依据
hxk186、hxk187、hxk188、hzk115、hxk189、hwt37'、hwt41'	倾向 218°，倾角 64°，地表投影宽度约 45 m，高程 2 055 m 处宽度约 48 m	hxk187、hxk188 均未见断层岩，但 hxk187 孔底隐微裂隙较发育，hxk188 孔 10.8 m 处见炭化现象，且底部 27.9 m 以下为断层角砾岩。故将上边界定于 hxk187 和 hxk188 之间	hxk189 孔未见岩芯，以西勘资料和岩芯照片为准，hxk189 全孔未见断层岩。以投影的 hwt37'为参考孔，hwt37'位于 hxk189 与 hwt41 之间，揭露范围内仅在 12.7～16.3 m 见断层角砾岩。下界同 15 号剖面

表 7.1-17　17 号剖面

主要钻孔编号	断层基本特征	上盘边界确定依据	下盘边界确定依据
hxk202、hwt45'、hwt44、hwt43、hxk203、hxk204	倾向 218°，倾角 65°，地表投影宽度约 49 m，高程 2 055 m 处宽度约 48 m	hxk202、hwt44 均未见断层岩，hwt43 全孔为断层角砾岩。hwt45 投影到此剖面位于 hwt44 和 hwt43 之间。hwt45'中 20～23 m 为肉红色断层角砾岩，上界定于 hwt45 左侧	hxk204 中 10～15 m 和 20.5～21.5 m 为碎粒岩，右边无钻孔资料，下界暂定于 hxk204 底部

表 7.1-18　18 号剖面

主要钻孔编号	断层基本特征	上盘边界确定依据	下盘边界确定依据
hxk237'、hwt45'、hxk217、hxk218	倾向 218°，倾角 70°，地表投影宽度约 47 m，高程 2 055 m 处宽度约 47 m	hxk216 没打孔，将 hxk237、hwt45 投影到该剖面，分别记为 hxk237'和 hwt45'。hxk237'全孔未揭露有断层岩，其右的 hwt45'在 14.30 m 处见炭化现象，且 20.0 m 初见断层角砾岩。将 hwt45'孔见断层角砾岩处外延 2 m 定为上界	hxk218 全孔未揭露有断层岩，但其钻孔内 2.7～6.2 m 和 8.4～12.0 m 两段岩芯隐微裂隙沿岩芯轴向定向发育，12.0 m 以下隐微裂隙较不发育，且沿断层走向方向对应的 hxk204 孔存在断层岩。据此判定 hxk218 孔处在错动带与影响带过渡段。在 hxk218 钻孔 12.0 m 处定为下限

表 7.1-19　19 号剖面

主要钻孔编号	断层基本特征	边界确定依据
hxk237、hxk239	倾向 218°，倾角 65°，地表投影宽度约 45 m，高程 2 055 m 处宽度约 46 m	hxk238 没打孔，hxk237、hxk239 均未揭露到断层岩。参考 hwt46、hwt47 和 20 号、18 号剖面顺延

表 7.1-20　20 号剖面

主要钻孔编号	断层基本特征	上盘边界确定依据	下盘边界确定依据
hxk252、hwt46'、hxk253、hwt47'、hxk254	倾向 218°，倾角 60°，地表投影宽度约 51 m，高程 2 055 m 处宽度约 45 m	hxk252 揭露孔深范围内，未见断层岩，原岩隐微裂隙发育。hwt46 投影到本剖面位于 hxk253 和 hxk252 孔之间，记为 hwt46'。hwt46'全孔未见到断层岩，定为透镜体。将上边界定在 hwt46'与 hxk252 之间	hxk254 揭露孔深范围内，未见断层岩，但自基覆面以下至 15.0 m 处，肉红色的原岩隐微裂隙发育，裂隙中充填方解石脉，而 11.1 m 以下原岩隐微裂隙较不发育。hwt47 投影到本剖面位于 hxk253 和 hxk254 孔之间，记为 hwt47'。hwt47'全孔未见到断层岩，定为透镜体。下盘边界定于 hxk254 孔 15.0 m 处

通过上述剖面，确定出航站区 F_{10} 断层的空间位置参见书末附图。其平面延伸方向，在沾昆铁路至航站楼中指廊之间为 NW54°，该段断层带宽度为 45～50 m；穿过航站楼中指廊则以 NW40°向 320 国道方向延伸至浑水塘加油站前面的 Y 形交叉路口下的洼地中，该段断层带宽度为 50～65 m；从洼地以 NW70°左右穿过浑水塘油库后山坡，由于该段钻孔较少，因此推测宽度约 50 m。

总之，F_{10} 断层在航站区延伸具有摆动状特征，显示了其扭动特征。整体走向为 NW40°～70°，倾向西南，倾角为 60°～70°。断层宽度和倾角在不同剖面上略有变化，最宽处位于断层转折部位。

2. 航站区 F_{10} 断层分层特征

航站区 F_{10} 断层破碎带宽度为 45～65 m。除了沾昆废弃铁路边坡揭露的断层带内各种类型的断层角砾岩均被揭露外，还揭露出剖面上不曾出露的另一种断层岩，本次定名为断层泥岩。各类断层岩、断层带中基岩透镜体的分布在不同部位并不连续，其宽度和分布位置变化均较大。为了详细研究航站楼场区断层带的岩土体组成（断层岩的分布及其特征），选择代表性的钻孔，如 hwt43、hxk203、hxzk15、hxk53-2 等对所揭露的断层带物质进行描述。

编号为 hwt43 的钻孔揭露到的岩芯情况见图 7.1-28。

(a)

(b)

(c)

图 7.1-28　钻孔 hwt43 揭露地层情况

该孔显示：除上部为覆盖层外，整孔均为断层带物质，并且具有较为明显的分层（带）特征。特别在靠近底部（孔深约 26 m）揭露到一层灰黄色断层岩，该层岩芯完整，RQD 约在 95%。但敲开岩芯断面显示出泥岩特征。该泥岩胶结较好、挤压密实，锤击声音沉闷。现场点荷载强度较低。钻孔揭露出真正的泥岩厚度约 2 m，向上为具有泥岩一定特征而向碎粒岩特征渐变的过渡带岩体，锤击声音渐变清脆；向下则为红色断层角砾岩。初步推断该层断层泥岩为 F_{10} 断层错动形成的断层泥，后经挤压胶结成岩作用而成。该断层泥岩在场地中被揭露的并不是特别普遍，在沾昆铁路路堑边坡剖面上也并未发现该层泥岩出露，说明原来 F_{10} 断层上的断层泥分布并不连续。

hwt43 钻孔详细情况见表 7.1-21。

表 7.1-21　hwt43 岩层柱状图描述

岩层编号	名称	岩芯柱状图	岩芯照片	岩性描述
1	素填土			0～1.5 m：棕红色，稍密，稍湿。主要由黏土夹碎石新近堆填而成
2	红黏土			1.5～9.7 m：棕红色，硬塑，稍湿。干强度及韧性较高，含少量铁、锰质结合及强风化碎石，切面光滑，失水易干裂形成网格状裂隙
3	断层角砾岩			9.7～15.5 m：灰白色、紫红、灰色，可见碎块重新胶结，裂面发育，胶结较紧密。碎块块度 5～15 cm，裂面多充填紫红色泥膜，沿个别裂面发育溶孔，溶孔大小为 0.3～1 cm。碎块为深灰色白云岩、灰色灰岩、紫红色泥岩。岩芯表面可见方解石斑纹。RQD 为 50%～80%

续表

岩层编号	名称	岩芯柱状图	岩芯照片	岩性描述
4	断层角砾岩			15.5~18 m：紫红色、紫灰色角砾岩，发育溶孔、溶洞，溶蚀面上可见擦痕，倾伏角约40°，RQD为60%
5	灰岩			18~20.1 m：灰色，有溶蚀迹象，RQD为50%
6	断层角砾岩			20.1~24.7 m：紫红、紫灰、土黄色，RQD为20%左右
7	断层泥岩			24.7~27.3 m：土黄—灰黄色，呈黏土状，依稀可见角砾，具蚀变特点，RQD为90%
8	断层角砾岩			27.3~31 m：紫红色、肉红色，局部可见碎粒岩，RQD为20%左右
9	灰岩			31~31.3 m：RQD为20%左右

编号为hxk203的钻孔揭露地层显示该孔以碎粒岩相对其他钻孔较为发育为特征，有灰色、紫红色碎粒岩。另外红色断层角砾岩，以粒径较大（3~6 cm）为特色。较为标准的断层泥岩则未见到。详细情况见表7.1-22。

表 7.1-22 hxk203 岩层柱状图描述

岩层编号	名称	岩芯柱状图	岩芯照片	岩性描述
1	素填土			1~6.9 m：褐黄色，稍湿，稍密，主要由黏土夹碎石新近堆填而成
2	碎粒岩			6.9~9.9 m：紫红色、灰黄色，岩芯完整，致密坚硬，胶结好，有方解石条带，宽 1~2 cm，发育 1 mm 溶孔，RQD 达 90%
3	碎粒岩			9.9~11.4 m：肉红、紫红色，RQD 在 10% 左右
4	碎粒岩			11.4~14.5 m：灰色，断面呈豆砂状碎粒结构，胶结较好，岩芯完整，RQD 达 90%
5	断层角砾岩			14.5~18 m：红色，15~16 m 处 RQD 达 90%
6	碎粒岩			18~22.3 m：紫红色，RQD 在 30% 左右
7	断层角砾岩			22.3~30 m：肉红色、土黄色，见溶孔，RQD 约 40%

续表

岩层编号	名称	岩芯柱状图	岩芯照片	岩性描述
8	断层角砾岩	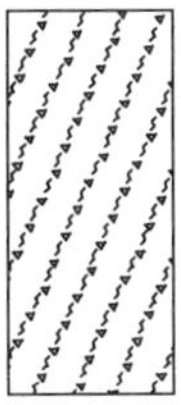		30~34.6 m：紫红、红色，RQD 约 80%，角砾为灰黑色白云岩、灰白色灰岩、红色砂屑灰岩

编号为 hxzk15 的钻孔揭露地层详细情况见表 7.1-23。该孔揭露到标准的花斑状断层角砾岩，并且有一定厚度。

表 7.1-23　hxzk15 岩层柱状图描述

岩层编号	名称	岩芯柱状图	岩芯照片	岩性描述
1	素填土			0~8.3 m：棕红色，稍密，稍湿，主要由黏土夹少量碎石组成
2	次生红黏土			8.3~10.5 m：棕红色，可塑，稍湿，干强度及韧性较高，含少量铁、锰质结核，切面光滑，失水易干裂形成网状裂隙
3	次生红黏土			10.5~28.4 m：棕红色，软塑，稍湿，干强度及韧性较高，含少量铁、锰质结核，切面光滑，失水易干裂形成网状裂隙
4	花斑状角砾岩			28.4~35 m：中风化，灰、黑白、红混杂，白色为方解石，红色、灰色为白云岩、灰质白云岩，黑色为炭化现象。坚硬，抗风化能力比碎粒岩强，块状结构，岩芯破碎，呈短柱—碎块状
5	溶洞充填物	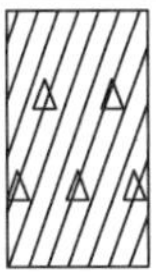		35.5~37.9 m：褐黄色，稍湿，软塑黏性土夹少量碎块石全充填
6	花斑状角砾岩	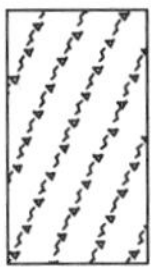		37.9~44.2 m：中风化灰、黑白、红混杂，白色为方解石，红色、灰色为白云岩、灰质白云岩，黑色为炭化现象。坚硬，抗风化能力比碎粒岩强，块状结构，岩芯较完整，呈短柱状

编号为 hxk53-2 的钻孔详细情况见表 7.1-24 和图 7.1-29。该孔在其中部揭露到灰绿色糜棱岩，糜棱岩上边 2~3 m 见附有黑色炭化条带、花斑状角砾岩裂面，裂面上见擦痕，这些特征完全与沾昆铁路路堑边坡上 F_{10} 断层主错动面附近特征一致。

表 7.1-24　hxk53-2 岩层柱状图描述

岩层编号	名称	岩芯柱状图	岩芯照片	岩性描述
1	断层岩			0~21.1 m：纯灰岩（C_2w），灰绿色、淡灰色，含方解石。短柱状，局部为碎块。其中： 1.8~2.7 m 处见炭化现象，及 2 组近水平擦痕，裂隙密集铅直，充填泥质； 3.5 m 处见糜棱岩化现象，锤击发闷声音

图 7.1-29　hxk53-2 揭露地层情况

3. 航站区 F_{10} 断层带岩石分层标志层特征

通过对 F_{10} 断层在沾昆铁路路堑边坡开挖剖面处、航站区钻孔揭露情况的综合分析，可知 F_{10} 断层带内断层岩类型有 6 种。为了后续断层场地地基评价及基础工程设计应用方便，将所揭露到的航站区 F_{10} 断层带岩土体归纳为碎粒岩、断层角砾岩、花斑状角砾岩、糜棱岩、断层泥岩、原岩透镜体等 6 个标准层，各层具体特征见表 7.1-25。

表 7.1-25　F_{10} 断层带标准分层

编号	名称	岩性描述	宏观特征	位置
1	碎粒岩	原岩受挤压错碎后重新胶结成岩，断面可见压碎粉末和碎粒，粒径为 2～5 mm，新鲜岩石呈块—次块状结构，风化松弛后呈粒状、集块状特征。钙质胶结，坚硬致密，见方解石条带，新鲜岩石强度较高，局部见溶孔。常见灰红色和深灰色两种		F_{10} 主断面南西盘、D_1 断层面北东盘可见；hxk203 钻孔的 6.9～9.9 m 和 14.5～18 m，hxk204 钻孔的 10～15 m 和 20.5～21.5 m 均可见
2	花斑状角砾岩	花斑为灰、黑、白、红色混杂，其中，白色为方解石，红色和灰色为白云岩、灰质白云岩，黑色的为炭化现象。角砾粒径为 1～3 cm，块状结构，坚硬，抗风化能力比碎粒岩强		D_1 断层南西盘，出露厚度约 3 m；F_{10} 主断面北东盘，出露厚度约 1.5～2 m。钻孔 hxzk15 和 hxzk40 的 31.7 m 处可见
3	断层角砾岩	原岩受挤压破碎后重新胶结成岩，角砾粒径一般为 0.5～3 cm，较大的达 5 cm，块—次块状结构，钙质胶结，密实，裂隙发育，裂面多充填红色、紫红色泥膜，锈染较严重。沿裂隙溶蚀较严重，见溶孔，孔径为 0.1～2 cm。抗风化能力较强。可见肉红、紫红、灰黑色三种		D_2 断层下盘有出露，厚约 5 m，D_1 断层上盘、排水沟底部也可见，hxzk39 在 9～16 m 处和 hwt36 在 13～28.2 m，D_1 断层面下约 6 m 处，D_2 断层上盘也有出露，厚约 5 m；hxzk38 在 8.7～16.4 m 处和 hxzk37 钻孔 23 m 以下可见；钻孔 hxk153-1 的 22.9～27 m 处可见；D_2 断层上盘 5～10 m 处可见
4	糜棱岩	灰绿色，薄层状，强风化成片状，厚约 40 cm，具蚀变特征。		D_2 断层上盘 5 m 和 20 m 处可见，hxk53-2 中也可见

续表

编号	名称	岩性描述	宏观特征	位置
5	灰黄色断层泥岩	土黄—灰黄色,具蚀变特征,为断层主错带,由断层泥、糜棱岩重新胶结形成,强度较低,质较轻,见溶孔,孔径在 0.5 cm 左右		hxzk32 在 27~28.7 m 处,hwt43 在 24.7~27.3 m 处,hxzk40 在 24~34 m 处可见
6	原岩透镜体	灰岩、白云质灰岩、灰质白云岩、白云岩、砂质灰岩、砂质白云岩、角砾状灰岩等原岩。隐微裂隙发育,具优势方向,部分充填方解石细脉,锈染较严重,溶蚀沿裂隙较严重		透镜体一般位于两错动带之间,如 D_2 上盘 5~15 m 处为灰岩,F_{10} 断层上盘 5~15 m 处为白云质灰岩。hwt43 的 18~20.1 m 处为灰岩

综上所述,通过对 F_{10} 断层在沾昆铁路路堑边坡开挖剖面处、航站区钻孔揭露情况的综合分析,得出 F_{10} 断层带岩土体可由断层角砾岩、断层碎粒岩、糜棱岩、断层泥岩等断层岩构成,它们在断层的横剖面上出露具有一定的规律:糜棱岩、断层泥岩在断层带的某一次主错面附近,位于断层带靠中间部位,向外则可能为碎粒岩,再向外则为断层角砾岩。由于 F_{10} 断层曾有多期活动,并且发育有多个次级错动面,因此,以上的排列规律,在横剖面上可能重复,亦可能缺失一个或多个层位。在纵向延伸上,由于断层带中层位的缺失,除红色、灰色断层角砾岩外,其他各层断层岩可能呈透镜状分布。

值得说明的是,虽然断层岩类型较多,但据调查结果,各类断层岩在断层带中的分布比例却相差悬殊。其中以红色、灰色断层角砾岩及透镜体最多,约可占 85%;具有鲜明特色的花斑状角砾岩相对较少,约占 10%;灰黄色断层泥岩亦较少,约占 4%;其他如断层面处的夹泥、糜棱岩等约占 1%。

7.2 断层破碎带物理力学性质研究

在前述断层带岩土体组成、标准分层的基础上,我们进一步对各标准层的物理力学特征进行研究,提出各标准分层的物理力学指标建议值,这对航站楼场地地基稳定性、基础工程设计具有重要意义。

本节主要通过收集已有的室内试验资料、原位测试资料,对断层带岩石试验成果进行归纳整理(通过取样位置,确定出成果所属的标准层位),同时结合本次研究中所进行的断层带各代表层位的现场载荷试验成果,对断层带各分层的物理力学性质进行较深入研究。

7.2.1 F₁₀断层带岩石物理力学性质

1. 断层带岩石物理力学指标室内试验

断层带岩石试验成果资料主要来源于钻孔 hxk104、hxk105、hxk106、hxk150、hxk168、hxk152 和 hyd25 的岩芯样,通过核对其取样位置,确定出各试样所属标准层位,见表 7.2-1。

断层带岩石物理力学指标测试包括比重、密度、吸水率、孔隙率、饱和抗压强度、干燥抗压强度、内摩擦角和内聚力等,试验结果见表 7.2-1。

表 7.2-1 航站区 F10 断层带岩石试验结果

取样位置		hxk168 30.95~31.3	hxk105 7.9~8.7	hxk150 18~18.5	hxk104 30~32.5	hxk152 21.2~22.1	hyd25 3.9~5.25	hxk106 11.4~12.3
岩样名称		糜棱岩	花斑状断层角砾岩	白云岩透镜体	肉红色断层角砾岩			深灰色断层角砾岩
比重		2.72	2.73	2.83	272	2.80	2.78	2.81
湿密度/(g/cm³)		2.51	2.67	2.67	2.66	2.64	2.74	2.60
干密度/(g/cm³)		2.38	2.61	2.61	2.62	2.60	2.73	2.57
吸水率/%		5.3	2.3	2.2	1.7	1.6	0.4	1.1
孔隙率/%		12.5	5.9	5.6	4.3	3.9	3.1	2.8
抗压强度 /MPa	干燥				54.9			
	饱和	3.6	27.3	61.6	44.3	40.0	68.1	38.2
抗剪强度 (干燥)	摩擦角/(°)			42.8		42.7	42.7	43.0
	内聚力/MPa			6.3		5.8	6.7	6.7

从表中可知:糜棱岩的干密度为 2.38 g/cm³,明显低于一般断层岩;其饱和抗压强度仅为 3.6 MPa,属极软岩。花斑状角断层砾岩的密度与红色断层角砾岩相差不大,但饱和单轴抗压强度为 27.3 MPa,明显低于红色断层角砾岩,属较软岩。而红色断层角砾岩的密度较高,干密度均在 2.60 g/cm³ 以上,饱和单轴抗压强度在 40~68 MPa,属较坚硬岩甚至坚硬岩;深灰色断层角砾岩由于取样部位溶蚀严重,所以强度较红色断层角砾岩低。断层带中的白云岩透镜体力学性质接近于原岩,属坚硬岩。

从抗剪强度指标测试结果可知,断层带中的白云岩透镜体、红色断层角砾岩、深灰色断层角砾岩抗剪强度指标相差不大,内摩擦角为 42.7°~43°,内聚力为 5.8~6.7 MPa。

2. 断层带岩石点荷载试验

点荷载试验根据《工程岩体试验方法标准》(GB/T 50266—99)的试验要求,结合昆明新机场航站区钻孔中揭露的断层岩情况,取不同标准层非规则岩芯样,利用一对端部直径极小的加荷锥,将岩石试样夹在两个锥形压头之间施加集中荷载,使岩石拉裂。依据《工程岩体分级标准》(GB 50218—94)中的公式(3.4.1)确定岩石单轴抗压强度,点荷载试验成果见表 7.2-2。

表 7.2-2 点荷载试验成果

孔号	取样深度/m	统计指标	试验组数	I_S/MPa	单轴抗压强度/MPa	回弹值/MPa	岩性描述
hyd25	6	φ_{max}	7	6.74	43.66	42	肉红色断层角砾岩
		φ_{min}		3.157	24.73	35	
		φ_m		5.71	38.59	37	
hyd25（饱水）	6	φ_{max}	10	8.26	55.21		肉红色断层角砾岩
		φ_{min}		1.83	16.45		
		φ_m		5.37	36.82		
hwt43	25～26	φ_{max}	10	7.42	16.7	18	黄绿色断层泥岩
		φ_{min}		2.23	8.2	11	
		φ_m		4.40	13.9	15	
hxk121	20.2～22	φ_{max}	11	5.30	36.49	47	肉红色砂屑白云岩
		φ_{min}		1.18	11.81	38	
		φ_m		3.56	27.07	44	
	26.8	φ_{max}	4	5.42	37.08	40	肉红色断层角砾岩，轴向发育裂隙密集带
		φ_{min}		1.23	12.21	27	
		φ_m		3.45	26.41	35	
	29m以下	φ_{max}	16	7.42	50.54	35	浅灰、肉红色断层角砾岩
		φ_{min}		2.23	19.07	15	
		φ_m		4.40	31.73	27	
hxk125	26.8	φ_{max}	5	6.04	40.21		深灰色角砾岩，轴向发育裂隙密集带
		φ_{min}		4.00	29.54		
		φ_m		5.14	35.63		
hxk126-4	孔底	φ_{max}	8	6.85	46.69		深灰色断层角砾岩
		φ_{min}		1.45	13.79		
		φ_m		5.48	37.37		
hxk136-1	孔底	φ_{max}	4	6.96	44.73		浅灰色碎粒岩
		φ_{min}		3.90	28.95		
		φ_m		4.89	34.35		
hxk204	孔底	φ_{max}	3	4.05	29.80		深灰色碎粒岩
		φ_{min}		1.41	23.14		
		φ_m		3.21	25.04		
hxzk15	41.8～43.4	φ_{max}	14	6.59	42.95	36	花斑状断层角砾岩
		φ_{min}		2.21	18.92	33	
		φ_m		4.81	33.92	35	
hxzk25	9～15	φ_{max}	5	7.21	45.95		深灰、肉红色断层角砾岩
		φ_{min}		2.20	18.87		
		φ_m		4.26	30.99		

从表 7.2-2 可以看出，除了强度偏高的红色断层角砾岩，由于点荷载试验时，加压量程的限制而未测到强度较高的数据外，各标准层点荷载试验结果与室内岩石试验结果较为一致。将两种方法的测试成果进行对比，见表 7.2-3。

表 7.2-3　F_{10} 断层带断层岩室内试验和点荷载试验抗压强度对比

岩石名称	肉红色断层角砾岩	深灰色断层角砾岩	花斑状断层角砾岩	碎粒岩	断层泥岩	糜棱岩
室内单轴抗压强度试验/MPa	40～68	38.2	27.3			3.6
单轴抗压强度点荷载试验/MPa	33.8	35.1	28.6	30.1	13.9	

结合点荷载以及岩石室内试验结果，可以得出以下结论：

（1）F_{10} 断层带肉红色、深灰色断层角砾岩均具有良好的力学性能，其单轴抗压强度标准值在 30 MPa 以上。其中个别试样的岩石单轴抗压强度稍微偏低，如点荷载试验测得的钻孔 hxk121 在 29 m 以下的肉红色断层角砾岩的单轴抗压强度为 23.61 MPa，原因在于该试样沿轴向发育一组裂隙，加压时沿裂隙裂开，故其单轴抗压强度值偏低。

因此，该类断层岩挤压紧密、胶结较好，因此一般情况下岩石强度较高，在溶蚀现象不强烈的情况下，一般具有较好的物理力学性能。

（2）花斑状断层角砾岩，抗压强度较肉红色、深灰色断层角砾岩偏低，点荷载试验结果与室内试验结果较为一致，约 28 MPa，属较软岩。

（3）对于 F_{10} 断层带内的碎粒岩，缺乏岩石室内试验成果，点荷载试验结果获得其抗压强度在 30.1 MPa 左右。

（4）F_{10} 断层带内的断层泥岩亦缺乏岩石室内试验成果，点荷载试验结果获得其抗压强度在 13.9 MPa 左右，属于软岩。

（5）对于糜棱岩，未取到点荷载试验试样，室内岩石试验测出的抗压强度仅为 3.6 MPa，属于极软岩。

3. F_{10} 断层 D_1 错动面断层泥物理力学性质

在贵昆铁路复线开挖路堑边坡 F_{10} 断层露头处的错动面 D_1 上充填有厚 5～50 cm 的断层泥（参见 3.2 节相关内容），该断层泥的物理力学性质对于地基稳定性具有较为重要意义。因此，本次研究中在该错动面上取环刀样，进行了室内物理性质、抗剪强度指标测试，其成果见表 7.2-4。

表 7.2-4　断层泥物理力学测试成果

土样编号			DNJ※
测试项目	代号	单位	数值
天然含水率	w	%	28.1
天然密度	ρ	g/cm³	1.96

续表

土样编号				DNJ※
干密度		ρ_d	g/cm³	1.53
直接剪切试验	峰值	C_f	kPa	26
		φ	(°)	22.4
	残余	C_c	kPa	6.0
		φ	(°)	13.9
塑限		w_P	%	22.2
液限		w_L	%	74.0
塑性指数		I_P		51.8
液性指数		I_L		0.27

※：DNJ 代表取样时环刀圆平面与断层面平行。

由表 7.2-4 可以看出，该断层泥天然状态下的密度为 1.96 g/cm³，由于其挤压紧密，密度相对一般黏性土较高。其塑性指数 I_P 为 51.8，属于黏土类土；液性指数 I_L 为 0.27，为可塑状态；峰值抗剪强度指标内聚力 C_f 为 26 kPa，内摩擦角 φ 为 22.4°；残余抗剪强度指标内聚力 C_c 为 6.0 kPa，内摩擦角 φ 为 13.9°。

由此可以得出，该断层夹泥黏粒含量极高，可塑至硬塑状态，在天然状态下具有一定的抗剪强度，但残余抗剪强度指标与峰值抗剪强度指标相差较大。由于取样位置接近地表，围岩内部的该层夹泥的力学指标应会稍高。

D_1 断层面夹泥高压固结试验成果见表 7.2-5、图 7.2-1。

表 7.2-5 断层泥压缩试验

土样编号				DNY-1（垂直）	DNJ-1（平行）
天然含水率		w	%	34.1	28.8
天然密度		ρ	g/cm³	1.93	1.94
干密度		ρ_d	g/cm³	1.44	1.51
颗粒密度		ρ_s	g/cm³	2.72	2.72
孔隙比		e		0.890	0.806
孔隙比	P=50 kPa	e_i		0.882	0.794
	P=100 kPa			0.871	0.783
	P=200 kPa			0.845	0.758
	P=400 kPa			0.810	0.714
	P=800 kPa			0.760	0.633
	P=1 600 kPa			0.690	0.490
	P=3 200 kPa			0.606	0.374

续表

土样编号				DNY-1（垂直）	DNJ-1（平行）
压缩系数	P：0~0.05	a_v	MPa^{-1}	0.16	0.23
	P：0.05~0.1			0.22	0.22
	P：0.1~0.2			0.26	0.26
	P：0.2~0.4			0.18	0.22
	P：0.4~0.8			0.12	0.20
	P：0.8~1.6			0.09	0.18
	P：1.6~3.2			0.05	0.07
压缩模量	P：0~0.05	E_s	MPa	11.76	7.75
	P：0.05~0.1			8.77	8.20
	P：0.1~0.2			7.35	7.04
	P：0.2~0.4			10.55	8.30
	P：0.4~0.8			15.21	8.90
	P：0.8~1.6			21.71	10.10
	P：1.6~3.2			35.91	24.87

注：DNJ 代表取样时环刀圆平面与断层面平行，DNY 代表取样时环刀圆平面与断层面垂直。

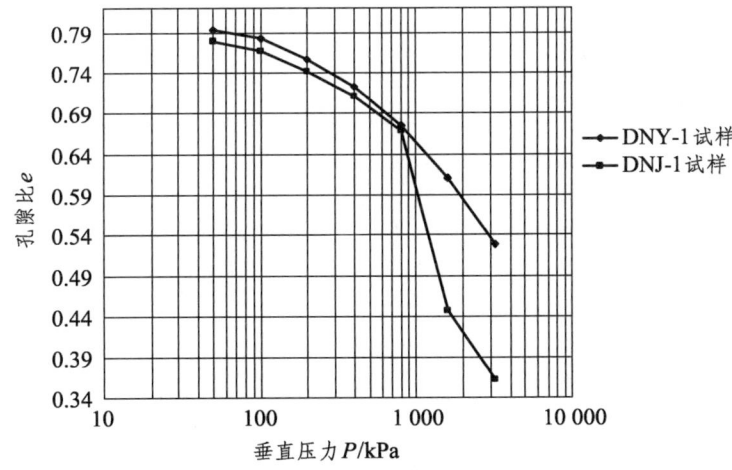

图 7.2-1　断层泥压缩 e-$\lg P$ 曲线

由表 7.2-5、图 7.2-1 的高压固结试验结果可以看出，随着压力的增大，压缩变形量明显减小。两个试样的标准压缩系数 a_{1-2} 均为 0.26，根据《岩土工程勘察规范》（GB 50021—2001）对土的压缩性的划分标准，该断层夹泥为中等压缩性土。

对两个不同方向的试样的试验成果进行对比发现，虽然原始状态下环刀圆平面与断层面平行的试样（DNJ）的孔隙比与环刀圆平面与断层面垂直的试样（DNY）相比略低，但试样 DNY 在各级荷载下的压缩模量却高于试样 DNJ，这对地基沉降变形相对有利。

上述 F_{10} 断层 D_1 错动面断层泥物理力学试验指标可作为验算地基沿 D_1 面滑动稳定性、该层地基土沉降变形的参数选取依据。

4. 物理力学指标建议

在上述试验的基础上，参照相关规范提出断层带各标准分层的物理力学指标建议值，见表 7.2-6、表 7.2-7。

表 7.2-6　D1 错动带断层泥物理力学指标建议值

比重	天然重度 γ/(kN/m³)	抗剪强度				压缩系数 a_{1-2}	压缩模量 E_s/MPa	泊松比
		峰值		残余				
		内摩擦角 φ/(°)	内聚力 C/kPa	内摩擦角 φ/(°)	内聚力 C/kPa			
2.72	19.5	18	15	12	5	0.28	7.0	0.5

表 7.2-7　岩石物理力学指标建议值

岩层名称	天然重度 γ/(kN/m³)	密度 ρ/(g/cm³)		单轴抗压强度/MPa		抗剪断强度		泊松比 μ	变形模量/GPa
		饱和	干燥	饱和	干燥	C/MPa	φ/(°)		
肉红、深灰色断角砾岩	26.5	2.70	2.60	30	40	0.6	35	0.30	5.0
透镜体	26.5	2.70	2.60	40	60	0.8	37	0.28	6.0
花斑状断层角砾岩	26.5	2.70	2.60	22	28	0.4	33	0.3	3.0
碎粒岩	2.60	2.65	2.55	15	20	0.05	30	0.35	1.0
断层泥岩	2.50	2.55	2.45	3	10	0.03	22	0.4	0.5
糜棱岩	2.40	2.48	2.20	3	4	0.02	18	0.5	0.02

7.2.2　断层带岩体承载力及变形特征

航站楼场区共进行了 A、B、C、D、E、F、G 7 组共 23 个点的载荷试验，经过资料复核，位于断层带上的试验点有 E 和 F 两组共 6 个，具体位置见图 7.2-2。

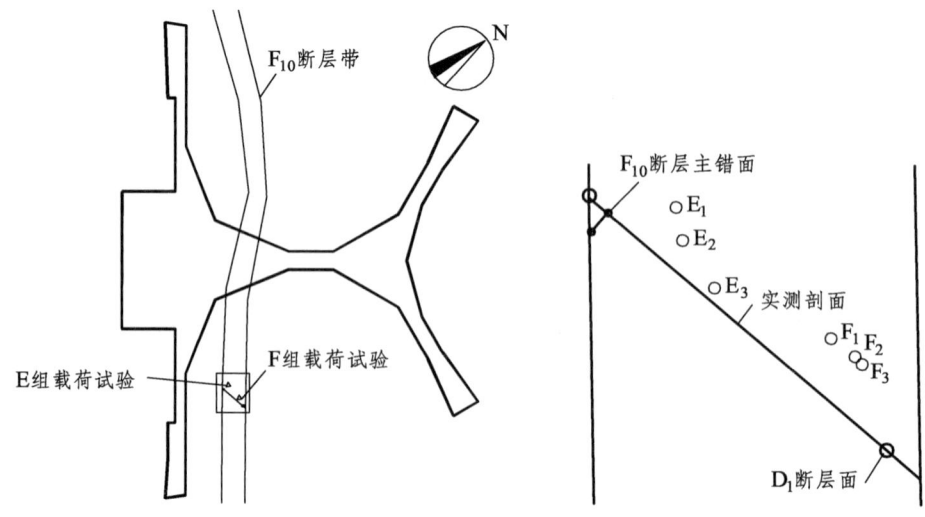

图 7.2-2　E、F 组岩基载荷试验点平面示意图

由于试验点位于沾昆铁路路基上,距前述的 F_{10} 断层实测剖面较近,所以各试验点的层位可以通过与实测剖面的层位相对照而确定。

1. E 组载荷试验

E 组试验点对应于断层带实测剖面 34.8～38.7 m 的灰白—青灰色碎粒岩。新鲜岩石挤压紧密,但仍可见岩石由于隐微裂隙及其发育后构成的碎粒结构特征,出露地表后易风化松弛,其中一个试验点由于岩体挤压作用完全碎裂,镐可挖掘,呈岩粉混角砾状,角砾无风化痕迹,角砾粒径为 0.5～2 cm。

E 组 3 个试验点的试验成果见表 7.2-8,P-S 曲线见图 7.2-3。

表 7.2-8 E-1～E-3 试验点岩基载荷试验成果

序号	E-1 试验点			E-2 试验点			E-3 试验点		
	加荷/kN	沉降/mm		加荷/kN	沉降/mm		加荷/kN	沉降/mm	
		本级	累计		本级	累计		本级	累计
1	173.4	0.77	0.77	173.4	0.60	0.60	173.4	0.58	0.58
2	260.1	0.38	1.15	260.1	0.24	0.84	260.1	0.29	0.87
3	346.8	0.51	1.66	346.8	0.28	1.12	346.8	0.31	1.18
4	433.5	0.67	2.33	433.5	0.34	1.46	433.5	0.35	1.53
5	520.2	0.82	3.15	520.2	0.39	1.85	520.2	0.43	1.96
6	606.9	0.98	4.13	606.9	0.50	2.35	606.9	0.51	2.47
7	693.6	1.41	5.54	693.6	0.59	2.94	693.6	0.57	3.04
8	780.3	3.09	8.63	780.3	0.68	3.62	780.3	0.66	3.70
9	867	19.44	28.07	867	0.76	4.38	867	0.78	4.48
10	606.9	-0.67	27.40	953.7	0.81	5.19	953.7	0.92	5.40
11	433.5	-0.80	26.60	1 040.4	0.90	6.09	1 040.4	17.14	22.54
12	260.1	-0.97	25.63	1 127.1	0.99	7.08	693.6	-0.75	21.79
13	0	-1.23	24.40	1 200	1.05	8.13	520.2	-0.86	20.93
14				1 040.4	-0.40	7.73	346.8	-0.99	19.94
15				867	-0.49	7.24	173.4	-1.19	18.75
16				693.6	-0.60	6.64	0	-1.33	17.42
17				520.2	-0.72	5.92			
18				346.8	-0.91	5.01			
19				173.4	-1.24	3.77			
20				0	-1.30	2.47			

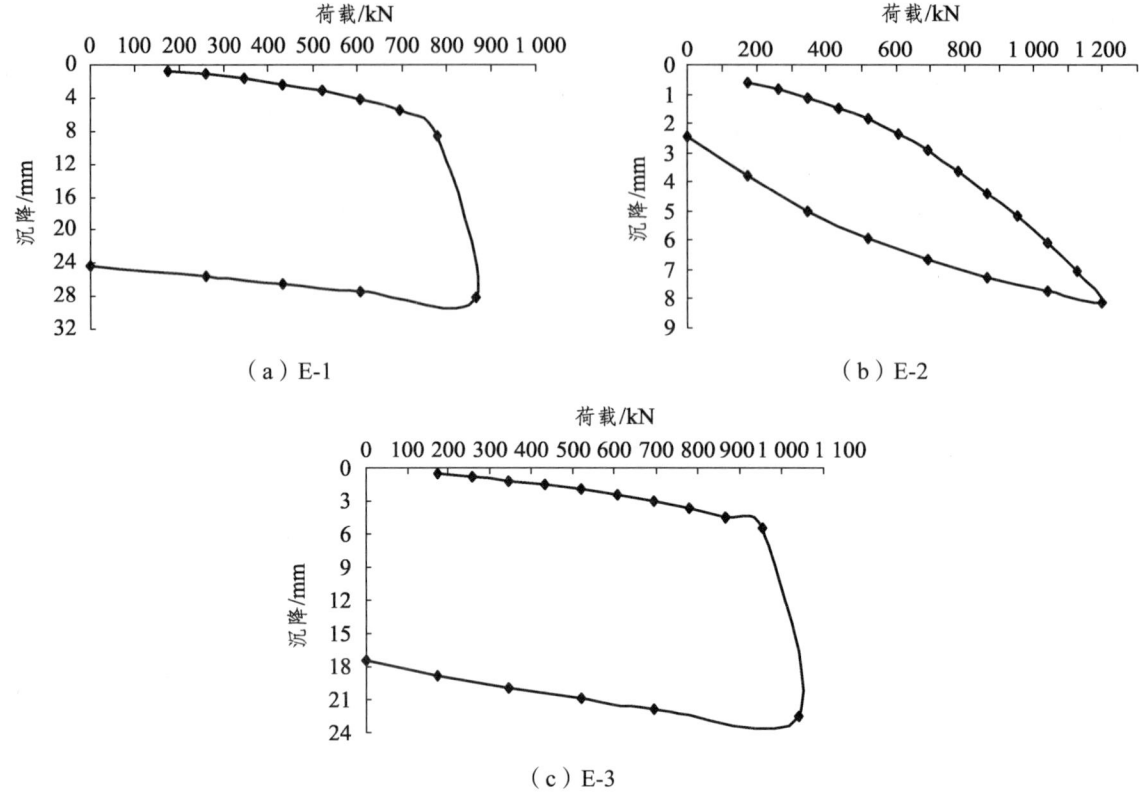

图 7.2-3 E 组各点载荷试验曲线

由图 7.2-3 可以看出，E 组岩基载荷试验的 E-1 和 E-3 试验点的 P-S 曲线变化规律一致：在极限荷载之前 P-S 曲线是直线；加载到极限荷载后，沉降急剧增大，曲线有明显的比例极限荷载点。其中：E-1 点的极限荷载较低，为 693.6 kN，对应的最大沉降为 28.07 mm；E-3 点对应的极限荷载较大，为 867 kN，相应的最大沉降量为 22.4 mm。在卸载阶段，地基的回弹量较小，说明加载条件下地基变形以塑性变形为主。对于 E-2 试验点，其 P-S 曲线在整个加载过程中呈平缓曲线形，直到加载到最大荷载 1 200 kN，也没有出现沉降急剧增大的现象，此时对应的沉降仅为 8.13 mm，相对于前述 2 个试验点，其沉降值较小，而且卸载后，沉降大量回弹，最终沉降仅为 2.47 mm，说明在整个加载过程中弹性变形占有相当比重。

结合实测剖面，在 E 组载荷试验处，碎粒岩中局可能夹有原岩透镜体，E-2 点可能正好位于原岩透镜体上，因而显示出较高的承载性能和较强的抗变形能力。

2. F 组载荷试验

F 组试验点对应于断层带实测剖面 16.5~20 m 的紫红、灰色断层角砾岩，角粒粒径为 2~6 cm，岩体挤压紧密，胶结较好。抗风化能力较强，有溶蚀现象。

F 组 3 个试验点的测试成果见表 7.2-9，P-S 曲线见图 7.2-4。

表 7.2-9 F-1～F-3 试验点岩基载荷试验成果

序号	F-1 试验点			F-2 试验点			F-3 试验点		
	加荷/kN	沉降/mm 本级	累计	加荷/kN	沉降/mm 本级	累计	加荷/kN	沉降/mm 本级	累计
1	173.4	0.83	0.83	173.4	0.66	0.66	173.4	0.90	0.90
2	260.1	0.44	1.27	260.1	0.38	1.04	260.1	0.39	1.29
3	346.8	0.59	1.86	346.8	0.44	1.48	346.8	0.46	1.75
4	433.5	0.69	2.55	433.5	0.50	1.98	433.5	0.70	2.45
5	520.2	0.78	3.33	520.2	0.74	2.72	520.2	0.92	3.37
6	606.9	0.87	4.20	606.9	0.94	3.66	606.9	1.23	4.60
7	693.6	1.14	5.34	693.6	2.31	5.97	69.6	2.71	7.31
8	780.3	2.48	7.82	780.3	23.86	29.83	780.3	21.11	28.42
9	867	20.25	28.07	606.9	−0.43	29.40	606.9	−0.37	28.05
10	606.9	−0.44	27.63	433.5	−0.68	28.72	433.5	−0.64	27.41
11	433.5	−0.67	26.96	260.1	−0.96	27.76	260.1	−0.94	26.47
12	260.1	−1.00	25.96	0	−1.28	26.48	0	−1.33	25.14
13	0	−1.29	24.67						

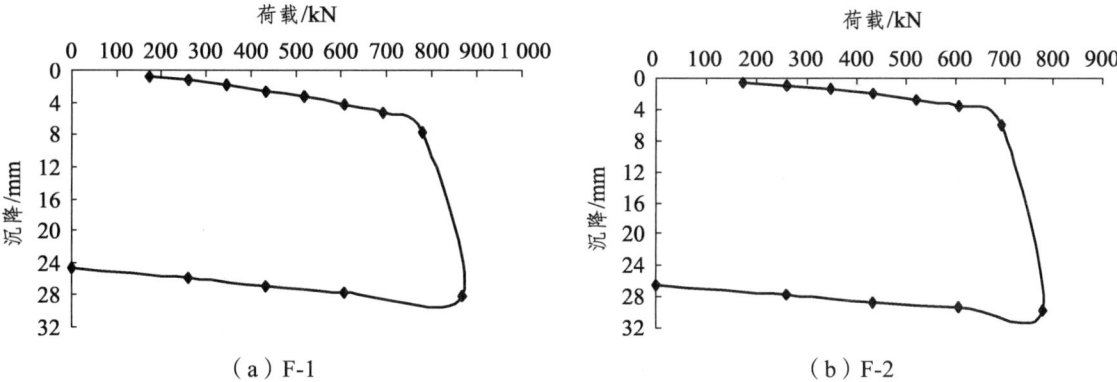

(a) F-1　　　　(b) F-2

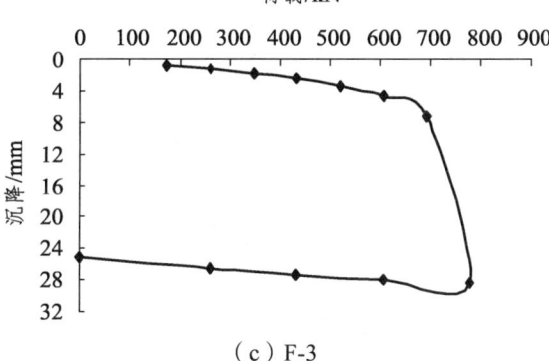

(c) F-3

图 7.2-4 F 组各点载荷试验曲线

由图 7.2-4 可以看出，F 岩基载荷试验 3 个试验点的 P-S 曲线变化规律一致。其中：F-1 和 F-2 试验点加载到 780.3 kN 时，岩体达到了破坏阶段，故将其前一级荷载 693.6 kN 作为极限荷载，在极限荷载之前 P-S 曲线是直线，加载到极限荷载后，P-S 曲线进入曲线段，也就是岩石地基从弹性变形阶段进入了弹塑性变形阶段，岩石地基的沉降急剧增加，岩石地基达到了破坏，此时对应的最大沉降量为 28~29 mm；在卸载阶段，沉降回弹较小，故沉降变形以塑性变形为主。在卸载完成后，岩石地基的沉降量为 25~26 mm。对于 F-3 试验点，其变形和以上两点相似，只是其极限荷载较上两试验点大一点，该试验点在加载到 867 kN 后，岩体发生了破坏，故其极限荷载为其前一级荷载 780.3 kN，破坏时对应的最大沉降为 28.07 mm，卸载完成后，沉降有一些回弹，最终对应的沉降量为 24.67 mm，可见，该试验点的变形也是以塑性变形为主的。

3. 断层带岩体的承载力

由于载荷试验是获得地基承载力的有效方法和手段，因此通过位于不同层位处的断层带岩体的 E 组、F 组载荷试验成果可确定出相应的碎粒岩、红色（灰色）断层角砾岩的岩基承载力，见表 7.2-10。

表 7.2-10　E、F 组岩基载荷试验承载力特征值汇总

编号	极限荷载/kPa	压板直径/m	承载力基本值/kPa
E-1	11 147	0.3	3 715
E-2	17 142	0.3	5 714
E-3	13 624	0.3	4 541
F-1	11 147	0.3	3 715
F-2	9 908	0.3	3 303
F-3	9 908	0.3	3 303

由试验点位处的地层岩性可知，F_{10} 断层带碎粒岩的承载力特征值为 3 715 kPa，断层角砾岩的承载力特征值为 3 300 kPa，断层带内原岩透镜体承载力特征值为 4 000~5 000 kPa。

对于断层带中的其他层位可利用《地基基础设计规范》（GB 50007—2002）推荐的利用饱和单轴抗压强度再考虑岩体结构完整性进行确定的方法，在此基础上再根据经验综合给出断层带中各层的承载力建议值，见表 7.2-11。

表 7.2-11　断层带岩基承载力建议值　　　　　　　　　　　　　　　　单位：kPa

肉红、深灰色断层角砾岩	原岩透镜体	花斑状断层角砾岩	碎粒岩	断层泥岩	糜棱岩
3 000	4 000	2 500	2 000	600	300

《地基基础设计规范》（GB 50007—2002）中计算承载力特征值的公式为：

$$f_a = \varphi_r f_{rk} \tag{7.2-1}$$

式中：f_a——岩石地基承载力特征值（kPa）；

f_{rk}——岩石饱和单轴抗压强度标准值（kPa）；

φ_r——折减系数,无经验时,对完整岩体可取 0.5,对较完整岩体可取 0.2~0.5,对较破碎岩体可取 0.1~0.2。

7.3 断层破碎带基础形式及地基处理建议

断层是地质岩体中一种最常见、最基本地质构造现象。由于断层对岩体进行切割破碎,使岩体中易形成破裂面和破碎带。因此,断层对地基有较大的破坏作用,并且在局部地段导致场地不稳定而形成滑坡现象。

在断裂带内有断层泥、糜棱岩及断层破碎带的存在。它们本身就是一种不良地质现象和地基中的不利地段。同时,由于断层的存在,使岩层风化速率加快,岩层强度大大降低,形成相对厚度较大的风化壳,构成不均匀地基,对工程建设产生不利的影响。

由于断裂带是地下水的富集地和流通通道,而地下水是滑动面上良好的润滑剂,因此,当断层的产状与滑动方向接近,倾角一定时,就容易产生滑坡,形成局部不稳定场地。

当断层通过建(构)筑物场地及其附近时,断裂形成的破碎带、断层泥、糜棱岩等为地基中的相对软弱夹层,对地基的稳定性、承载力等产生一定的影响,形成不均匀地基。特别是随着经济的发展,各种高层、超高层及高耸建筑、各种对沉降及差异沉降敏感的建筑等都不允许将基础置于断层破碎带之上。因此,重大工程项目的建(构)筑物地基存在断层时,必须进行必要的处理。

断层的地基处理原则在于:

① 使断层及破碎带具有与两侧坚硬岩石相似的弹模和足够的强度。

② 设计的基础应具有整体性和均匀性,当基础承受最大荷载时不致产生过大的应力集中,并使绝对和相对沉陷量都在允许范围内。

③ 增强软弱带的抗剪强度,防止基础沿软弱带发生剪切破坏。

④ 减少软弱带的透水性,增强其抗水性,防止渗流使软弱带组成的物质软化而引起强度进一步降低,维持渗透稳定,并使其有足够的耐久性,不致在水的长期作用下,使基础受力条件恶化而影响建筑物安全。

在以往工程经验中,断层软弱带的处理主要是依据不同的要求,注重补强和防渗两方面。主要处理办法有开挖回填、混凝土塞、混凝土支撑拱、钢筋混凝土厚板、防沉井与防渗井及锚固和封闭等措施。较为常用的主要有以下几种:

1. 浅层置换法

对于重大工程(如一级建筑物)浅层地基中存在断裂破碎带或裂隙时,一般的处理方法是:开挖基础时,将断裂破碎带、断层泥、糜棱岩或裂隙发育地段清除掉,用混凝土取而代之,将基础置于断层下盘的基岩之上。而对于二、三级建筑物,断层破碎带的承载力也能满足建(构)筑物的需要,而对差异沉降又不敏感时,对浅层地基中的断裂可不作任何处理,直接将基础置于断裂带之上。

2. 灌浆加固法

1)坝基基底断裂及水库渗漏断裂的处理

山区水库除了因断裂引起的水库渗漏外,对大型水库,还存在地基稳定安全问题。对于这类工程中的断裂带，地基处理方法是进行钻孔灌浆加固。即在断裂影响工程的区域内按一定的角度施工钻孔，孔深达到断裂带的下盘，然后利用高压泥浆泵顺钻孔向断裂带中灌注水泥砂浆，水泥砂浆扩散至破碎带的裂隙中，既起裂隙充填作用，又起破碎带岩体的胶结作用，从而加固地基，防止水库渗漏。

2）浅层地基影响范围内断裂破碎带及裂隙的处理

场地地基条件好，采用浅基础施工，而地基影响范围内局部因断裂破碎带或裂隙可能影响地基承载力和安全性时，可采用灌浆法对断裂破碎带或裂隙进行局部加固，以满足工程的需要。

3）挖孔桩基础地基中断层的处理方法

当地基条件不均匀，且填土厚度大，未固结，又未进行任何处理时，采用桩基础方式处理地基。当地基中存在断层时就应根据其具体情况进行特别处理，使其满足《建筑地基基础设计规范》(GB 50007—2011)中第 8.5.6 条第 6 款的规定：嵌岩灌注桩桩端以下 3 倍桩径且不小于 5 m 范围内应无软弱夹层、断裂破碎带和洞穴分布，且在桩底应力扩散范围内应无岩体临空面。

当断层及其破碎带、断层泥、糜棱岩透镜体在桩端底以下 3 倍桩径范围内存在时，必须剔除，将桩端置于断层下盘的稳定岩层之上。

4）边坡地基及滑坡地段中断层的处理方法

在边坡工程中，断层面是边坡失稳和滑坡下滑最好的滑动面，也是滑坡滑动润滑剂（地下水）最好的来源和通道，对于这类不良地质现象的处理方法是：

（1）在滑坡体施工锚杆桩进行锚固地基。锚杆桩穿过断层达到下盘一定深度。

（2）对断裂带及裂缝中进行灌浆加固。

（3）卸荷。减轻下滑力，直至下滑力小于滑动面中摩擦阻力。

确定断层地基的处理方法时，要结合场地的具体地质条件及工程特性进行应用，有的场地断层地基有多种处理方法，在进行岩土工程治理时要多设计几种治理方案并进行比较，选择技术可行，施工简单、经济的方案进行实施。

在昆明新机场项目中，F_{10} 断层规模较大，从区域上看长约 29 km，在昆明新机场场区穿过跑道并通过航站楼中指廊，因此其影响不可忽视。

（1）该构造基本控制了航站楼区的地形地貌和水文地质单元，成为场地稳定性极其重要的控制构造。

（2）在先期研究得出 F_{10} 断层为非活动构造，航站楼场地为基本稳定场地的基础上，由于 F_{10} 断层通过航站楼区的宽度较大（45～65 m），航站楼不可避免地要跨越断层上下盘，并且有一些基础坐落在断层带上，因此在断层影响下地基的稳定性问题尤为突出。

通过研究得出：

① F_{10} 断层带虽然较宽，但并非都是弱化了的岩体。这是由于最后一期的活动为左旋压扭错动，断层岩挤压紧密，并且有胶结再成岩作用，因此断层带中的主要岩体肉红、深灰色断层角砾岩以及原岩透镜体具有与上下盘影响带岩体相差不大的物理力学性质，抗压强度较高，承载力较高，在上部荷载作用下，能够满足建筑物地基承载力的要求。但是，断层带内存在的一些相对软弱的岩体，如碎粒岩、糜棱岩以及断层泥岩等，虽然其分布不连续，但其力学性质相对较差，承载能力远低于设计要求，基础一旦落在这类岩基上，将会对工程造成很大

的危害。

② 虽然断层带中存在相对软弱的碎粒岩、断层泥岩、糜棱岩等，但其分布的厚度有限，在断层走向方向也并不太连续，通过常规分析法、平面数值分析法、三维数值模拟计算得出，由于地基非均匀性引起的沉降差满足要求。

③ F_{10}断层中的错动面之间、错动面和上下盘岩体中的优势裂隙之间可能构成控制地基稳定性的不利模式，通过对可能的三种模式进行验算得出，在上部荷载作用下地基不会发生沿结构面的滑动破坏而失稳。

综上所述，F_{10}断层对场地稳定性的影响，主要是F_{10}断层带中的软弱岩层（带）对场地地基稳定性产生不利影响。因此在基础开挖时，建议做好地质验槽方面的工作，识别上述软弱地层，严格避免将这些岩层作为地基持力层。

7.4 本章小结

通过岩石室内试验以及岩基载荷试验，结合贵沾昆铁路F_{10}断层露头处剖面测量及点荷载试验等一系列手段，得到如下认识：

（1）F_{10}断层具有压性特征，因此断层带的主要组成物质红色、灰色断层角砾岩存在再胶结成岩过程，其物理指标包括密度、抗剪强度、抗压强度等与原岩相差不大，工程性质相对较好。

（2）通过室内试验和现场试验，得出F_{10}断层带中的肉红色、深灰色断层角砾岩以及深灰色的碎粒岩都具有较高的力学性能，其单轴抗压抗压强度均大于30 MPa，与航站区其他中风化的灰岩及中风化白云岩的力学性质基本相近，属于较坚硬岩。

（3）相对软弱的层位为灰黄色断层泥岩、糜棱岩，对其应引起足够重视。但，好在其组成所占比例较少，研究中见到的糜棱岩宽度仅30 cm左右，分布不连续。因此，由于其性状较差所引起的问题并不突出。

（4）对于碎粒岩，现场载荷试验虽然获得了较高的承载能力，但考虑到该类完全碎裂，易于松弛而性状变得极差，因此承载力建议之中考虑了对其折减。

（5）工程开挖中应注意对断层带中的软弱类岩层、软弱结构面（如含夹泥的D_2错动面）的判识，遇到这些层位应采取有效措施，避免将基础置于上述软弱层位上。

CHAPTER 8 第8章
地基处理准则

8.1 土洞和溶洞处理

8.1.1 一般规定

（1）道槽、道槽影响区、重要建（构）筑物及边坡稳定影响区内隐伏的土洞和溶洞，经稳定性分析与评价，判别为对地基有影响时，应进行土洞和溶洞处理设计。

（2）对位于对其他区域的土洞和溶洞，当对工程有影响时，应参照本章要求，经专门研究后，进行有针对性的土洞和溶洞处理设计；对地表出现塌陷的位置，应予以特别的注意。

（3）溶洞和土洞处理设计，应依据如下勘察资料和有关设计条件：

① 洞体规模。洞体大小、高度、埋藏深度、洞体形状、洞体分布特征。

② 顶板与覆盖层状况。顶板与覆盖层岩性与分布。

③ 充填情况。充填物性质、密实程度、水流冲蚀稳定性、充填量情况。

④ 地下水条件。地下水情况、地下水流及间歇性。

⑤ 地震强度。地震基本烈度与设防烈度、地震断裂情况、裂隙发育情况。

⑥ 场地使用条件。场地功能分区或建（构）筑物情况、挖填方厚度、填筑材料与填筑方法等。

（4）溶洞和土洞，按充填情况划分为未充填、半充填和全充填三种类型。应根据溶洞和土洞不同的充填类型和具体的工程条件，进行有针对性的溶洞和土洞设计。

（5）重要建（构）筑物和道槽区挖方区，应在场地基本平整后，进行有针对性的补充勘察，再根据补充勘察资料，进行溶洞和土洞设计。

8.1.2 溶洞处理方法

（1）判别为对地基有影响的溶洞，根据其不同的顶板厚度，按如下方法进行处理：

① 对顶板厚度 $H \leqslant 2.0$ m 的溶洞，采用清爆后夯填的方法进行处理。

② 对顶板厚度 2.0 m$<H \leqslant 8.0$ m 的溶洞，采用强夯的方法进行处理。

③ 对顶板厚度 $H>8.0$ m 的溶洞，初步考虑采用灌注充填的方法进行处理。根据溶洞的充填情况，必要时，可结合采用注浆的方法进行加固处理。

（2）对顶板厚度 $H \leqslant 2.0$ m 的溶洞，采用爆破方法，清除顶板破碎物和洞体内充填物。当洞体尺寸较小时，清爆后可用碎石回填压实；当洞体尺寸较大时，清爆后可用块碎石回填并用强夯方法夯实。强夯采用 3 000 kN·m 能级。

（3）对顶板厚度 2.0 m$<H \leqslant 4.0$ m 的溶洞，采用 2 000 kN·m 能级强夯进行处理；对顶板厚度 4.0 m$<H \leqslant 6.0$ m 的溶洞，采用 3 000 kN·m 能级强夯进行处理；对顶板厚度 6.0 m$<H \leqslant 8.0$ m 的溶洞，采用 4 000 kN·m 能级强夯进行处理；强夯处理的范围按 $D+2H$ 考虑[其中，H 为顶板厚度（m），D 为洞体直径（m）]。

（4）对顶板厚度 $H>8.0$ m 的溶洞，应在详细勘察或有针对性补充勘察的基础上，进行具体分析。对充填型溶洞，采用强夯方法进行处理；对非充填型溶洞，采用灌注低强度混凝土的方法进行充填处理。

8.1.3 土洞处理方法

（1）判别为对地基有影响的土洞，根据其不同的顶板厚度，按如下方法进行处理：

① 对顶板厚度 $H \leqslant 3.0$ m 的土洞，采用开挖后夯填的方法进行处理。

② 对顶板厚度 3.0 m$<H \leqslant 8.0$ m 的溶洞，采用强夯的方法进行处理。

③ 对顶板厚度 $H>8.0$ m 的土洞，采用灌注充填的方法进行处理。

（2）对顶板厚度 $H \leqslant 3.0$ m 的土洞，采用开挖清除洞体内软弱填充物后，用块碎石回填并用强夯方法夯实。

（3）对顶板厚度 3.0 m$<H \leqslant 4.5$ m 的土洞，采用 2 000 kN·m 能级强夯进行处理；对顶板厚度 4.5 m$<H \leqslant 6.0$ m 的土洞，采用 3 000 kN·m 能级强夯进行处理；对顶板厚度 6.0 m$<H \leqslant 8.0$ m 的土洞，采用 4 000 kN·m 能级强夯进行处理；强夯处理的范围按 $D+2H$ 考虑[其中，H 为顶板厚度（m），D 为洞体直径（m）]。

（4）对顶板厚度 $H>8.0$ m 的土洞，应在详细勘察或有针对性补充勘察的基础上，进行具体分析，采用灌注充填的方法进行处理。

8.2 岩溶漏斗等其他岩溶处理

（1）对位于道槽（包括道面影响区）、规划道面区及边坡稳定影响区内的岩溶漏斗和岩溶洼地，根据充填物厚度的不同，进行不同能级的填石强夯处理：

① 当充填物厚度 $H \leqslant 5$ m 时，采用 2 000 kN·m 级单击夯击能量进行强夯。

② 当充填物厚度 5 m$<H \leqslant 8$ m 时，采用 3 000 kN·m 级单击夯击能量进行强夯。

③ 当充填物厚度 $H>8$ m 时，采用 4 000 kN·m 级单击夯击能量进行强夯。

块碎石厚度按漏斗中心厚度 1.5 m 控制。

（2）对位于飞行区土面区及工作区内的岩溶漏斗和岩溶洼地，根据充填物厚度的不同，进行不同能级的填石强夯处理：

① 当充填物厚度 $H \leqslant 8$ m 时，采用 2 000 kN·m 级单击夯击能量进行强夯。

② 当充填物厚度 $H>8$ m 时，采用 3 000 kN·m 级单击夯击能量进行强夯。

③ 2 000 kN·m 级强夯平均夯沉量按 50 cm 考虑；3 000 kN·m 级强夯平均夯沉量按 60 cm 考虑；4 000 kN·m 级强夯平均夯沉量按 80 cm 考虑。

（3）落水洞和溶槽处理。

对位于场区内的落水洞和溶槽，采用反滤层处理，并在洞口或溶槽周围外延 5 m 铺设一层土工布。为了保护土工布，在土工布上、下顶面分别铺设 20 cm 厚的砂砾石。

（4）塌陷处理。

对位于场区内的塌陷，首先挖除塌陷坑内的虚土，然后填筑厚 1.5 m 的块碎石，采用 3 000 kN·m 级单击夯击能量进行强夯处理。

8.3 红黏土和其他黏性土地基处理

8.3.1 一般规定

（1）对红黏土和其他黏性土地基，当其天然地基承载力低于设计要求，或计算的沉降或差异沉降不能满足设计要求时，应按本节规定进行地基处理设计。

（2）红黏土和其他黏性土地基处理，对道槽区（包括道面影响区）、规划道面区，应以改善其变形指标为主；对边坡稳定影响区，应以改善其抗剪强度指标为主。

（3）红黏土和其他黏性土地基处理设计，应依据如下勘察资料和有关设计条件：

① 地基土的分布范围、埋深、厚度物理力学特性。

② 地下水埋深及分布特征。

③ 地震强度：地震基本烈度与设防烈度。

④ 场地使用条件：场地功能分区或建（构）筑物情况、挖填方厚度、填筑材料与填筑方法等。

（4）重要建（构）筑物和道槽区挖方区，应在场地基本平整后，进行有针对性的补充勘察，再根据补充勘察资料，调整红黏土和其他黏性土地基处理设计。

8.3.2 地基处理范围

（1）填方区处理范围：各填方区填方线外延 3.0 m 所确定的填方区范围。

（2）挖方区处理范围：各场地功能分区线外延 3.0 m 所确定的挖方区范围。

8.3.3 地基处理分区

1. 地基处理分区原则

地基处理分区应综合考虑如下因素：

（1）场地功能分区。

（2）需处理的红黏土和其他黏性土分布厚度。

（3）填挖方高度。

（4）地面地形条件。

2. 按相对软弱层不同的分布厚度分区

对红黏土和其他黏性土地基，当其天然地基承载力低于要求时，按相对软弱层考虑。

红黏土和其他黏性土地基，根据其相对软弱层不同的分布厚度，按表 8.3-1 的方法进行处理。

表 8.3-1　地基处理按相对软弱层厚度分区

分区	相对软弱层厚度 t	处理方法
碎石桩处理区	$t > 7.5$ m	碎石桩
垫层强夯区	$6.0\ \text{m} \leqslant t < 7.5\ \text{m}$	4 000 kN·m 垫层强夯
	$4.5\ \text{m} \leqslant t < 6.0\ \text{m}$	3 000 kN·m 垫层强夯
	$t > 4.5$ m	2 000 kN·m 垫层强夯

8.3.4 地基处理方法

对红黏土和其他黏性土地基，根据其不同的分布厚度，按如下方法进行处理：

（1）对厚度 $H \leqslant 4.5$ m 的红黏土和其他黏性土地基，采用 2 000 kN·m 能级进行填石强夯处理。

（2）对厚度 4.5 m<H≤6.0 m 的红黏土和其他黏性土地基，采用 3 000 kN·m 能级进行填石强夯处理。

（3）对厚度 6.0 m<H≤7.5 m 的红黏土和其他黏性土地基，采用 4 000 kN·m 能级进行填石强夯处理。

（4）对厚度 H>7.5 m 的红黏土和其他黏性土地基，采用碎石桩进行处理。

8.3.5 地基处理设计参数

1. 碎石桩处理设计参数

碎石桩处理设计参数按表 8.3-2 选择。

表 8.3-2 碎石桩设计参数

分区	桩径/mm	桩长/m	桩距/m	排距/m	布置形式
A 区	500	10~12	1.4	1.2	三角形

2. 强夯处理设计参数

强夯处理设计参数按表 8.3-3 选择。

表 8.3-3 强夯处理设计参数

分区	夯击遍数	单击夯能/(kN·m)	夯点间距	夯点布置	单点击数	垫层厚度/m
6.0 m≤t<7.5 m	点夯	4 000	5.0 m	正方形	10~12	1.5
	满夯	1 000	d/4 搭接	搭接型	3~5	
4.5 m≤t<6.0 m	点夯	3 000	5.0 m	正方形	10~12	1.5
	满夯	1 000	d/4 搭接	搭接型	3~5	
t>4.5 m	点夯	2 000	5.0 m	正方形	10~12	1.5
	满夯	800	d/4 搭接	搭接型	3~5	

注：d 为夯锤直径（m）。

8.3.6 地基处理材料

（1）碎石桩材料：采用粒径不大于 5 cm 的碎石，要求级配良好，含泥量不超过 4%。

（2）强夯垫层材料：采用挖方区开采的硬质岩石，粒径要求不大于 50 cm，要求有良好级配，含泥量不超过 10%。

8.4 F_{10} 断层处理

8.4.1 一般规定

断层对于岩土工程来说是一种常见的不良地质现象，但并非所有的断层构造都需要处理。勘察时一定要查明断层的规模、产状、性质、断裂带的特征及其充填物的特性，结合工程的具体情况，确定是否需要对断层地基进行整治，以及如何整治。

地基处理需做到：

① 使断层及破碎带具有与两侧坚硬岩石相似的弹模和足够的强度。

② 设计的基础应具有整体性和均匀性，当基础承受最大荷载时不致产生过大的应力集中，并使绝对和相对沉陷量都在允许范围内。

③ 增强软弱带的抗剪强度，防止基础沿软弱带发生剪切破坏。

④ 减少软弱带的透水性，增强其抗水性，防止渗流使软弱带组成的物质软化而引起强度进一步降低，维持渗透稳定，并使其有足够的耐久性，不致在水的长期作用下，使基础受力条件恶化而影响建筑物安全。

8.4.2 F_{10} 断层处理方法

（1）重大工程（如一级建筑物）浅层地基中存在断裂破碎带或裂隙时，一般的处理方法是：开挖基础时，将断裂破碎带、断层泥、糜棱岩或裂隙发育地段清除掉，用混凝土取而代之，将基础置于断层下盘的基岩之上。而对于二、三级建筑物，断层破碎带的承载力也能满足建（构）筑物的需要，而对差异沉降又不敏感时，对浅层地基中的断裂可不作任何处理，直接将基础置于断裂带之上。

（2）若工程需同时考虑断裂引起的水库渗漏问题和地基稳定安全问题时，地基处理方法一般是进行钻孔灌浆加固。即在断裂影响工程的区域内按一定的角度施工钻孔，孔深达到断裂带的下盘，然后利用高压泥浆泵顺钻孔向断裂带中灌注水泥砂浆，水泥砂浆扩散至破碎带的裂隙中，既起裂隙充填作用，又起破碎带岩体的胶结作用，从而加固地基，防止渗漏。

（3）场地地基条件好，采用浅基础施工，而地基影响范围内局部因断裂破碎带或裂隙可能影响地基承载力和安全性时，可采用灌浆法对断裂破碎带或裂隙进行局部加固，以满足工程的需要。

（4）当地基条件不均匀，且填土厚度大，未固结，又未进行任何处理时，采用桩基础方式处理地基。当地基中存在断层时就应根据其具体情况进行特别处理，使其满足《建筑地基基础设计规范》(GB 50007—2011)中第 8.5.6 条第 6 款的规定：嵌岩灌注桩桩端以下 3 倍桩径且不小于 5 m 范围内应无软弱夹层、断裂破碎带和洞穴分布，且在桩底应力扩散范围内应无岩体临空面。

当断层及其破碎带、断层泥、糜棱岩透镜体在桩端底以下 3 倍桩径范围内存在时，必须剔除，将桩端置于断层下盘的稳定岩层之上。

（5）在边坡工程中，断层面是边坡失稳和滑坡下滑最好的滑动面，也是滑坡滑动润滑剂（地下水）最好的来源和通道，对于这类不良地质现象的处理方法是：

① 在滑坡体施工锚杆桩进行锚固地基。锚杆桩穿过断层达到下盘一定深度。

② 对断裂带及裂缝中进行灌浆加固。

③ 卸荷。减轻下滑力，直至下滑力小于滑动面中摩擦阻力。

8.5 地基处理效果检测

8.5.1 土洞和溶洞处理检验

（1）清爆换填处理检验（表 8.5-1）。

表 8.5-1　清爆换填处理检验方法与检验数量

所在区域	检验项目	检验数量或频率	检验方法	检测指标
道槽区（包括道面影响区）、规划道面区及边坡稳定影响区	干密度	每个洞体2点	灌水法	≥2.0 g/cm³
	重型动探击数	每个洞体2点	$N_{63.5}$	6～8击（换填范围内）

（2）强夯处理检验（表8.5-2）。

表 8.5-2　强夯处理检验方法与检验数量

所在区域	检验项目	检验数量或频率	检验方法	检测指标
道槽区（包括道面影响区）、规划道面区及边坡稳定影响区	动探试验	每个洞体1～2点	$N_{63.5}$	无明显掉钻
	波速测试	每个洞体2点	瑞利波法	无明显空洞
土面区及工作区	动探试验	每个洞体1～2点	$N_{63.5}$	无明显掉钻
	波速测试	每个洞体2点	瑞利波法	无明显空洞

（3）灌注混凝土处理检验（表8.5-3）。

表 8.5-3　灌注混凝土处理检验方法与检验数量

检验项目	检验数量或频率	检验方法	检测指标	备注
混凝土取芯率	每个洞体1～2点	钻孔取芯	取芯率≥80%	无明显空洞
动探试验	每个洞体1～2点	$N_{63.5}$	5～7击	
波速测试	每个洞体2点	瑞利波法	200 m/s	

8.5.2　岩溶漏斗等其他岩溶处理检验

岩溶漏斗等强夯处理检验方法与检验数量见表8.5-4。

表 8.5-4　岩溶漏斗等强夯处理检验方法与检验数量

所在区域	检验项目	检验数量或频率	检验方法	检测指标
道槽区（包括道面影响区）、规划道面区及边坡稳定影响区	垫层干密度	每5 000 m²一点	灌水法	≥2.0 g/cm³
	垫层固体体积率	每5 000 m²一点	探坑法	78%
	地基承载力	每10 000 m²一点	载荷试验	180 kPa
	重型动探击数	每10 000 m²一点	$N_{63.5}$	6～8击（强夯垫层以下6～9 m范围内）
	波速测试	每5 000 m²一点	瑞利波法	200 m/s
土面区及工作区	垫层干密度	每10 000 m²一点	灌水法	≥1.9 g/cm³
	垫层固体体积率	每10 000 m²一点	探坑法	75%
	地基承载力	每20 000 m²一点	载荷试验	150 kPa
	重型动探击数	每20 000 m²一点	$N_{63.5}$	4～6击（强夯垫层以下6～8 m范围内）
	波速测试	每10 000 m²一点	瑞利波法	150 m/s

8.5.3 红黏土及其他黏性土质量检验

红黏土及其他黏性土质量检验方法与检验数量见表 8.5-5。

表 8.5-5　检验方法与检验数量

所在区域	检验项目	检验数量或频率	检验方法	检测指标
强夯处理及边坡稳定影响区	垫层干密度	每 5 000 m² 一点	灌水法	≥2.0 g/cm³
	垫层固体体积率	每 5 000 m² 一点	探坑法	78%
	地基承载力	每 20 000 m² 一点	载荷试验	$f_k \geq 250$ kPa
	重型动力触探	每 5 000 m² 一点	$N_{63.5}$	6~8 击（强夯垫层以下 6~8 m 范围内）
	波速测试	每 5 000 m² 一点	瑞利波法	200 m/s
碎石桩处理区	桩身重型动力触探	2%	$N_{63.5}$	≥6 击
	复合地基承载力	每 20 000 m² 一点	载荷试验	$f_k \geq 200$ kPa

结　语

1. 昆明新机场岩溶发育规律和基本特征研究

（1）昆明新机场大部分区域岩溶景观显露于地表，石芽、石笋、岩溶漏斗和岩溶洼地、溶沟溶槽、落水洞十分发育；溶沟溶槽深度一般在 5.0 m 左右，最大深度超过 20 m。石芽高度一般可达 3.0～5.0 m，高者可达 8～10 m。地下岩溶总体处于垂向发育带，局部区域为水平或斜向发育带，岩溶形态以溶蚀破碎带、溶蚀缝隙、竖洞、斜洞等形态出现；钻探揭露的溶洞空间高度最大超过 20 m，跨度绝大部分不超过 3.0 m，个别在 5.0 m 左右；岩溶空间 60%～70%被黏性土混碎块石充填，少量为细砂混碎块石充填。黏性土大多呈软塑状态，少量为可塑状态。

（2）不同区域地层岩溶发育特征和发育规模差异较大。P_1y^1 灰岩地下岩溶发育较多的溶蚀破碎带和溶蚀裂隙、裂缝，规模较大的溶穴发育较少，岩溶作用表现出较好的均一性。C_2w 灰岩岩体极其破碎，发育的地下岩溶程度较高，既有缝隙型，也有较多的洞穴型。D_3z 白云岩和 D_2h 灰岩溶蚀破碎带较少，发育溶蚀裂隙、裂缝的同时，溶穴较多，揭露出较多的规模较大的岩溶洞穴（最大高度超过 20 m），岩溶强烈发育。ϵ_2s 灰岩分布于转山背斜两翼（核部为 ϵ_2d 泥岩），地下岩溶发育溶蚀洞穴和溶蚀裂隙，但发育数量较少。

（3）昆明新机场的岩溶发育主要影响因素是岩性、地下水和岩体裂隙。在昆明新机场内广泛分布的灰岩、白云岩、白云质灰岩、生物碎屑灰岩等碳酸盐岩地层是岩溶发育的岩性条件；在场地内，地下水丰富，地下水位变化大，水文地质条件复杂，地下水对岩溶发育起到重要的作用；在昆明新机场，断裂带发育，地层破碎，是地下水储存的空间和流动的通道，也是岩溶发育的主要因素。

2. 岩溶地基处理方法研究

经过理论计算及现场试验，得到：

（1）对地基有影响的溶洞、土洞、岩溶漏斗，根据其埋藏条件不同，应进行有针对性的设计，可分别采用清爆后夯填、强夯、灌注充填+注浆、爆破+清除顶板破碎物和洞体内充填物等处理方法。对位于场区内的落水洞和溶槽，采用反滤层处理。对位于场区内的塌陷，采用挖除塌陷坑内的虚土+填筑块碎石+强夯处理方案。

（2）根据覆盖厚度不同，对岩溶溶洞、土洞、溶沟、溶槽等，采用清爆回填、不同能级强夯进行处理，强夯能级 2 000 kN·m、3 000 kN·m 的地面平均下沉量为 0.6 m 左右，强夯能级 4 000 kN·m 的地面平均下沉量为 1.0 m 左右。各试验区强夯后均有较大的地面平均下沉量，表明均有较好的有效夯实效果，垫层厚度对地面平均下沉量的影响不明显，但铺设垫层强夯后的地基承载力提高比较大。强夯后地层干密度随深度增加而减小，夯点下的平均干密度与夯点间的相近。

（3）溶洞进行袖阀注浆法处理后的检测成果表明，处理后各土层的剪切波速比处理前的剪切波速有所提高，整个地基土层的等效剪切波速有所提高，地基土由处理前的中软场地土变为处理后的中硬场地土，但提高幅度不大，说明袖阀注浆作用不明显。

3. 红黏土地基处理方法研究

经现场试验研究，结果表明：

（1）红黏土地基处理可采用铺碎石垫层强夯法、碎石桩法。其中铺碎石垫层强夯法适用于分布于表层的硬塑状态红黏土；碎石桩法适用于分布于地下深部的可塑、软塑状态，且土层厚度大于 10 m，无厚的硬塑状硬壳层时的红黏土。

（2）考虑到造价和工期因素，对于红黏土分布厚度在 8.0～10.0 m，上部填土厚度在 30.0 m 的红黏土地基，采用夯击能 3 000 kN·m（两遍点夯，一遍满夯）进行强夯处理；对于红黏土分布厚度在 8.0 m 以内，上部填土厚度在 30.0 m 的红黏土地基，采用夯击能 2 000 kN·m（两遍点夯，一遍满夯）进行强夯处理。

（3）考虑到造价和工期因素，对于红黏土分布厚度在 20.0 m 以内，上部填土厚度在 30.0 m 的红黏土地基，采用桩间距（梅花形布桩）1.8 m、桩径 500 mm 的碎石桩进行处理。

4. 填土地基处理试验研究

经过试验研究，得到如下结论：

（1）红黏土作填料进行冲击碾压时，表层由于含水率低，强度高，不易碾压；碾压 30 遍时，压实度可达 97%，最大干密度为 1.49 g/cm^3；昆明新机场原地基的红黏土冲击压实的影响深度可以达到 3.6 m。

（2）对于陡坡寺组强风化料最大干密度和最优含水率测定可采用重型击实试验进行，土样制备可采用湿土法进行，最大干密度可按 1.71 g/cm^3 控制，最优含水率可按 17.3% 控制。

对于相同铺厚、相同碾压遍数的陡坡寺组强风化料，振动平碾的压实度和沉降量均大于振动凸块碾的压实度和沉降量。建议陡坡寺组强风化料的填筑压实采用振动平碾进行。

（3）对于陡坡寺组中微风化料最大干密度和最优含水率测定可采用重型击实试验进行，土样制备可采用湿土法进行，最大干密度可按 1.80 g/cm^3 控制，最优含水率可按 16.6% 控制。

对于相同铺厚、相同碾压遍数的陡坡寺组中微风化料，冲击碾压的压实度和沉降量均大于振动平碾的压实度和沉降量。建议陡坡寺组中微风化料的填筑压实采用冲击碾压进行。

（4）冲击压实方法对提高地基承载力的深度为 1～2 m，对提高土的密度的影响深度为 3～4 m。

5. F_{10} 断层破碎带碎裂岩地基处理研究

经试验研究得到如下结论：

（1）F_{10} 断层带的主要组成物质红色、灰色断层角砾岩存在再胶结成岩过程，其物理指标包括密度、抗剪强度、抗压强度等与原岩相差不大，工程性质相对较好。

（2）F_{10} 断层带中的肉红色、深灰色断层角砾岩以及深灰色的碎粒岩都具有较高的力学性能，其单轴抗压抗压强度均大于 30 MPa，与航站区其他中风化的灰岩及中风化白云岩的力学性质基本相近，属于较坚硬岩。

（3）F_{10} 断层带相对软弱的层位为灰黄色断层泥岩、糜棱岩。糜棱岩宽度仅 30 cm 左右，分布不连续，其性状较差所引起的问题不突出。

（4）对于碎粒岩，由于其完全碎裂，易于松弛而性状变得极差，承载力建议进行折减。

（5）工程开挖中应注意对断层带中的软弱类岩层、软弱结构面（如含夹泥的 D_2 错动面）的判识，遇到这些层位应采取有效措施，避免将基础置于上述软弱层位上。

参考文献

[1] 《工程地质手册》编委会. 工程地质手册[M]. 4版. 北京：中国建筑工业出版社，2007.

[2] 铁道部第一勘测设计院. 铁路工程地质手册[M]. 修订版. 北京：中国铁路出版社，1999.

[3] 顾晓鲁，钱鸿缙，刘惠珊，等. 地基与基础[M]. 3版. 北京：中国建筑工业出版社，2003.

[4] 建设部. 岩土工程勘察规范：GB 50021—2001[S]. 2009年版. 北京：中国建筑工业出版社，2009.

[5] 郭纯清，方荣杰，代俊峰，等. 岩溶地区地下水与环境的特殊研究[M]. 北京：地质出版社，2009.

[6] 田娟，董贵明，束龙仓. 孔隙-管道型西南岩溶地下河系统参数与流量衰减系数关系的数值试验研究[J]. 水文地质工程地质，2013（2）：13-18.

[7] 王亨林，赵跃平. 昆明新机场岩溶发育特征和规律[J]. 云南建筑，2010（4）：101-108.

[8] 彭仕明，赵跃平. 昆明新机场F_{10}断层带的力学性质分析[J]. 云南建筑，2011（2）：1-5.

[9] 刘宏，赵跃平，邬相国，等. 强溶蚀带岩溶地基稳定性研究[J]. 人民长江，2009（20）：56-58；70.

[10] 赵瑞峰，赵跃平，王亨林，等. 岩溶顶板安全厚度估算[J]. 工业建筑，2009，39（增）.

[11] 邓杰文，彭大雷，刘宏. 昆明新机场航站区下伏溶洞地基承载力分析[J]. 岩土工程技术，2012（5）：259-262；封三.

[12] 戚德印，余蓓，刘宏. 岩溶地基承载力影响因素的正交试验分析[J]. 水利科技与经济，2009（12）：1078-1080.

[13] 王亨林，黄练红，高岩川，等. 昆明新机场航站区岩溶形态特征及其发育规律探讨[J]. 工程勘察，2010（增1）：54-60.

[14] 刘之葵，梁金城，张桂林. 桂林岩溶区地基承载力理论确定方法的分析[J]. 中国岩溶，2002（3）：206-211.

[15] 王丹辉，王亨林，刘宏. FLAC3D在溶洞顶板稳定性评价中的应用[J]. 人民长江，2009（9）：71-73.

[16] 王丹辉. 昆明新机场航站区岩溶洞隙稳定性研究[D]. 贵阳：贵州大学，2009.

[17] 赵瑞峰. 昆明新机场航站区岩溶洞隙的探测与处治[D]. 贵阳：贵州大学，2009.

[18] 李仁江，盛谦，张勇慧，等. 溶洞顶板极限承载力研究[J]. 岩土力学，2007(8)：1621-1625；1630.

[19] 张合青，杨国荣，魏弋锋. 广州新白云机场土洞、溶洞稳定性的判别及其加固处理[J]. 地球与环境，2005（3）：36-40.

[20] 王建霞，李志杰，钟雪光. 有关岩溶塌陷稳定性评价的分析[J]. 西部探矿工程，2009(7)：28-30；32.

[21] 白日升. 岩溶地区地面塌陷的发生规律及治理[J]. 土工基础，2001（4）：34-38.

[22] 赵华. 某机场建设用地岩溶发育特征及稳定性评价[J]. 四川建筑科学研究，2009（2）：

142-145.

[23] 刘之葵，梁金城，朱寿增，等. 岩溶区含溶洞岩石地基稳定性分析[J]. 岩土工程学报，2003（5）：629-633.

[24] 孟庆山，陈勇，汪稔. 岩溶洞穴工程地质条件与顶板稳定性评价[J]. 土工基础，2004（5）：55-58.

[25] 阳军生，张军，张起森，等. 溶洞上方圆形基础地基极限承载力有限元分析[J]. 岩土力学与工程学报，2005（2）：296-301.

[26] 任新红，郭永春，王青海，等. 岩溶路基注浆效果透水率检测标准试验研究[J]. 铁道工程学报，2012（10）：21-27.

[27] 宋建波，刘宏，王文俊，等. 大射电望远镜在贵州喀斯特地区的选址方法[M]. 地球与环境，2005（3）：63-68.

[28] 赵帅军，许模. 贵州某隧道隧址区岩溶发育特征探讨[J]. 四川水利，2008（4）：32-34.

[29] 王思敬，黄鼎成. 中国工程地质世纪成就[M]. 北京：地质出版社，2004.

[30] 张倬元，王士天，王兰生. 工程地质分析原理[M]. 北京：地质出版社，1994.

[31] 交通部第二公路勘察设计院. 公路设计手册：路基[M]. 2版. 北京：人民交通出版社，1996.

[32] 中国水电顾问集团成都勘测设计研究院. 紫坪铺水利枢纽工程重大工程地质问题研究[M]. 北京：中国水利水电出版社，2006.

[33] 中国建筑西南勘察设计研究院有限公司. 昆明新机场航站区岩土工程初步勘察报告[R]. 2007-08.

[34] 中国建筑西南勘察设计研究院有限公司. 昆明新机场航站区岩土工程详细勘察报告[R]. 2007-11.

[35] 中国建筑西南勘察设计研究院有限公司. 昆明新机场飞行区填方区岩土工程详细勘察报告[R]. 2008-04.

[36] 成都军区空军勘察设计院. 昆明新机场飞行区、货运区及海关监管区岩土工程初步勘察报告[R]. 2007-07.

[37] 云南地质工程勘察设计研究院. 昆明新机场水文地质与岩溶专项勘察报告[R]. 2007-08.

[38] 中国有色金属工业昆明勘察设计研究院. 昆明小哨国际机场飞行区东跑道岩土工程初步勘察报告书[R]. 2006-02.

[39] 中国水电顾问集团昆明勘测设计研究院. 昆明新机场南工作区场地初平岩土工程详细勘察报告[R].2008-04.

[40] 中国水电顾问集团昆明勘测设计研究院. 昆明新机场挖方区勘察汇总报告[R]. 2007-11.

[41] 中国民航机场建设集团公司，民航新时代机场设计研究院有限公司，云南省地震工程研究院. 昆明新机场岩土工程试验研究总报告[R]. 2007-08.

[42] 成都军区空军勘察设计院. 昆明小哨国际机场试验段岩土工程详细勘察报告[R]. 2006.